U0279863

自动扶梯

史信芳　蒋庆东　李春雷　饶美婉　陈燕英　编著

机 械 工 业 出 版 社

本书全面、系统地介绍了自动扶梯（包括自动人行道）的工作原理、分类、基本结构、参数与性能指标、主要部件的构造及基本技术要求等，同时将自动扶梯按载荷能力和使用场所分为普通型、公共交通型、重载型，并针对这3种类型作了更详细的介绍，还介绍了一些设计计算方法。出于技术进步和市场需求，书中提出了适合大客流公共交通场所使用的重载型自动扶梯的概念，并结合建设工程的实践和国外相关技术资料，对重载型自动扶梯的技术、性能、结构特点等，以专门的章节作了详细的介绍。

全书共12章，内容包括概述、桁架、梯级系统、扶手带系统、导轨系统、扶手装置、安全保护装置、电气控制系统、润滑、公共交通型自动扶梯、重载型自动扶梯、自动人行道。

本书适合从事自动扶梯制造、工程、检测、建设项目和设计院机电相关人员阅读，是一本能入门、能使用、能提高的专业读物。

图书在版编目（CIP）数据

自动扶梯/史信芳等编著．—北京：机械工业出版社，2014.4（2025.2重印）

ISBN 978-7-111-46421-1

Ⅰ.①自…　Ⅱ.①史…　Ⅲ.①自动扶梯　Ⅳ.①TH236

中国版本图书馆CIP数据核字（2014）第072108号

机械工业出版社（北京市百万庄大街22号　邮政编码100037）
策划编辑：高　倩　责任编辑：范政文
责任校对：郭明磊　封面设计：马精明
责任印制：单爱军
北京虎彩文化传播有限公司印刷
2025年2月第1版第9次印刷
180mm×240mm·23.5印张·577千字
标准书号：ISBN 978-7-111-46421-1
定价：72.00元

凡购本书，如有缺页、倒页、脱页，由本社发行部调换

电话服务	网络服务
服务咨询热线：010－88361066	机 工 官 网：www.cmpbook.com
读者购书热线：010－68326294	机 工 官 博：weibo.com/cmp1952
010－88379203	金 书 网：www.golden－book.com
封面无防伪标均为盗版	教育服务网：www.cmpedu.com

前　　言

自动扶梯是一种能在建筑物层间作开放式连续运输的载人运输设备，近年在我国得到大量的生产和使用。我国已成为世界上最大的自动扶梯生产国和使用国。但自动扶梯与电梯一样尚未成为一门专业学科，从事自动扶梯设计、制造、工程、检测、建设设计、使用管理等方面的人员都需要在工作中再学习，因此当前十分需要有全面介绍自动扶梯技术的专业书籍。

本书的作者均在大型自动扶梯制造企业或公共交通建设（设计）单位工作，通过对工作中积累的专业知识和经验加以整理、总结和提高后，经一年的努力，合力编著了本书。本书在内容上力求全面、系统，由浅入深，以适合更多层面的需求。我们深切地希望本书的出版能有益于社会，并有助于我国自动扶梯技术的发展。

书中所涉及的名词术语、定义等都以我国现行的国家标准 GB 16899—2011《自动扶梯和自动人行道的制造与安装安全规范》为基础，结合当前技术发展水平和市场需求，在自动扶梯梯种的分类和一些技术概念上，对现行标准有所突破。本书特别对当前在以地铁为代表的大客流公交场所中已得到广泛使用的重载型自动扶梯作了专门的介绍。

本书的编写由史信芳组织，并对全书进行修改和统稿，同时编写了第一章、第十章；蒋庆东编写了第四章、第七章，并参与第一章；李春雷编写了第二章、第五章、第六章、第八章、第九章；饶美婉编写了第十一章；陈燕英编写了第三章、第十二章。

本书在编写过程中，得到了很多技术人员的热情支持、参与和帮助。其中，张乐祥提供了多种国际上自动扶梯的技术资料和第一章中“自动扶梯相关标准介绍”；张大明、黄思立、谢雪娇参与了第二章、第五章、第六章、第八章、第九章的编写工作；刘英杰、杨成宣及其所在科研、工程团队，对重载型扶梯的载荷特性进行了现场测试和数据分析，在此对他们表示感谢！

限于作者的水平和技术上的局限，书中的错误和不足之处在所难免，请读者批评指正。

本书的出版得到了快意电梯股份有限公司的赞助，在此表示感谢。

作　者

目　　录

第一章　概　　述

自动扶梯是一种带有循环运行梯级，用于向上或向下倾斜运输乘客的固定电力驱动设备。其特点是能连续运送乘客，与电梯相比较具有更大的运输能力，它被大量用于商业大楼和各种公交场所等人流集中的场所。

本章从自动扶梯起源与发展开始，介绍自动扶梯的种类、基本结构、常用术语、主要技术参数和性能指标，以及自动扶梯与建筑物的关系等，希望能为读者建立一个系统的自动扶梯的概念。

第一节　自动扶梯的起源与发展

一、起源

1859 年 8 月 9 日，美国人内森·艾姆斯（Nathan Ames）因发明了一种“旋转式楼梯”而获得专利。该专利的主要内容是：以电动机为动力驱动带有台阶的闭环输送带，让乘客从正三角形的一边进入，到达顶部后从另一边降下来，类似于一种游戏机，虽然没有实用性，但这种以电动机为动力驱动的升降方式是开拓性的，可认为是现代自动扶梯的最早构思。

1892 年美国人乔治·H·惠勒（George H. Wheeler）发明了可与梯级同步移动的扶手带，这是一个里程碑式的发明，因为这使“电动楼梯”的实际使用成为可能。

同样在 1892 年，美国人杰西·W·雷诺（Jesse W. Reno）发明了倾斜输送机并取得专利。专利中，传送带的表面被制成凹槽状，而安装在上下端部的梳齿能与每条凹槽啮合。在今天看来，这个梳齿装置看似微不足道，但这个装置能帮助乘客安全地进入和离开扶梯，是自动扶梯发展过程中一个重大发明，是安全理念在自动扶梯中的一个重要体现。大约在 1903 年，雷诺改良了输送机的踏乘表面，在梯级踏面增加了更多的凹槽并把倾斜的梯级踏面倾角减少到 12°左右。图 1-1-1 是早期具有活动扶手，梯级仍是倾斜但已带有齿槽的扶梯。

1898 年，雷诺将专利卖给了查尔斯·D·思柏格（Charles D. Seeberger）。思柏格十分热衷于自动扶梯的设计与生产制造，他于 1899 年加入美国奥的斯电梯公司，并引入自动扶梯（Escalator）这个新名词。Escalator 在当时是新创造的组合词汇，由 scala（拉丁语梯级的意思）与当时已普遍使用的 Elevator（电梯）一词组合而成，意为带梯级的电梯。

奥的斯电梯公司于 1899 年，在纽约州制造出第一条有水平梯级、活动扶手和梳齿板

图 1-1-1　早期的自动扶梯

的自动扶梯，并在1900年举行的巴黎博览会上，以「自动扶梯」（Escalator）为名展出，并且获得了一项头奖。但此时的自动扶梯还没有上下曲线段和上下水平移动段，梯级是用硬木制成的。

1910年奥的斯电梯公司收购了思柏格的专利，次年购下了雷诺的公司，进一步完善了自动扶梯的设计，为自动扶梯的实际应用打下了基础。

自动扶梯最先进入中国的时间是1935年。当时上海的大新百货公司安装了两台奥的斯单人自动扶梯，连接地面至二楼和二楼至三楼（图1-1-2）。

二、技术发展历程

在自动扶梯发展的历程中，一直离不开以下几个技术问题。

1. 驱动方式

自动扶梯的运输功能是通过牵引链条技术去驱动载人的梯级来实现的。而组成这个移动梯级系统的基本结构，如同电梯的曳引钢丝绳传动系统一样，虽历经百年但仍未被突破。其间也出现了用齿条驱动的自动扶梯，配以中间驱动方式，但主流仍然是牵引链条驱动。

2. 可搭乘性

与此同时，改善可搭乘性是扶梯技术发展的首要问题。从图1-1-1中可看到，最初的自动扶梯从地面到扶梯之间没有过渡段，乘客在进出扶梯时需要集中精神，搭乘不方便。后来设计出了水平移动段，并在水平段与倾斜段之间设计出圆弧过渡段，才有效地提高了自动扶梯的可乘用性。

3. 安全性

在实现自动扶梯运输功能的同时，不断提高乘载的安全性，一直是自动扶梯技术发展的一个重要追求。

如何防止乘客在搭乘自动扶梯时滑倒，是一个必须解决的重要问题。最早的木制梯级防滑性能不好，后来采用金属材料来制造梯级，并改进了梯级踏面上的凹槽设计，提高了梯级防滑性能，也有效地提高了扶梯的安全性。

图 1-1-2　1935 年安装在上海大新百货公司的自动扶梯

自动扶梯是开放式的运输设备，其梯级与梯级之间、梯级与楼层板之间、梯级与裙板之间 3 个地方存在相对运动的间隙。据统计，超过 50% 的扶梯意外伤害事故，均由间隙造成。经过长期的努力和持续的改进，技术人员提出了很多防止或减少间隙夹物的安全设计。例如，梳齿板的发明，梳齿能与梯级凹槽啮合，降低了上下端出入口处异物被夹住的危险；梯级踢面由最初的弧形光面发展成带齿槽的设计，减少了相邻梯级因相对运动令异物被夹住的可能；裙板毛刷的发明，是为了防止乘客过于靠近裙板边而发生鞋子或衣物被夹住的风险。

自动扶梯控制系统在经历了早期的继电器式控制之后，随着电子技术的飞速发展，步入了可编程序控制器（PLC）和微处理器时代，使得引入复杂的安全监控系统成为了可能。有很多的安全监控和辅助部件已被大量应用在自动扶梯产品上，可以将自动扶梯的速度、方向、扶手带的速度、链条的工作状态等都要纳入安全监控之中。这使自动扶梯的安全性能得到更大的提升。

三、国内外使用与生产情况

1940 年以前，自动扶梯只有美国奥的斯等少数生产制造厂商在生产。第二次世界大战之后，由于自动扶梯需求量的增加以及新技术的应用，出现了很多新的生产制造商。

到 1970 年之后，自动扶梯产品发展成较为标准的产品，全球市场的竞争开始变得激烈。国际上较为著名的自动扶梯厂商有美国奥的斯，瑞士迅达，德国克虏伯蒂森，法国 CNIM，芬兰通力（并购德国 O&K，美国 Montgomery 等公司），日本日立、三菱等。

1959 年，中国上海电梯厂生产了第一批双人自动扶梯，并用于北京新火车站。

20 世纪 80 年代，随着中国的改革开放，通过引进国外先进技术，国内成立了多家合资电梯制造公司：如中国迅达、上海三菱、日立（中国）、中国奥的斯等。

20 世纪 90 年代之后，中国的扶梯生产再跃上一个新的台阶，不但拥有众多的国际合资品牌生产厂家，还涌现出大量的民族品牌自动扶梯制造厂商，其中年产量达千台规模的就有数十家。

目前，由于中国经济的高速发展，全球自动扶梯的最大消费市场转移到了中国，与此同时众多的生产厂家积聚了巨大的生产能力，使中国成为了全球最大的扶梯生产基地，这不仅能满足国内的巨大市场需求，还能大量出口到世界其他地区。

据不完全统计，当前中国拥有在用自动扶梯 25 万台以上，自动扶梯的年产量在 5 万台以上，约占全世界自动扶梯产量的 90% 以上，其中 1/3 用于出口。

第二节　自动扶梯的分类

自动扶梯可以按载荷能力以及适用场所、安装位置、机房的位置、护栏的种类、不同的倾角以及特殊自动扶梯和自动人行道加以区分。

一、按载荷能力以及适用场所分类

自动扶梯可以按载荷能力以及适用场所分为：普通型自动扶梯、公共交通型自动扶梯、重载型自动扶梯。这是一种扶梯的基本分类，也称是自动扶梯的梯种。

其中重载型自动扶梯在我国地铁等大客流公交场所已广泛使用，它在结构、性能、寿命等方面与普通扶梯和公共交通型扶梯有明显区别的一个梯种。

1. 普通自动扶梯

普通自动扶梯也称为商用扶梯，一般安装在百货公司、购物中心、超市、酒店、展览馆等商用楼宇内，是最大量使用的自动扶梯。普通自动扶梯的载客量一般都比较小，因此又称为轻载荷自动扶梯。

商业场所每天的营业时间通常为 12h 左右。因此在设计中，一般对普通自动扶梯做这样的设定：每周工作 6 天，每天运行 12h，以 60% 左右的制动载荷作为额定载荷，主要零部件设计工作寿命为 70 000h（关于制动载荷的概念见本章第五节）。

图 1-2-1 是安装在商场的普通自动扶梯。

2. 公共交通型自动扶梯

在 GB 16899—2011《自动扶梯与自动人行道制造与安装安全规范》中，对公共交通型自动扶梯的定义是，适用于下列情况之一的自动扶梯：

1）公共交通系统包括出口和入口处的组成部分。

2）高强度的使用，即每周运行时间约 140h，且在任何 3h 间隔内，其载荷达 100% 制动载荷的持续时间不少于 0. 5h。

公共交通型自动扶梯主要应用在高铁、火车站、机场、过街天桥、隧道及交通综合枢纽等人流较集中、且使用环境较复杂的场所。公共交通型自动扶梯的载荷要大于普通型自

图 1-2-1　安装在商场的普通自动扶梯

动扶梯的载荷，但又小于重载型自动扶梯的载荷。

在这些公交场所，扶梯每天需要工作 20h 或以上。因此在设计中，一般对公共交通型自动扶梯有这样的设定：每周工作 7 天，每天工作 20h，以 80% 左右的制动载荷作为额定载荷，主要零部件的设计工作寿命为 140 000h。

图 1-2-1 是安装在过街天桥上的公共交通型自动扶梯。

图 1-2-2　安装在过街天桥上的公共交通型自动扶梯

3. 重载型自动扶梯

一般认为，当自动扶梯的载荷强度达到：在任何 3h 间隔内，其载荷达 100% 制动载荷的持续时间在 1h 以上时，自动扶梯就应在公共交通型自动扶梯的基础上作重载设计。因此重载型自动扶梯又称为公共交通型重载自动扶梯。这种扶梯主要用于以地铁为代表的大客流城市轨道交通中。

中国人口众多，且当前正处于城市化进程之中，地铁车站需要面对大量客流，自动扶梯必须具有承受超高强度载荷的能力。在上下班高峰时段持续重载运行时间一般都在 1 ~ 2h。载荷强度远高于 GB 16899—2011 对公共交通型自动扶梯的描述。

在这种大客流的公交场所，自动扶梯每天需要工作 20h 或以上。在设计中，一般对重载型自动扶梯有这样的设定：每周工作 7 天，每天 20h，以 100% 的制动载荷作为额定载荷，主要零部件的设计工作寿命为 140 000h。

图 1-2-3 是安装在我国南方某城市地铁站的重载型自动扶梯。

图 1-2-3　安装在我国南方某城市地铁站的重载型自动扶梯

二、按安装位置分类（图 1-2-4）

1. 室内型自动扶梯

只能在建筑物内部工作的自动扶梯。使用最广泛，其设计不需要考虑日晒雨淋和风沙的侵袭。

2. 室外型自动扶梯

能在建筑物外部工作的自动扶梯。室外型扶梯可以细分为全室外和半室外两种类型。

（1）全室外型扶梯　它安装在露天的场所，具有抵御各种恶劣气候环境侵蚀的能力，能承受直接作用在扶梯上的雨水、飘雪、冰冻、高温、湿度、盐雾、沙尘、紫外线等自然界的各种不利因数。全室外型扶梯通常根据实际的安装使用地点的气候状况，配备防水、加热防冻、防尘、防锈等保护措施以延长扶梯的使用寿命。

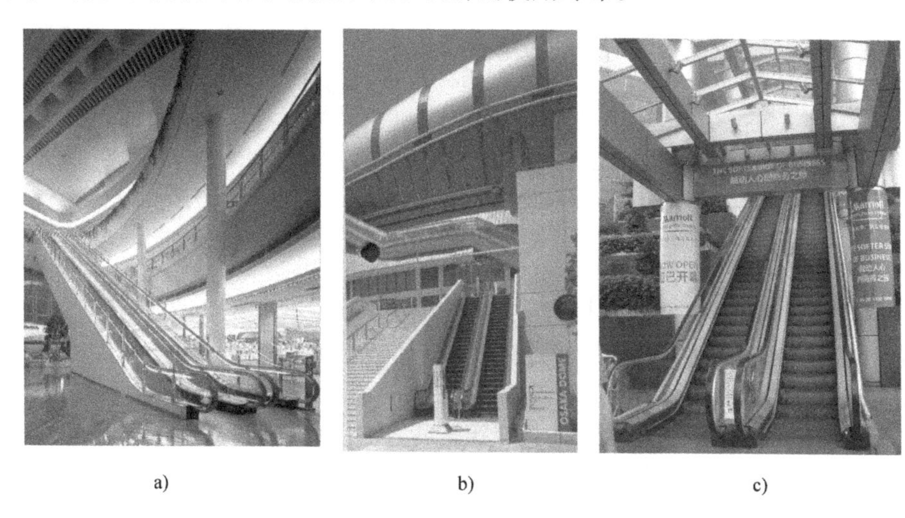

a) b) c)

图 1-2-4 自动扶梯以安装位置的分类
a）室内型扶梯 b）全室外型扶梯 c）半室外型扶梯

（2）半室外型扶梯 它安装在室外，但其上部盖有檐篷，可部分遮挡雨、雪、阳光等不利因素的直接侵蚀作用，配备的气候保护措施相对全室外型扶梯要低一些。

普通自动扶梯、公共交通型自动扶梯以及重载型自动扶梯，都可以按室内或室外加以设计。但室外型自动扶梯部件的工作寿命会明显低于室内型自动扶梯，特别是在露天工作的全室外型，机件的磨损和报废都会比较快，维修费用会相当高，因此自动扶梯一般不主张作露天布置。

三、按机房的位置分类

机房是安装驱动装置的地方。按机房的位置，自动扶梯可分为机房上置式自动扶梯、机房外置式（分离机房）自动扶梯和中间驱动式自动扶梯。

1. 机房上置式自动扶梯

机房设置在扶梯桁架上端部水平段内。

图 1-2-5 是上置式机房示意图。从图中可以看到驱动主机和电控柜均安装在桁架上端部水平段内。

驱动装置和电控装置都安装在机房内，具有结构简单、紧凑的优点，是自动扶梯最为常见的机房布置方式。但这种结构的扶梯机房内空间会显得比较窄，为了方便检修，有的扶梯将电控柜做成可移动式的，必要时可以将电控柜提拉到地面检修。如图 1-2-5a 所示，

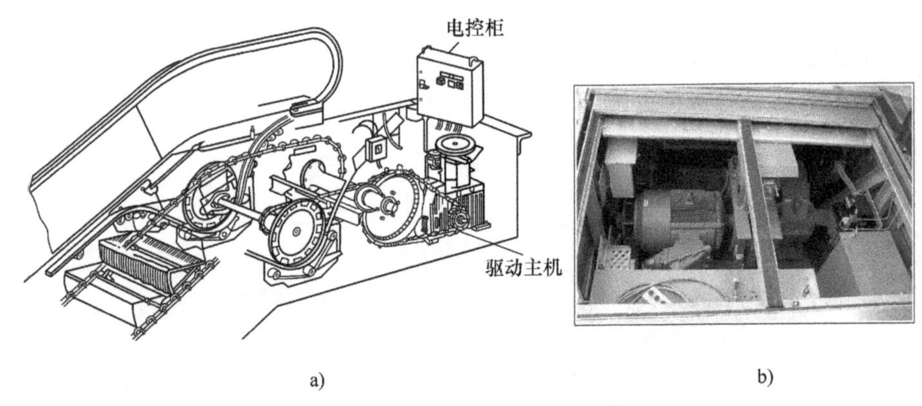

图 1-2-5　上置式机房示意图

电控柜可以向上抽起。

2. 机房外置式自动扶梯

驱动装置设置在自动扶梯桁架之外的建筑空间内，因此又称为分离式机房。分离式机房的结构、照明、高度和面积等都需要符合专门的要求。

对于大提升高度扶梯，由于驱动装置较大，机房通常安置在桁架的外面，这样可以减少桁架的受力和振动，且方便检修；对于室外型扶梯，机房的外置还具有保护机房设备不受外界环境干扰的优点。但采用分离式机房会增加建设投资，所以一般在地铁等大客流或大提升高度的场所才有所使用。

图 1-2-6a 是机房外置式自动扶梯的机房布置示意图，从图中可以看到机房是在桁架下部的建筑空间内。

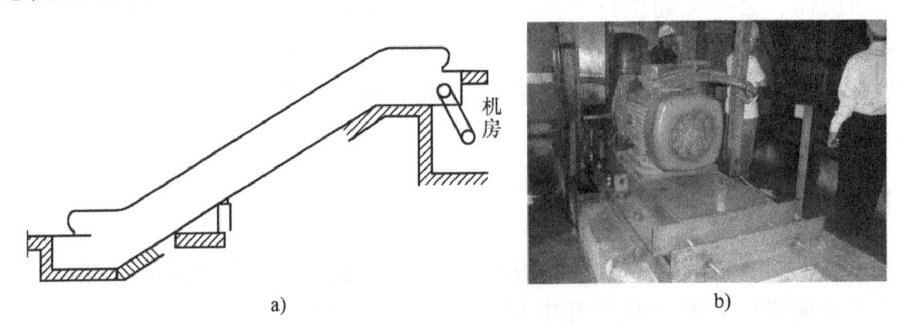

图 1-2-6　机房外置式自动扶梯

图 1-2-6b 是机房实景。人员可以进入机房工作，并不影响自动扶梯的正常工作。

3. 中间驱动式自动扶梯

中间驱动式自动扶梯的驱动装置，被安装在自动扶梯桁架的倾斜段内。这种结构的自动扶梯以多级齿条代替传统的梯级链条，以推力驱动梯级，减少动力损耗。由于可以将扶梯做成标准节，每个节配置一个标准的驱动装置，按高度需要加以组合，而不需要将桁架和驱动装置做得很大，因此又称为多级驱动式自动扶梯。这种驱动方式在大高度传动中有一定的优势。但也存在结构较复杂，驱动装置的调试和维修保养不方便，以及存在摩擦传动等缺点。

图 1-2-7 是中间驱动式自动扶梯。

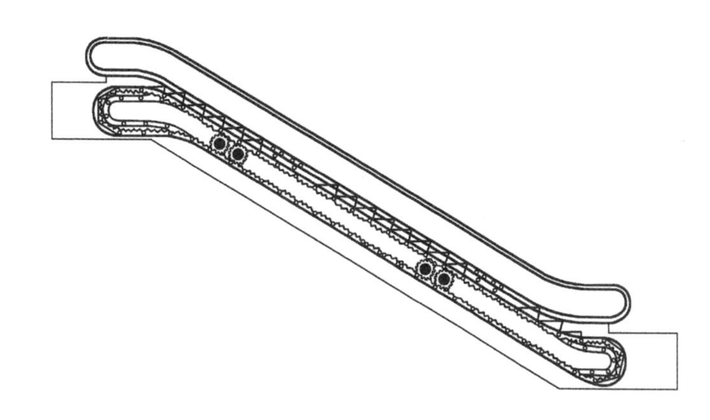

图 1-2-7　中间驱动式自动扶梯

图 1-2-8 是中间驱动式自动扶梯的驱动装置和驱动齿条。电动机与减速箱之间用三角带传动，采用蝶式制动器，用特制的履带式驱动链驱动齿条。

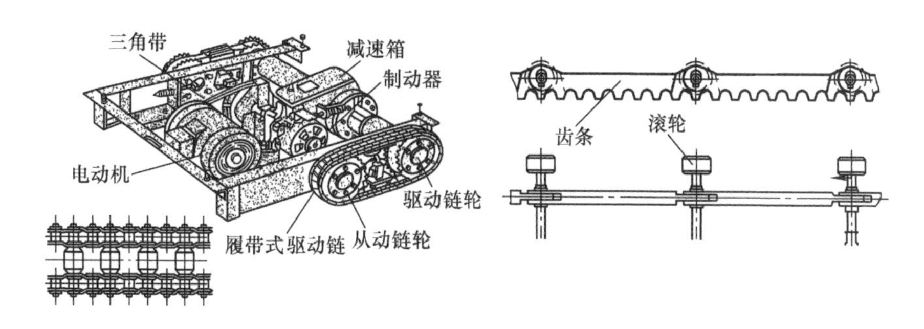

图 1-2-8　中间驱动式自动扶梯的驱动装置和驱动齿条

四、按护栏种类分类

按护栏种类，自动扶梯可分为玻璃护栏型和金属护栏型两种。

1. 玻璃护栏型自动扶梯

护栏的主体（护壁板）采用玻璃制造，如图 1-2-9 所示。

普通自动扶梯一般都采用玻璃护栏型。根据需要，玻璃板可采用全透明和半透明工

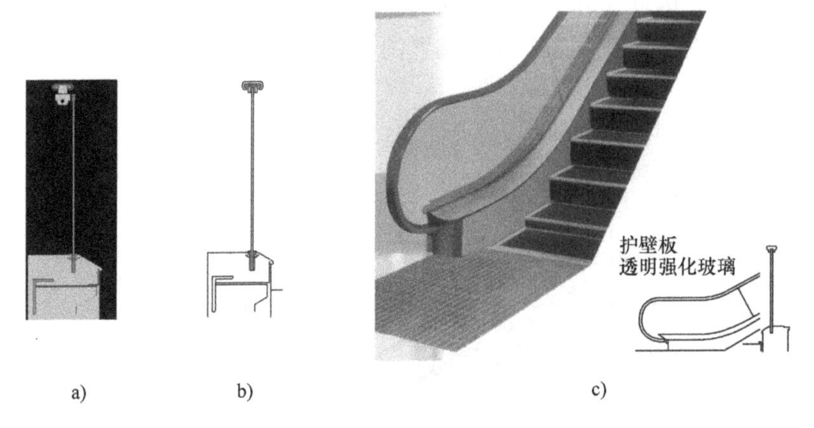

a) b) c)

图 1-2-9 玻璃护栏型自动扶梯

a) 有灯光型 b) 苗条型 c) 整体示意图

艺，还可以采用不同的颜色。此外，还可以在扶手带下加装照明和其他的灯光装饰。近代广泛采用的苗条型（无灯光）结构显得更加简洁、明快和美观，适合购物中心、酒店等商业建筑场所使用。

2. 金属护栏型自动扶梯

护栏的主体采用金属板材制造，如图 1-2-10 所示。

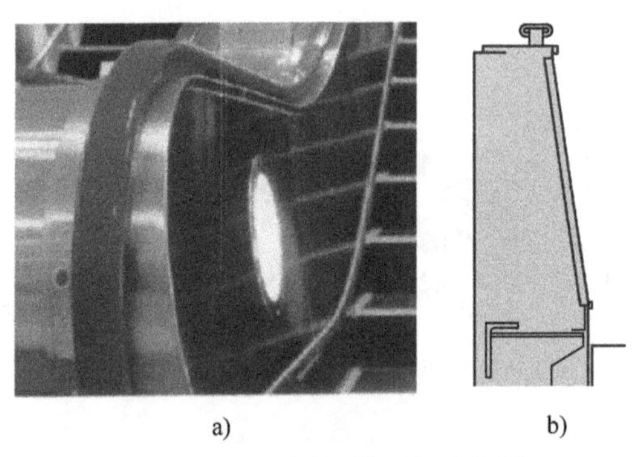

a) b)

图 1-2-10 金属护栏型自动扶梯

a) 实物图 b) 侧面示意图

公共交通场所的自动扶梯多采用金属护栏结构。原因是金属护栏的强度高，防破坏的能力强。护壁板多采用不锈钢板制作，其牢固的结构适合交通复杂且客流密集的公共交通场所，特别是地铁站的环境。另外，室外型扶梯也多采用金属护栏。

五、按倾角分类

自动扶梯的常用倾角有 30°、35°和 27. 3°三种。

1. 30°自动扶梯

30°倾角的自动扶梯使用最广，其空间占用适中，乘客感觉安全舒适，适用于各种提升高度。

2. 35°自动扶梯

自动扶梯最大倾角不应超过35°。35°自动扶梯占用空间较少，制造扶梯的材料相对减少。但乘客感觉较陡，容易产生畏高、紧张的不安全感，因此GB 16899—2011规定：此时自动扶梯提升高度不应大于6m、且速度不应大于0.5m/s。

3. 27.3°自动扶梯

27.3°自动扶梯需要占用较多的安装空间，但较平的扶梯倾角能增加乘客的安全感。

在美国的公共交运输系统中，当提升高度大于10m时，为了增加安全性，推荐采用27.3°的自动扶梯。

在商业场所采用27.3°的自动扶梯，有利于老年人搭乘，在一些老龄化幅度较大的国家，27.3°的自动扶梯得到了较多的使用。

27.3°自动扶梯还有一个优点：因为这种扶梯的倾角与固定楼梯的倾角接近，所以在建筑物内与固定楼梯显得协调、美观。

六、特殊自动扶梯

自动扶梯的家族中有一些特殊设计的自动扶梯，我们称它为特殊自动扶梯。这些自动扶梯的造价很高，很少被使用。

1. 圆弧形自动扶梯

如图1-2-11所示，自动扶梯被做成圆弧形，布置在酒店、宾馆的大堂显得别具风格。

这种自动扶梯的外周与内周梯级的线速度是不一样的，需要有专门的机构加以实现，因此造价昂贵。

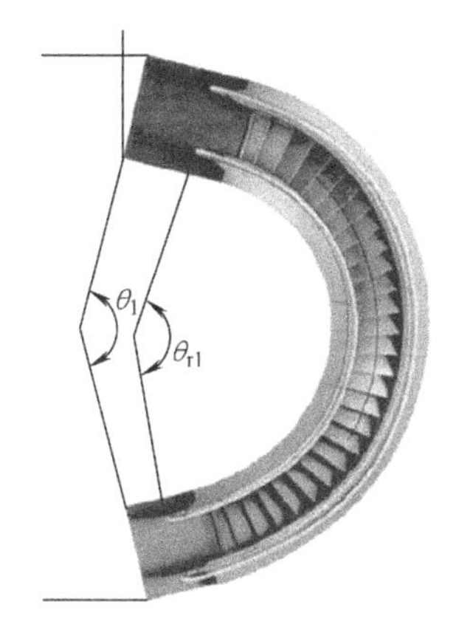

图1-2-11　圆弧形自动扶梯

2. 带轮椅运送功能的自动扶梯

如图 1-2-12 所示，这种自动扶梯能在需要时用来输送坐轮椅的残疾人。

这种自动扶梯的某三个梯级是经特殊设计的，当需要输送轮椅时停下扶梯，按动扶梯上的专用开关，扶梯上的那三个梯级就能合为一个平台，供轮椅使用。但每次运送轮椅时，需要首先停止正常运行，让其他乘客离开，而且平台的打开和复原都要需要时间，因此使用不方便，它在实际应用中也受到了限制。

图 1-2-12　带轮椅运送功能的自动扶梯

3. 变坡度自动扶梯

如图 1-2-13 所示，变坡度自动扶梯的中间段或某一段是作水平运行的。这种扶梯采用 27.3°倾角时可以与相邻的固定楼梯的坡度做得相一致，显得具有建筑艺术的美感。由于实用价值不是太高，因此这种扶梯不多见。

七、自动人行道（图 1-2-14）

自动人行道是一种变化设计的自动扶梯。将自动扶梯的梯级改为踏板或胶带，形成一条平的路面，扶梯就变成了自动人行道。

自动人行道的倾角为 0° ~ 12°。由于自动人行道的踏面是平坦的，因此能允许婴儿车、购物车和行李车等在上面运输。它主要应用在超市、机场等场合。

1. 分类

自动人行道可以按结构、使用场所、安装位置、倾斜角度、护栏的种类等进行分类。

（1）按结构分类　可分为踏板式和胶带式。我们最常见到的是踏板式人行道。

（2）按使用场所分类　可分为普通型和公交型。普通型用于超市等购物场所；公交

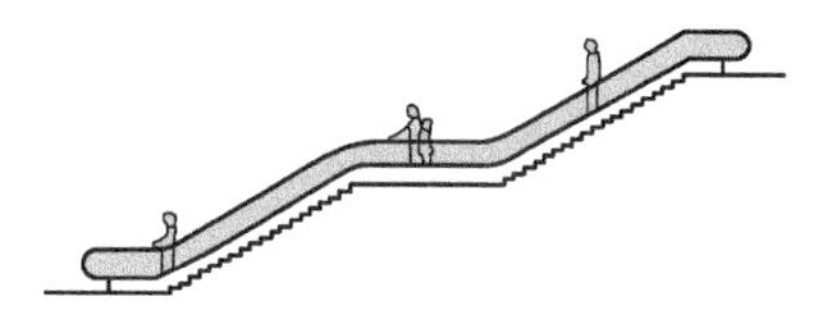

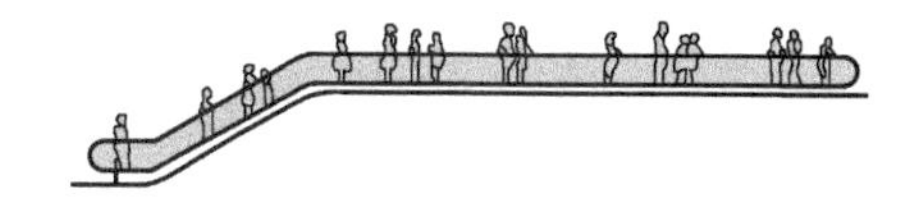

图 1-2-13　变坡度自动扶梯

图 1-2-14　自动人行道

型用于机场等公交场所。

（3）按倾斜角度分类　可分为水平型和倾角型。安装在机场的多数是水平的公交型自动人行道。安装在超市的多是倾角型。

（4）按安装位置分类　可分为室内型和室外型，室内型自动人行道只能在建筑物内工作；室外型自动人行道又分为半室外型和全室外型。全室外型自动人行道可在露天工作。

（5）按护栏分类　可分为玻璃护栏和金属护栏。大多数的自动人行道都采用玻璃护栏，只有在室外安装或在繁忙公交场所的自动人行道上才采用金属护栏。

2. 名义速度

自动人行道标准的名义速度有0.5m/s、0.65m/s、0.75m/s三种。但如果踏板或胶带的宽度不大于1.10m，并在入口踏板或胶带进入梳齿板之前的水平距离不小于1.6m时，名义速度允许达到0.9m/s。

3. 名义宽度

自动人行道的名义宽度与自动扶梯的名义宽度基本相同，定义为0.58~1.1m，同时，对于倾斜角小于6°的水平式自动人行道，规范中允许放宽踏板的宽度到1.65m。常见的规格有0.80m、1.0m、1.2m、1.4m和1.6m六种不同尺寸宽度的踏板。

4. 倾斜角

自动人行道常见的倾斜角有0°、6°、10°和12°。当然，为了配合建筑物的设计高度及井道，也有介于这些常见倾角之间的其他倾斜角的人行道。

5. 长度

GB 16899—2011没有对自动人行道的最大距离进行限制。在机场中常见的自动人行道一般在50~80m，但也会有超出100m的特殊情况，目前最长的自动人行道大约在150m。

第三节　自动扶梯的总体结构

自动扶梯是一种以机械结构为主体的大型复杂运输设备，可以按功能拆分为：支撑结构（桁架）、梯级系统、扶手带系统、导轨系统、扶手装置、安全保护装置、电气控制系统和自动润滑装置等8个部分。

图1-3-1是自动扶梯的结构图。

下面对这8个部分的主要结构和功能作简要的介绍，以便于读者在阅读全书前，对自动扶梯的总体结构有一个系统的概念。

一、支撑结构（图1-3-2）

自动扶梯的支撑结构习惯上称为桁架，通常除了主体金属构架（整体组装焊接而成）外，还有一些附属结构，一般包括楼层板、梳齿板、桁架的底板，以及油槽和垃圾收集盘等。

（1）主体金属构架　它是扶梯的骨架，用以安装各种部件和承受乘客的重量；

（2）楼层板　又称为端部盖板，安装在桁架上下两端的水平段，是进出扶梯的通道，其中的梳齿支撑板还需要安装与梯级作啮合运动的梳齿板；

（3）底板　对桁架的底部起封闭作用，一般用薄钢板制造；但上下水段的底板需要承受维修人员的重量而采用较厚的钢板。

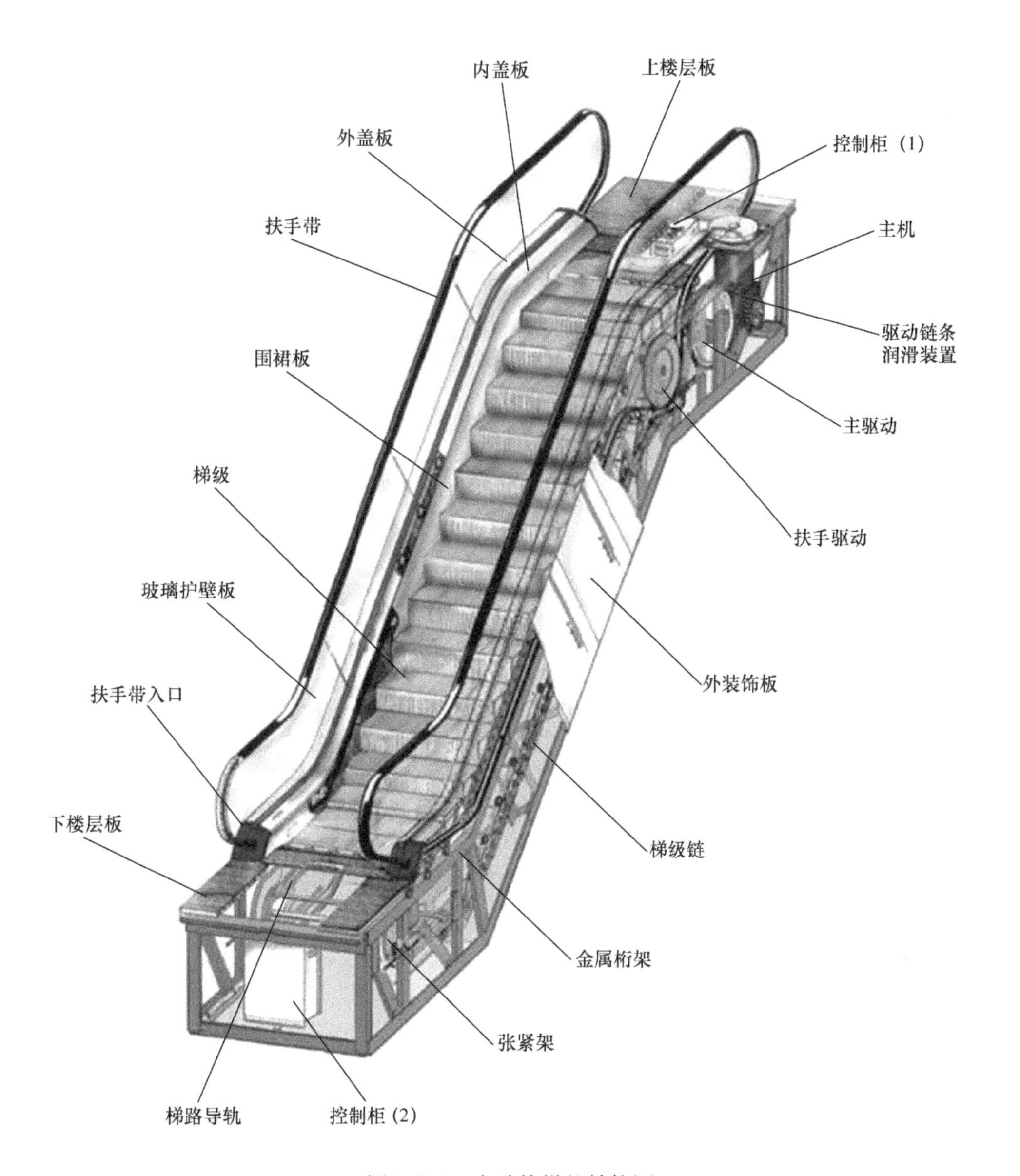

图 1-3-1　自动扶梯的结构图

二、梯级系统

梯级系统是自动扶梯的工作部分，其构成如图 1-3-3 所示，主要由梯级、驱动主机、主驱动轴、梯级链、梯级链张紧装置等组成。梯级在驱动主机——主驱动轴——梯级链的驱动下，作向上或向下的循环运动，以此输送乘客。

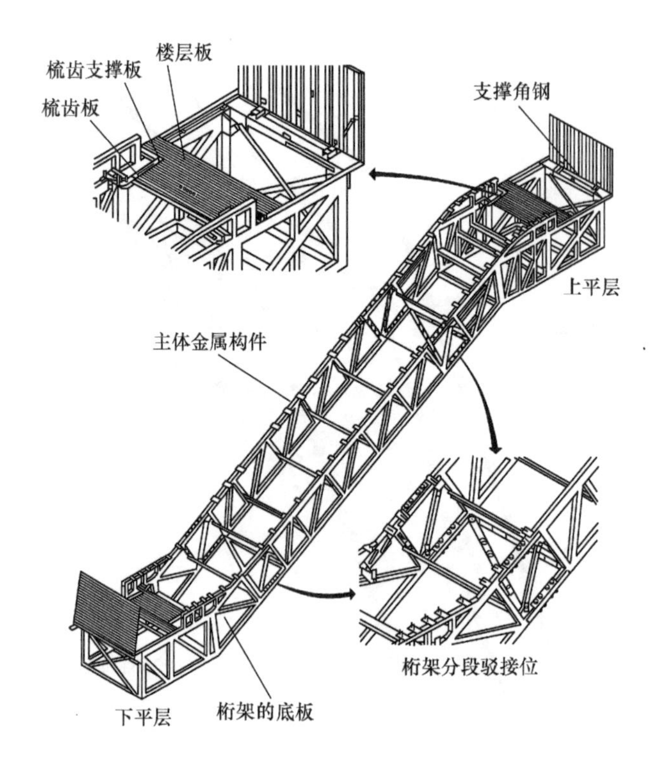

图 1-3-2　自动扶梯的支撑结构

（1）梯级　它是乘客站立的地方，在梯级链的带动下作向上或向下的循环运动。

（2）驱动主机　它是自动扶梯的动力输出部分，由电动机、减速箱和制动器组成。

（3）主驱动轴　安装在桁架的上部，在驱动主机的驱动之下，通过梯级链和扶手带驱动链，驱动梯级和扶手带运动。

（4）梯级链　与每个梯级相联接，在主驱动轴的驱动下牵引梯级运行。

（5）梯级链张紧装置　安装在桁架端下部，主要功能是张紧梯级链。

三、扶手带系统

扶手带系统的主要作用是为乘客提供与梯级同步运动的活动扶手。如图 1-3-4 所示是采用端部驱动的扶手带系统，该系统主要由扶手带、扶手带驱动装置、扶手带导轨、张紧轮组和导向轮等组成。

（1）扶手带　与梯级同步运动，为乘客提供手扶的地方。

（2）扶手带驱动装置　以摩擦的方式为扶手带的运动提供动力，主要由摩擦驱动轮、扶手带驱动链轮和扶手带驱动链组成。

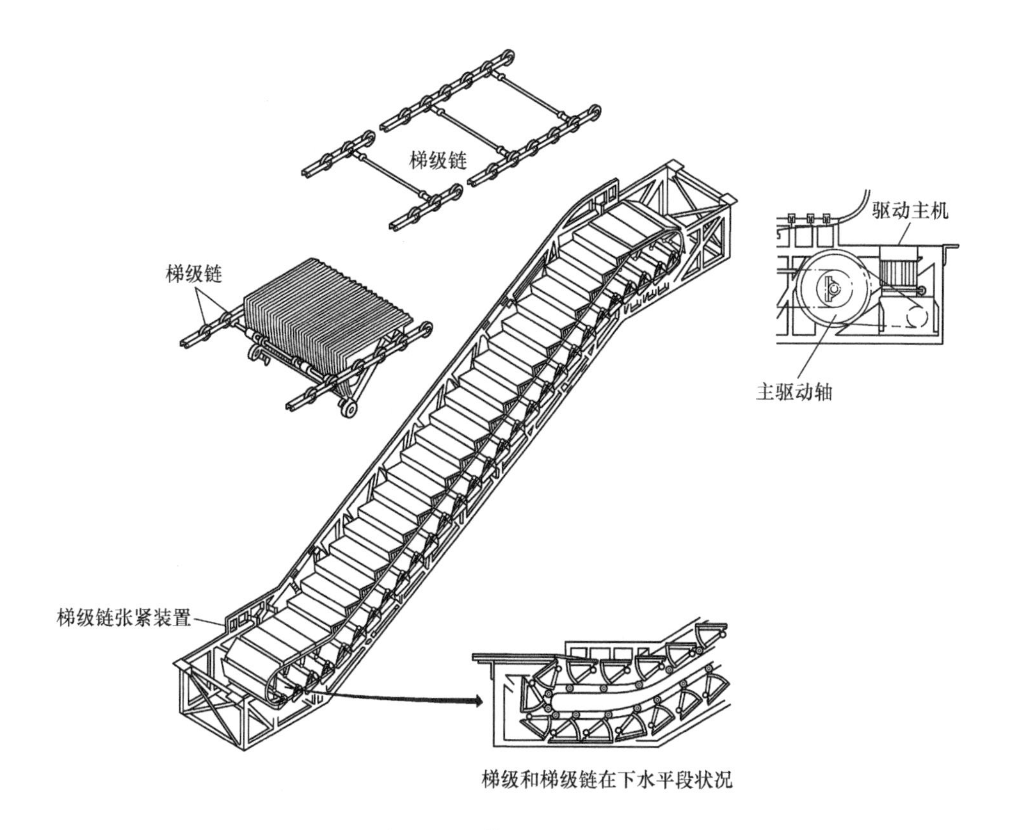

图 1-3-3　梯级系统的结构

（3）扶手带导轨　安装在扶手装置上部，为扶手带提供工作支撑和导向。

（4）张紧轮组　对扶手带起张紧作用，并可用于调整扶手带与扶手带驱动轮的包角。

（5）导向轮　安装在桁架内下端部，为扶手带的回转提供支撑，并对扶手带提供预紧力。

四、导轨系统

导轨系统主要由工作导轨、返回导轨、转向导轨和卸载导轨等组成（图 1-3-5）。其功能是为梯级的运动提供支撑与导向，因此又称为自动扶梯的梯路。

（1）工作导轨　为梯级上的 4 个滚轮提供支撑和导向。

（2）返回导轨　为梯级从上下端部转入扶梯支撑结构内部作循环运动时提供支承和导向。

（3）转向导轨　引导梯级从工作导轨转入返回导轨或从返回导轨转入工作导轨。

（4）卸载导轨　在扶梯使用滚轮外置式梯级链驱动时才有，安装在桁架上端部，用以在梯级转向时抬起梯级，使梯级链滚轮离开导轨面，减小梯级链滚轮的受力。

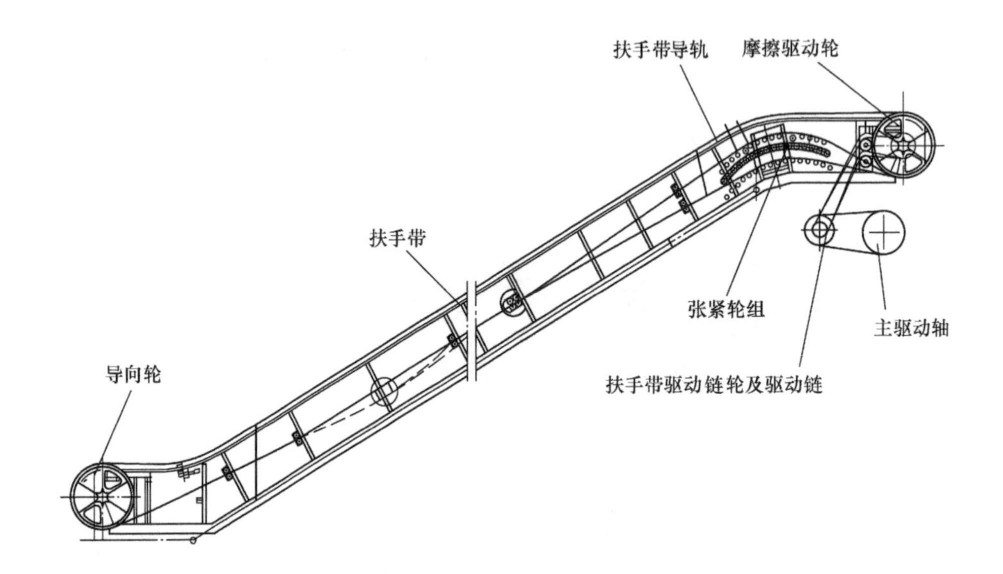

图 1-3-4　扶手带系统

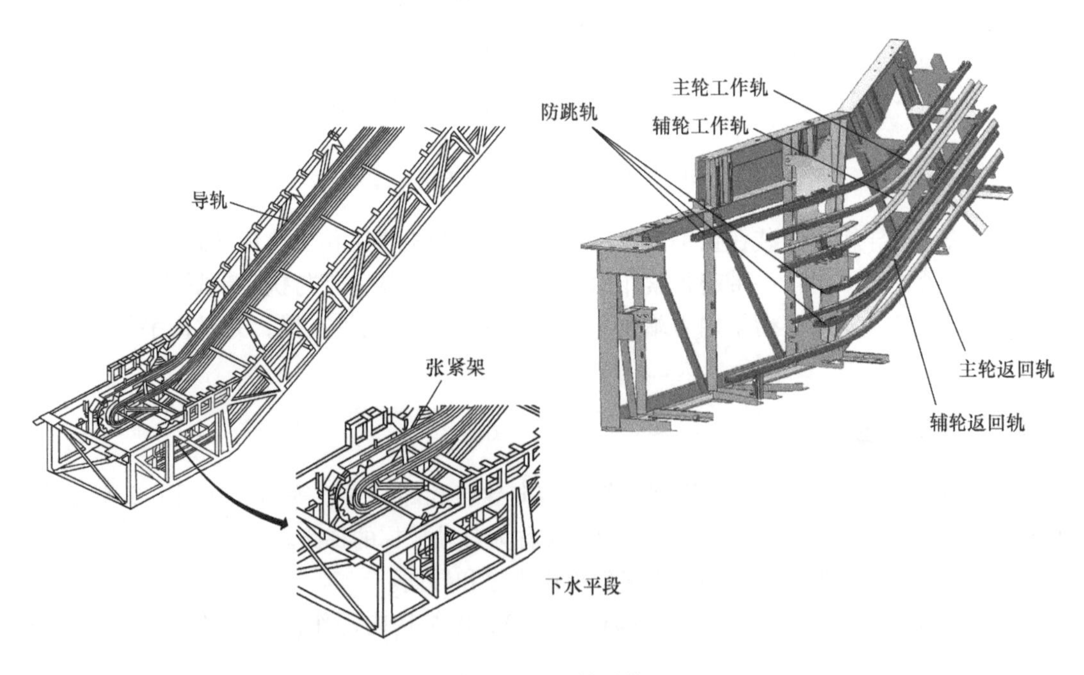

图 1-3-5　导轨系统

五、扶手装置

扶手装置位于自动扶梯的两侧，对乘客起安全保护作用，同时也是安装扶手带导轨和扶手带的地方。扶手装置主要由护壁板、内盖板、外盖板、围裙板和外装饰板等组成（图1-3-6）。

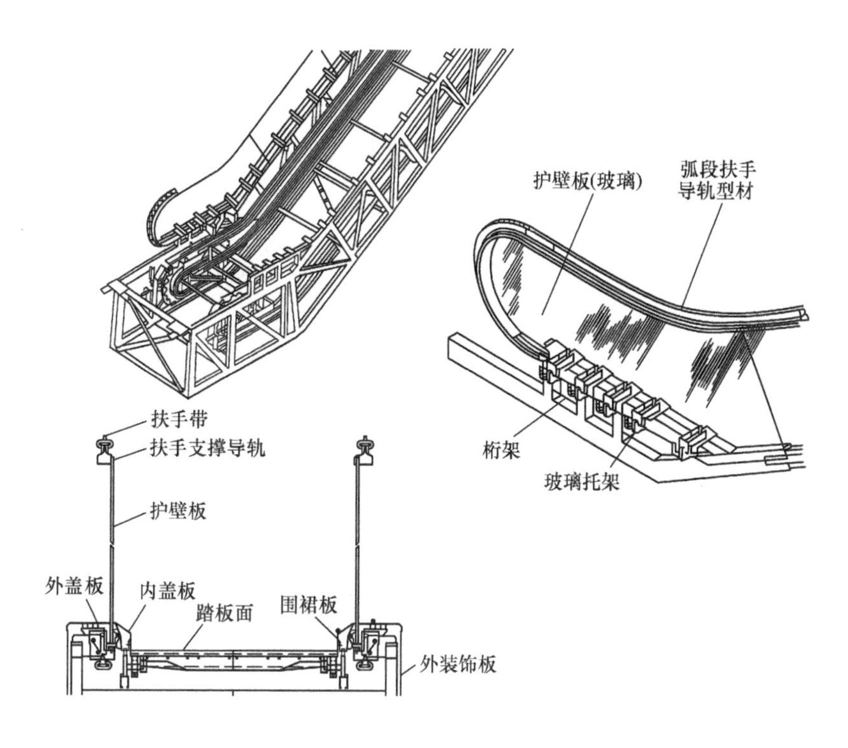

图1-3-6　扶手装置

护壁板可分为玻璃护壁板（图1-2-9所示）和金属护壁板（图1-2-10所示）两种。玻璃护壁板一般用于普通扶梯，金属护壁板一般用于公交场所的扶梯。

六、安全保护装置

安全保护装置包括制动器（含附加制动器）、超速保护、逆转保护、扶手带入口保护、驱动链监测、梯级监测、梯级链监测等。安全保护装置的布置见第七章的图7-0-1。

安全保护装置的作用是当出现不安全状况时使自动扶梯停止运行。

七、电气控制系统

电气控制系统主要由电气控制电路（包括安全电路）、电控柜、操纵开关、电线电缆等组成。

其作用是对自动扶梯进行操纵和运行控制。其中：

（1）电控柜　安装在机房之中，由各种电气控制开关、微机板等组成，有的还安装有变频器，对自动扶梯实行节能控制并提供维修速度。

（2）操纵开关　包括钥匙开关、紧急停止按钮，操纵开关通常安装在自动扶梯扶手装置的上下端部，用于开启或关闭自动扶梯。

（3）电线电缆　布在桁架内，用于传送电力和控制信号。

八、自动润滑装置

自动润滑装置主要由油泵、油管等组成（图1-3-7）。其功能是对主驱动轴、梯级链、主驱动链和扶手驱动链等传动件进行自动润滑。

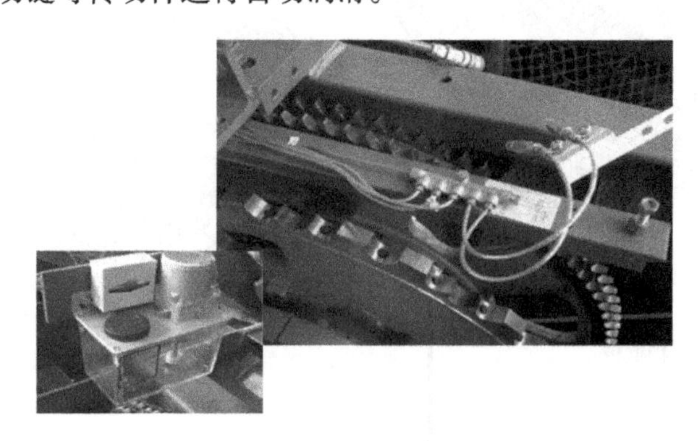

图1-3-7　自动扶梯的自动润滑装置

第四节　自动扶梯的主要参数

自动扶梯的主要参数可分为规格参数和结构参数。

一、规格参数

自动扶梯的规格参数由速度、梯级名义宽度和提升高度三个数据组成，它决定了自动扶梯的工作能力（输送能力和提升能力）。

1. 速度

自动扶梯的速度，分为名义速度和额定速度两种。

（1）名义速度　自动扶梯在空载（无人）情况下的运行速度。名义速度是自动扶梯的标称速度，由制造商设计确定。我们平时所说的自动扶梯的速度指的就是名义速度。

（2）额定速度　自动扶梯在额定载荷时的运行速度。当自动扶梯运送乘客时，速度会低于名义速度，这是驱动电机的特性决定的。采用转差率小的电机，额定速度与名义速度的偏差就会小。

但需要指出的是，GB 16899—2011 没有规定自动扶梯的额定载荷如何计算。因此，额定速度目前也没有确定的测量方法，只是 GB 16899—2011 上的一个名词。

2. 梯级宽度

梯级宽度是指梯级的横向标称尺寸，如图 1-4-1 中所示的 z_1。

GB 16899—2011 规定梯级的宽度应在 0.58 ~ 1.1m。这个尺寸包含了 0.60m、0.80m、1.00m 三种标准规格的梯级标称宽度。在标称宽度一样的情况下，不同品牌扶梯的实际梯级宽度会略有不同，但一般都在规定的范围之内。

3. 提升高度

提升高度指自动扶梯出入口两楼层之间的垂直距离，如图 1-4-1 中所示的 h_{13}。

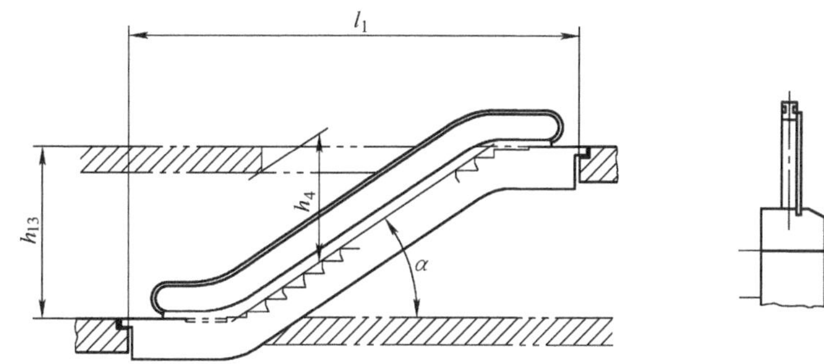

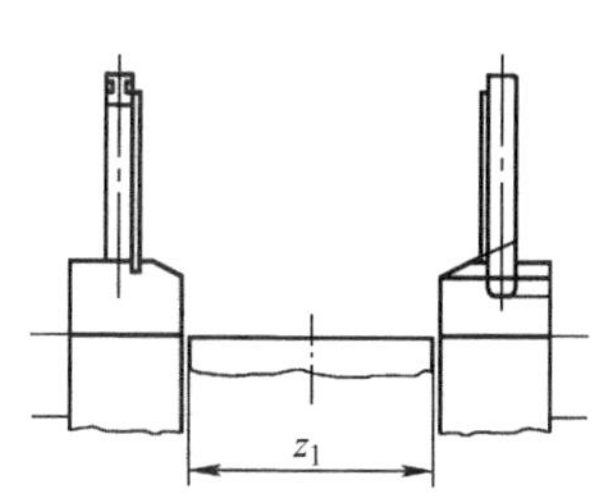

图 1-4-1　自动扶梯的主要参数

h_{13}—提升高度　l_1—跨度　α—倾斜角

z_1—梯级宽度　h_4—梯级踏板面离建筑物的最小高度（不应小于 2300mm）

自动扶梯没有最大和最小提升高度的限制，但太大高度的自动扶梯不仅造价高，安全性也不好，常用的提升高度是 5 ~ 8m，10m 以上的自动扶梯就可以称为大高度自动扶梯；目前有提升高度达 50m 以上的自动扶梯，也有提升高度不到 1m 的自动扶梯，但后者已失去了提升乘客的意义，只是一种创意性设计。

二、结构参数

自动扶梯的结构参数由倾斜角、水平梯级数量、上下端导轨曲率半径三个与搭乘安全性有关的设计数据组成。

1. 倾斜角

倾斜角是指由梯级运行方向与水平面构成的最大角度，如图 1-4-1 中所示的 α。

倾斜角与安全有关，因此 GB 16899—2011 规定：当名义速度不大于 0.5m/s，提升高度不大于 6m 时，自动扶梯允许的最大的倾斜角是 35°。公共交通型自动扶梯只允许采用不大于30°的倾斜角。

最常用的倾斜角是30°。对大提升高度的自动扶梯，为了提高安全性，有时也采用小于30°的角度（常用的是27.3°）。

2. 水平梯级数量

水平梯级数量是指梯级从梳齿板出来至梯级开始上升和梯级进入梳齿板前的水平移动梯级的数量，又称为水平移动距离，如图1-4-2中所示的L_1。

水平移动的梯级数量多，人员就容易登上梯级，搭乘安全性就好；但水平移动的梯级多会增加扶梯的长度，占用建筑物的空间大，同时扶梯的造价也会相对高。由于关系到安全使用，GB 16899—2011中，有如下规定：

1）名义速度小于等于0.5m/s，且提升高度不大于6m时，水平移动距离不应小于0.8m。相当于两块水平梯级。

2）名义速度大于0.5m/s，但不大于0.65m/s，或提升高度大于6m时，水平移动距离不应小于1.2m。相当于三块水平梯级。

3）名义速度大于0.65m/s，水平移动距离不应小于1.6m。相当于四块水平梯级。

水平梯级之间的高度允差是5mm。

3. 上下端导轨曲率半径

上下端导轨曲率半径又称为从倾斜段到水平区段的曲率半径，如图1-4-2中所示的R。

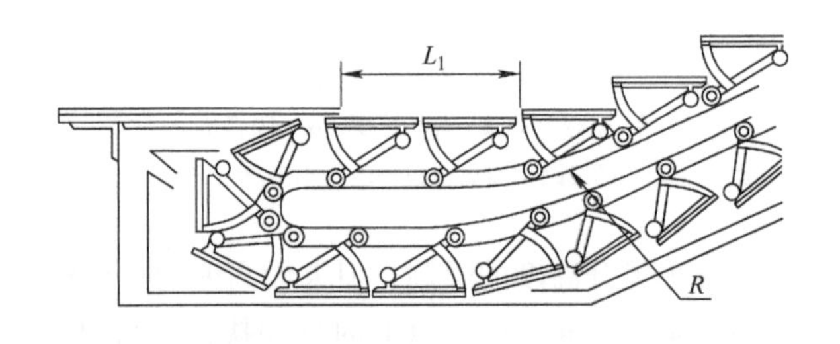

图1-4-2　水平梯级数量L_1和上下端导轨曲率半径R

曲率半径大，梯级在作过度运动时人员容易站稳，扶梯的安全性就好；但曲率半径大会增加自动扶梯的长度，造价也会增大。由于关系到安全使用，在GB 16899—2011中，有如下规定：

（1）上部曲率半径　名义速度小于等于0.5m/s时，不小于1.00m；名义速度大于0.5m/s，但不大于0.65m/s时，不小于1.50m；名义速度大于0.65m/s时，不小于2.60m。

（2）下部曲率半径　名义速度不大于0.65m/s时，不小于1.00m；名义速度大于0.65m/s时，不小于2.00m。

第五节　自动扶梯的技术术语与性能指标

一、技术术语

1. 制动载荷

制动载荷是指梯级上的载荷，并以此载荷设计自动扶梯的制动系统。

GB 16899—2011 对自动扶梯的制动载荷规定见表 1-5-1。自动扶梯对乘客的重量计算为 75kg/人（与电梯一样）。表 1-5-1 中的制动载荷是按 0.8 的满载系数来计算的。对于名义宽度为 1.00m 的扶梯，平均每个梯级上是 1.6 人。

表 1-5-1　自动扶梯制动载荷的确定

梯级名义宽度 z_1/m	每个梯级上的制动载荷/kg
$z_1 \leqslant 0.60$	60
$0.60 < z_1 \leqslant 0.80$	80
$0.80 < z_1 \leqslant 1.10$	120

2. 额定载荷

额定载荷是指设备的设计输送载荷。额定载荷主要用于电机功率的设计。

由于欧洲自动扶梯标准（EN115）没有规定如何确定和计算额定载荷，因此凡采用欧洲标准生产的扶梯，额定载荷没有统一的规定，而是由生产厂家按梯种自行设定，或按用户要求设定。通常有如下的设定方法：

（1）普通自动扶梯　以制动载荷的 60% 左右为设计输送载荷。

（2）公共交通型自动扶梯　以制动载荷的 80% 左右为设计输送载荷。

（3）重载型自动扶梯　以制动载荷的 100% 为设计输送载荷。

但有的国家对自动扶梯的额定载荷作有规定。如美国的 ASME 标准，对自动扶梯的额定载荷有如下规定：

1）电机功率以不低于以下的额定载荷进行计算：

$$\text{主机额定载荷} = 0.21(W + 203)B \tag{1-5-1}$$

2）制动器以不低于以下的额定载荷加以设计：

- 当扶梯停止时：

$$\text{制动额定载荷} = 0.27(W + 203)B \tag{1-5-2}$$

- 当扶梯运行时：

$$\text{制动额定载荷} = 0.21(W + 203)B \tag{1-5-3}$$

式中　$B = \cot\alpha \times$ 总的提升高度，单位为 m；

　　α——倾斜角；

W——扶梯的宽度，单位为 mm。

美国对公交重载扶梯，则在 ASME 标准之外，另有《重载运输系统自动扶梯设计指导书》（美国公共运输系统 APTA 标准）作有如下规定：

1）计算电机功率时的额定载荷：145kg/梯级（名义宽度 1m，倾斜段梯级）；116kg/梯级（名义宽度 0. 8m，倾斜段梯级）

2）计算制动器时的额定载荷：

静态：306kg/梯级（名义宽度 1m，倾斜段梯级）。
245kg/梯级（名义宽度 0. 8m，倾斜段梯级）。
动态：145kg/梯级（名义宽度 1m，倾斜段梯级）。
116kg/梯级（名义宽度 0. 8m，倾斜段梯级）。

3. 理论输送能力

理论输送能力指自动扶梯理论上每小时能够运输的人数。

由于人员不可能连续地站满梯级，因此理论输送能力不是自动扶梯的实际输送能力。尽管 GB 16899—2011 取消了理论运输能力的名词，但理论输送能力是自动扶梯实际输送能力的基础，有必要加以了解。

自动扶梯的理论运输能力的计算，只考虑名义速度和梯级宽度，即按每个可见梯级上都站满了人加以计算。计算公式如式（1-5-4）所示。

$$C = \frac{v}{0.4} \times 3600 \times k \tag{1-5-4}$$

式中 C——理论运输能力，单位为人/h；
v——名义速度，单位为 m/s；
k——梯级系数，梯级宽 0. 60m 时为 1，梯级宽 0. 80m 时为 1. 5，梯级宽 1. 20m 时为 2。

式（1-5-4）计算的结果如表 1-5-2 所示。

表 1-5-2 自动扶梯理论运输能力

梯级名义宽度 z/m	名义速度 v/(m/s)		
	0. 5	0. 65	0. 75
0. 60	4500 人/h	5850 人/h	6750 人/h
0. 80	6750 人/h	8775 人/h	10125 人/h
1. 00	9000 人/h	11700 人/h	13500 人/h

4. 满载系数与实际输送能力

由于自动扶梯是以连续运行方式输送乘客的，因此会造成乘客登上梯级的不连续性，而这个不连续性造成了乘客对梯级的占有率。

自动扶梯在运行中乘客对梯级最大的占有率，被称为自动扶梯的满载系数。

在运行中，每个梯级都按可站人数站满人是不可能出现的，因此满载系数小于1，数值的大小与自动扶梯的速度有关。速度越快，人员登上梯级的不连续性就越大，满载系数也就越小。

（1）满载系数的计算　满载系数尚无规范性的计算公式。以下是国内文献介绍的一个经验公式：

$$\eta = 0.6(2 - v) \tag{1-5-5}$$

式中　η——满载系数；

v——名义速度，单位为m/s。

（2）自动扶梯的实际输送能力的计算　考虑了满载系数后的输送能力，即为实际输送能力，计算公式如下：

$$G = \frac{v}{0.4} \times 360 \times k \times \eta \tag{1-5-6}$$

式中　G——实际运输能力，单位为人/h；

v——名义速度，单位为m/s；

k——梯级系数，梯级宽0.60m时为1，梯级宽0.80m时为1.5，梯级宽1.20m时为2；

η——满载系数。在实际应用中，常取满载系数为0.7左右。

5. 最大输送能力

最大输送能力是指自动扶梯在正常运行中实际能达到的最大输送能力。

在GB 16899—2011的附录H中，对不同规格和速度的自动扶梯给出了用于交通流量规划时的最大输送能力（见表1-5-3）。以名义宽度为1m、速度为0.5m/s的自动扶梯为例，相当于满载系数为0.67时的实际输送能力。此时一个可以站2个人的梯级上，平均乘客人数是1.33人/级。表中的数字是对实际运行的调查数据。不仅适用于交通流量规划，同时也与一般情况下的扶梯客流情况相符。

表1-5-3　最大输送能力（进行交通流量规划时使用）

梯级名义宽度 z_1/m	名义速度 v/(m/s)		
	0.5	0.65	0.75
0.60	3600人/h	4400人/h	4900人/h
0.80	4800人/h	5900人/h	6600人/h
1.00	6000人/h	7300人/h	8200人/h

6. 高强度输送能力

高强度输送能力是指当自动扶梯在高强度使用时（载荷达到100%的制动载荷时）的输送能力。

在人流拥挤的情况下，梯级上的人数会增加，出现2个梯级上站有3个人或3个梯级上站有 5 个人，平均 1.5 ~1.67 人/级的高强度使用的情况，此时的满载系数在 0.8 左右。相当于 GB 16899—2011 规定的 120kg/级的制动载荷。

在设计上各种扶梯高强度输送能力是不相同的。普通扶梯一般只允许持续数分钟，时间稍久就会自动停梯；公交型扶梯允许持续 0.5h 以上；重载型扶梯则具有连续高强度输送能力。

对表 1-5-2 中的数据乘上 0.8 的满载系数，即相当于扶梯的高强度输送能力。

7. 载荷条件

载荷条件是指自动扶梯在一天的运行中载荷的变化情况，又称为载荷强度。载荷条件用于扶梯机件的寿命计算。

（1）普通自动扶梯　GB 16899—2011 没有规定普通自动扶梯载荷条件，由于使用场所决定了其载荷强度是比较低的，很少出现满载的情况，设计中常将其等效载荷设定为 40% 左右的制动载荷。

（2）公共交通型扶梯　GB 16899—2011 规定的载荷条件是：每天运行 20h，在任何 3h 间隔内，其载荷达 100% 制动载荷的持续时间不少于 0.5h。

但标准没有规定 0.5h 之外的 2.5h 的载荷情况。生产厂家的标准产品通常将此设定为 25% 的制动载荷，其等效载荷约为 60% 的制动载荷。

（3）重载型扶梯　重载型扶梯的载荷条件一般设定为：每天运行 20h，在任何 3h 间隔内，其载荷达 100% 制动载荷的持续时间不少于 1h。其余 2h 常设定为不小于制动载荷的 60%，其等效载荷约为 80% 的制动载荷。

等效载荷的计算公式如下：

$$P_e = \sqrt[3]{[T_1 \times P_1^3 + T_2 \times P_2^3 + T_3 \times P_3^3 + T_4 \times P_4^3 + \cdots]/T} \qquad (1\text{-}5\text{-}7)$$

式中　P_e——等效载荷，单位为（kg/梯级）；

T_1、T_2、T_3、T_4…——一天中以不同载荷运行的时间，单位为 h；

P_1、P_2、P_3、P_4…——一天中各时间段的载荷单位为（kg/梯级）；

T——自动扶梯每天运行的总时间，单位为 h。

二、技术性能

1. 制停距离

制停距离是指电气停止装置动作到自动扶梯完全静止时扶梯的运动距离。

自动扶梯的制动器都是摩擦式的，在制动力的作用下会有一段滑行距离，这个距离就是制停距离（包含了电气响应时间），这个距离如果太小就会产生过大的冲击，太大就不能及时制停，因此制停距离关系到制停的可靠性和安全性，是一项重要的性能指标。

GB 16899—2011 对自动扶梯在空载和有载向下运行时的制停距离有相关规定，见表 1-5-4。

表 1-5-4 自动扶梯的制停距离

名义速度 v/(m/s)	制停距离范围/m
0.50	0.20～1.00①
0.65	0.30～1.30①
0.75	0.40～1.50①

①不包括端点的数值。

2. 制停减速度

制停减速度是指自动扶梯在制停时的减速度。

自动扶梯在制停时，人员在惯性的作用下会顺着运行方向前倾，这在向下运行时容易使人员失稳，因此 GB 16899—2011 中增加了对向下运行时的制停减速要求。规定自动扶梯向下运动时，制动器制动过程中沿运动方向上的减速度不应大于 1m/s^2。

1m/s^2 是人体能够持稳的减速度，但前提是，人员必须是规范乘梯，在梯级上站稳，并一只手握住扶手带。有些地方宣传自动扶梯一边站人，另一边空出来让人员通过，这是不规范行为，如果自动扶梯在运行中发生制停，极易发生人员连环跌倒的恶性事故。

3. 紧急制动性能

对公共交通型自动扶梯和提升度 6m 以上的普通扶梯，都要需要装附加制动器，在自动扶梯出现超速、逆转时对自动扶梯实行紧急制停。

对于紧急制动，GB 16899—2011 没有规定制停距离，只是要求能使具有制动载荷向下运行的自动扶梯有效地减速停止，并使其保持静止状态，减速度不应大于 1m/s^2。

国内外有些地铁对重载型扶梯紧急制动的距离有这样的要求：最大制动距离不大于扶梯倾斜段的 1/3，且不大于 5m。对制动的有效性提出了具体要求。

4. 速度偏差

GB 16899—2011 规定的速度偏差是指在额定频率和额定电压下，梯级沿运行方向空载所测得的速度与名义速度之间的偏差。最大允许偏差为 ±5%。标称速度为 0.5m/s 的自动扶梯，其实际名义速度允许是 0.475～0.525m/s。标准没有规定空载与满载之间的速度变化要求。

美国 APTA 标准则要求空载直至满载的速度变化不大于 4%，对自动扶梯在运行中的速度刚性提出了要求。

5. 扶手带与梯级之间的速度偏差

扶手带与梯级之间的速度偏差是指在正常运行条件下，扶手带的运行速度相对于梯级实际速度的偏差。GB 16899—2011 规定的允许最大正偏差为 2%。

自动扶梯又俗称为扶手电梯，人站在梯级上，而手则扶在扶手带上，扶手带与梯级的速度产生偏差时，人的手就会与人体不同步，如果不及时调整手的位置就会导致人体的后倾或前倾。因此，必须限制扶手带与梯级之间的速度偏差；同时由于扶手带速度小于梯级速度时极易导致人员后倒，因此扶手带与梯级之间的速度偏差只允许是正偏差，也就是只允许扶手带的速度略快于梯级而不允许小于梯级的速度。

6. 节能设计

节能设计是指为节省对电能的消耗而采用的设计。

自动扶梯是连续运输式设备，当没有人乘梯时也进行运转，这对能源是一种浪费。当前常用的节能方法是让自动扶梯在没有乘客时停止运行或作低速运行；也有采用可选速度的运行方式。

（1）无乘客时停止运行　这种自动扶梯具有当有人进入而自动启动的功能。当最后一位乘客离开自动扶梯后，再经 10s 以上的运行，如无乘客继续登上梯级，则自动停止运行。

（2）无乘客时以低速运行　这种自动扶梯安装有变频器，当无乘客时自动转为低速，这种低速又称为节能速度，一般为名义速度的 20%。

（3）可选速度运行　自动扶梯通过变频器的变速功能，在名义速度之下设计成多种可选择的运行速度。使用管理者可以根据客流情况变换速度，以达到节能的目的。

具有节能设计的自动扶梯适用于乘客有明显间歇性的场所。

第六节　自动扶梯与建筑物的关系

一、自动扶梯在建筑物内常见的布置方法

1. 单台布置

单台布置是最常见的布置方法，一般自动扶梯的旁边是固定楼梯。有时为了与固定楼梯的角度取得一致，而采用 27.3°的自动扶梯。图 1-6-1 是单台单楼层布置。

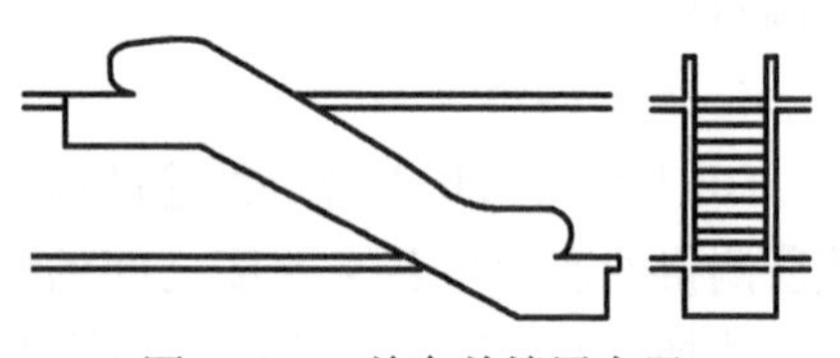

图 1-6-1　单台单楼层布置

有的建筑师为了取得空间效果，让单台布置的自动扶梯横跨 2 层（图 1-6-2），成为单台双层布置，有的地方称其为“飞梯”，这种布置在一些大型商场可以看到。它起到了 3 个楼层间的快捷通道的作用，但此时自动扶梯的跨度大，桁架需要作特别设计。

2. 双台布置

图 1-6-3 是两台扶梯并列布置；图 1-6-4 是两台扶梯之间有固定楼梯的布置。一般用在客流比较大的场所。两台扶梯可以定期轮换运行方向，使扶梯机件的磨损不会偏于一侧。

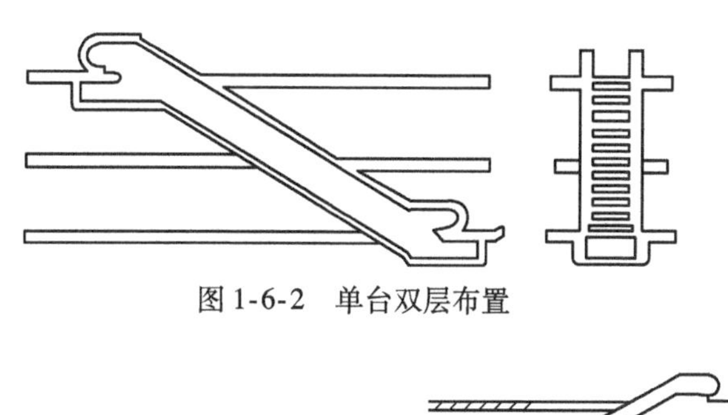

图 1-6-2　单台双层布置

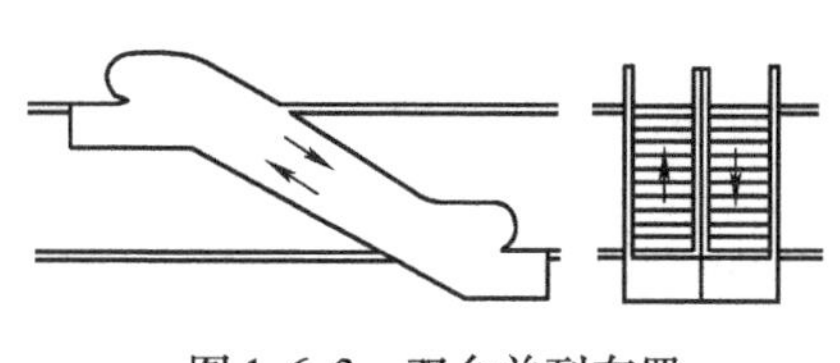

图 1-6-3　双台并列布置

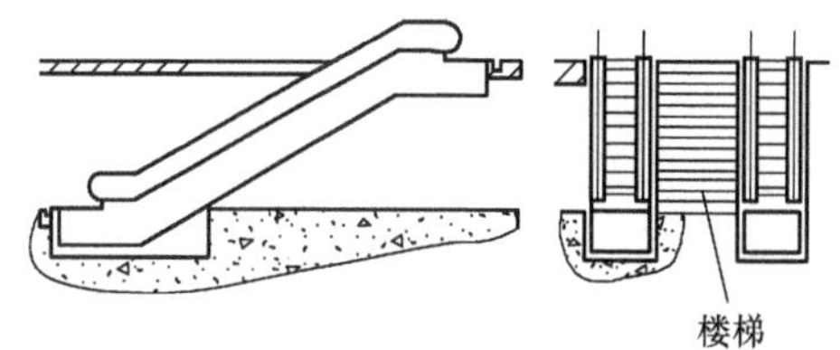

图 1-6-4　双台与楼梯并列布置

3. 单向重叠布置（图 1-6-5）

这种布置的扶梯在每个楼层头尾相接，占用的空间小，乘客到达一个楼层后，需要转向后面才能搭乘更上一层楼的扶梯，适合希望扶梯占用的空间小一些，客流不会太大的场所。

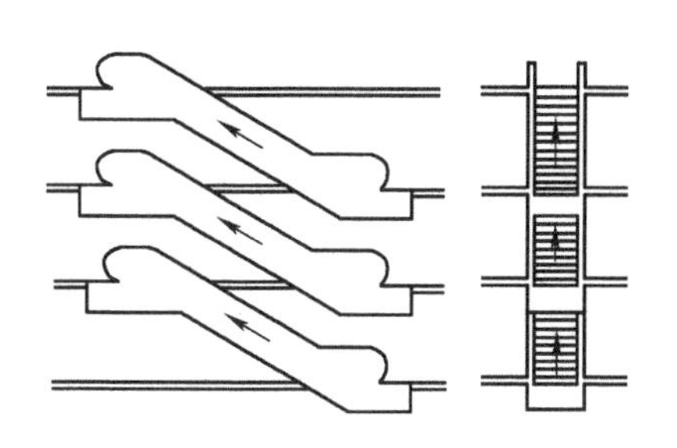

图 1-6-5　单向重叠布置

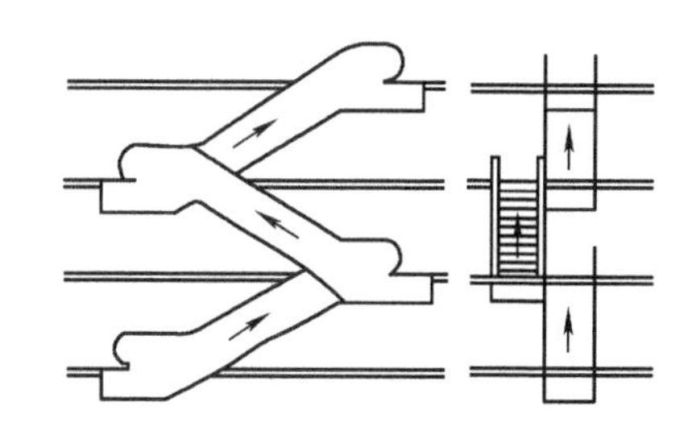

图 1-6-6　单向错开连续布置

4. 单向错开连续布置（图 1-6-6）

这样的布置使得搭乘更方便，但增加了扶梯所占用的空间，这种布置方式适合希望有较好的交通服务质量的场所。

5. 双向交叉并列布置（图 1-6-7）

这种布置将上下行的自动扶梯布置在一起，搭乘方便，占用空间小，十分适用于客流较多的大型商场等。

6. 双向交叉连续布置（图 1-6-8）

这种布置，可以看为是两列多台连续布置的组合，它布置大方、客流顺畅，但占用的空间较大，适用于规模和档次较高的商业场所。

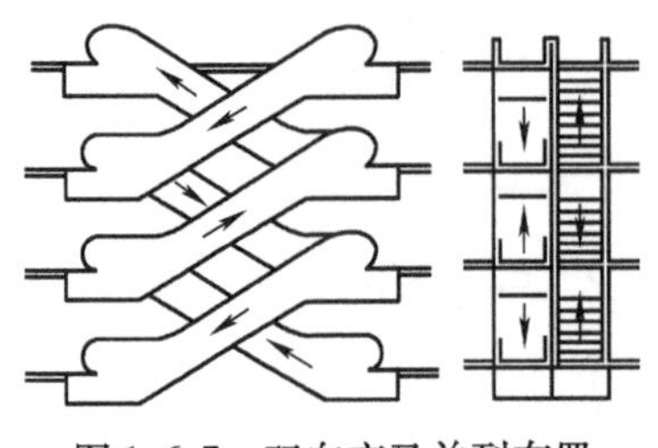

图 1-6-7　双向交叉并列布置

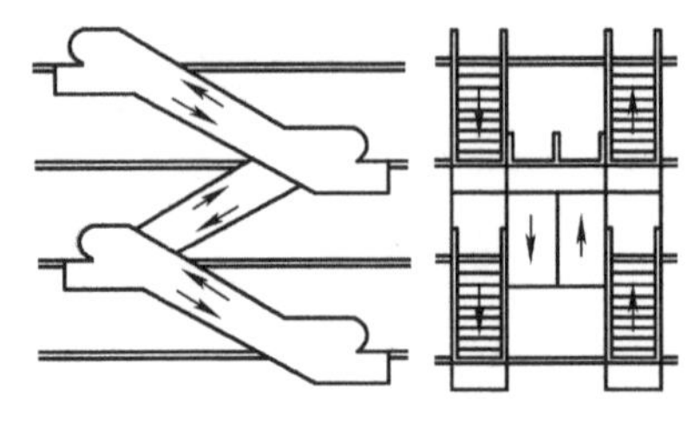

图 1-6-8　双向交叉连续布置

7. 单向连续布置（图 1-6-9）

用于大高度连续提升的场所，如登山通道、大型商场。

8. 多台并列布置（图 1-6-10）

多台并列布置是指三台或四台扶梯并列布置。三台时一般为二台向上、一台向下；四台时一般为两上两下，适用于公交大客流场所。

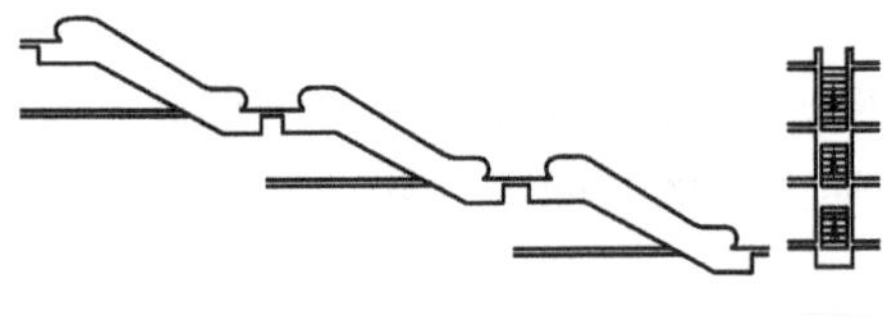

图 1-6-9　单向连续布置

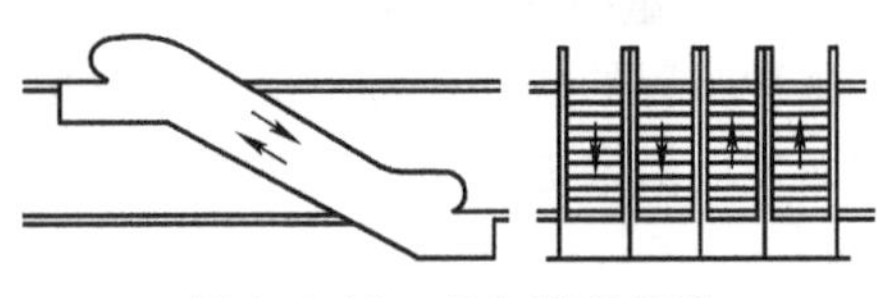

图 1-6-10　多台并列布置

二、自动扶梯在建筑物中的安装位置

自动扶梯在建筑物中的安装位置称为自动扶梯的井道。安装自动扶梯需要建筑物提供必要的空间和支承能力。图 1-6-11 是一个有中间支承的井道示意图。

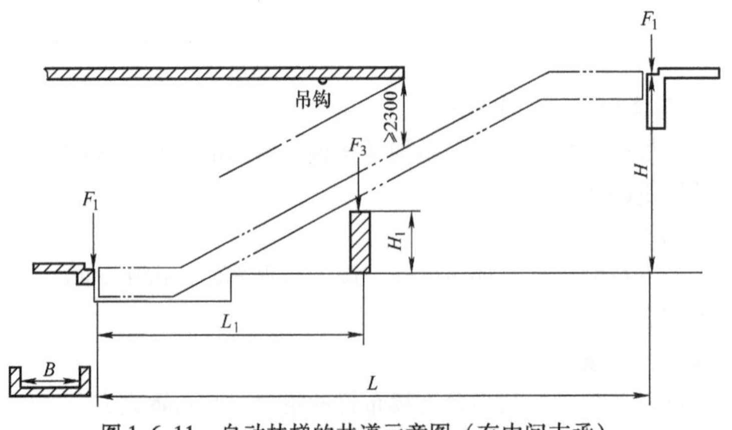

图 1-6-11　自动扶梯的井道示意图（有中间支承）

与自动扶梯的井道相关的参数如下：

1. 提升高度 H

提升高度是自动扶梯井道的主要尺寸，为了保证自动扶梯在安装后具有准确的设计倾角，要求 H 的偏差不能太大，一般允差控制在 ±15mm。

2. 水平投影长度 L

水平投影长度是自动扶梯上下端部支撑点之间的水平距离，其误差会使支撑点的设计位置发生位移，同样需要控制偏差。为了确保扶梯能放入安装位置，L 只允许有正偏差，一般允差在0～15mm。

3. 井道宽度 B

井道的宽度必须能保证自动扶梯能放入安装位置，同时与相邻的建筑结构或相邻的自动扶梯之间保持距离。对单台扶梯的井道，其宽度在在整个水平投注范围内，至少要比桁架的宽度大 60mm 以上。

4. 梯级与井道上部建筑结构之间的距离

这是一个很重要的安全高度，确保人员站在梯级上时其上部有足够的空间。GB 16899—2011 规定，必须不小于 2300mm。

5. 中间支承的位置 L_1、和高度 H_1

自动扶梯的提升高度在 6m 以上时，宜设一个中间支承，提升度达 12m 时宜设两个中间支承。在需要时，自动扶梯也可以在提升高度达 10m 时才设中间支承，但此时桁架需要做得相当粗壮，上下端部的支承力 F_1、F_2 也需要很高。中间支承的具体位置和高度在自动扶梯的安装图中都有标注。

6. 支承力 F

自动扶梯是自重很大的设备，一台提升高度 4m，梯级名义宽度 1m 的普通自动扶梯，其自重在 7000kg 左右。其上端部的支承力 F_1 需要约 70kN、下端部的支承力 F_2 需要约 60kN。设置中间支承能分担对自动扶梯的支承力，同时还可以减小自动扶梯的自重。

三、自动扶梯与建设筑物结构之间的距离（图 1-6-12）

为防止碰撞，自动扶梯的上部和周边必须有必要的自由空间，GB 16899—2011 对此作有如下的规定：

1）梯级上方建筑结构的垂直净高度 h_4 不应小于 2300mm。

2）从梯级量起扶梯手带上方的垂直空间 h_{12} 不应小于 2100mm。

3）扶手带外缘与墙壁或任何障碍物之间的水平距离 b_{10} 不应小于 80mm。

4）对于交叉或平行布置的自动扶梯，扶手带之间的距离 b_{11} 不应小于 160mm。

5）与楼板交叉处或交叉布置的自动扶梯相交处的处理。图 1-6-13 的 h_5 标注处是自动扶梯与楼板的交叉位置，图 1-6-14 的 h_5 标注处是两台交叉布置自动扶梯的交叉位置。这是一个危险的剪切位置，当人员将手或身体伸出扶栏外时，就有可能会惨遭剪切，因此

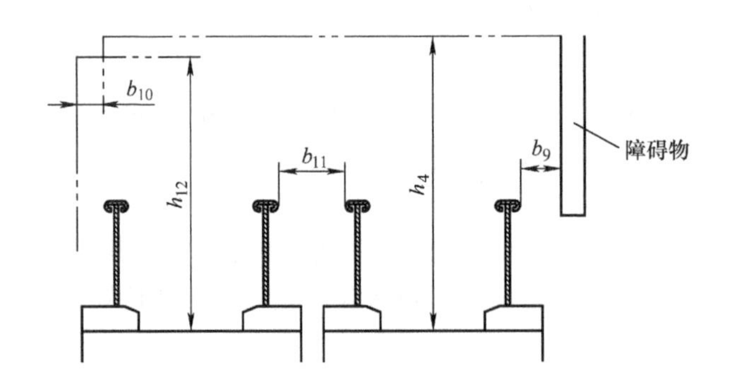

图 1-6-12　自动扶梯与建筑物结构之间的距离

对交叉处必须做出安全处理。

GB 16899—2011 规定：对自动扶梯与楼板的交叉处及交叉设置的自动扶梯之间，应在扶手带上方设置一个无锐利边缘的垂直防护挡板，其高度不应小于 0.3m，且至少延伸到扶手带下方 25mm 处（除非扶手带外缘与任何障碍物之间的距离 b_9 大于或等于 400mm，才允许不做处理）。

设置垂直固定挡板的目的是消除剪切位，旧标准 GB 16899—1997 的《自动扶梯与自动人行道的制造和安装安全规范》，只要求在交叉处设可移动的警示牌。但由于剪切位置尚存在，在人员忽视警示时仍会发生惨案，因此在新标准 GB 16899—2011 中对此做出了修改。

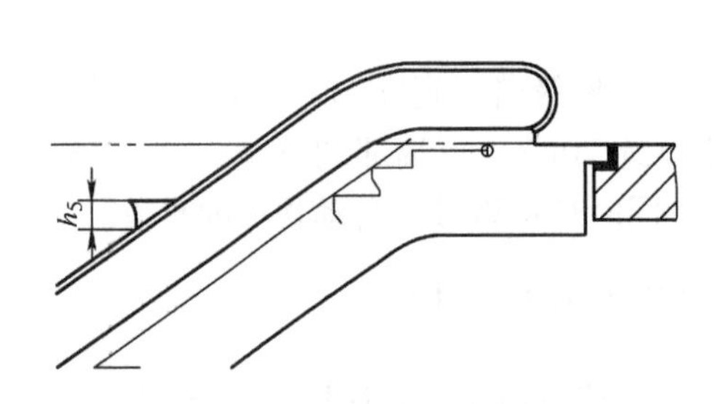

图 1-6-13　与楼板交叉处（h_5）

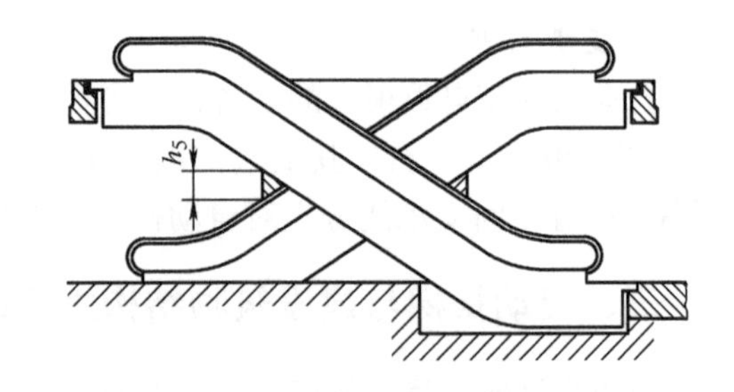

图 1-6-14　两台自动扶梯交叉处（h_5）

第七节　自动扶梯的相关标准

一、中国国家标准

GB 16899—2011《自动扶梯和自动人行道的制造与安装安全规范》是强制性的国家

标准，等效采用欧洲标准 EN115：2008《自动扶梯和自动人行道的制造与安装安全规范》。标准中除在前言中特别注明的个别条款和附录之外，其余都是在制造和安装中必须执行的。

标准的目的是给出自动扶梯和自动人行道的安全要求，以保护在安装、运行、维修和检查工作期间的人员和物体。

标准的首版本是 GB 16899—1997《自动扶梯和自动人行道的制造与安装安全规范》，等效采用 EN115：1995《自动扶梯和自动人行道的制造与安装安全规范》。GB 16899—2011 是随 EN115：2008 的产生而相应产生的。

与旧标准相比较，现行标准 GB 16899—2011 更注重了安全。如：增加了制动时的减速度要求、对梯级的扭转试验要求、对扶手带速度滞后的监测要求、对围裙板增加了安装毛刷的要求等；同时还提高了对从倾斜段到水平段过渡的曲率半径的要求。特别是对驱动元件的强度有了新的规定，要求所有驱动元件静力（$5000N/mm^2$）计算的安全系数不应小于5。这些都是对自动扶梯安全性的完善。但取消了空载速度与额定速度之间的允许偏差，对自动扶梯运行中速度的刚性没有提出要求。

GB 16899—2011《自动扶梯和自动人行道的制造与安装安全规范》是一个引进标准，标准的本体是欧洲标准。当前世界自动扶梯的主要使用地和主要生产地已转移到中国，广阔的市场和众多的扶梯制造企业，为标准的不断完善和进步提供了更好的条件，近年来自动扶梯的事故频发，建立以中国为本体符合国情的自动扶梯标准已有很高的呼声。

二、欧洲标准

EN115：2008《自动扶梯和自动人行道的制造与安装安全规范》由欧洲共同体和欧洲自由贸易委员会，委托其技术委员会（CEN）负责起草修订，德国、法国、意大利、英国等近 20 个欧洲国家执行这个标准，同时也被中国等亚洲国家所采用。

由于欧洲曾是世界上自动扶梯的主要产地和使用地，拥有国际最著名的自动扶梯品牌，如：蒂森、通力、迅达等，因此 EN115 标准是当前国际上最具有影响力的自动扶梯标准。

EN115 标准是以欧洲为本体，由欧洲主要的自动扶梯制造商共同起草的。由于欧洲人员密度小，并已完成社会结构的城市化发展，以及欧洲共同体对自动扶梯作为一种通用产品在国际上流通的考虑，EN115 标准在自动扶梯的载荷的设定、抗误用性设计等方面采用了较宽松的指标。但近年来随着自动扶梯的制造和使用中心移向中国，EN115 的编写者们已开始重视收集自动扶梯在中国的使用中所发生的情况。

三、北美地区标准

目前北美地区的自动扶梯标准由美国机械工程师学会 ASME 和加拿大标准协会 CSA

联合制定和维护，与垂直电梯标准技术要求统一在一个文本中。美国机械工程师学会在1921年首次发布了第一版电梯安全标准，经过多年的修订和补充，标准从首次发布时的25页增加到了400多页。早期的标准版本只涉及电梯的技术要求，随着标准的演化逐渐增加了自动扶梯的内容。

在北美电梯和扶梯标准体系中，涉及自动扶梯的标准主要有如下几个：

1）A17.1/CSA B44 电梯和自动扶梯安全规范；

2）A17.2 电梯、自动扶梯及自动人行道安全检查导则；

3）A17.3 现有电梯及自动扶梯安全规范；

4）A17.5/CSA B44 电梯和自动扶梯电气设备；

5）A17.7. CSA B44.7 基于性能的电梯和扶梯标准。

6）自动扶梯的主要技术要求包含在 A17.1/CSA B44 的第六章中。

北美地区自动扶梯安全规范和欧洲的自动扶梯标准的内容有较大差异，一些安全要求和指标给出的方式也存在不同。北美地区对自动扶梯的技术要求的特色之一就是引入了自动扶梯梯级/裙板性能指数（Escalator Step/Skirt Performance Index）的要求。针对自动扶梯易发生机械夹带事故，以及部分乘客对毛刷碰到脚踝的感觉很不适应，只要自动扶梯梯级/裙板性能指数（摩擦因数）足够小，北美地区的自动扶梯允许不使用毛刷。

自动扶梯梯级/裙板性能指数量化了自动扶梯裙板和梯级之间产生机械夹带的可能性，这个数值在0～1之间。这个指数是基于在加载情况下梯级和裙板之间的间隙大小、测试体和裙板的摩擦因数以及在施压情况下裙板阻止梯级和裙板之间间隙扩大的能力计算得出的。这个指数只定义于自动扶梯的倾斜段，只涉及测量两个性能指标。一个是自动扶梯裙板加载110N的力后梯级边缘和裙板的间隙（Loaded Gap，Lg），二是裙板和标准聚碳酸酯试块之间的摩擦因数（coefficient of friction，Cof）。指数是根据如下公式得出：

$$梯级/裙板指数 = e^{y}/(e^{y}+1)$$

其中：$y=-3.77+2.37\mu+0.37Lg$（Lg 单位：mm）；

$e=2.7183$；

μ——摩擦因数。

表1-7-1中加载后间隙的极值和摩擦因数的极值是按照相反原则配对的，即最大加载后间隙对应最小摩擦因数，而最小加载后间隙对应最大摩擦因数。把最小加载后间距确定为0.0625（1/16）in的原因是这个数值为这个间隙所能达到的最小值，同样0.12为能测到的最小摩擦因数。

表 1-7-1　标准中梯级/裙板指数限制指标所对应的加载后间隙和摩擦因数的极值

指数 *Index*	加载后间隙 *Lg*/in		摩擦因数 *Cof*	
	最小	最大	最小	最大
0.40	0.0625（1/16）	0.33（5/16）	0.12	1.17
0.25	0.0625（1/16）	0.26（4/16）	0.12	0.88
0.15	0.0625（1/16）	0.14（2/16）	0.12	0.61

注：1in = 25.4mm

这项指数自 2000 年开始纳入了北美地区电梯和自动扶梯标准 A17.1/CSA B44 中，同时也要求现有的所有自动扶梯也要满足这项要求。采用 A17.1 2000 年版及以前版本自动扶梯的这项技术要求的具体内容是，如果经过专用测试仪器测试出自动扶梯梯级/裙板性能指数小于或等于 0.15，电梯不需要做任何额外技术措施，如果指数可以小于或等于 0.4，可以采用加装成本相对较低的毛刷来满足这项安全技术要求。如果指数大于 0.4，除了增加毛刷外还需要采取其他附加的技术修正措施以使这个指数低于 0.4。从 A17.1 2002 年版之后标准的新设备要求提升为指数小于或等于 0.15，电梯不需要做任何额外技术措施，如果指数可以小于或等于 0.25，可以采用加装成本相对较低的毛刷来满足这项安全技术要求。如果指数大于 0.25，除了增加毛刷外，还需要采取其他附加的技术修正措施使该指数不超过 0.25。A17.1 标准还规定加载之后的间隙如果大于 5mm（0.2in），必须采取措施进行修正。

自动扶梯存在跌落和机械夹带两大风险，在北美地区自动扶梯梯级/裙板性能指数的提出对于降低自动扶梯机械夹带的风险提出了量化指标，便于对设备安全性能统一衡量指标，大大方便了设备制造和运行维保安全评价，也为监管部门对设备安全监管提供了一个判据。根据标准中各项技术要求的综合分析比较，北美地区安全标准对自动扶梯的安全要求要高于欧洲的自动扶梯标准。

北美地区和欧盟的电梯、自动扶梯标准分别来自不同的标准体系，在理解和应用方面差异性很大。欧盟和 ISO 的安全标准体系是相同的，电梯和自动扶梯标准是属于机械安全标准中的 C 类标准（对一种特定的机器或一组机器规定出详细的安全要求的标准），是以机械标准中的 A 类标准（给出适用于所有机械的基本概念、设计原则和一般特征）和 B 类标准（包含 B1 和 B2 两类，B1 涉及机械的特定安全特征；B2 涉及安全保护措施和装置）为基础的。也就是说电梯类安全标准是针对这类设备的专有要求，电梯标准未做出规定的通用安全技术要求还需要遵守 A 类和 B 类的所有要求中规定的要求。而由美国机械工程师学会主导制定的电梯和自动扶梯标准是自成体系、相对独立的标准系列，规定比较细致严格。在北美地区，企业通常把标准作为应对安全诉讼的挡箭牌，这和国内企业对电梯标准的理解比较一致。而在欧盟，不管产品是否符合相关标准，产生的安全问题依然需要设备供应商或企业主承担责任。现在美国机械工程师学会和欧洲电梯标准化技术委员会 CEN/TC 10 已经签署合作协议，协调标准的制定工作，为今后国际标准化组织电梯和自动扶梯技术委员会 ISO/TC178 制定并发布全球统一的自动扶梯标准铺路。

第二章　桁　　架

自动扶梯桁架又称为支撑结构。桁架是自动扶梯的主体金属结构，用于安装和支撑自动扶梯的各个部件、承受乘客载荷以及将建筑物两个不同层高的楼面或不同的部分连接起来，是运送乘客的承载体。

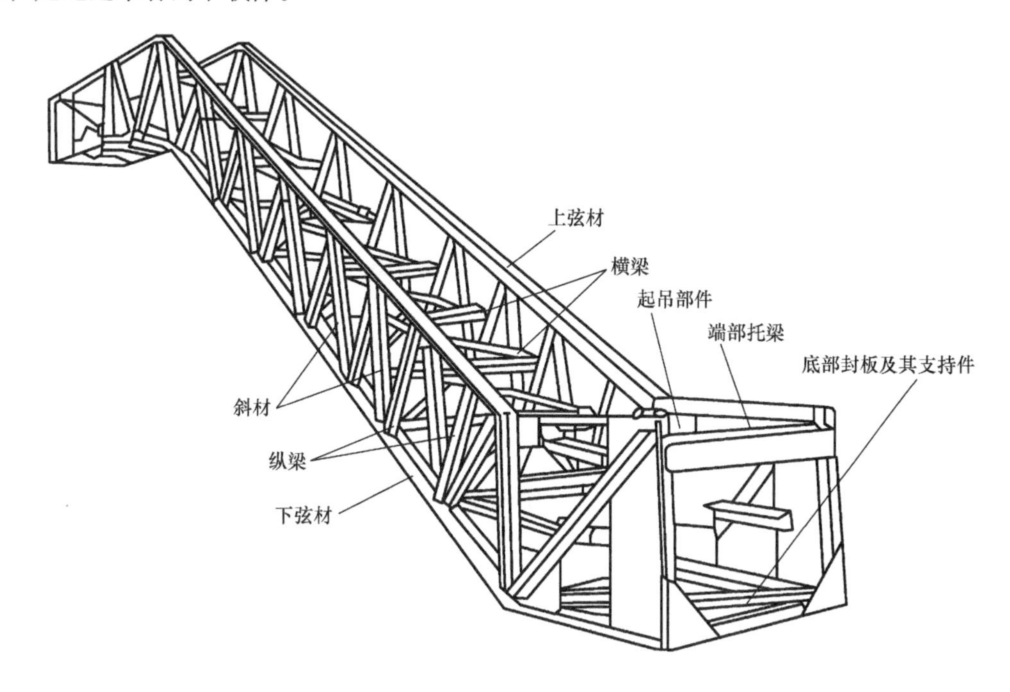

图 2-0-1　桁架的主体构造

在自动扶梯行业内，对于桁架包含的部件没有明确约定，都是各企业根据自身管理习惯等进行分类，但通常除了主体金属构架（整体组装焊接而成）外，还有一些附属结构，一般还包括了上下楼层板、梳齿板、桁架的底板，以及油槽和垃圾收集盘等。图 2-0-1 是自动扶梯的桁架主体构造。

图 2-0-2 是桁架主要参数，各参数含义如下：

（1）H　自动扶梯的提升高度，一般为 50mm 的整数倍；

（2）α　自动扶梯的倾斜角度，一般有 30°、35°和 27.3°三种；

（3）WP　梯级前沿线与地面的交点（水平自动人行道除外），有上、下之分；

（4）U_0　上 WP 点至上桁架端部的长度；

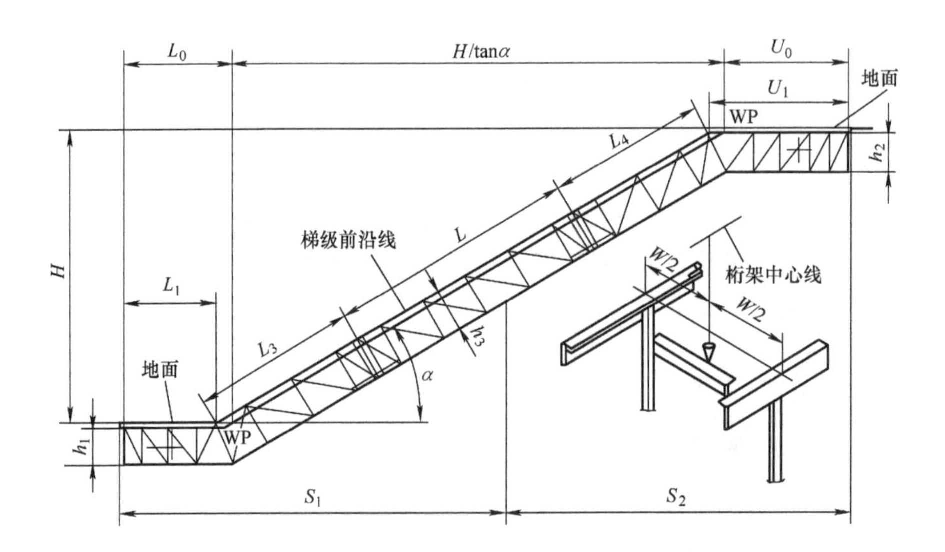

图 2-0-2　桁架的主要参数

（5）U_1　上桁架水平段长度；

（6）L_0　下 WP 点至下桁架端部的长度；

（7）L_1　下桁架水平段长度；

（8）W　桁架宽度；

（9）h_1、h_2、h_3　分别表示下、上、中桁架的深度；

（10）S_1、S_2　表示桁架中间支承的位置尺寸（有中间支承件的情况下）；

（11）L　表示中间桁架的长度（在分体式桁架时有，并且其数量根据分段情况而定）。

第一节　桁架的基本结构

一、主体构造

桁架主体构造是指由各金属构件通过焊接而成的一个整体，如图 2-0-1 所示，一般由端部托梁，上、下弦材，纵梁，斜材，横梁，底部封板及其支持件，中间支承件，起吊部件和其他支架等构件焊接而成。

目前自动扶梯的桁架都是由碳钢型材焊接制作而成的，一般以角钢和中空方钢为主材。

采用角钢型材制作桁架由于易于保证焊接的质量，使用最为普遍（图 2-1-1）；采用中空方钢为主材制作桁架，具有质量较轻的优点（图 2-1-2）。也有的生产厂将角钢和方钢搭配使用，其中弦材采用方钢，以减轻桁架的总体重量。

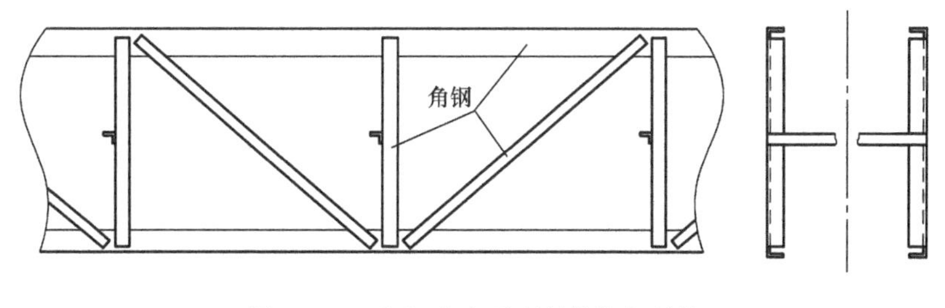

图 2-1-1　角钢为主要型材的桁架结构

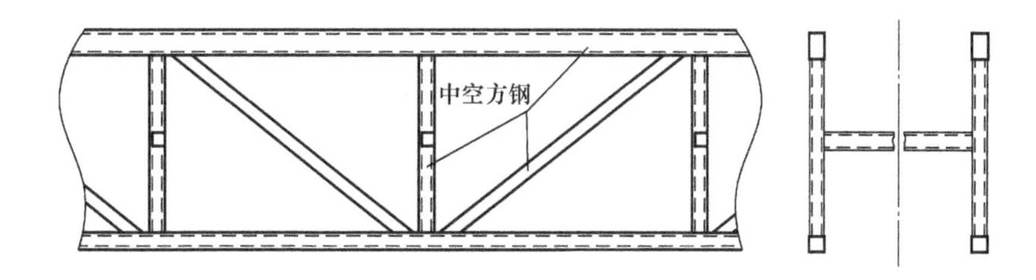

图 2-1-2　中空方钢为主要型材的桁架结构

随着技术的发展，桁架技术也在革新，除了目前通过焊接形式而成的桁架主体外，还有其他形式的结构。如通过在自动扶梯井道上相应增加类似桁架作用的支承结构，用以安装扶梯其他部件，这就突破了上述整体焊接的传统结构。此外，还有无焊接桁架技术，即通过螺栓联接等方式组装起来的结构。

下面将对各组成构件进行介绍。

1. 端部托梁

端部托梁也叫承重梁、支承梁等，用于搭接在建筑物承重梁的预留钢板上，与中间支承（如有）一起支撑整个自动扶梯，是扶梯关键受力件。目前自动扶梯的端部托梁通常由角钢型材制作而成，型材规格一般为 200mm × 200mm × 20mm 和 200mm × 200mm × 24mm 等，主要结构形式有一体式和分体式两种，如图 2-1-3 所示。

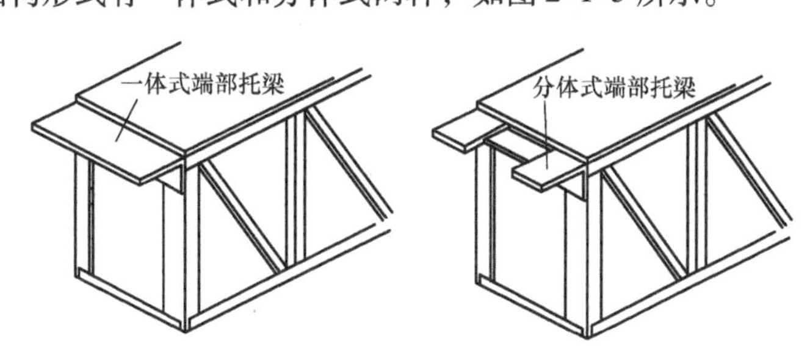

图 2-1-3　端部托梁结构示意图

由于自动扶梯在运行时会产生一定的振动，为了减少振动和噪声的传播，在要求较高的场合，支承梁与土建的预埋钢板之间还设有防振橡胶垫（考虑到载荷比较大，该橡胶垫通常为硬质材料的高强度橡胶，同时有一定的防老化功能），将金属构架与建筑物隔离开来，如图 2-1-4 所示。

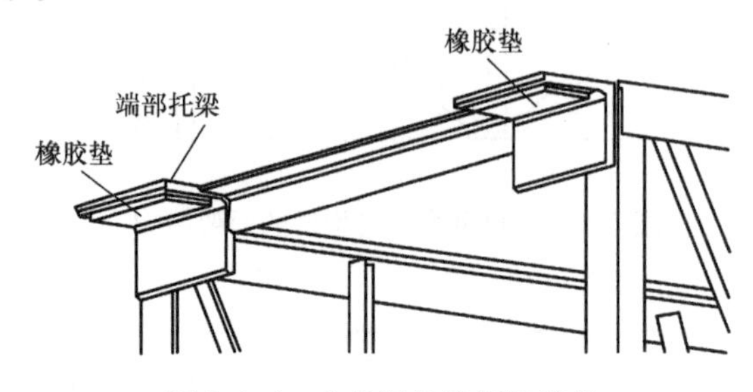

图 2-1-4　支承梁的防振橡胶垫

2. 上、下弦材

上、下弦材也叫上下弦杆，相当于桁架的主梁，是又一种主要承载构件。它由上水平段弦材、倾斜段弦材、下水平段弦材组成（图 2-0-1）。上、下弦材各自都呈左右对称状态分布。

弦材的型材种类有角钢和中空方钢两种，其常用规格如下：

（1）角钢　常用规格有∟125mm × 80mm × 12mm、∟125mm × 80mm × 10mm、∟100mm × 80mm × 8mm 等。

（2）中空方钢　常用规格有□110mm × 80mm × 10mm、□120mm × 60mm × 5mm、□100mm × 50mm × 5mm 等。

由于上弦材所承受的载荷相对于下弦材大，为了提高材料的利用率，通常下弦材的材料规格会比上弦材小。

3. 纵梁

纵梁是垂直连接上、下弦材的构件，通常在桁架中间段、上下水平段作均匀分布。相邻两个纵梁的间距通常为 900 ~ 1200mm 不等。纵梁的分布关系到桁架的强度与刚度，其中纵梁的深度决定了桁架的截面高度，直接关系到桁架的挠度。同样规格及承载情况下，纵梁越深，桁架的挠度越小。总之，纵梁间距、深度大小与型材规格需根据自动扶梯的提升高度、挠度要求等实际情况进行配置。

4. 斜材

斜材位于上、下弦材及两相邻纵梁之间，呈对角线形式布置，其作用通常只在于增加桁架强度及挠度，防止扭曲变形。值得指出的是，在同样规格及纵梁深度的情况下，斜材的布置方式与桁架挠度、强度也有关系，如图 2-1-5 所示的 3 种布置方式中，方案 3 最优，方案 2 其次，方案 1 较差。

5. 横梁

横梁通常焊接在两个对称布置的纵梁上，极个别情况下也固定在斜材或者其他部件上，

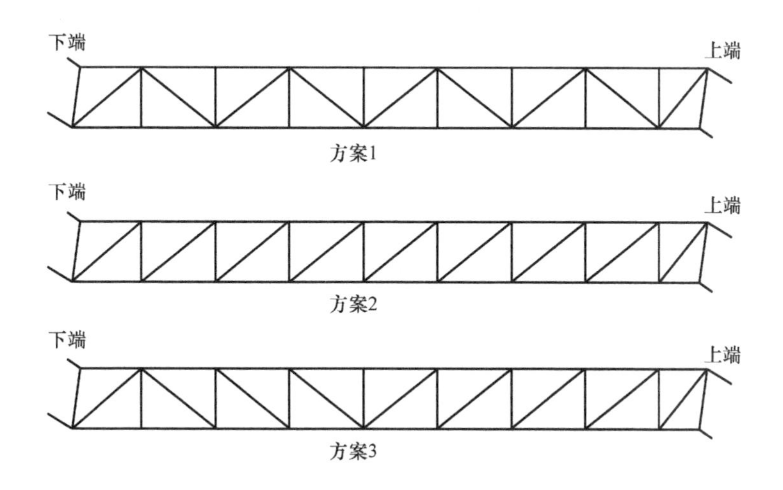

图 2-1-5　桁架斜材布置示意图

主要用于安装导轨支架等。由于考虑到装配方便性等，有的桁架结构的上、下水平部横梁与导轨部件组合一起后再整体安装到桁架上，此时的横梁是通过螺栓安装方式加以固定的。

6. 底部封板及其支持件

由于在桁架内安装了许多的运动部件，如驱动主机、上下部链轮、梯级链、驱动链、扶手带链等，为了保证以上运动部件运转正常，要定时给以上部件加润滑油。在加润滑油和扶梯运行的过程当中，润滑油就会流到桁架内面。为了不让润滑油及梯级运行垃圾掉落影响其他设备和污染环境等，桁架须有底部封板及相关构件。同时，由于在自动扶梯装配期间和后期维修保养时，封板上可能要站人，所以封板必须要有一定的强度。除此之外，考虑到该部件的面积较大，焊接过程或者表面处理过程可能会产生较大变形，因此设计时会根据需要设置支持件等。

封板的支持件是沿着整个桁架底部封板进行布置的（在桁架底部封板板材厚度较大的情况下，也可相应减少或取消支承构件），其通常由规格较小的角钢、槽钢或者钣金件制作而成，除了支撑底部封板及防止变形之外，其对桁架的扭曲变形也具有一定的作用。

图 2-1-6 是在桁架驳接段位置的底部封板驳接示意图。除了水平人行道之外，为避免漏油，通常采用搭接方式进行驳接，驳接后加以焊接或使用螺钉联接。

7. 中间支承件

当自动扶梯提升高度较高时，需要对桁架设置中间支承。此时需要对桁架作局部的专门设计，在支承点上增设中间支承件，同时需要对支承点的桁架斜材作布置改变，以避免桁架局部应变过大。

图 2-1-7 为两种中间支承位置的桁架斜材方向变更示意图。由于中间支承件通常是在桁架主体架构制作时整体焊接的，因此其属于桁架主体构架的一部分。

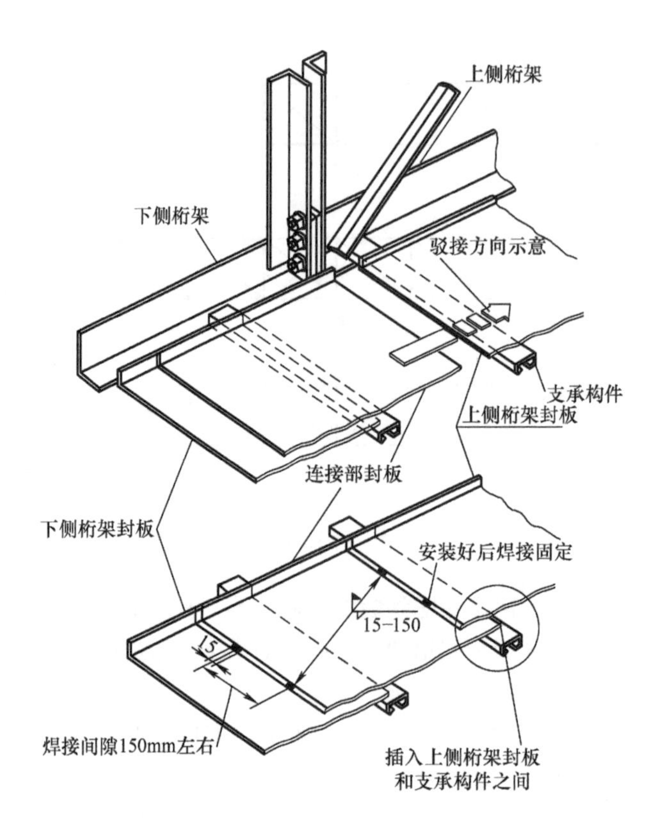

图 2-1-6　底部封板驳接示意图

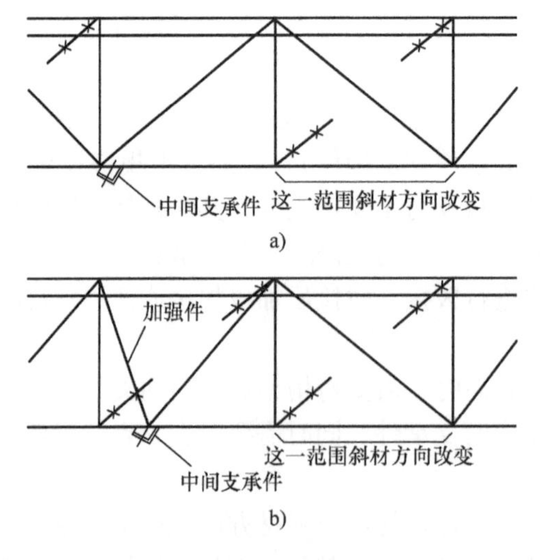

图 2-1-7　中间支承部位斜材方向变更示意图

除此之外，当支承位置应变过大时，还需加大斜材或者纵梁的型材规格，以确保桁架强度。图 2-1-8 所示为斜材规格变更示意图。

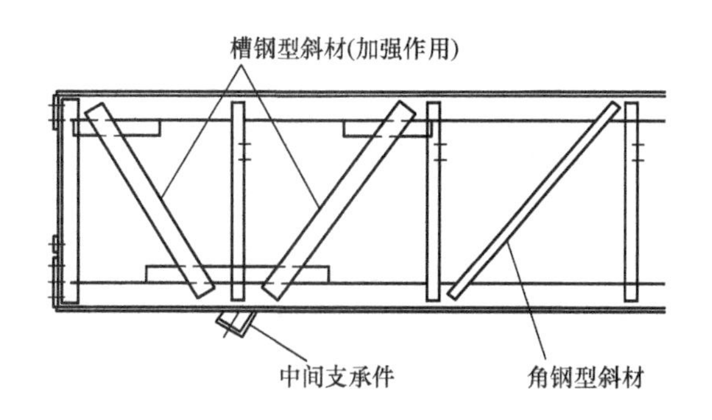

图 2-1-8　中间支承部位斜材规格变更示意图

8. 起吊部件

起吊部件是用来起吊自动扶梯的，仅在生产以及安装过程中使用，是一个辅助构件。在自动扶梯中用得较多的起吊部件是整体焊接结构，并且一般位于端部托梁和驳接端主弦材上，如图 2-1-9 所示。

起吊部件也有组装式吊装结构，如图 2-1-10 所示。该起吊部件是通过螺栓联接，固定在端部托梁上的。整机安装完成后，可将其拆除，因此该结构可重复利用。但无论哪种结构，为了吊装的安全性和可靠性，起吊部件除了本身需要有足够的强度外，焊接时的焊接强度和螺栓联接时的强度都需要经过计算确认和实际验证。

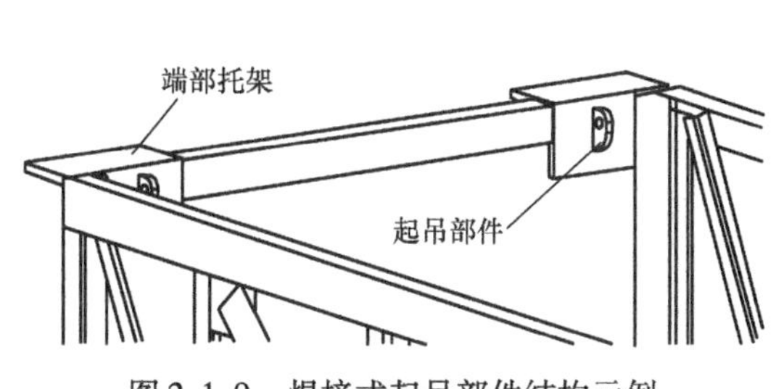

图 2-1-9　焊接式起吊部件结构示例

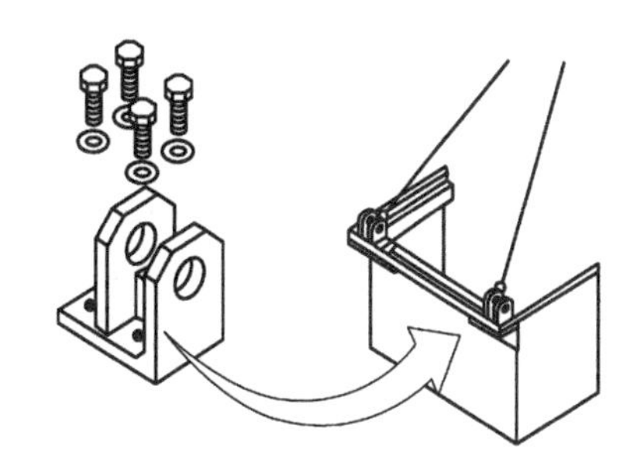

图 2-1-10　组装式起吊结构示例

二、桁架的表面处理

目前，桁架主体金属构架的表面防锈处理方式主要有热镀锌、热喷锌和喷漆等。其中热镀锌处理方式防锈能力最强，一般用于室外型扶梯或者对表面处理要求较高的公交型扶梯及重载型扶梯。

1. 热镀锌

热镀锌也叫热浸锌或热浸镀锌，是一种有效的金属防腐方式，主要用于各行业的金属结构设施上。它是指将除锈后的钢件浸入500℃左右融化的锌液中，使钢构件表面附着锌层，从而起到防腐的目的。

该表面处理方式的优点在于防腐年限长久，适应较恶劣的环境使用。缺点是桁架会产生一定的变形，需要采取工艺措施控制变形量。

2. 热喷锌

热喷锌是利用氧气、乙炔或电热源（大型工件采用电加热，中、小型采用氧气、乙炔加热）通过压缩空气和专用工具（喷枪），将锌雾化超高速喷到金属表面，形成一层锌层。热喷锌的优点是桁架不会发生变形，但防锈能力不如热镀锌。

3. 喷漆

普通扶梯的桁架多采用喷漆处理，室内梯一般采用双层喷漆，即一层底漆、一层面漆。由于普通扶梯的工作环境都比较好，因此一般情况下其防锈能力能适应普通扶梯的工作寿命。

三、桁架分段及其连接

1. 桁架的分段

桁架分段的主要影响因素有：桁架吊装/搬运空间、运输车辆/集装箱要求、桁架与导轨/栏杆之间的匹配关系、桁架的挠度和中间支承的配置等。但从经济适用性考虑，为减少加工、装配及驳接数量等，同样提升高度的情况下，从经济性考虑则应尽量减少桁架的分段。在没有特殊要求并且保证搬运与运输要求的情况下，自动扶梯生产厂家一般将桁架设计为长度较长甚至整体式桁架。

表2-1-1是常见的桁架的分段及中间支承数量列表，图2-1-11为六分段桁架示意图。从图上可以看出，正常情况下，桁架的驳接位置位于中间倾斜段，该结构的优点是驳接部件的通用性、操作性强，同时还可避免影响拐弯处等重要部位的强度。

表2-1-1　桁架的分段及中间支承数量

提升高度	$H \leqslant 5\text{m}$	$5\text{m} < H \leqslant 10\text{m}$	$10\text{m} < H \leqslant 16\text{m}$	$16\text{m} < H \leqslant 20\text{m}$	$20\text{m} < H \leqslant 25\text{m}$
桁架分段	1段（整体式）	4段	5段	6段	7段
中间支承数	0	1个	2个	3个	4个

2. 分段联接螺栓

桁架分段间的联接都需要采用高强度螺栓（用高强度钢制造）。桁架用高强度螺栓的技术特点如下：

（1）强度等级　常用8.8s和10.9s两个强度等级，其中采用10.9级的居多。

（2）使用材料　螺栓、螺母和垫圈都由高强度钢材制作，常用45钢、40B钢、20CrMnTi钢和35CrMoA钢等。

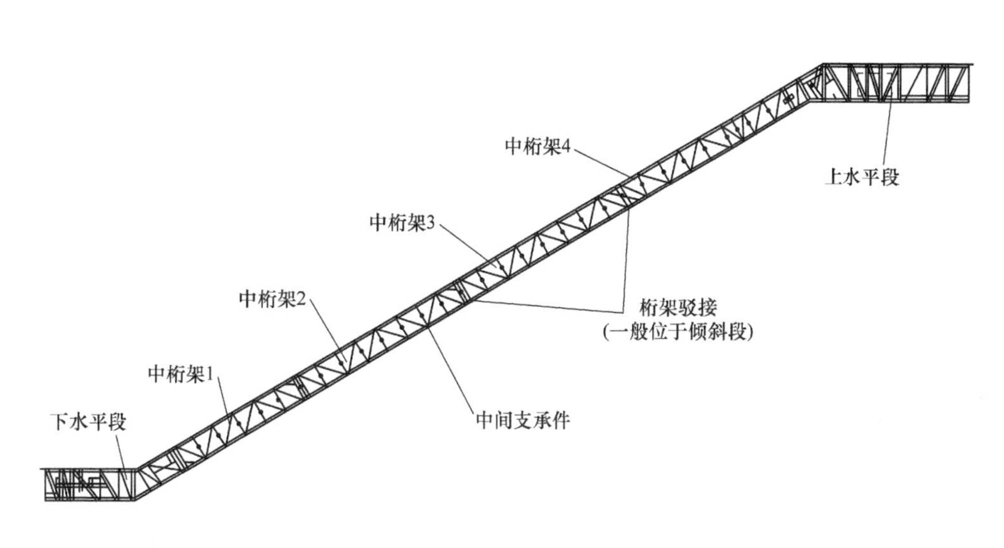

图 2-1-11　六分段桁架示意图

（3）热处理　通常都要进行调质处理，目的是为了提高其力学性能，以满足产品规定的抗拉强度值和屈强比。

（4）预拉力的控制　高强度螺栓的预拉力非常重要，桁架在驳接时需要严格控制螺母的拧紧力度，使螺栓螺杆受到拉伸产生预拉力，以保证螺栓的联接可靠性。目前，多采用特定扭力扳手（通常为电动扭力扳手），通过控制拧紧力矩来控制预拉力。也可采用图 2-1-12 所示的剪切扳手。这种方式操作简便，并能定量控制拧紧力。使用的螺栓头一般

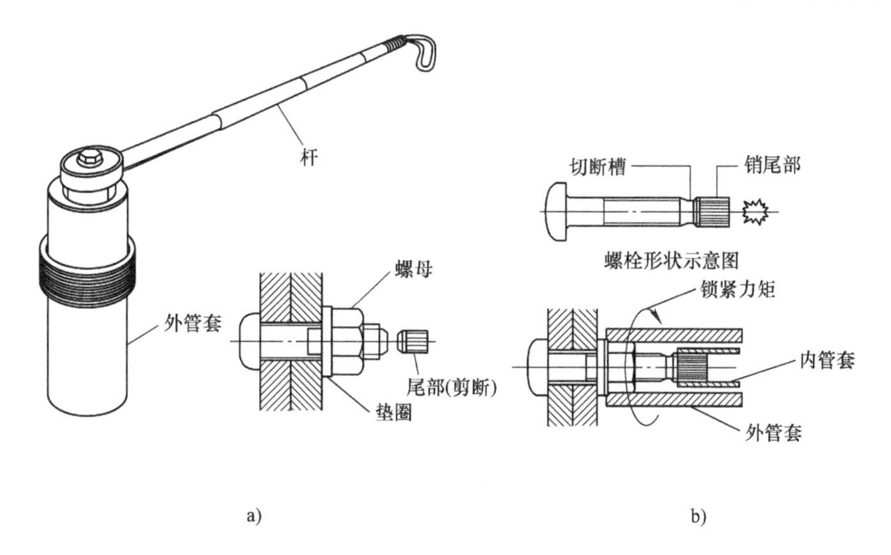

图 2-1-12　剪切扳手、螺栓及其动作示意图

a）锁紧结束状态示意图　b）剪切扳手动作示意图

为盘头，螺纹段末端有一个承受拧紧反力矩的十二角体和一个能在规定力矩下剪断的切断槽（该方法也叫梅花卡法）。

图 2-1-13 为使用高强度联接螺栓进行桁架驳接的结构示意图。

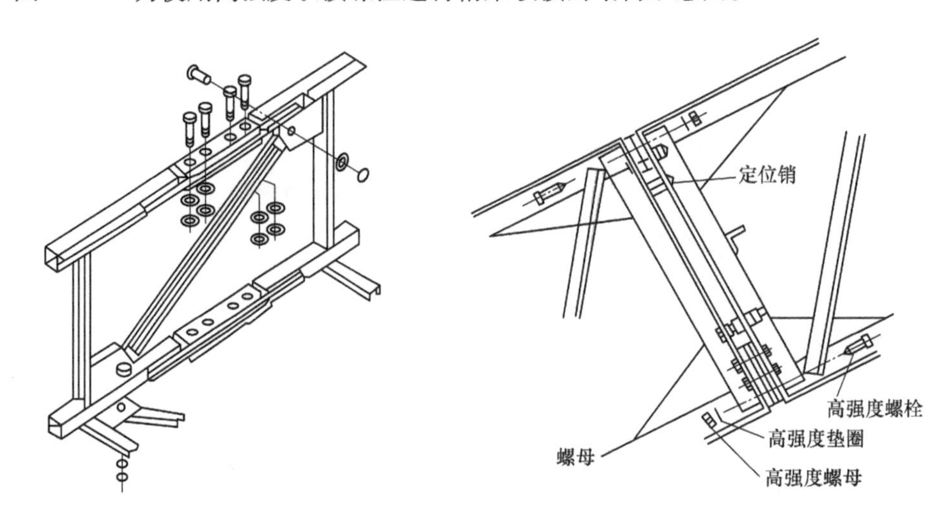

图 2-1-13　两款桁架驳接的结构示意图

3. 桁架的分解、运输与现场驳接

自动扶梯通常在出厂前进行整机安装并调试，合格后方可发至工程现场。除整体式桁架外，其他桁架都需要在厂内进行分解。

自动扶梯分解的主要工序为：分解准备→吊车就位并且固定→松开驳接螺栓→分段桁架平放至地面→包装→发运。

目前，自动扶梯的运输方式主要有陆路运输（汽运）和水路运输（船运）两种，这两种方式的注意问题如下：

1）陆路运输时，需要选择路况较好的路线，同时运输车辆型号也需根据具体产品确定，避免发生过高和倾覆等情况；

2）采用水路运输时，需要根据集装箱的尺寸进行分段设计，尤其海上航运时更需做好防腐蚀、防潮等相关保护措施。

跟其他大多数工程机电设备一样，自动扶梯的现场安装也是一个重要的内容，图 2-1-14 所示为一台自动扶梯现场吊装及搬运通道示意图。这张图充分体现了自动扶梯产品分段设计的重要性，因此在设计前需与建筑方进行充分协调沟通，预留足够的吊装空间及通道等。

图 2-1-15 所示为自动扶梯现场吊装及驳接组图，其中包含了三种方式：整体驳接、起吊方式；分段起吊、驳接方式和顺序起吊、驳接方式。至于使用何种方式需要根据实际

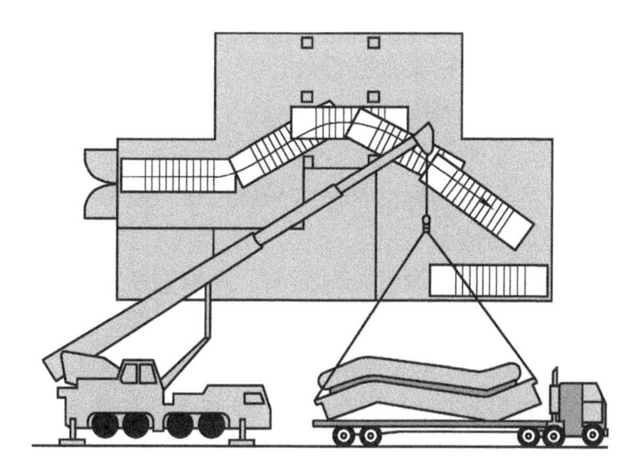

图 2-1-14　自动扶梯现场吊装及搬运通道示意图

工程现场环境、吊装工具和自动扶梯结构等多个因素综合确定。吊装方案和安全预案需要提前制定，切忌盲目作业。

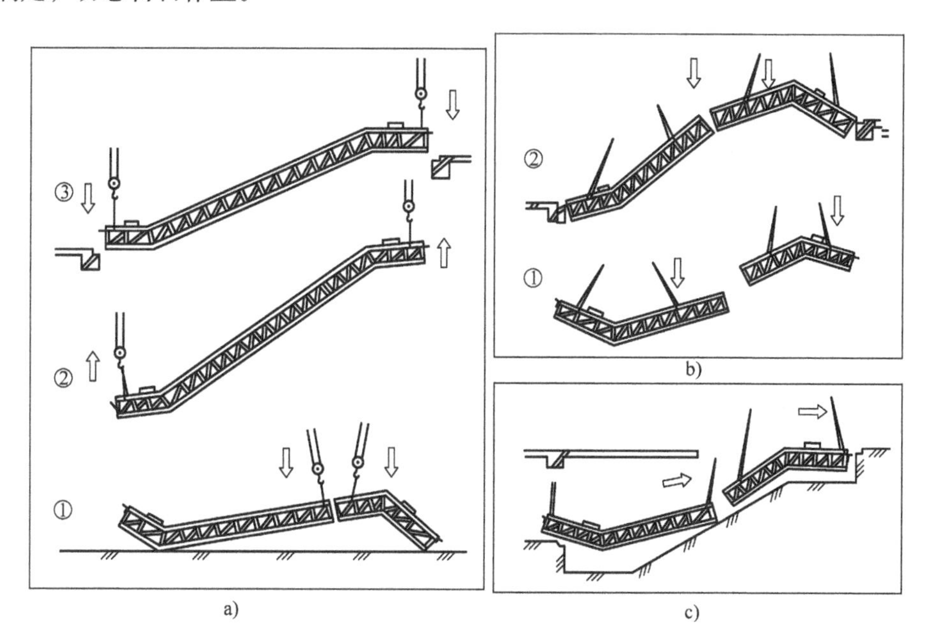

图 2-1-15　自动扶梯现场吊装及驳接组图
a）整体驳接、起吊方式　b）分段起吊、驳接方式　c）顺序起吊、驳接方式

四、桁架的特别设计

实际生产中常需要根据井道的实际情况或客户的特别要求对自动扶梯进行一些特别的

设计。常见的变化是为了匹配井道尺寸，使上、下桁架的水平段作延长和缩短；或者在无中间支承的大提升高度扶梯中，对桁架加强设计。

1. 上、下桁架水平段的延长、缩短设计

由于桁架水平段的长度与水平梯级数量、梯级翻转半径、上下端部曲率半径、机房空间要求等有关，所以不同生产厂家的标准产品水平段尺寸一般都不相同。水平段的特别设计多数出现在井道已建造完成的情况下。

一般来说，水平段的延长、缩短设计相对简单，只需重新考虑机房空间和投影长度等即可。当有井道缩短要求时，通常需要重新考虑机房空间问题，也就是需要保证机房的最小空间不能偏离 GB 16899—2011 的相关要求。而当水平段需要延长设计时，则需要考虑桁架挠度是否会超标，必要时需对桁架进行加强处理或者增加中间支承。图 2-1-16 为桁架水平段延长、缩短设计的示意图。

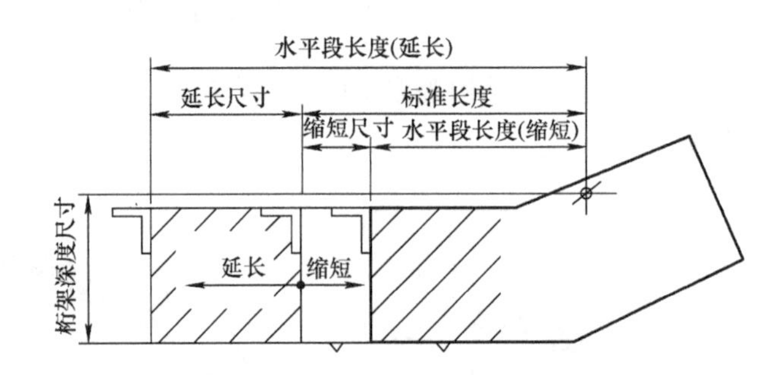

图 2-1-16　桁架水平段延长、缩短设计的示意图

2. 桁架加强设计

有时出于建筑设计的要求，当自动扶梯的提升高度达到生产厂设置中间支承的范围时，甚至高达 10m 以上时，不准自动扶梯设置中间支承。这种情况下需要对桁架作加强设计。

大提升高度无中间支承的设计相对复杂，需要变更各主体构架的组成型材规格、结构、布置以及深度尺寸等，并且一般需要重新进行挠度和强度校核。图 2-1-17 是一种大提升高度、无中间支承的双桁架设计结构示意图。所谓双桁架即是弦材、纵梁、斜材等的数量是普通桁架的两倍，呈对称组合结构的桁架。这种结构要根据需要增加加强板，当桁架截面高度（图中的 *A—A*）较大时增加防扭转结构等。显然，此桁架结构在挠度和强度增加的同时，其自身重量也将显著增加，需要设计者在设计时进行仔细检验，合理配置，在满足使用要求的同时使桁架自重最轻。此外，设计时还要考虑外装饰部件的重量。

五、附属结构

本节所述的桁架附属结构是指不在桁架主体构架之列，即非整体焊接件，而是通过紧

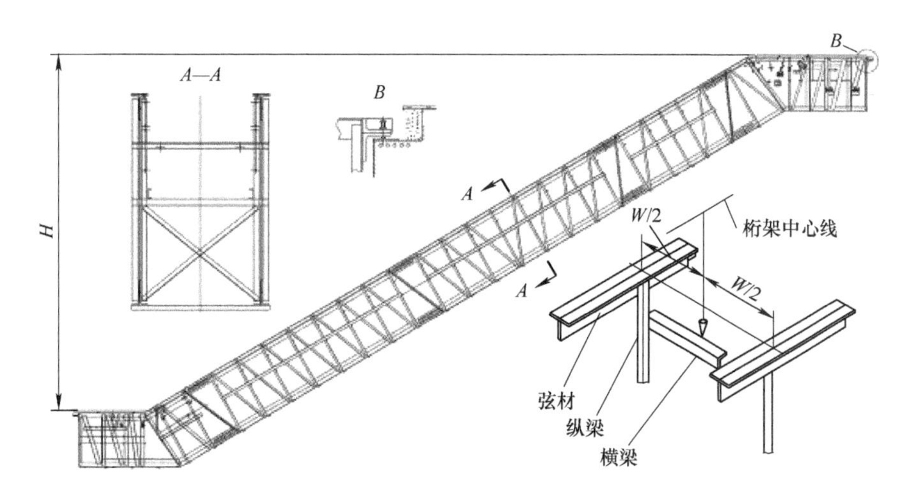

图 2-1-17 双桁架设计结构示意图（图中 W 为桁架宽度尺寸）

固件和其他安装方式固定在桁架上的附属结构，如梯级挡板、油槽及集油盘、垃圾盘、楼层板、梳齿板和其他桁架附属结构。

1. 梯级挡板

梯级挡板安装于自动扶梯上、下端部梯级翻转处，即处于上、下端部翻转的梯级与机房之间，用于避免翻转的梯级刮碰到维修人员，同时可阻挡从翻转的梯级或踏板上飞出来的沙尘等。

梯级挡板是由金属板材制作而成的，考虑到梯级链在使用过程中的延长，下部机房的梯级挡板通常设计成可移动结构。图 2-1-18 所示为梯级挡板示意图。

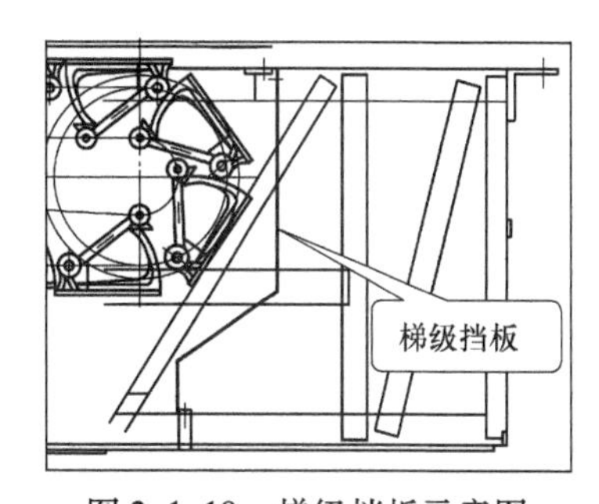

图 2-1-18 梯级挡板示意图

2. 油槽及集油盘

这里所述的油槽及集油盘是指另行安装在桁架上的导油及集油结构，有别于前面讲到的桁架主体金属构架上焊接的底部封板。

当前大多普通型扶梯并无油槽及集油盘，而是由底部封板承担收集从链条上滴下的润滑油的工作。但由于润滑油在整个底部封板自由流动，会夹杂较多灰尘及其他垃圾等，所以存在难以清理的问题。因此在一些重要的项目或者公交场所的自动扶梯上，一般除了底部封板，还另外沿着梯级链全程，在其下面安装了油槽，收集从链条上滴下来的润滑油；并在下部机房空间位置相应设置集油盘，用于收集油槽导流出来的润滑油，以方便定期集中处理。图 2-1-19 所示为油槽及集油盘示意图。

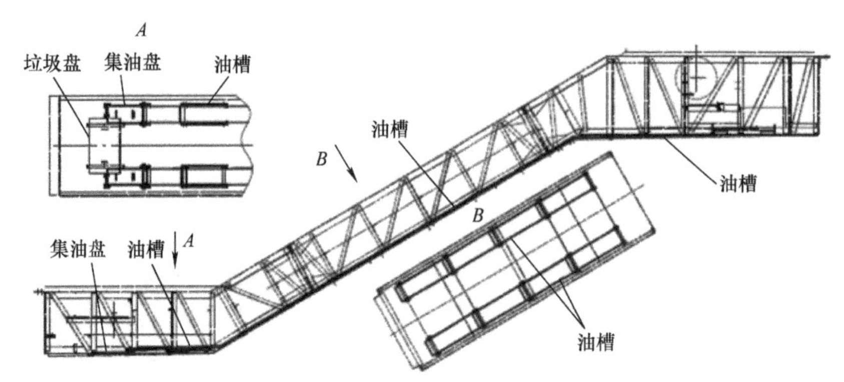

图 2-1-19　油槽及集油盘示意图

3. 垃圾盘

垃圾盘设置在扶梯上、下端部梯级翻转部位，用于收集梯级翻转时掉到机房的垃圾，如图 2-1-20 所示。

自动扶梯在运行时，梯级上的杂物和尘土会随着梯级运动，当运行至上、下端部翻转部时，平稳的梯级突然翻转，相当于倾倒动作。此时，在梯级上的杂物和尘土和垃圾会掉落到机房的地板上，如不收集和定时处理，就会造成机房中垃圾堆积。垃圾盘的设置需要超过梯级挡板底部界线，这样就能较好地收集到运行过程中的灰尘等。

另外，为了方便操作，垃圾盘上通常设置把手，同时用于紧固用的部件也采用弹簧夹等方便操作的固定件等。

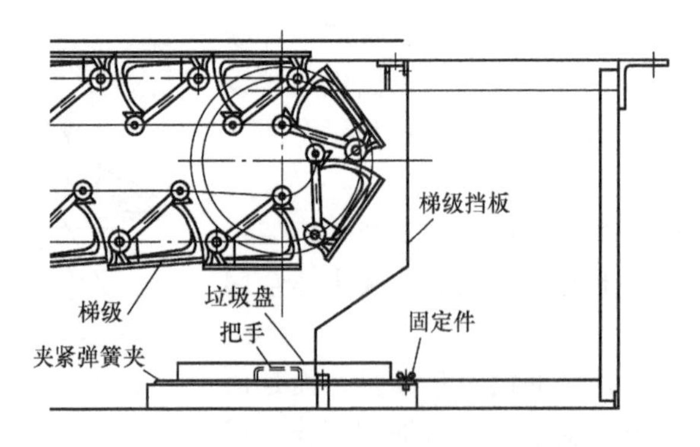

图 2-1-20　垃圾盘安装位置及结构示意图

4. 楼层板

如图 2-1-21 所示，楼层板由地板（含面板）、梳齿支撑板（含面板）和楼层板边框组成。楼层板除了供人站立和通过、保障安全之外，还具有装饰作用。此外，也有一些人性化的设计，如有独特的导乘指示设计可指引乘客更安全地乘梯等。不同厂家的产品花纹不尽相同，也可根据客户要求设置花纹或者展示楼层信息甚至广告内容等。

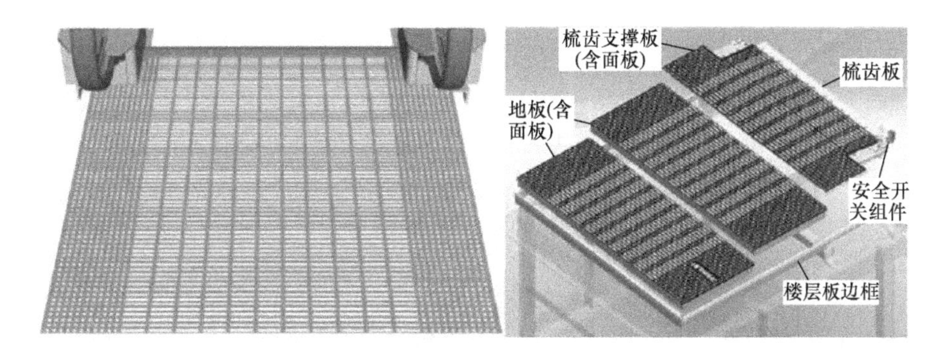

图 2-1-21　楼层板结构示意图

（1）地板　地板一般是多块拼装的，每块地板的重量应适合维修人员的人力搬动。同时，每块地板之间通常为相扣结构，以加强地板的整体刚度，并能阻止沙土从地板面漏入机房，甚至据此可配合相关结构设计起到防盗作用。

通用的地板结构主要有两种：钣金成形结构和铝合金型材结构。图 2-1-22 是钣金成形结构地板示意图。这种地板由于是用钢材制造的，在使用中不会发生脆裂。同时，由于普通碳钢容易生锈，使用该结构的地板通常需要在其上表面增设一层用不锈钢板制作而成的花纹面板，按加工方式又可分为冲压和蚀刻两种，采用双面胶、AB 胶或铆钉的方法，贴合在地板体上，在使用中当面板磨损时，可以更换。

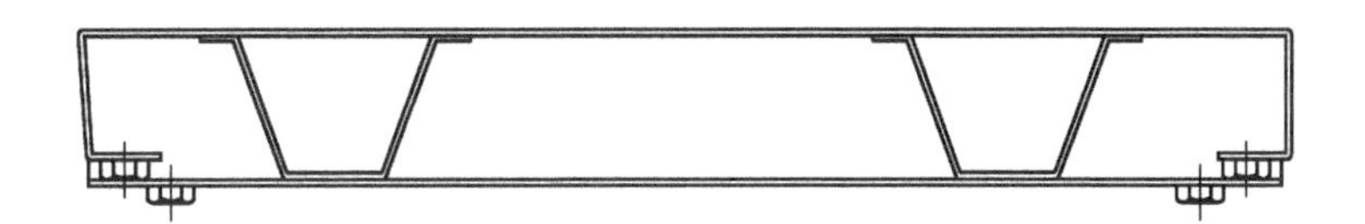

图 2-1-22　钣金成形结构地板示意图

图 2-1-23 是铝合金型材地板结构示意图。该结构地板相对轻巧、美观，通常是直接制有花纹，有造价上的优势，但当面上的花纹磨损时，需要整体更换地板。在公交场所或要求较高的商业场所，出于耐磨或美观的考虑，一般都会在铝合金型材上面加贴花纹不锈钢面板。

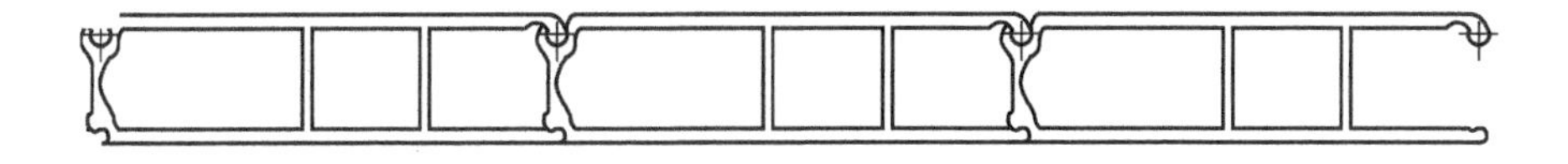

图 2-1-23　铝合金型材地板结构示意图

由于地板是承受载荷的部件，需要有一定的强度和抗弯要求，在设计制作时，需要充分予以重视。图 2-1-24 所示为地板抗弯强度分析加载示意图。对于自动扶梯地板的强度分析及试验，一般是参考 GB 16899—2011 中对自动人行道踏板的抗弯变形试验方法，在地板上加载一定的重量，分析和测试其挠度，而且不准产生永久变形。

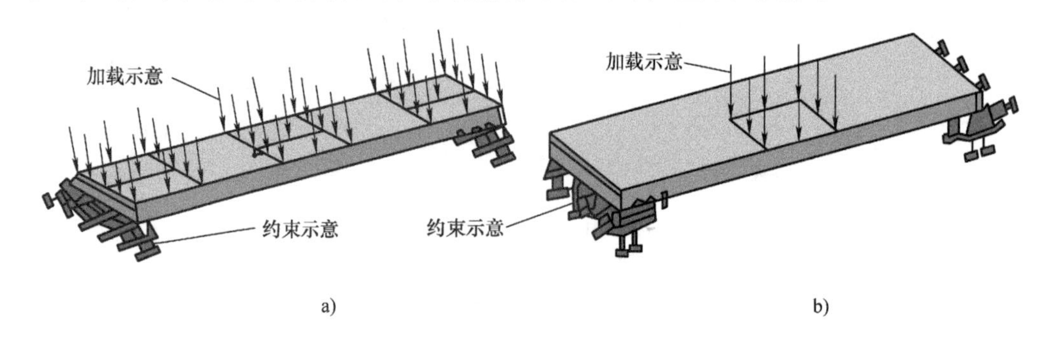

图 2-1-24　地板抗弯强度分析加载示意图
a）均布载荷　b）集中载荷

（2）楼层板边框　楼层板边框固定在桁架上，用于承载楼层板地板，因此边框也需要有一定的强度。同时，为了方便调整地板平面与安装部位地面的平整度，边框通常设计成高度可调结构，其调整方式主要有垫片调整和螺栓调整两种。楼层板边框有钣金、铝合金和角钢型材几种结构，图 2-1-25 所示为两种不同结构的楼层板边框截面及其安装示意图。

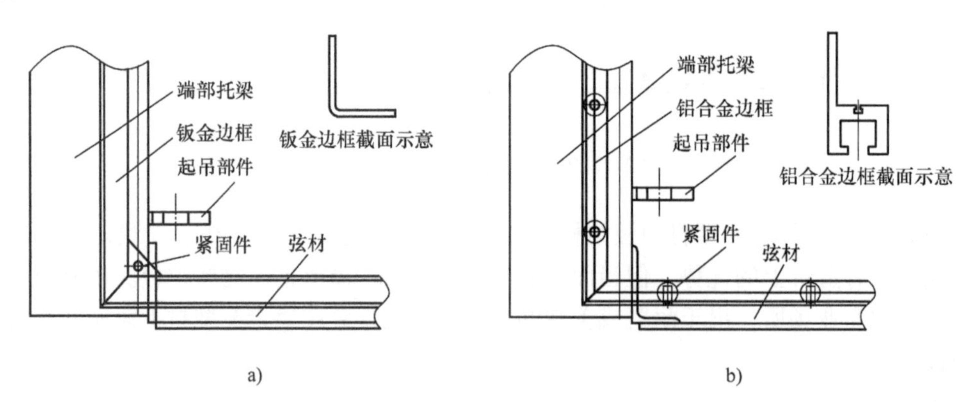

图 2-1-25　楼层板边框截面及其安装示意图
a）钣金成形结构　b）铝合金结构

（3）梳齿支撑板　图 2-1-26 所示为梳齿支撑板及其周围的结构示意图。梳齿支撑板的术语定义为“在每个出入口用于安装梳齿板的平台”，因此梳齿支撑板除了用于固定梳齿板之外，同时还承担着过道承载作用，因此还必须有相当的强度，所以其通常由 12 ~

20mm 的碳钢板材或者高强度铝合金型材制作而成。

除此之外，当梯级或踏板走偏或者有异物卡入梳齿板时，为了保护梯级或踏板及安全性，梳齿支撑板需具有一定的移位空间，并通过梳齿板安全开关使扶梯停止的功能，因此梳齿板通常具有向上和向后两个方向的自由度。

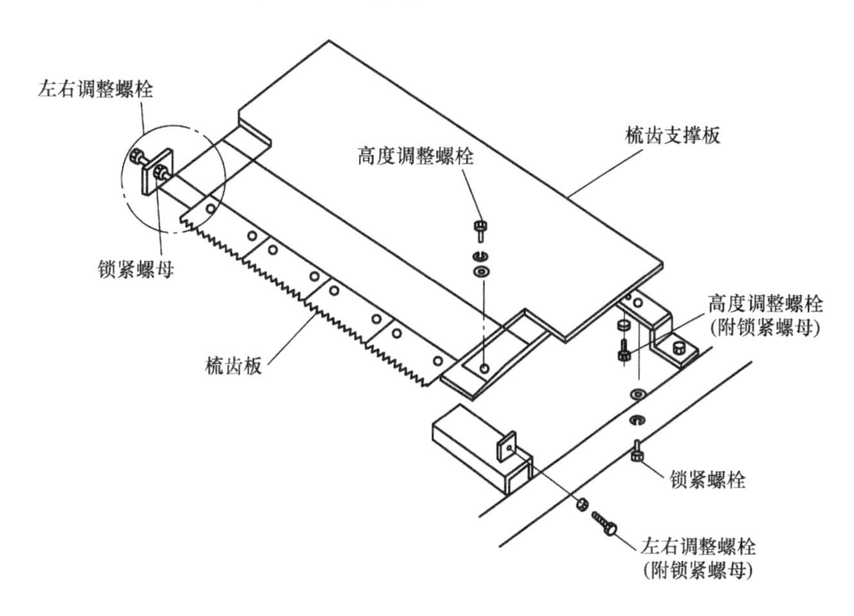

图 2-1-26　梳齿支撑板及其周围的结构示意图

图 2-1-27 所示为梳齿支撑板活动结构示意图。当梯级或踏板运行方向有偏移以及梳齿板有异物卡入时，将触动梳齿板安全开关，使自动扶梯或自动人行道停止运行。图中 $\boldsymbol{F}_1$、$\boldsymbol{F}_2$ 分别代表梳齿所受的水平方向力和垂直方向力。

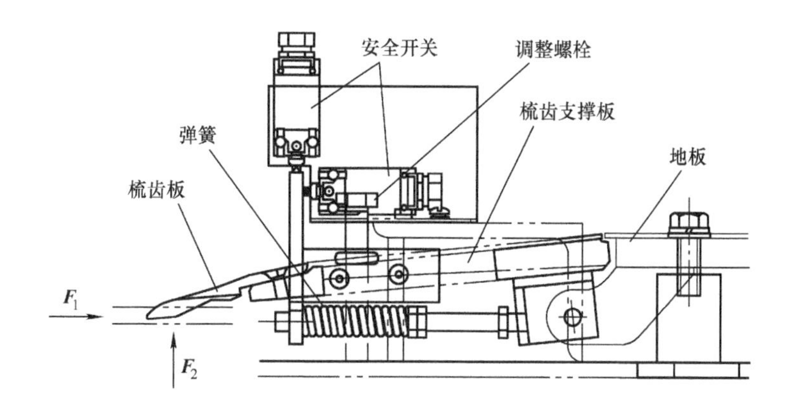

图 2-1-27　梳齿支撑板活动结构示意图

5. 梳齿板

梳齿板是一个重要的安全部件，其结构如图 2-1-28 所示。梳齿板的术语定义为“位于运行的梯级或踏板出入口，为方便乘客上下过渡，与梯级或踏板相啮合的部件”。因此，其齿形结构跟梯级结构密切相关。另外，考虑到可能的梯级或踏板走偏或者异物卡入情况，其强度需要结合梯级强度及经济适用性等综合衡量，否则将会有安全隐患及损坏梯级等情况发生。

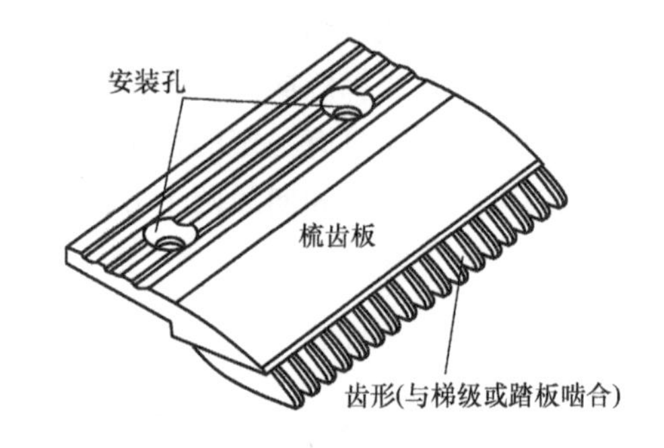

图 2-1-28　梳齿板结构示意图

目前，市面上用得最多的梳齿板材料为工程塑料和铝合金两种，其制作工艺分别为注射成型和压铸成形。一般来说，工程塑料梳齿成本较低但其容易老化而且适用性相对较差，一般用于室内环境，而铝合金梳齿则更适用于室外环境和公交场所等使用环境较恶劣的情况。

在设计梳齿板与梯级的啮合角度 β 时，需要充分考虑实际使用环境，在人行道当中由于允许使用手推车等，该角度就应尽量小。如图 2-1-29 所示，过大的角度可能引起手推车难以过渡，导致出口拥挤甚至发生安全事故。

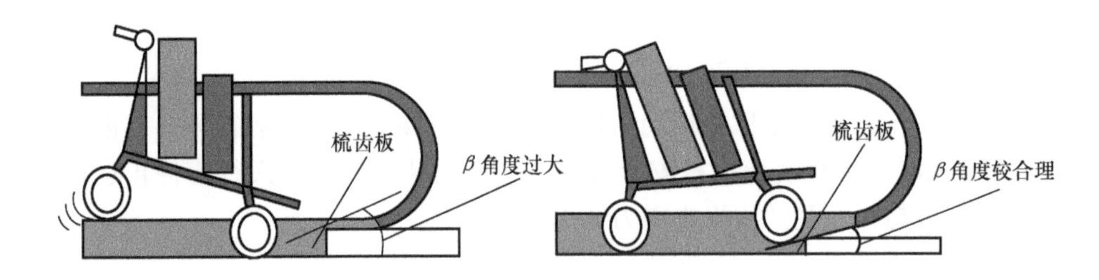

图 2-1-29　梳齿板与梯级、踏板的啮合角度

第二节　桁架挠度和强度

桁架的主要技术参数是挠度。对于普通自动扶梯，根据 5000N/m^2 的载荷计算或实测的最大挠度，不应大于支撑距离的 1/750；而对于公共交通型自动扶梯，则不应大于支撑距离的 1/1000；对于重载型自动扶梯，则一般采用不大于 1/1500 的挠度。因此，在设计桁架主体构架时，首先应保证挠度要求。同时，桁架本身的材料强度及安全系数等也非常重要，关系到安全性以及桁架使用寿命。

一、桁架挠度和强度理论计算分析

传统的计算方法是应用克列毛纳应力图（Cremona′s force diagram）进行计算，也称作图法。此方法根据桁架图和已知载荷作用力的多边形受力图，读取各部分材料上所承受的载荷，除以各部分材料的截面积即可得到相应的拉伸应力（或压缩应力）。由于采用这种方法需要将空间桁架结构简化为平面桁架结构，所以作图有误差，因而计算结果往往不甚准确。该方法分析过程较为烦琐，工作量大，只可以计算桁架强度，无法计算桁架挠度。而随着电算技术及有限元分析理论的发展及广泛应用，现在有许多辅助分析软件甚至针对自动扶梯桁架计算的二次开发软件，广泛应用于自动扶梯桁架等相关部件的设计当中，比如 AutoCAD、PRO/E、SolidWorks、ANSYS 等。

下面就使用 ANSYS 桁架有限元分析方法，对扶梯桁架进行挠度和强度分析的过程加以简要介绍。

1. 总体模型设计

分析前先建立简化模型，如图 2-2-1 和图 2-2-2 所示。分析前简化模型的建立，可以由专门的桁架有限元分析接口软件完成。

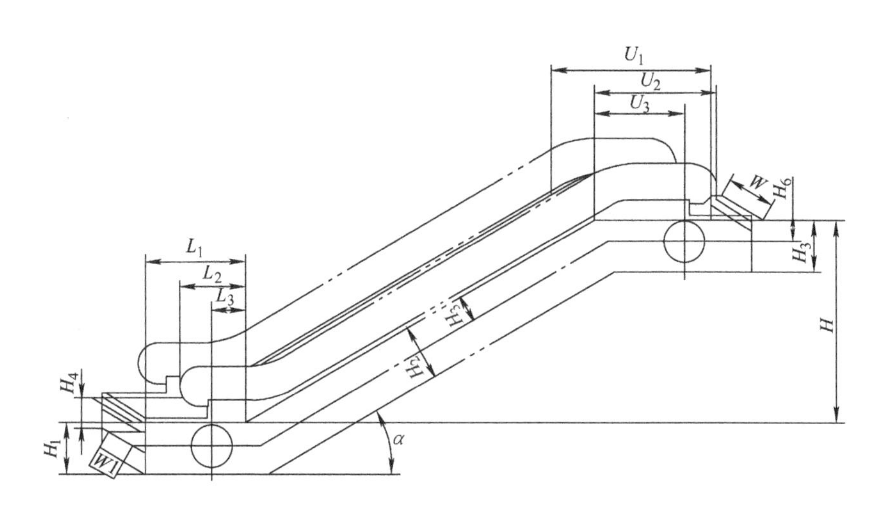

图 2-2-1　桁架计算总体模型设计

对于特殊结构的桁架，需要对相关构件进行等效简化。如双桁架结构，可以按照以下方式进行简化处理。

1）有加强板的主弦材由 T 型钢单元替代，焊接加强板采用增大边长方式表示，如图 2-2-3 所示。

2）双槽钢纵梁可简化成工字钢单元替代，如图 2-2-4 所示。

ELEMENTS

AN
NOV 26 2013
10:49:53
PLOT NO. 1

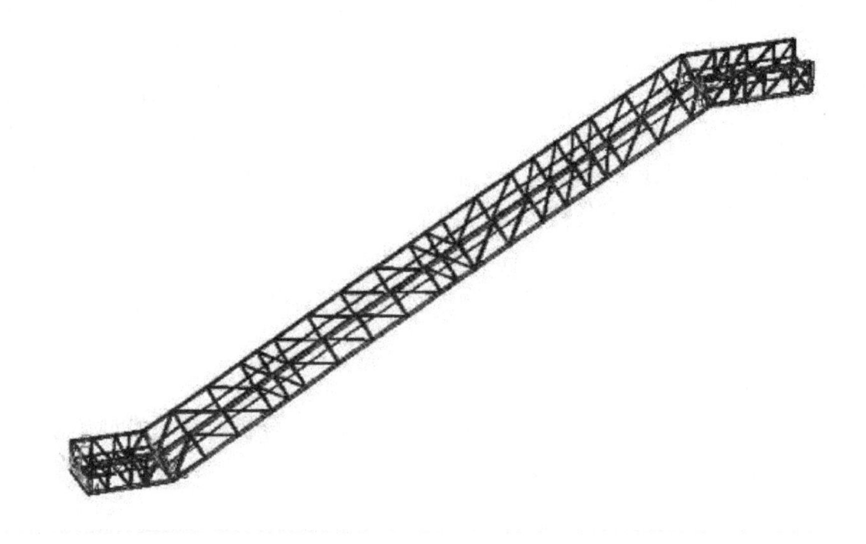

图 2-2-2　ANSYS 桁架有限元模型示意图

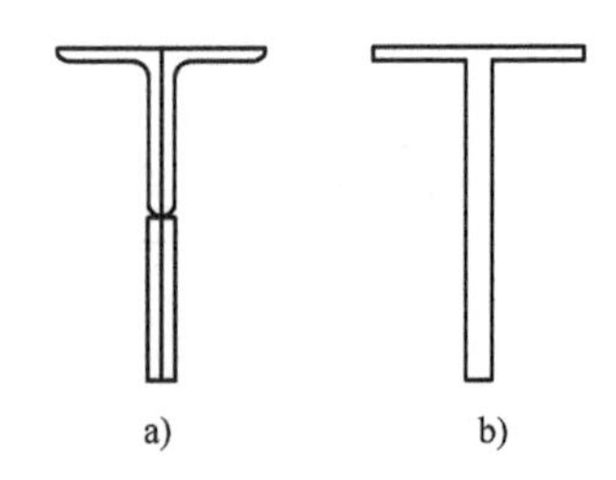

图 2-2-3　弦材及其加强板简化示意图
a）实际结构　b）简化结构

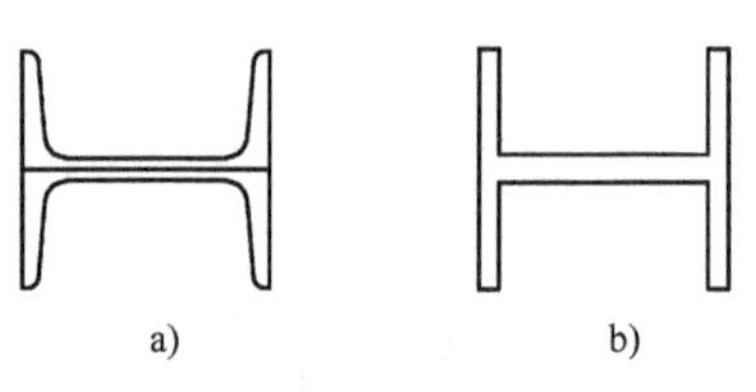

图 2-2-4　双槽钢纵梁的简化示意图
a）实际结构　b）简化结构

3）双角钢斜材可由 T 型钢单元代替，如图 2-2-5 所示。

2. 材料参数及边界条件设置

（1）材料参数　由于桁架常用材料为碳钢类材料，因此相关材料参数可从机械设计手册中查询，表 2-2-1 为牌号 Q235A 钢的相关参数。

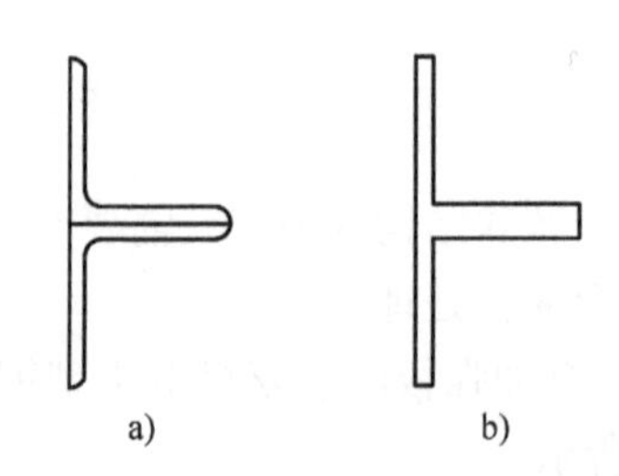

图 2-2-5　双角钢斜材的简化示意图
a）实际结构　b）简化结构

表 2-2-1　Q235A 钢参数表

材料	弹性模量/MPa	密度/（kg/m^3）	泊松比
Q235A	2.1×10^5	7.8×10^3	0.28

（2）约束处理　自动扶梯是由楼层/井道支承梁（柱）进行支撑的，并且该支承梁（柱）通常有钢筋或钢梁等加强，其强度根据自动扶梯支承部的支反力设计，在分析自动扶梯桁架强度时，将这些支承视为刚性部件处理。因此，仅需根据自动扶梯实际约束情况设置即可，通常为水平方向和向下方向自由度被约束。另须指出的是，自动扶梯如有中间支承时，也需对中间支承位置设置相应约束。图 2-2-6 是约束及加载示意图。

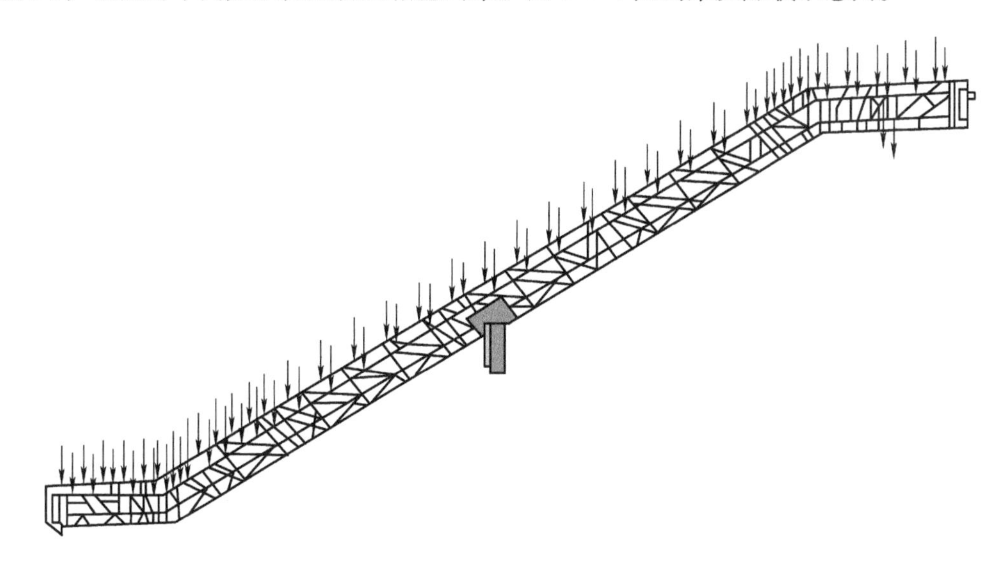

图 2-2-6　约束及加载示意图

（3）载荷处理　根据 GB 16899—2011 的规定，自动扶梯支撑结构设计所依据的载荷是：自动扶梯的自重加上 5000N/m^2 的载荷。因此，在载荷处理时，乘客等外力载荷需根据自动扶梯投影面积大小按照 5000N/m^2 标准进行加载，而自动扶梯的自重需要根据实际进行处理。除了自动扶梯本身的部件如桁架、导轨、扶手带驱动、主驱动、栏杆及控制系统等之外，还必须考虑外加装饰板的重量，在客户要求特殊装饰时，需要充分考虑该装饰部件引起的变化。

3. 结果分析与处理

ANSYS 桁架有限元分析的输出结果包括位移、应力、应变、支承位置最大支反力等，较常用的有位移图以及应力图，分别如图 2-2-7 和图 2-2-8 所示。从结果可以清晰看出桁架位移以及应力出现的最大区域及数值等。

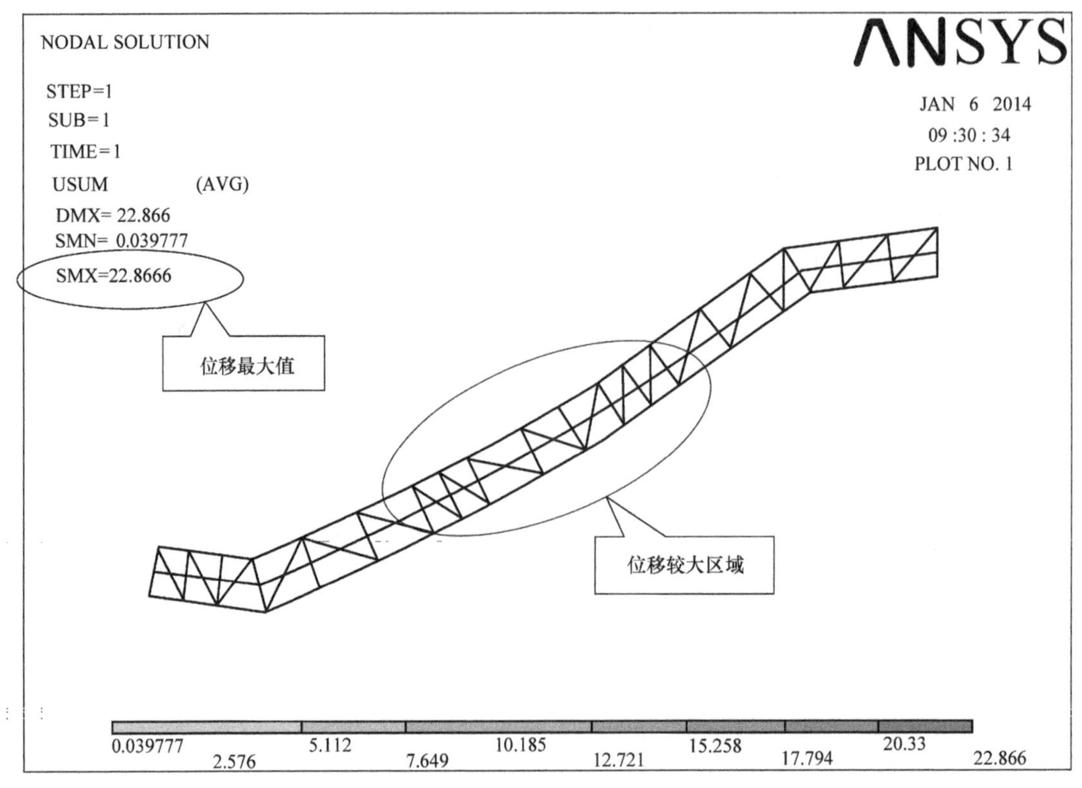

图 2-2-7 桁架位移图解

（1）强度分析 假设桁架应力图解示出的桁架最大应力值为 $\sigma_{\max}$，桁架所用的金属材料牌号为 Q235A，其极限强度为 $\sigma_{\lim}$（由机械设计手册查得）。那么，该桁架的安全系数 S 为

$$S = \frac{\sigma_{\lim}}{\sigma_{\max}} \tag{2-2-1}$$

当 $S \geqslant [S]$ 时（$[S]$ 为桁架许用安全系数，通常 $[S]=5$），桁架是安全的，否则需要重新设计及再次通过计算确认等。

（2）挠度分析 如图 2-2-9 所示，假设有限元分析的输出结果示出桁架上、下支承部的支反力分别为 F_1、F_2，最大位移为 $\delta_{\max}$，自动扶梯两支撑位置的水平距离为 L，自动扶梯名义宽度为 Z，桁架挠度极限值为 $[\lambda]$，那么，自动扶梯的承载面积 A 为

$$A = ZL \tag{2-2-2}$$

自动扶梯乘客载荷 P_A 为

$$P_A = 5000A \tag{2-2-3}$$

自动扶梯乘客载荷引起的挠度 λ 为

$$\lambda = \frac{P_A}{F_1 + F_2}\delta_{\max} \leqslant [\lambda] \tag{2-2-4}$$

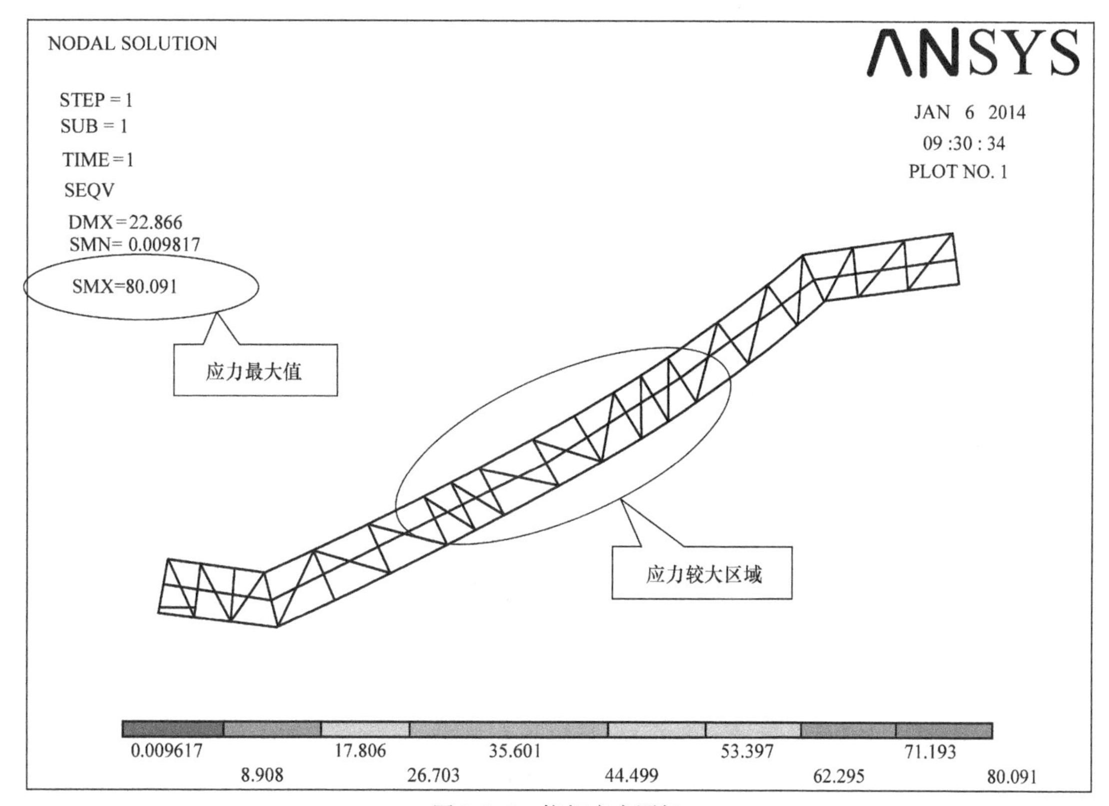

图 2-2-8　桁架应力图解

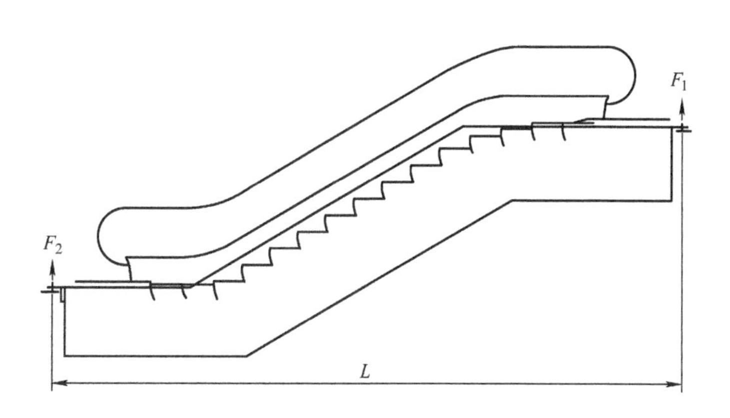

图 2-2-9　自动扶梯支承点及投影长度

二、桁架挠度与强度测试

桁架挠度和强度测试是对理论计算结果的验证，其测试依据和原理可参考理论计算分析过程的描述。当然，在实际操作过程中有多种测试方法，图2-2-10展示了一种较为可靠的常见测试方法。

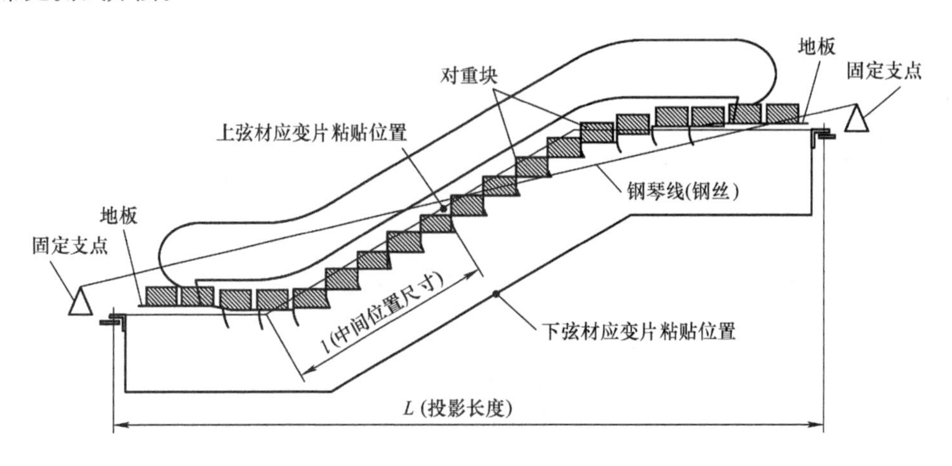

图2-2-10　桁架挠度与强度测试

1. 挠度测试

挠度测试的过程大致如下。

（1）乘客载荷计算　按式（2-2-3）计算乘客载荷。

（2）测试位置确定　将根据有限元法（CAE）分析得出的自动扶梯整机挠度最大位置，标识在桁架的弦材上。如图2-2-10所示，这台扶梯的挠度最大位置是在离下折弯点距离为l的地方。也可以同时测试多个位置，最后以测得的最大值作为最大挠度。

（3）钢琴线（钢丝）固定　如图2-2-10所示，将钢琴线（钢丝）固定在自动扶梯以外的建筑物的支点上。钢丝被拉紧后起到测试基准作用，不能与扶梯相接触，防止随着自动扶梯的加载而变动，并在对重块搬运过程中不允许有任何碰撞。

（4）刻度尺的固定　在目标测试位置点上的相应位置可靠固定用于读取变形量的刻度尺，注意刻度尺不能与自动扶梯部件有任何接触。

（5）变形零点设置　刻度尺固定好后，自动扶梯上无任何负载时，记录此时自动扶梯上标识所指的刻度值。

（6）加载　根据计算载荷，在自动扶梯承载区域内均匀配置对重块，该区域包括工作段的梯级以及自动扶梯支承点之间的楼层板。

（7）测试结果记录　加载完成后，读取测试位置标识的位移量，即加载后的刻度值与加载前的刻度值之差。

（8）结果校核　将实际测得的自动扶梯桁架最大位移量a与两支承距离L进行比较计算：$a/L\leqslant$规定值（比如1/1000或1/1500）时，为设计符合要求。

2. 强度测试

桁架强度的实际测试与上述挠度测试同时进行，一般采用目前在工程测试领域应用最广泛的应力测试方法——应变片法进行。

（1）粘贴应变片　加载前，在目标测试位置粘贴应变片。由于桁架各部件都有表面处理，粘贴前需对粘贴位置进行打磨处理，以免影响测试结果。应变片可以粘贴到图 2-2-10 所示的弦材位置，其他粘贴位置可根据理论分析、经验判断和其他实际需要确定。

（2）应力值记录　加载完成后，记录各测试位置的应力值。

（3）结果校核　与上述理论一样，根据实际测试结果与使用材料的极限强度进行比较，安全系数不低于设计要求时为合格。

第三节　桁架的支承与固定

自动扶梯桁架的支承分为上、下端部支承和中间支承。中间支承一般在自动扶梯提升高度较高的情况下设置，其数量与自动扶梯的挠度有直接关系。图 2-3-1 是带有两个中间支承的自动扶梯支承与固定示意图。

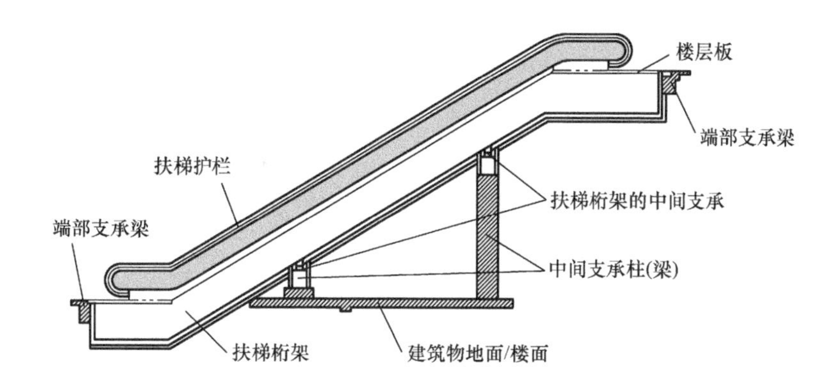

图 2-3-1　自动扶梯支承与固定示意图

一、端部支承与固定

图 2-3-2 为端部支承与固定示意图，图 2-3-3 为端部支承与固定断面示意图。端部支承与固定的相关部件主要有调整螺栓（含锁紧螺母）、固定件、预埋钢板和加强筋等。安装时，主要监控及注意事项有以下几项。

1）扶梯支承基础预埋钢板的受力必须符合图样要求。

2）自动扶梯扶手带外侧边缘之间区域内梯级、踏板或胶带上方的垂直净高度不小于 2.3m。

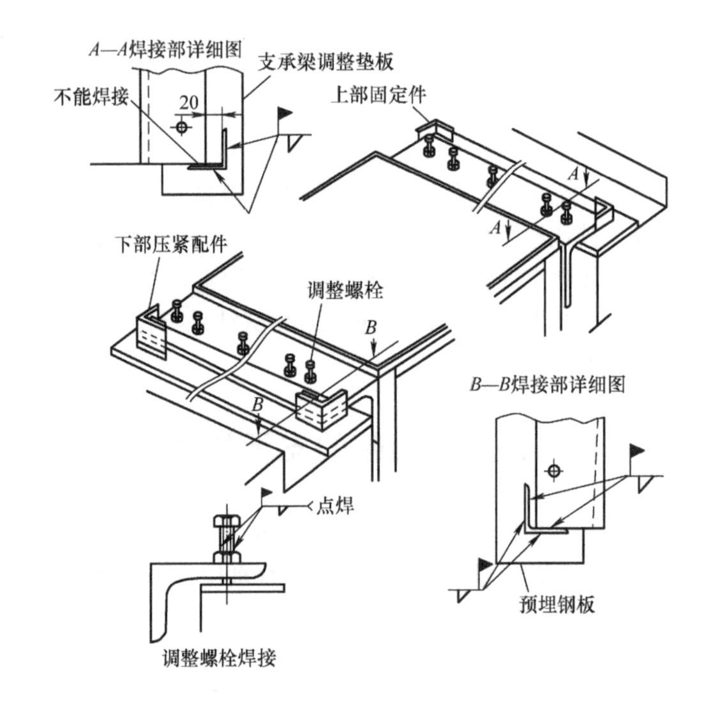

图 2-3-2　自动扶梯桁架上、下端部支承与固定示意图

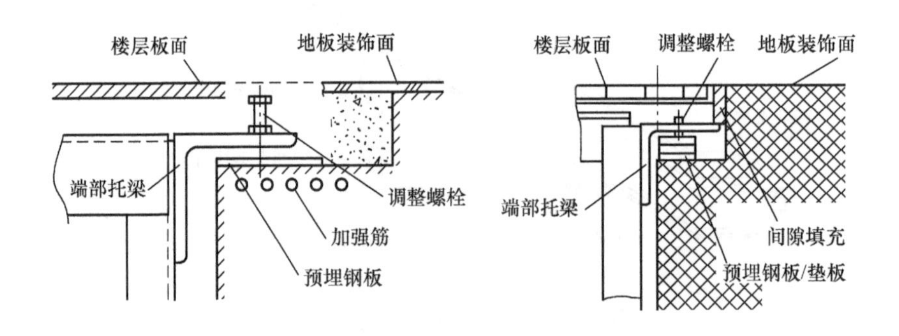

图 2-3-3　自动扶梯桁架上、下端部支承与固定断面示意图

3）桁架两端支承角钢（端部托梁）与支撑基础搭接长度应大于 100mm，并应符合产品设计要求。

4）有中间支承时，在自动扶梯桁架落座于上、下支承后，按照布置图要求，立即加装中间支承或其他增强措施。

5）调整完成后，楼层板上表面前沿与楼面/地面尽量保持水平，如不能水平时，应使楼层板高出地面 2～5mm，并且平缓过渡。

6）支承高度（指支承最终竣工楼面与支承预埋钢板之间的垂直距离）应符合土建施

工图纸要求，如有不符，应采取补救措施，如调高（低）地面标高或加补预埋铁。

二、中间支承与固定

图 2-3-4 是自动扶梯两种不同结构中间支承与固定示意图。中间支承与固定主要由中间支承件（位于桁架上，与桁架主架构整体焊接）、调整螺栓、中间支承座、中间支承柱（梁）及联接螺栓等构成。从前面介绍可知，中间支承部位的桁架应力较大，因此在正常设计过程中，当需要增加中间支承时，该中间支承支撑部位的桁架通常需要经过特殊加强处理，以避免该处由于局部应力集中而导致桁架强度不足，主要方式有修改纵梁/斜材的型材规格、局部改变斜材方向等（本章第一节有相关实例介绍）。

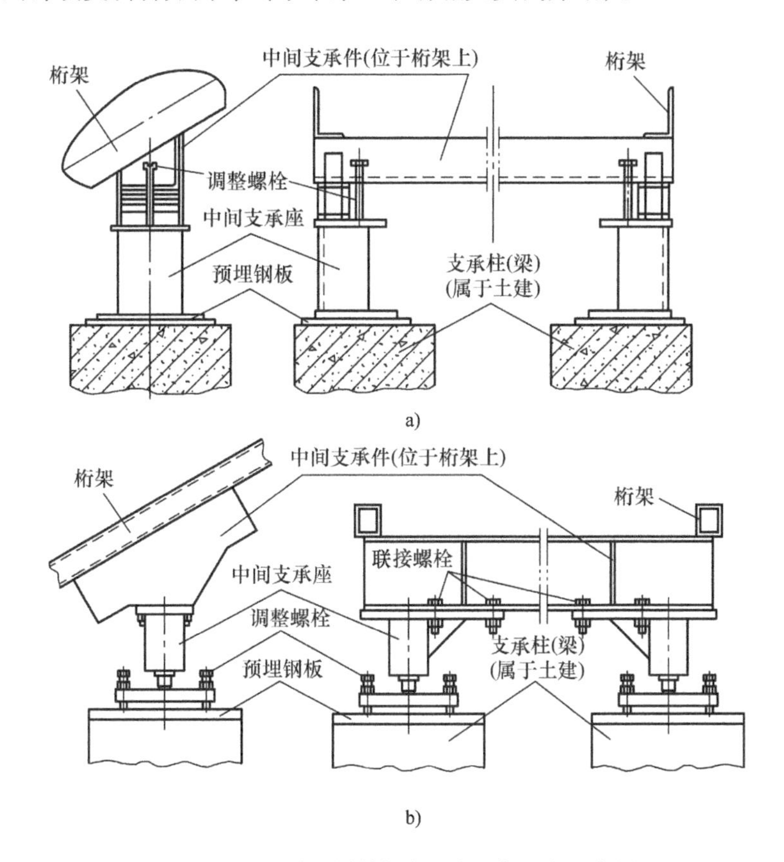

图 2-3-4　两种不同结构中间支承与固定示意图

三、支承反力

从桁架挠度及强度分析可以看出，在自动扶梯自重前提下，按照 5000N/m^2 的载荷得出的各支承点支承反力为相应自动扶梯的基本支承力要求值。如果考虑到自动扶梯自身运行冲击、振动及安全系数等，支承反力的要求值会相应增加。特别需要指出的是，当需要特别设置外装饰板时，需要供需双方协商另行确定支承力要求值。

总的来说，由于不同生产厂家的自动扶梯的结构、材料、标准投影长度等各不相同，在同样的 5000N/m² 的载荷要求下，其各自要求的支承反力都不一样。同时，由于自动扶梯上水平段通常布置有驱动主机、控制柜等部件，一般上梯头支承反力会比下梯头支承反力要求高。

从“挠度分析”过程可知，自动扶梯的理论支承反力可通过有限元分析直接得出，但由于自动扶梯提升高度繁多、客户要求的配置多种多样，在实际生产和工程设计中不可能对每台扶梯都进行支承反力的详细计算，所以各企业一般通过理论加上实际应用经验推算出各自产品的支承反力简化计算公式和相关图表。这些公式和图表可以提供给用户和建筑设计院应用于井道的设计。

图 2-3-5 为某自动扶梯产品的井道示意图。表 2-3-1 为相对应的支承反力计算表。

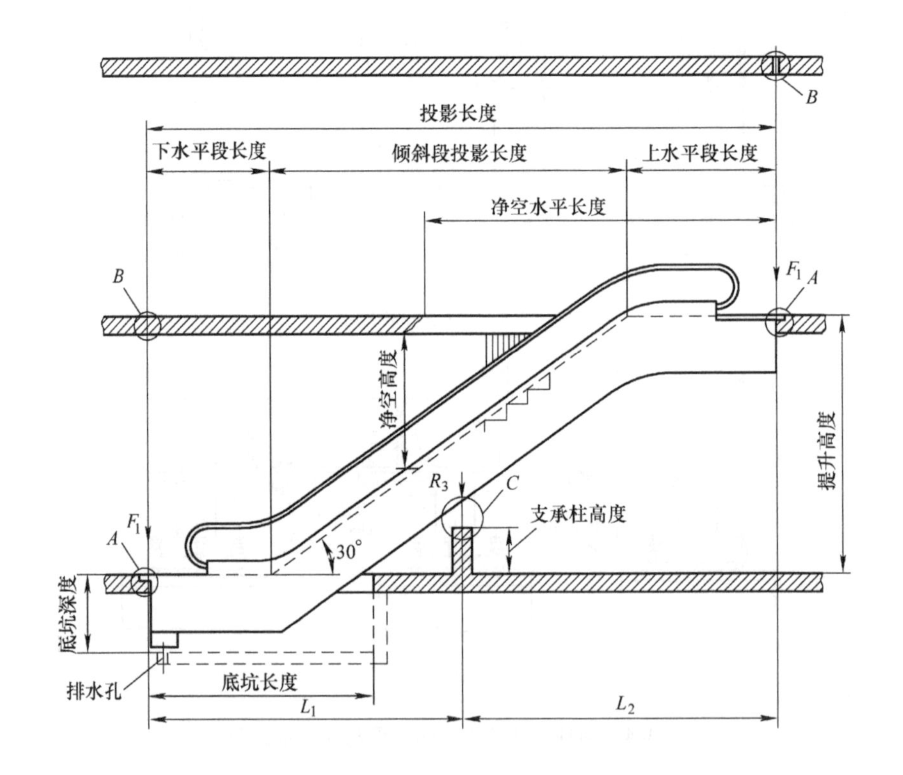

图 2-3-5 某自动扶梯产品的井道示意图

注：图中 A 部及 C 部的相关结构介绍分别见本节一和二，B 部的相关介绍见本节四。

表 2-3-1 某自动扶梯产品的支承反力计算表

梯级宽度/mm	总支承数	F_1/N	F_2/N	F_3/N
600	2 （无中间支承）	$6.7H+40000$	$6.7H+28000$	—
800		$7.5H+42000$	$7.5H+33000$	—
1000		$8.5H+50000$	$8.5H+35000$	—
600	3 （有1个中间支承）	$4.3L_2+12000$	$4.25L_2+8000$	$4.35(L_1+L_2)+10000$
800		$4.6L_2+16000$	$4.5L_2+13000$	$4.6(L_1+L_2)+13500$
1000		$5.2L_2+17000$	$5.2L_2+10000$	$5.3(L_1+L_2)+15000$

注：H、L_1、L_2 单位为 mm。

四、建筑物与桁架的起重

桁架的现场起重多是在室内进行的，需要建筑物具有起重吊钩或吊装孔、预留套孔。

1. 起重吊钩

起重吊钩是最常用的设施，如图 2-3-6 所示。吊钩作为建筑物结构的一个组成，直接焊接在横梁的钢筋结构上，与梁体组成一体。在设计吊钩时要根据生产厂家提供的承重要求加以设计。其布置也需要按生产厂家提供的安装图要求。图 2-3-7 是一台横跨三层的自动扶梯的吊钩布置图，每个层面需要布置两个吊钩。一般吊钩在起重完成后应保留，以备扶梯维修或更换时使用。

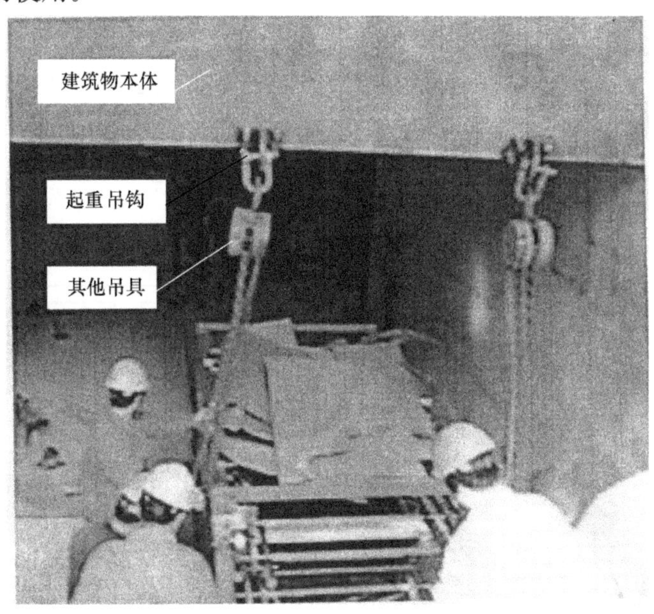

图 2-3-6 自动扶梯的起重吊钩

一般来说，对于标准普通型自动扶梯，其起重吊钩的最小承载能力要求在 5～8t 之

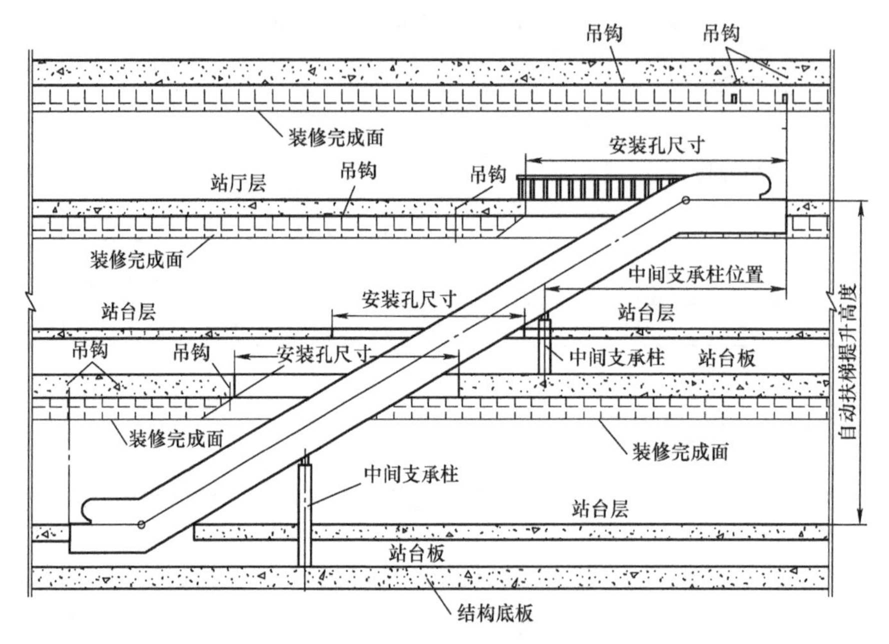

图 2-3-7　吊钩的布置图

间，而对于重载型自动扶梯来说，其起重吊钩的最小承载能力一般要求 10t 以上，而对无中间支撑大高度自动扶梯，其起重吊钩的承载能力需在上百吨。

2. 吊装孔与套孔

在建筑物上预留吊装孔与套孔也是常用的方法，其优点是在起重完成后不需要保留吊钩，能保持建筑物的美观。

图 2-3-8 是预留吊装孔与套孔的示意图。图 2-3-9 是使用预留吊装孔及其活动起重吊钩示意图。

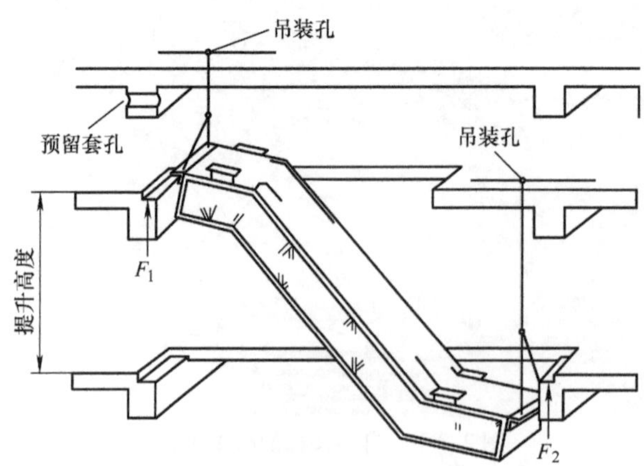

图 2-3-8　预留吊装孔与套孔示意图

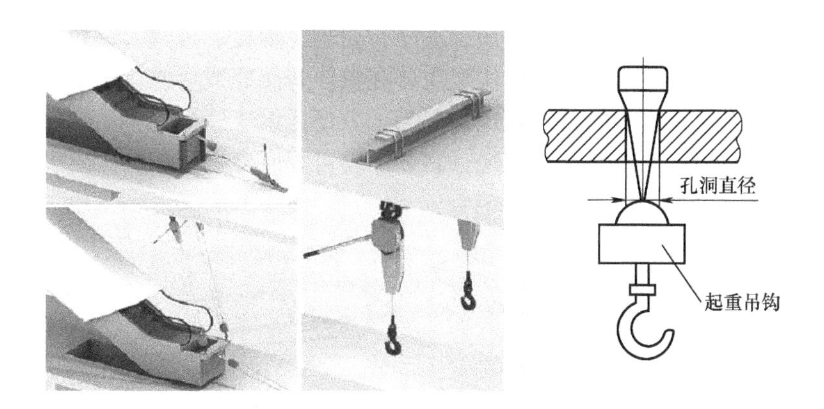

图 2-3-9　使用预留吊装孔及其活动起重吊钩示意图

第四节　桁架的制造过程

桁架的制造过程大致为：原材料准备→构件制作→主体金属构架的组装焊接→整形→去应力→表面处理→桁架驳接（需要时）。

一、原材料准备

原材料准备阶段的主要内容是根据设计图样所用到的材料规格准备所需的原材料，含规格和数量两个方面，一般规格有角钢、槽钢、方钢和板材等。由于在设计时，出于制作方便性和经济性考虑，通常会根据实际使用要求选用常用的材料规格，当然特别需要并且使用量较大时，也有根据设计需要定制原材料规格尺寸的情况。

角钢型材常用规格一般有：∟200mm × 200mm × 24mm、∟125mm × 80mm × 12mm、∟100mm × 80mm × 8mm、∟70mm × 70mm × 7mm、∟63mm × 63mm × 6mm、∟50mm × 50mm × 5mm 等。

方钢常用规格有：□110mm × 80mm × 10mm、□100mm × 50mm × 5mm、□80mm × 80mm × 5mm、□70mm × 50mm × 4mm、□40mm × 40mm × 3mm 等。

槽钢常用规格有：[180mm × 70mm × 9mm、[140mm × 60mm × 8mm、[100mm × 53mm × 5mm、[50mm × 37mm × 4.5mm 等。

板材的常用规格有：12mm、10mm、8mm、6mm、5mm、3mm 等。

当然，随着技术的发展及相关优化设计，所用的材料规格也在不断地更新，并且不同企业之间的差异较大，需要读者根据实际情况进行原材料的准备。

二、构件制作

为了提高桁架整体焊接效率，减少焊接变形和劳动强度等，在桁架主体整体焊接前需要先进行相关零部件的制作，主要的加工工序有切割、焊接、折弯、钻孔、去毛刺、喷砂除锈等。如本章前面所述，桁架主体构架需要在整体焊接完成后进行表面处理，因此通常情况下，零部件无须做表面的特别处理，仅为了方便后续工序进行去毛刺和除锈等。但有时为了避免存放时间过长导致严重锈蚀，需要加喷可焊底漆进行保护。图 2-4-1 为构件制作示例图。

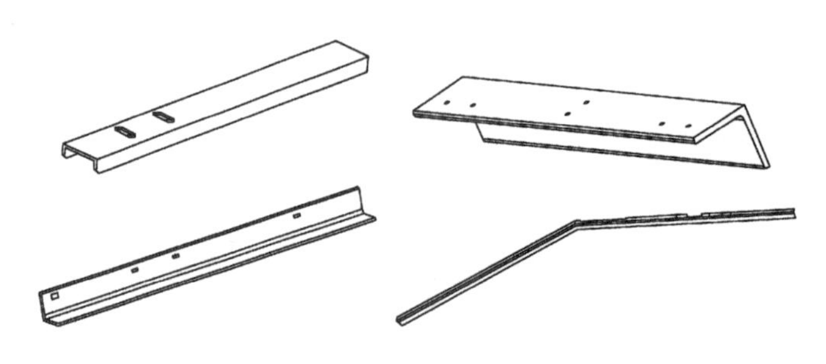

图 2-4-1　构件制作示例图

三、主体金属构架的组装焊接

主体金属构架的组装焊接是在上述零部件制作完成后进行的作业工序，由于整体焊接量较大，会导致焊接变形。因此，一般会利用焊接工装进行辅助焊接作业，主要有平组焊接（也叫桁架单片组装焊接）工装、立组焊接工装和桁架整体焊接（对接）工装。平组焊接的主要部件为弦材、纵梁和斜材等。立组焊接的主要部件为端部托梁、横梁等。另外，由于桁架底部封板及其支承构件位于桁架底侧，通常需要在上述平组和立组焊接完成之后进行。并且为了方便操作，降低劳动强度，需要将桁架翻转成底部朝上进行焊接。

1. 中间桁架组装焊接

中间桁架由于没有拐弯部，零部件数量相对较少，分布比较规则，因此其组装焊接相对简单，一般按照平组→立组→底板顺序组装焊接而成。

2. 水平部桁架组装焊接

制作时含有水平段的桁架组件都有拐弯部，而整体式桁架则同时具有上、下两个水平段，这就产生了由拐弯部的焊接顺序不同引起的两种组装焊接方式。第一种方式为平组焊接时水平段平组与倾斜段平组一并组装焊接，之后同时进行立组组装焊接，在这里简称为分组组装焊接方式。第二种方式为分别进行水平段和倾斜段组装焊接（两者分别进行平组、立组组装焊接），之后两者进行对接组装成该桁架组件，在这里简称为分段组装焊接方式。

图 2-4-2 为分组组装焊接方式顺序示意图，图中序号①和②可以同时进行，序号③需在①、②制作完成后进行。从图示制作过程可以看出，该方式制作的桁架上、下弦材拐弯部可通过折弯方式加工而成。

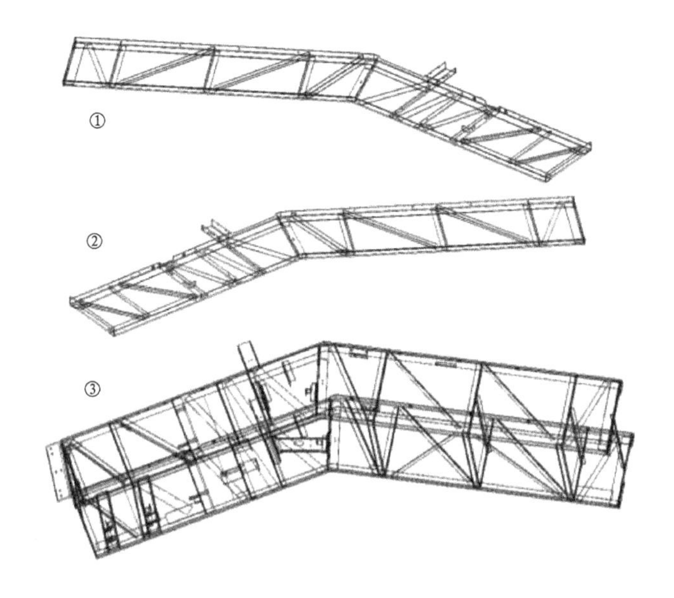

图 2-4-2　分组组装焊接方式顺序示意图

图 2-4-3 为分段组装焊接方式顺序示意图，同样图中序号①和②可以同时进行（两个序号都分别经过平组和立组两个工序，可参照第一种方式，这里不详述），序号③需在①、②制作完成后进行。从该焊接组装方式可知，该方式制作的桁架上、下弦材拐弯部是通过对接焊接方式加工而成的。

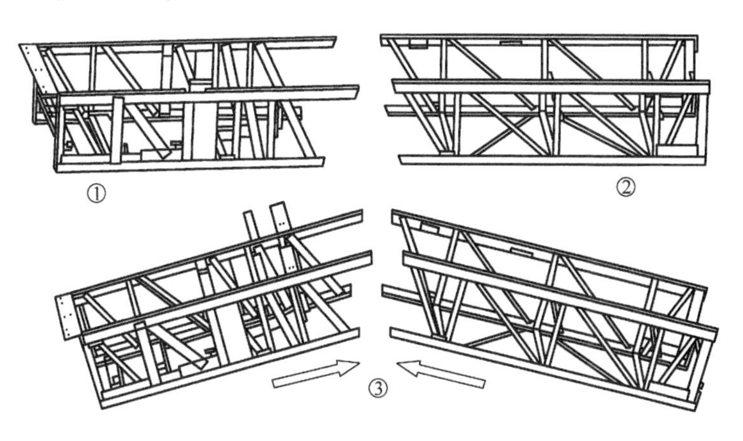

图 2-4-3　分段组装焊接方式顺序示意图

四、整形、去应力

如前面所述，桁架整体焊接的零部件较多，焊接量大，虽然焊接时采用了焊接工装和夹具，并且会通过焊接顺序、焊接方式等相关工艺措施减少变形及应力，但仍无法完全避免和消除。因此，通常在桁架整体焊接完成后相应增加整形和去应力等工序。

五、表面处理

桁架整体焊接完成后，表面处理前需要进行防漏检查（主要针对底板）、清洗、除锈等相关处理。尤其需要注意的是，对于一些加工精度要求较高的孔或表面，需要做好保护措施（通常为在相应孔中打玻璃胶，以防止油漆或者锌水破坏），以免影响后续装配质量。对于一些精度要求高并且难以保护但后续加工方便的工序，可在表面处理后再进行追加。图 2-4-4 为桁架喷漆示意图，喷漆所用的油漆或涂料等通常带有一定的有害成分，因此通常在封闭的喷漆房进行相关作业。

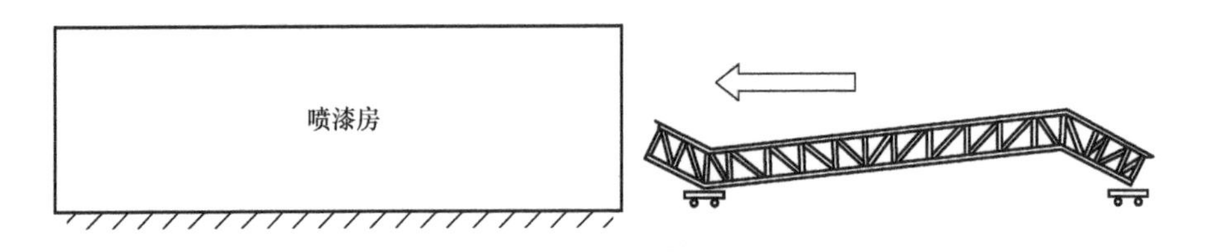

图 2-4-4　桁架喷漆示意图

此外，需特别指出的是，当桁架的表面处理方式为热浸锌时，由于浸锌过程的温度达500℃左右，导致该处理完之后的桁架变形会较严重。因此，除了热浸锌前的相关保护措施之外，通常在热浸锌之后还需进行整形和校直工序，以保证桁架的整体精度要求等达到设计要求。

六、桁架驳接

自动扶梯或自动人行道一般都要在厂内进行总装调试并且试运行后再搬运至工程现场，因此总装的第一步骤就是桁架的驳接工序（对于整体式桁架，则无需驳接）。在绝大多数情况下，厂内总装时都是将桁架平放在地面进行总装，个别企业也有模拟安装现场的情况将自动扶梯或自动人行道按倾斜角架立起来进行总装的。图 2-4-5 为分段式桁架平放驳接示意图。

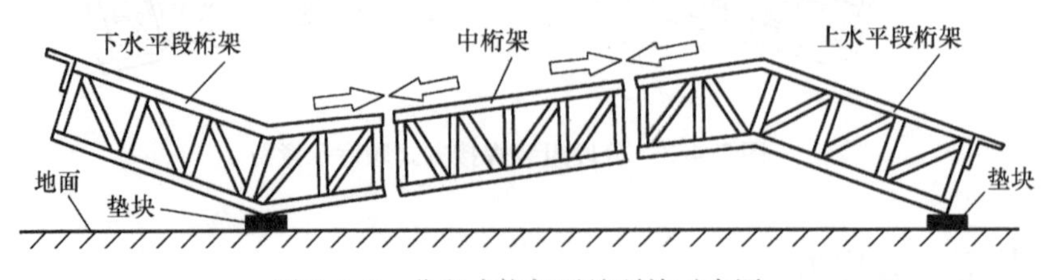

图 2-4-5　分段式桁架平放驳接示意图

第三章　梯级系统

梯级系统是自动扶梯的工作部分，如图 3-0-1 所示，由梯级、驱动主机、梯级链、主驱动轴、梯级链张紧装置等组成。

从图 3-0-1 中可以了解自动扶梯的工作原理：驱动主机是自动扶梯的动力源，它通过主驱动链向主驱动轴传递动力；梯级链由主驱动轴驱动，带动梯级作向上或向下的运动；安装在下部的梯级链张紧装置起到张紧梯级链的作用。

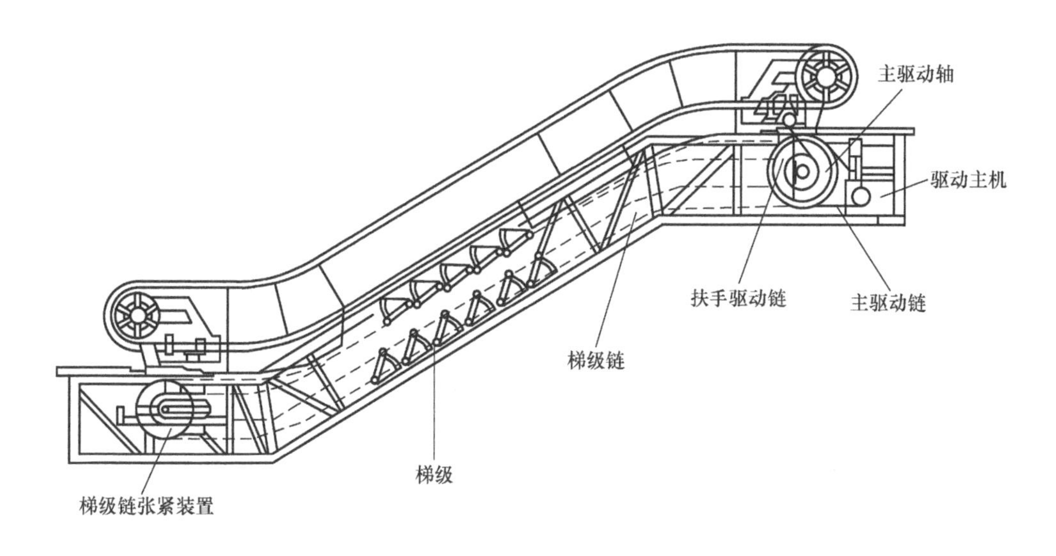

图 3-0-1　梯级与梯级驱动系统

第一节　梯　　级

一、梯级的基本结构

梯级作为扶梯上直接运输乘客的承载部件，由梯级踏板、踢板、支撑架、梯级滚轮和梯级链连接件等组成，其基本结构如图 3-1-1 所示。这几个部分做成一体时（除梯级滚轮），称整体型梯级；以零部件加以组合时，称为组合型梯级。

1. 梯级的结构参数

梯级的结构参数有梯级的尺寸和梯级基距（梯级滚轮与梯级链滚轮之间的中心距）。

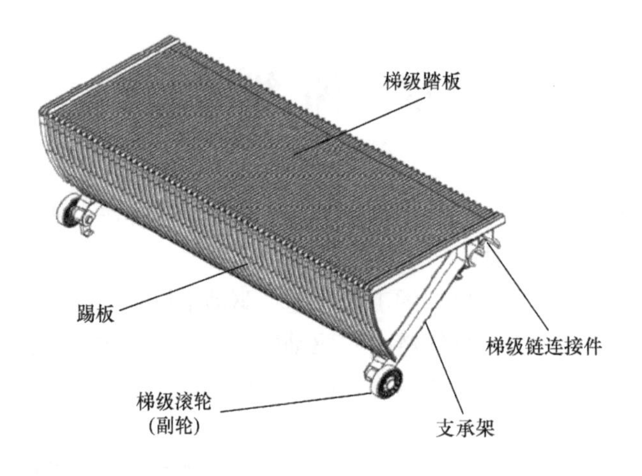

图 3-1-1　梯级的基本结构

（1）梯级的尺寸（图 3-1-2）　梯级的尺寸不仅关系到扶梯的输送能力，还与安全有关。梯级的尺寸应符合如下要求：

1）梯级宽度 z_1：应为 0.58 ~ 1.1m。这个尺寸包含了 0.60m、0.80m 和 1.00m 三种标准规格的扶梯梯级宽度。

2）梯级高度 x_1：不应大于 0.24m。梯级太高不方便乘用，因此 GB 16899—2011 对梯级的高度作了限制。大多扶梯的梯级高度在 0.203m 左右。

3）梯级深度 y_1：不应小于 0.38m。梯级太浅不利于乘客的站立，因此 GB 16899—2011 规定了最小的梯级深度。大多扶梯的梯级深度在 0.405m 左右。

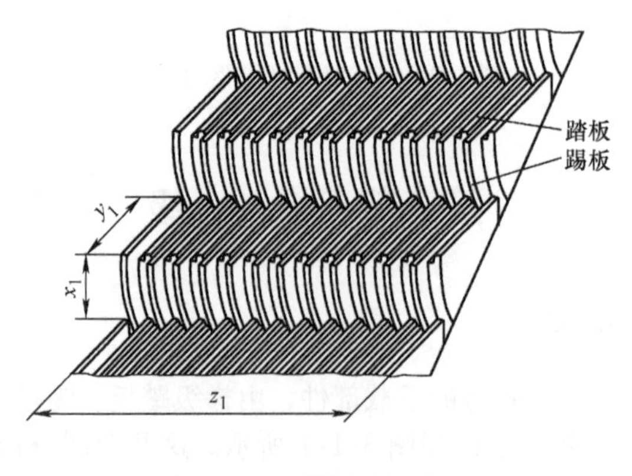

图 3-1-2　梯级的尺寸

（2）梯级的基距　梯级的基距如图 3-1-3 所示，指梯级链滚轮（主轮）与梯级滚轮

（副轮）之间的距离。由于每个梯级的主轮都需要与梯级链相连接，因此梯级的基距与梯级链的节距有关，各种扶梯生产厂所采用的梯级的基距往往有所不同，但一般都在400mm左右。

2. 梯级踏板和踢板的表面结构

梯级踏面和踢板表面都是带有齿槽的。齿槽的方向与梯级运动方向一致，尺寸如图3-1-4所示，b_7 为5～7mm，b_8 为2.5～5mm、$h_7 \geq 10$mm。

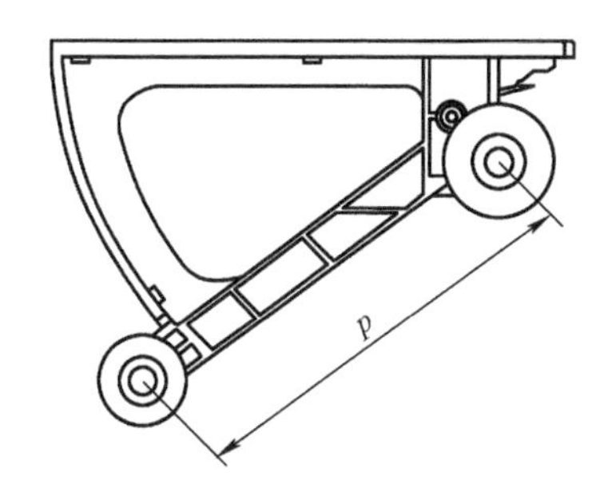

图3-1-3 梯级的基距

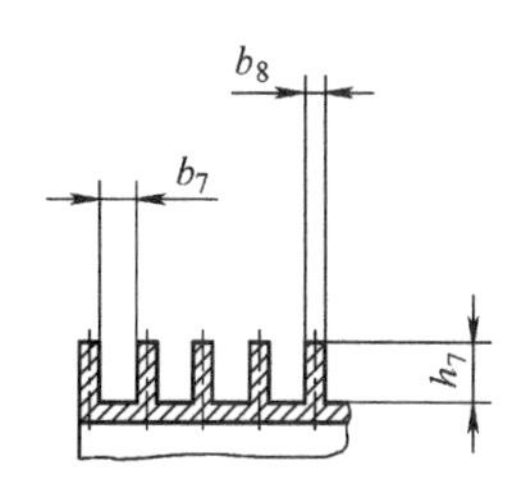

图3-1-4 梯级踏板和踢板的表面的齿槽

在运动中，踏面和踢板以齿相啮合（图3-1-5），在梯级进入上下水平段时，以齿槽与梳齿板的梳齿相啮合，这样确保了梯级在运动全过程中都不会出现连续缝隙。同时，踏板表面上的齿槽具有一定的防滑功能，使乘客不易在梯级上滑倒。

GB 16899—2011的附录J（梯级和踏板表面、梳齿支撑板和楼层板表面防滑性能的确定）中，按照德国DIN51130标准，将防滑等级分为R9～R13共5个等级，并提出用于室内时的防滑等级至少为R9，用于室外时至少为R10。

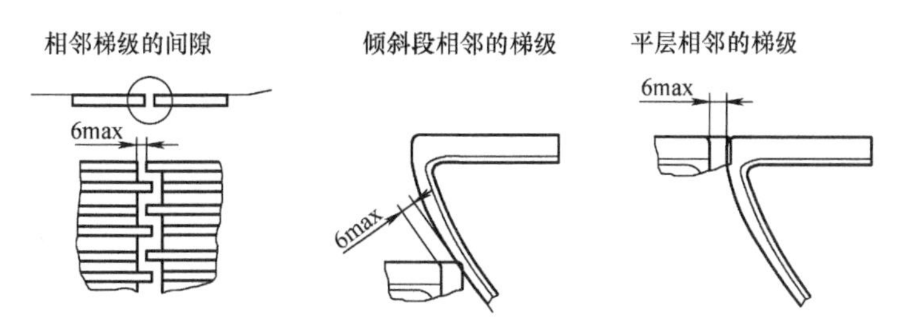

图3-1-5 梯级在运动中与相邻梯级间的啮合

二、梯级的种类

按梯级的结构形式，梯级可以分为整体型和组合型两种。

1. 整体型梯级

整体型梯级用铝合金一次性压铸而成，如图3-1-6所示。经压铸成形后的梯级需要经适当的机械加工，对踏板的表面作磨光处理。原色的铝合金由于有光泽，视觉不好，因此

图 3-1-6　整体型梯级

梯级表面常喷以灰色漆。踏板的前后与左右边缘一般都会喷有黄色边线，提示乘客应在边线内站立，使乘客的脚不要碰触裙板或前面梯级的踢板；也可以在边缘镶上用工程塑料制成的黄色边线条，使梯级显得美观一些。

整体型梯级由于整体是铝合金材质，因此具有很好的耐蚀性，能在室内外多种场所使用。其缺点是梯级表面某个地方的齿槽发生破损时，只能将整个梯级换掉。

2. 组合型梯级

（1）金属结构组合型梯级　金属结构组合型梯级的结构如图 3-1-7 所示，梯级踏板、踢板、支撑架都用钢板冲压而成。其中梯级踏板又分为底板和面板，底板用较厚的普通钢板制造，面板用不锈钢薄板，并采用专用设备制成齿槽板。组合型梯级的各部分用螺栓、螺钉联接固定。这种梯级由于踏板面是用不锈钢制造的，又称为不锈钢梯级。由于表面是不锈钢齿槽板，在用螺钉固定在底板上后，周边需要用工程塑料制成的黄色边线条收口，这种梯级具有外形美观的优点，也得到了广泛的使用。其缺点是整体防锈性能不如铝合金梯级。

图 3-1-7　金属结构组合型梯级的结构

这种梯级的普通钢构件需要进行防锈处理。如用于室外时，需对其普通钢制造的构件进行特别的防腐处理，或采用不锈钢制造，制造成本会变得很高。因此，这种梯级常用在商场等环境条件较好的情况下。

（2）铝合金结构组合型梯级　铝合金结构组合型梯级的结构如图 3-1-8 所示，其梯级踏板、踢板、支撑架都用铝合金压铸而成，然后用螺栓、螺钉联接固定。其中梯级踏板的齿槽板是分为多块的，因此当某个地方损坏时不需要将整个梯级换掉。但这种结构的梯级没有造价上的优势，现在已较少使用。

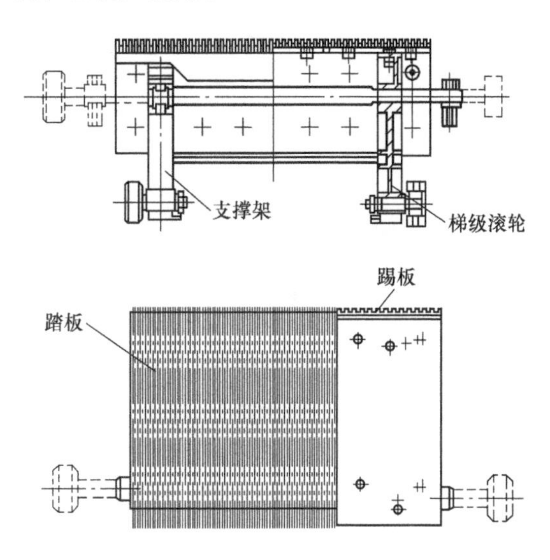

图 3-1-8　铝合金结构组合型梯级的结构

三、梯级的强度要求与测试方法

梯级的设计需要考虑作用在梯级上的乘客重量以及正常运行时由导轨、导向和驱动系统所施加的所有可能的载荷和扭曲作用，同时还需要考虑在不同的使用环境中，在可能的温度、紫外线、湿度、腐蚀等条件下，在规定的工作寿命周期内，均具有可靠的强度。

梯级需要承受 $6000N/m^2$ 的均布载荷（$6000N/m^2$ 由静载 $5000N/m^2$ 乘上冲击系数 1.2 得出）。因此，梯级需要进行型式试验，满足梯级静载试验、动载试验和扭转试验的要求。

对于组合型梯级，要求它的所有零部件可靠连接，在整个工作寿命周期内不能发生任何松动现象。

1. 梯级静载试验

（1）梯级的抗弯变形试验（图 3-1-9）　梯级的抗弯变形试验需要对完整的梯级进行。梯级需要安装梯级滚轮和梯级链滚轮（即梯级要安装在梯级链轴上）。在梯级踏面中央部位施加一个3000N的垂直力。为使这个力均匀施加于梯级踏面而不是只作用于某点上，试验时须施力于一块面积为0.2m×0.3m，厚度大于25mm的钢质垫板上。试验过程中，在梯级踏面测得的挠度不应大于4mm，并且不允许产生永久变形。

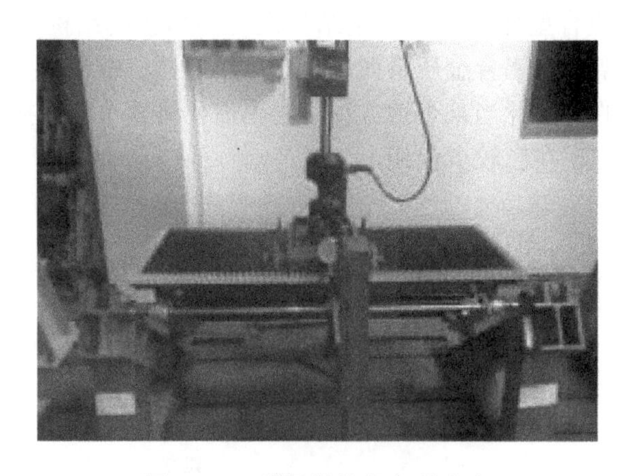

图3-1-9 梯级的抗弯变形试验

（2）梯级踢板的抗弯变形试验（图3-1-10） 在GB 16899—2011中，除了要求对梯级踢板进行抗弯变形试验外，还增加了对梯级踢板的抗弯变形试验新要求。同样，对于梯级踢板的抗弯变形试验也需通过一块钢质垫板来施加一个1500N的力，并且载荷须施加于踢板宽度中心线方向上的三个位置：中间和两端。在测试中，梯级踢板的变形不允许大于4mm，而且也不允许产生永久变形。

图3-1-10 梯级踢板的抗弯变形试验

2. 梯级的动载试验

梯级的动载试验分为载荷试验和扭转试验。

（1）载荷试验（图3-1-11） 在进行梯级动载试验时，需对整个完整的梯级进行，即梯级须安装梯级滚轮和梯级链滚轮（即梯级要安装在梯级链轴上），钢质垫板放置的位置及要求与梯级踏面的抗弯变形试验相同。试验时，需在5～20Hz的任一频率下，对梯级踏面施加一个500～3000N的无干扰的谐振力波。施加的谐振力波的脉动载荷须进行不小于5×10^6次循环。在试验后，梯级不允许出现裂纹，也不允许在踏板表面产生大于4mm的永久变形。

图3-1-11　梯级载荷试验

在整个动载试验中，如发生滚轮损坏的情况，允许进行更换，并且不会影响试验的结果。但是GB 16899—2011规定，组合型梯级的组合零部件在整个动载试验过程中需可靠连接，不允许发生任何松动现象。

（2）扭转试验（图3-1-12）　梯级在工作中还需要承受扭转力。当梯级上的4个滚轮磨损不一致、或其中一个滚轮表面产生破损时就会产生扭转力。

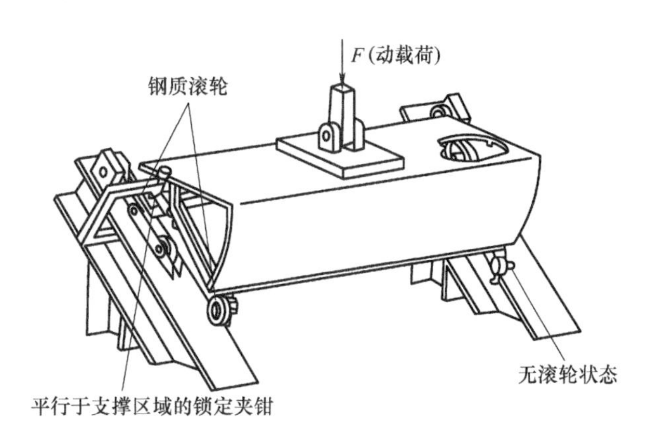

图3-1-12　梯级扭转试验

梯级的设计需满足其结构能承受相当于引起梯级随动滚轮（梯级轮）中心有±2mm圆弧位移的等效扭转载荷，该圆弧以梯级链滚轮中心为中心。±2mm的位移是基于通常梯级滚轮与梯级链滚轮之间距离为400mm，以该距离为中心距（当400mm中心距改变时，其位移与中心距的比例需保持不变）。

如图 3-1-12 所示，为了模仿梯级的扭转，在试验中有一个梯级滚轮是被拆除的。

为使整个试验过程中保证上述规定的位移，试验中需及时调整。试验以 5 ~ 20Hz 的任一频率的无干扰的谐振力波，施加于梯级踏面上，施加的脉动载荷应不少于于 5×10^6 次循环。

在试验后，梯级不允许出现裂纹，也不允许在踏面产生大于 4mm 的永久变形。而且，梯级（特别是装配式梯级）的嵌入件或固定件等零部件，在整个扭转试验过程中需可靠连接，不允许发生任何松动现象。

四、梯级滚轮（梯级副轮）

梯级滚轮直接安装在梯级上，因为其为被动轮，因此又称为梯级副轮。

1. 滚轮的种类

滚轮按其基本结构、轮缘材料和所采用的轴承不同，可分为多个种类。

如图 3-1-13a 所示，只有轮胎和轴承组成的滚轮，称为一体式滚轮。如图 3-1-13b 所示，由轮胎、轮毂和轴承组成的滚轮，称为轮毂式滚轮。

图 3-1-13　滚轮的结构种类
a）一体式滚轮　b）轮毂式滚轮

（1）一体式滚轮　这种结构的滚轮的轮缘材料一般使用聚氨酯，直接用注塑机压注在滚动轴承上成型。这种滚轮结构简单，造价低，由于承载能力也相对低，一般只在普通扶梯上使用。

（2）轮毂式滚轮　轮毂式滚轮的轮毂一般采用工程塑料或铝合金材料，也有采用钢材制造的。滚轮的轴承一般采用滚动轴承。

由于金属轮毂有较强的承载能力，这种结构的滚轮多应用在公共交通型扶梯上。但随着材料工业的不断进步，非金属材料的力学性能的提高，采用非金属材料轮毂的滚轮，在公共交通型扶梯上也开始逐渐使用。

2. 滚轮的轮缘材料与轴承

（1）轮缘的材料　滚轮的轮缘通常使用橡胶或聚氨酯。

聚氨酯可分为不抗水解和抗水解两种。不抗水解的聚氨酯梯级滚轮，只能用于室内梯。室外梯应采用抗水解的聚氨酯梯级滚轮。但也有的扶梯产品，不论室内梯或室外梯均采用抗水解的聚氨酯梯级滚轮，以提高滚轮的使用寿命。

橡胶滚轮的轮胎一般采用抗水、抗油性和耐磨性都比较好的丁腈橡胶，可同时用于室内或室外。但由于其耐磨性的限制，其使用寿命相对于聚氨酯材料较短。但橡胶滚轮弹性好，有利于降低梯级在运行时的跳动和噪声。

（2）轴承　自动扶梯的滚轮，一般都采用免维护的密封滚珠轴承，这是一种传统型的结构。室外梯的轴承则需要是防水型的密封滚珠轴承，为了防止泥沙进入轴承，滚轮的外壳上还需要有密封盖。

近年来市场上出现了一种采用滑动轴承的简易滚轮（图 3-1-14）。滑动轴承用非金属材料制造，由于造价低，某些厂家将其用在低提升高度的普通扶梯上。滚轮的工作寿命很大程度上取决于轴承的工作寿命，因为滚轮的轴承无专门润滑，因此其工作寿命难以与传统型的滚轮相比。

3. 滚轮的技术参数

梯级滚轮的技术参数包括：轮子的外径、宽度、适用速度。

梯级滚轮的工作特点是运行转速不高，但需承受较大的工作载荷，同时需要有较长的工作寿命，因此梯级滚轮需要有一定的直径和宽度，以承受来自梯级的压力。滚轮在工作中承受的压力称为轮压。

梯级滚轮在工作中的受力分析如图 3-1-15 所示，P 为梯级滚轮所受载荷，P_y 和 P_x 为该压力在垂直及水平方向上的分力。

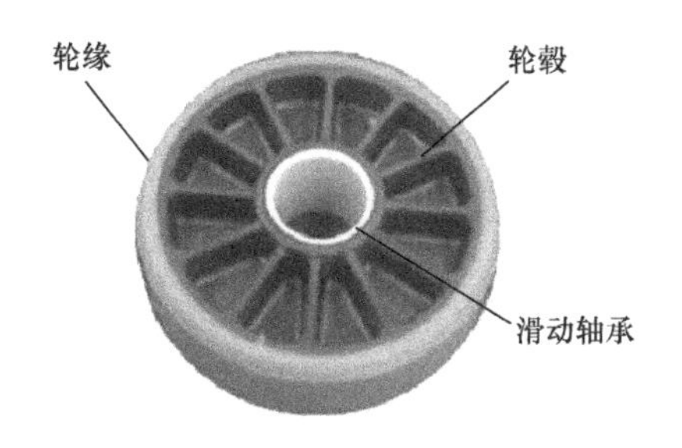

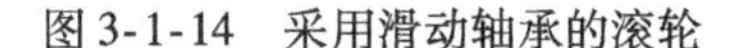
图 3-1-14　采用滑动轴承的滚轮

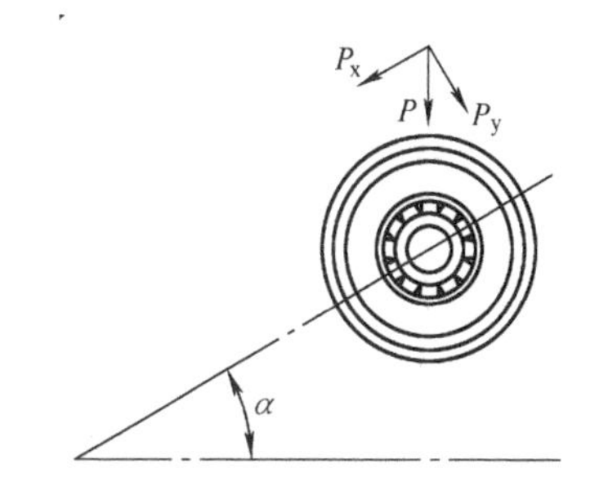

图 3-1-15　梯级滚轮的受力分析

在工作中，梯级滚轮主要承受的是梯级自重和部分乘客载荷（梯级链的重量由梯级链滚轮承受），其中梯级自重由梯级上的 4 个滚轮平均承受，乘客载荷则是约 65% 作用在梯级滚轮上（由人在梯级上站立的习惯性位置引起），因此每个梯级滚轮所承受的载荷是 1/4 的梯级自重和约 32.5% 的乘客载荷，对轮压 P_y 的计算可参考第五章第二节对梯级滚轮施加给导轨的压力 F_2 的计算方法。在对滚轮轮压的计算中，乘客载荷一般需要按 5000N/m^2（单位投影面积上的静载荷）考虑。

许用轮压与扶梯的速度、轮缘材质以及滚轮的设计工作寿命有关。在正常使用条件下，梯级滚轮的工作寿命通常为 12 ~ 15 年。

一般在轮缘采用橡胶或聚氨酯条件下，不同额定速度下允许的轮压需根据不同的材料、不同的结构，在设计的时候针对不同的工况进行核算。

采用大尺寸的滚轮能减小轮压，从而提高滚轮的工作寿命，但由于自动扶梯桁架结构空间的限制，梯级滚轮不可能做得很大，直径一般为 60 ~ 100mm，常用的是 70 ~ 80mm、宽度为 20 ~ 30mm。大于 100mm 的滚轮只有在特大提升高度的扶梯或重载型扶梯上才使用。

4. 滚轮的疲劳试验

为了确保滚轮有较长的工作寿命，在我国的特种设备安全技术规范中，专门有滚轮的型式试验细则（TSG T7027—2005《自动扶梯自动人行道滚轮型式试验细则》），规定自动扶梯的滚轮需要进行疲劳试验。

疲劳试验是在专门的设备上进行的，是对梯级滚轮施加一定的压力，在摩擦轮的带动下以一定的速度滚动。但 TSG T7027—2005《自动扶梯自动人行道滚轮型式试验细则》对试验的压力、速度和试验时间并无具体规定，需要由滚轮的生产厂家提供。表 3-1-1 是由某厂家给出的试验技术指标。

表 3-1-1　梯级滚轮试验技术指标

加压/N	滚轮线速度/(m/s)	地区试验时间/h	试验后滚轮状态
1500	1	1300	完好

5. 滚轮的受损类型及更换条件

滚轮的损坏可分为轴承损坏、轮毂爆裂、轮缘剥离及轮胎开裂（龟裂）几种情况。当发生这些损坏时，滚轮均需进行更换。

（1）轴承损坏　常由于轴承密封盖密封不良，造成粉尘、泥土、沙土等小颗粒进入轴承内引起磨损，使滚珠破损，或由于轴承内的润滑油脂过少，使滚珠在轴承内长期进行干摩擦而损坏。

（2）轮毂爆裂　常见于早期用非金属制造的滚轮，受限于当时材料的性能。近期，由于工业水平的进步及更多高性能非金属材料的应用，轮毂爆裂的现象较少出现。

（3）轮缘剥离　轮缘剥离是最常见的滚轮失效现象之一。轮缘与轮毂或轮缘与轴承（对一体式滚轮而言）是两种不同的材料，如何令两种不同的材料在滚轮的使用周期中牢固地结合在一起，是滚轮制造的关键技术，因此需要在黏胶，配方选择和注射工艺上均有严格的性能参数要求。

（4）轮胎开裂（龟裂）　轮胎开裂（龟裂）通常是由于滚轮在使用过程中吸收空气中的水分而造成的。因此，需要采用抗水解的轮缘材料，以防止其开裂。特别是对于室外使用的自动扶梯和靠近海洋、环境湿度较大的地区，对轮胎的使用材料尤为敏感。

五、梯级与梯级链的连接

梯级需要安装于梯级链轴上组成稳定的梯级联合体，在梯级链的牵引下，沿梯路导轨方向运行。因此，梯级与梯级链之间必须要有可靠的连接。但为了在日常维修中能方便地对梯级进行拆卸，梯级与梯级链之间的连接在结构上必须是相当简单的。

1. 连接方法

梯级与梯级链轴的固定方式有插销定位和螺栓紧固联接两种。

图 3-1-16 所示是螺栓紧固联接方法。一般情况下，在轴的一侧设计有一个轴向定位挡块，套筒的安装需以定位挡块为基准，以保证梯级的安装位置，限制梯级的左右移动。在套筒的另一侧加上一个锁止部件并固定，当梯级卡入套筒时，锁紧螺栓，使梯级与套筒紧固联接。

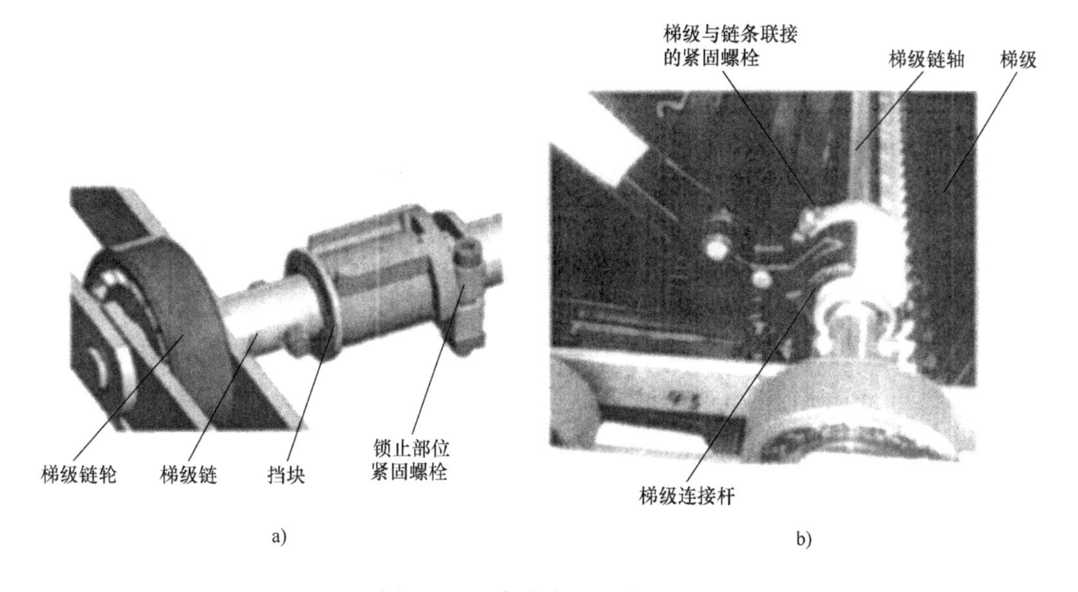

图 3-1-16　螺栓紧固联接方法

图 3-1-17 所示是插销定位方法。其结构原理与螺栓紧固联接方式相似。但在套筒及梯级连接件中均加工有定位孔，并且在梯级连接件侧安装有定位弹簧销。当定位套筒依据轴上的定位块安装好，梯级连接件卡入定位套筒后，调整套筒定位孔与梯级连接件对齐，然后拔出定位弹簧销，使定位销卡入套筒定位孔中，实现梯级与梯级链间的紧固连接。

2. 拆卸方法

对梯级的拆卸通常在下水平段的机房内进行，个别的扶梯也可在倾斜段内进行拆卸。但在水平段内进行拆卸比较方便和安全。

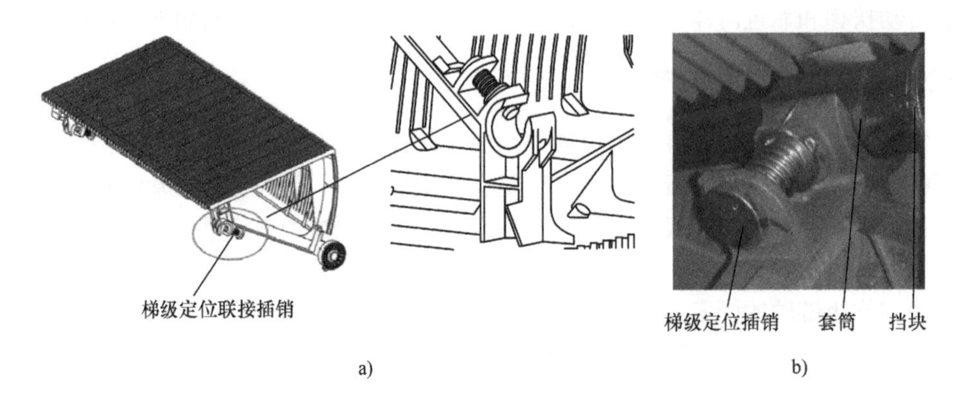

图 3-1-17　插销定位方法

在进行梯级的拆卸时，需先对扶梯进行安全防护的准备，在上、下水平区间放置安全护栏，并确保其已被固定。梯级的拆卸步骤如图 3-1-18 所示。拆卸的过程大致如下：

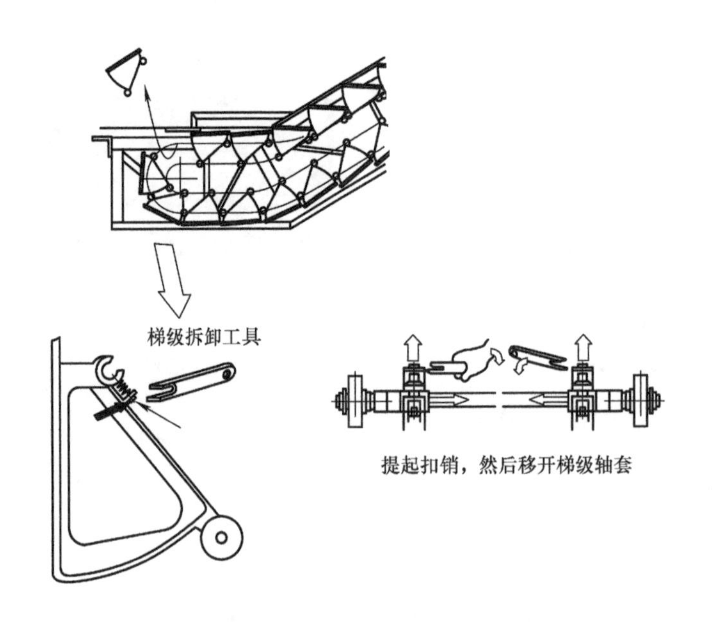

图 3-1-18　梯级的拆卸步骤

1）停止扶梯运行。

2）拆下梯级防护挡板。

3）使用检修盒将需要拆除的梯级运行至下水平段机房位置上。

4）断开主电源并上锁挂牌。

5）使用通用工具松开梯级与梯级链连接方式为螺栓紧固的螺栓，或使用专用梯级拆卸工具，插入梯级与梯级链连接方式为弹簧插销的梯级连接体中，提起弹簧插销，然后移开梯级轴套，把梯级从梯级链中取出。

六、梯级的动态位置

梯级在运行中，与前后梯级之间和左右围裙板之间都存在间隙，这两方面的间隙都与安全有关。

1. 梯级之间的间隙

两相邻梯级间在运行过程中，在平层与倾斜段过渡间存在垂直方向上的相对运动，为保证乘客的安全，GB 16899—2011 中要求两相邻梯级间，在运载乘客的工作区内的任意位置上，两个相邻梯级踏面之间的间隙不允许超过 6mm，以防止乘客的鞋、衣物、围巾等物品被卡于两梯级之间，发生意外。

2. 梯级与围裙板之间的间隙

围裙板固定安装在桁架上的围裙板支架上，在扶梯运行时，梯级和围裙板间存在一定的间隙。扶梯在运行过程中，这个间隙存在动态的变化，变化的大小决定于导轨或专用限位设计对梯级横向限位的可靠性和精度。为保证乘客的乘梯安全，避免乘客的鞋、围巾、衣物等物品被夹入梯级与围裙板间，造成对乘客的伤害，需要在扶梯制造上保证两侧梯级与围裙板间的间隙尺寸。GB 16899—2011 规定，任意一侧的间隙不允许大于 4mm，而且，两侧的间隙之和也不允许大于 7mm（图 3-1-19 中的 z_1-z_2）。

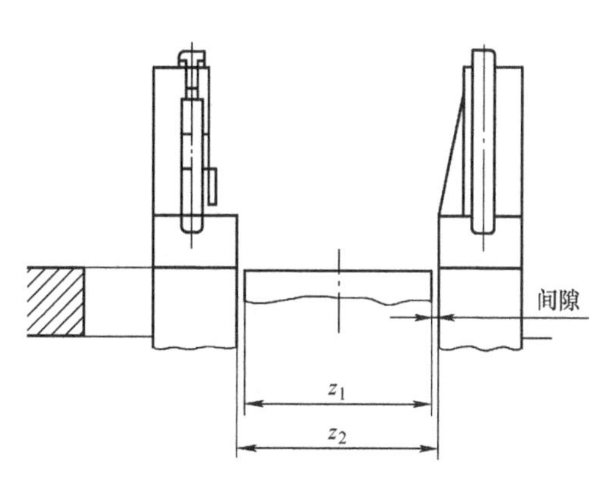

图 3-1-19　梯级与围裙板之间的间隙

z_1—梯级宽度　z_2—两围裙板间的距离

七、梯级的受损及更换

常见的梯级受损情况有如下三种。

1. 齿槽破损

梯级破损最常见的是踏板齿槽的破损，主要发生在梯级的前沿部，多由行李车的轮子磕碰造成；发生在踏板中部的则多由高跟鞋的跟尖、雨伞的尖头或其他尖硬物插入齿槽引起。齿槽破损使齿间隙大于规定值，则必须更换梯级或踏面板（组合型梯级可仅更换踏面板）。

2. 梯级结构性破损

当梯级不能顺利通过梳齿，与梳齿板发生碰撞，则会导致梯级结构损坏，此时需要整体更换梯级。这种情况发生的概率较小。

3. 梯级踏板磨损

使用年久，梯级踏板会发生磨损，当齿槽深度低于规定值时，出于安全考虑，需要整体更换梯级或更换踏面板（组合型梯级可仅更换踏面板）。

八、梯级的制造过程

梯级有整体压铸铝及金属结构组合型两种，其生产也分为相应的两种制造工艺。

1. 压铸铝梯级的生产制造

压铸铝梯级的制造过程一般如下：

铝锭熔化→梯级模具加热→压铸→去浇口、毛刺→校平→喷涂→打磨→镗孔→梯级尺寸检验→安装梯级滚轮→终检→包装。

铝合金梯级一般采用含镁量较低、抗冲击强度较高的压铸铝合金材料制造。在制造过程中，需要根据铝合金材料的特性，严格控制压铸生产工艺的各个环节，如梯级模具的温度、铝液的熔化温度及保温、压铸机的压铸压力、注射速度及开合模具的时间间隔、梯级浇注后的成形保温、冷却时间等工艺参数。

由于梯级的宽度不同，它们对压铸机的压铸压力要求也不同。通常1m宽的梯级需要采用3000t或以上的压铸机压铸成形。

2. 金属结构组合型梯级的生产制造

金属结构组合型梯级的生产制造一般包含单个零件的加工及梯级的整体装配两大部分，其生产制造过程一般包括：开料→零件冲压成形和机加工→清洗、去油→定位焊→电泳涂装→零件组合装配→尺寸检验→滚轮装配→终检→包装运输。

组合型梯级的单个零件有踏板、踢板、三角支撑架、加强筋支撑条、滚轮安装轴、与梯级链的连接安装件、压块等。各零件冲压成形或机加工完成后，进行尺寸检验，确认合格后再进入后续的工序。

梯级有防滑等级、齿槽距离、尺寸公差等要求，因此踏板、踢板的冲压成形是梯级制造的关键工序，需要严格控制。其次，各零件间的焊接强度、装配精度等也是保证组合梯级尺寸及强度等要求的关键工艺，以保持各装配梯级的一致性。

第二节　驱 动 主 机

驱动主机是自动扶梯的核心部件，主要由电动机、减速箱、制动器、电气开关和电气接口等组成，如图3-2-1所示。

一、驱动主机的种类

驱动主机按结构形式可分为立式主机和卧式主机两种。

1. 立式主机

立式主机的特点是电动机和减速箱都是立式的，具有占有空间小的优点。图

3-2-1所示是常见的立式主机，其减速箱采用的是齿轮传动，多用于公交型扶梯或重载扶梯。

图3-2-2是一种采用蜗轮蜗杆传动的立式主机，多用在普通型扶梯上，在早期的公交型扶梯上也有使用。

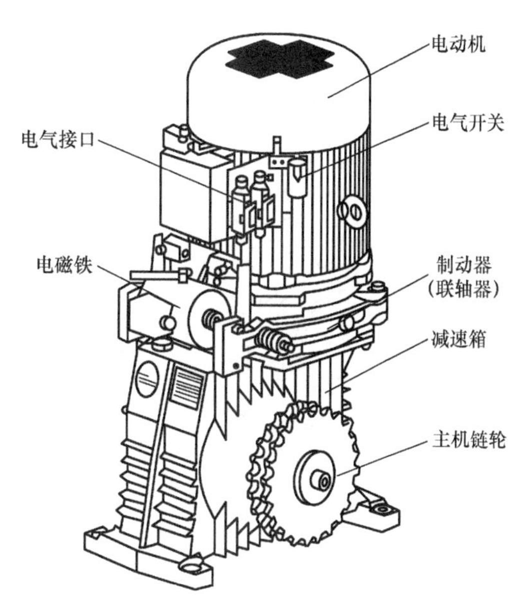

图3-2-1　驱动主机的一般结构

2. 卧式主机

图3-2-3是两种常见的卧式主机。其特点是电动机和减速箱都是卧式的，具有传动相对平稳的优点，但占有空间相对较大。图3-2-3a所示的主机常用于重载型扶梯，减速箱采用的是齿轮传动结构，电动机与减速箱之间采用联轴器传动。图3-2-3b所示的主机常用于普通型扶梯，其结构相对简单，减速箱是卧式蜗轮蜗杆传动结构，电动机与减速箱之间采用三角带传动。

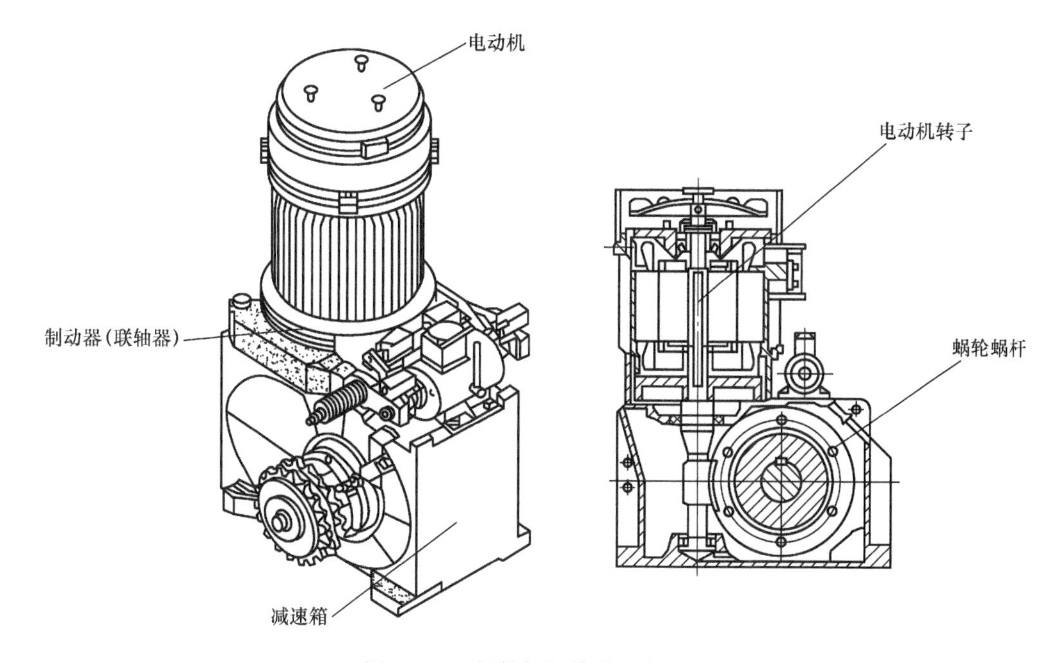

图3-2-2　蜗轮蜗杆传动立式主机

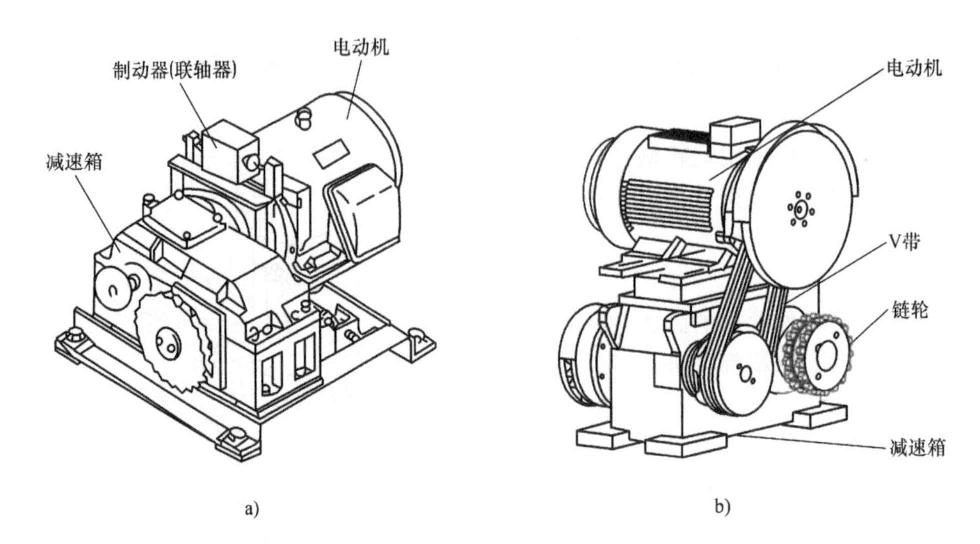

图 3-2-3　卧式主机

一般一台扶梯通常只使用一台主机驱动。但在一些公交建设项目中，当提升高度较大时，由于受限于单台主机的功率（或客户提出特别要求），会使用双主机。两台主机可以分别安装在扶梯左右两侧驱动（图 3-2-4a），或两台主机串联后单侧驱动（图 3-2-4b）。

曾经有制造厂尝试使用一台主机同时驱动一台上行和一台下行的并列布置的扶梯，以达到节省能耗的目的。但是 GB 16899—2011 中明确规定，不允许使用一台主机同时驱动两台自动扶梯，以确保扶梯的安全性。

a)

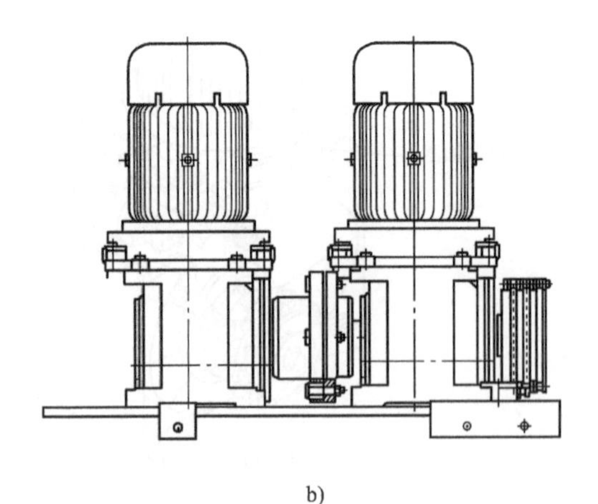

b)

图 3-2-4　两台主机驱动方式

a）两台主机分侧驱动　b）双联主机

二、主机在桁架上的布置与固定

主机在桁架上的布置与固定可分为内置式安装及外置式安装。

1. 内置式安装

如图 1-2-5 所示，主机安装在桁架的上部机房中。大多数扶梯都使用桁架内置式安装。

如图 3-2-5a 所示，主机的安装底架位于桁架的上水平段内。主机预先安装在机座上（图 3-2-5b），在装配时将带有机座的主机用高强度螺栓固定在桁架的安装底架上。由于驱动链在使用中会伸长，主机需要移动以张紧驱动链，因此主机机座是可以根据需要移动的，但必须保证主机在移动后能可靠地紧固。

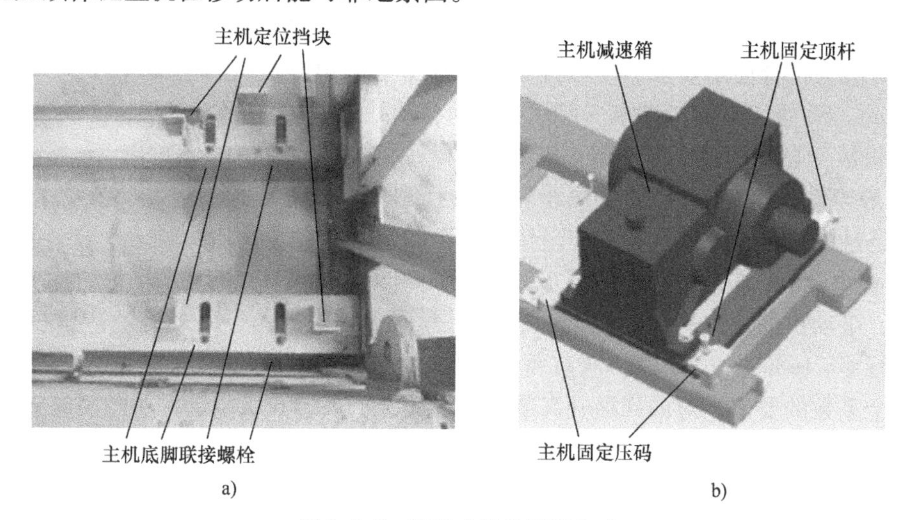

图 3-2-5　驱动主机的固定方式

2. 外置式安装

对超大提升高度的扶梯，由于主机的尺寸很大，很难放置在桁架内，因此通常会选用机房外置的安装方式（图 1-2-6b）。此时的主机安装在独立的土建机房中，安装和固定条件都要比内置式的好。

还有一种设计，桁架的上水平段采用双层设计，上层安装控制柜、润滑系统等部件，而下层则安装主机。这种结构加大了机房空间，有利于维修，但桁架结构相对复杂，同时机房位置的建筑需要有足够的空间。

三、电动机

电动机是自动扶梯的重要部件，需要有足够的动力、良好的技术性能，并需要全面地适应自动扶梯的工作特点。

1. 电动机的选用种类

自动扶梯驱动主机的电动机一般都采用三相异步电动机。在设计中需要按自动扶梯的梯种，选用不同的工作制度和极数的电动机。

（1）工作制度　在自动扶梯中，常选用的有 S1 级和 S6 级两种工作制度的电动机。

1）S1 级工作制电动机：这是连续工作制电动机，它在恒定负载下的运行时间足以达到热平衡。采用 S1 级工作制电动机时。在额定载荷条件下，S1 级工作制电动机长时间连续运行而不会超过最大允许温度，同时具有较强的过载能力。公共交通型扶梯和重载型扶梯的交通模式较繁忙，需要采用 S1 级工作制电动机。

2）S6 级工作制电动机：这是连续周期工作制电动机，它按一系列相同的工作周期运行，每一周期包括一段恒定负载运行时间和一段空载运行时间，但无断能停转时间。

S6 级工作制电动机通常情况下只允许电动机在短时间超载运行，扶梯超载 20% 运行 2min，即可视为符合使用要求。在设计中，则通常要求电动机允许过载 42%，连续运行不超过 6min。S6 级工作制电动机一般用在普通自动扶梯上。

（2）极数　自动扶梯一般选用 4 极或 6 极电动机。

1）4 极电动机：4 极电动机的同步转速为 1500r/min，体积比较小，效率较高，具有较好的经济性，在自动扶梯上得到广泛使用。

2）6 极电动机：6 极电动机的同步转速为 1000r/min，其体积相对较大，效率比 4 极电动机低，电动机的输出转矩相对较大，工作寿命也相对较高，电动机的造价也相对较高。在执行 GB 16899—2011 时，所有驱动元件在静载 5000N/m^2 受力情况下，需满足最小 5 倍安全系数的要求，对同样提升高度的扶梯而言，采用 6 极电动机所配用的减速箱的规格需要高于采用 4 极电动机，因此主机的造价也相对高。6 极电动机多用于对扶梯工作寿命要求较高的公交型扶梯或重载型扶梯上。

2. 电动机的技术性能

（1）电动机的效率　在国际电工委员会（IEC）电动机能效等级标准中，将电动机能效分为 IE1、IE2、IE3、IE4 共 4 个等级。其中 IE1 是标准能效级、IE2 是高能效级、IE3 是超高能效级、IE4 是超超高能效级。我国的 GB 18613—2012《中小型三相异步电动机能效限定值及能效等级》要求自 2012 年 9 月 1 日起中小型异步电动机实施国家二级能效标准（即 IE2 高效电动机）。

自动扶梯的电动机属于中小型三相异步电动机，因此都需要采用不低于 IE2 能效等级的电动机，且效率应不低于 90%（一般在 92% 左右）。

IE3 级以上的电动机由于设计制造的要求很高，费用也很高，因此在自动扶梯上极少应用。近年来，也有企业尝试在自动扶梯上采用高效率的永磁电动机，但由于自动扶梯需要电动机具有较大的输出力矩和飞轮力矩，所以永磁电动机目前难以全面满足此要求。通常在扶梯上使用的永磁电动机不能像电梯主机一样去掉减速箱，而是需保留它以满足驱动转矩的要求。

（2）功率因数　所谓功率因数就是电动机的有功功率与视在功率（有功功率+无功功率）的比值，其值小于1。其中无功功率是电动机工作时自身对电能的消耗，其值的大小与电动机的设计制造有关。自动扶梯的电动机是不间断运转的，因此采用功率因数高的电动机能减少电能的消耗。在自动扶梯的设计中，一般要求4极电动机的功率因数应不小于0.83；6极电动机的功率因数应不小于0.78。

（3）绝缘等级　电动机的绝缘等级是指其所用绝缘材料的耐热等级，分为：A、E、B、F、H级。其相对应的最高允许温度与绕组温升限值见表3-2-1。

表3-2-1　绝缘等级对应的最高允许温度与绕组温升限值

绝缘等级	A	E	B	F	H
最高允许温度/℃	105	120	130	155	180
绕组温升限值/K	60	75	80	100	125

自动扶梯常用的绝缘等级是B级和F级。B级一般用于普通型扶梯，F级一般用于公交型扶梯和重载型扶梯。

（4）防护等级　防护等级又称为电动机的外壳保护等级，在自动扶梯上常采用的有IP44、IP54、IP55几种。

1）IP44等级：IP44等级可以防护大于1mm的固体，能防止直径大于1mm的固体异物进入壳内；能防止直径或厚度大于1mm的导线或片条触及壳内带电或运转部分；防溅水，任何方向的溅水对电动机应无有害的影响。IP44一般用于普通型扶梯。

2）IP54等级：IP54等级能防止灰尘进入达到影响产品正常运行的程度，完全防止触及壳内带电或运动部分；防溅水，任何方向的溅水对电动机应无有害的影响。IP54一般用于公交型扶梯和重载型扶梯。

3）IP55等级：IP55等级能防止灰尘进入达到影响产品正常运行的程度，完全防止触及壳内带电或运动部分；并能防范在一定压力下任何方向的喷水对电动机应无有害的影响。IP55一般用在全室外型扶梯上，能适应全露天的工作条件。

（5）转差率　转差率又称滑差率，是电动机同步转速与实际转速之间的相差率，与电动机的机械特性有关。转差率大的电动机有载时的转速会明显低于空载时的转速。自动扶梯在运行中载荷变化比较大，而载荷的变化不应对扶梯的速度产生明显的影响，因此大都采用转差率较小的电动机。一般要求转差率不大于5%。

3. 电动机功率的计算

电动机功率 P_{motor}（W）通常除了要考虑乘客动载外，还需要考虑梯级自重（包括梯级链重量）的摩擦力，以及扶手带的驱动力。下面介绍一个计算公式：

$$P_{\text{motor}} = (A+B+2C+D) \cdot \frac{z_{\text{os}}}{z_{\text{mc}}} \cdot \frac{D_{\text{scs}}}{i_{\text{G}}\eta_{\text{k}}\eta_{\text{G}}} \cdot n_{\text{rated}} \cdot \frac{\pi}{60} \tag{3-2-1}$$

式中　A——乘客载荷在驱动梯级链上的分力，$A=P\sin\theta$（θ 为扶梯倾角，P 为乘客侧倾斜段梯级数量×每只梯级的额定载荷)，单位为kg；

B——由动载荷所产生的摩擦力在驱动梯级链上的分力，$B=\mu P\cos\theta$，单位为kg；

C——由梯级和梯级链自重所产生的摩擦力（乘客侧），$C=\mu\cos\theta\sum mg$，单位为kg；

D——扶手驱动系统需要的驱动力（于摩擦轮处的驱动力）。依据逐点法理论，将扶手带运行轨迹内所需的驱动力叠加，其中每段轨迹内所需的驱动力=上一段轨迹所需驱动力+（本段内扶手带自重+乘客附加载荷）×扶手带与导向之间的摩擦系数，单位为kg；

z_{os}——主机小链轮的齿数；

z_{mc}——主驱动链轮的齿数；

D_{scs}——梯级链轮节圆直径，单位为m；

i_G——主机减速箱输出传动比；

η_k——主驱动链的效率；

η_G——主机减速箱效率；

n_{rated}——主机实际输入转速，单位为r/min。

四、减速箱

1. 减速箱的种类

自动扶梯常用的主驱动机减速箱有蜗轮蜗杆传动、齿轮传动、蜗轮蜗杆加斜齿轮传动三种。

（1）蜗轮蜗杆传动　蜗轮蜗杆传动具有体积小、传动平稳、噪声低的优点，但其传动效率低，能耗大。自动扶梯采用的蜗轮蜗杆减速箱一般是单级传动，采用1~2头蜗杆，传动效率为50%~80%。一般用在普通型扶梯上。

（2）齿轮传动　自动扶梯所采用的齿轮传动减速箱，一般采用两级传动结构，具有94%左右的传动效率，多用于对传动效率要求较高的公交型扶梯和重载型扶梯上。它在结构上有立式和卧式两种。

1）立式减速箱一般采用一级弧齿锥齿轮（螺旋伞齿）、一级斜齿轮传动，如图3-2-6所示。这种减速箱结构紧凑，配用立式电动机，是当前重载型扶梯上常见的减速箱。

2）卧式减速箱一般采用两级斜齿轮传动，配用卧式电动机，具有传动平稳的优点，也是当前重载型扶梯上常见的减速箱种类。

（3）蜗轮蜗杆加斜齿传动　这种减速箱在高速级采用蜗轮蜗杆、低速级采用斜齿轮，传动效率和运行噪声均介于前两种减速箱之间。这种减速箱多用于公交型扶梯。

2. 减速箱的技术要求

减速箱是自动扶梯最重要的驱动机构之一，其机件首先必须要有足够的强度，防止在使用中发生断裂，同时还必须按自动扶梯的设计寿命，对机件进行疲劳强度设计。此外，还需要重视提高传动效率，以降低能耗。减速箱的技术要求如下：

（1）输出转矩　减速机需要以自动扶梯承载面5000N/m² 的静载为设计载荷，以不小于5的安全系数计算允许输出转矩，以保证传动机构具有足够的强度。其中自动扶梯的承载面积=自动扶梯的名义宽度×两个端部支承距离。

（2）机件的安全系数　减速箱中的传动副、轴、轴承、紧固件等都需以5000N/m² 静载为设计载荷，安全系数不小于5。

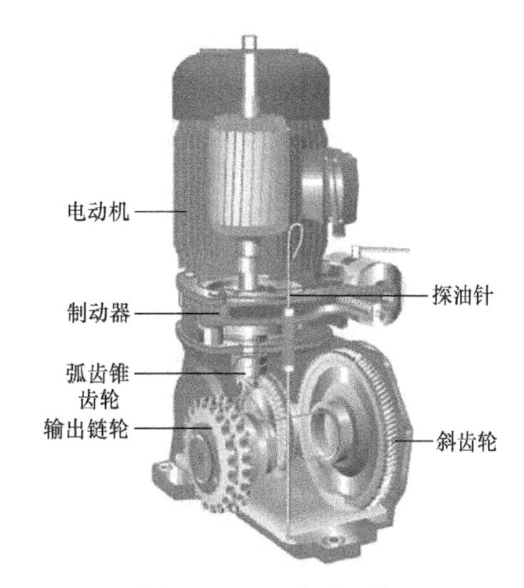

图3-2-6　立式减速箱

（3）工作寿命　减速箱的工作寿命通常按扶梯动载荷进行各零件的疲劳强度的校核，零件的工作寿命一般以每个梯级的制动载荷为基础，再根据不同使用条件下的交通流量模式（载荷条件）折算出其等效载荷进行计算。一般普通扶梯在每天运行12h的情况下，以不小于70000h的工作寿命加以设计；公交型扶梯和重载型扶梯以不小于140000h的工作寿命加以设计。

普通扶梯通常以40%左右的制动载荷作为等效载荷进行机件工作寿命计算；公交型扶梯则按60%左右的制动载荷作为等效载荷进行计算（每3h运行时间中至少有0.5h的运行时间按100%制动载荷运行计算，其余时间平均载荷假定为25%）。

重载型扶梯则需要根据使用方提出的载荷条件设定其等效载荷（详见第十一章第一节关于重载型扶梯的载荷条件设定介绍）。

（4）传动效率　减速箱的传动效率决定了主机的能耗高低。传统的阿基米德齿型蜗杆减速箱传动效率一般在70%左右，由于其造价低、体积小，在普通扶梯上应用最多。近年来随着设计以及制造工艺的改进，蜗杆减速箱传动效率可达80%～85%。

全齿传动减速箱的效率在92%以上。但由于其结构较复杂、造价较高，一般只应用在公交型或重载型扶梯上。

五、制动器

安装在主机上的制动器又称为工作制动器，以区别于安装在主驱动轴上的附加制动器。自动扶梯的制动器都是机-电式制动器，以持续的通电保持正常释放，制动器电路断开后，制动器立即制动。制动力由一个或多个压缩弹簧产生。

1. 种类与结构

扶梯常用的工作制动器形式有块式制动器、带式制动器和盘式制动器三种。

（1）块式制动器　自动扶梯使用的块式制动器是外抱式的，采用这种制动器的主机，其电动机与减速箱之间的联接必须是联轴器结构，电动机与减速箱之间通过联轴器传动。块式制动器又称为闸瓦式制动器，以制动闸瓦在制动弹簧的作用下抱紧联轴器外壳产生摩擦力来制停扶梯。块式制动器的结构如图 3-2-7 所示，由电磁铁操纵抱闸的开合。

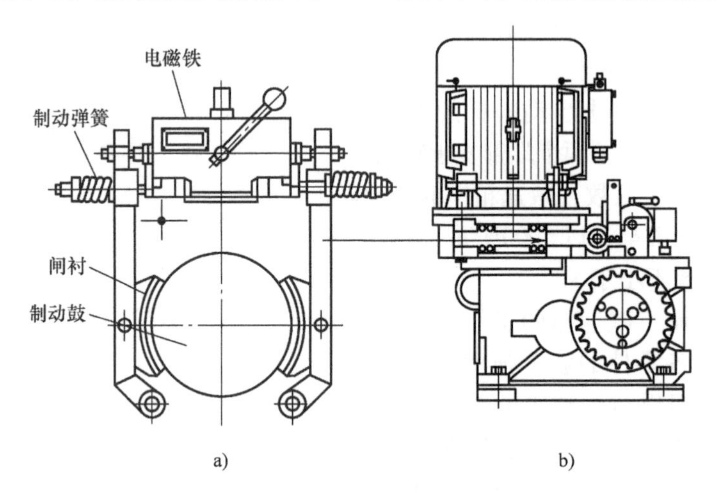

图 3-2-7　块式制动器

块式制动器的制动力是径向的，所用的制动块需采用成对的结构，制动时不会产生偏心力，制动平稳，且安装调整方便，在自动扶梯主机中使用最为广泛。在使用中需要定期检查闸瓦的磨损情况，当发现制动距离超出规定时，需要对制动弹簧的压缩量进行调整。

（2）带式制动器（图 3-2-8）　带式制动器的制动摩擦力是依靠制动杆及张紧的钢带作用在制动轮上的压力而成的。带式制动器结构简单、紧凑、包角大，能对扶梯的上行和下行产生不同的制动力矩，其中对上行产生的制动力较下行小。但这种制动器在制动时会产生偏拉力，对制动轴有较大的弯曲载荷。

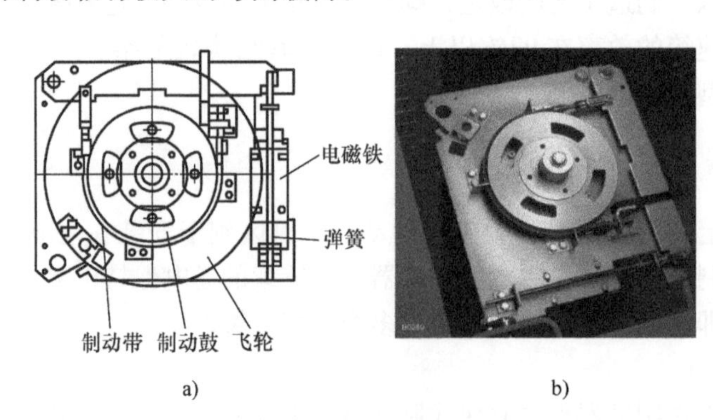

图 3-2-8　带式制动器

带式制动器对制动鼓的压紧和释放与块式制动器一样，也是靠制动弹簧和电磁铁。

（3）盘式制动器（又称碟式制动器）　盘式制动器是电磁式制动器。扶梯不工作期间（电磁铁不通电时），利用压簧结构摩擦副正压力进行制动。扶梯工作期间（持续通电时）释放（松开）摩擦副，使驱动机构运转工作。

盘式制动器通常安装在减速箱上的输入轴端，摩擦副的一方与转动轴相连。当机构起动时，使摩擦副的两方脱开，使机构进行运转。当机构需要制动时，使摩擦副的两方接触并压紧。此时摩擦面之间产生足够大的摩擦力矩，消耗运动能量，使机构减速直至停止运行。

一般情况下，扶梯的提升高度、倾斜角度、负载功率等决定了制动力矩的大小。因此，不同功率的主机需根据最大力矩的要求进行选用。

1）盘式制动器的组成。盘式制动器一般由摩擦片、电磁线圈、衔铁、花键套、弹簧等组成，如图 3-2-9 所示。

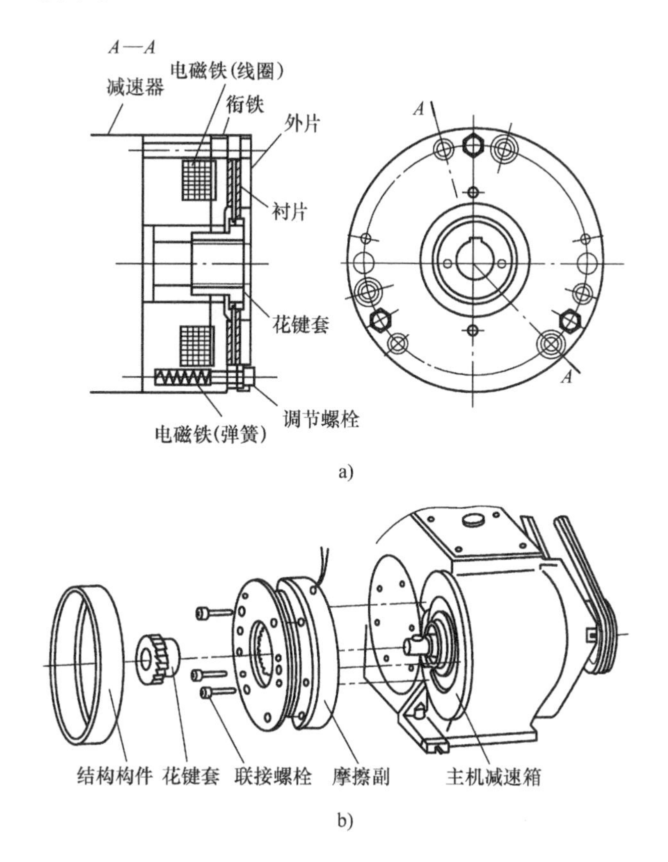

图 3-2-9　盘式制动器结构

2）盘式制动器的调整方法。为保证扶梯在要求的制动距离内有效制动，在出厂之前，需要对每台扶梯的制动器进行调整，以保证制动器具备足够的制动力矩。盘式制动器的调整示意图如图 3-2-10 所示。制动器的调整方法如下：

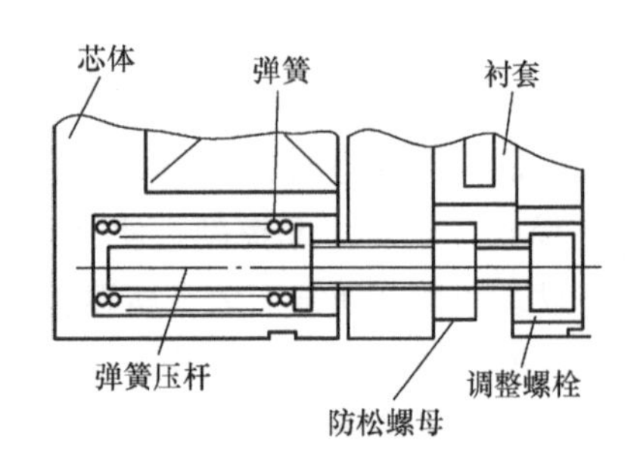

图 3-2-10　盘式制动器的调整示意图

① 松开防松螺母，然后转动调整螺栓调整转矩。一般情况下，顺时针方向转动调整螺栓，转矩增加；逆时针方向转动调整螺栓，转矩减小。

② 各螺栓的调整可按同一方向，相同距离转动，令每个弹簧的作用力基本相同。

③ 调整后，测试扶梯的制动距离，以确保扶梯空载时的制动距离与设计标准相同。

④ 测试调整后，用防松螺母锁紧螺栓。

3）盘式制动器的保养。一般情况下，盘式制动器需每两个月检查一次芯体与内衔铁之间的间隙并加以调整，如图 3-2-11 所示。通常其标准间隙为0. 25 ~0. 35mm，制动盘磨损后，其最大间隙不得超出 0. 7mm。否则，气隙偏大会造成制动力矩不能满足制动距离的要求。

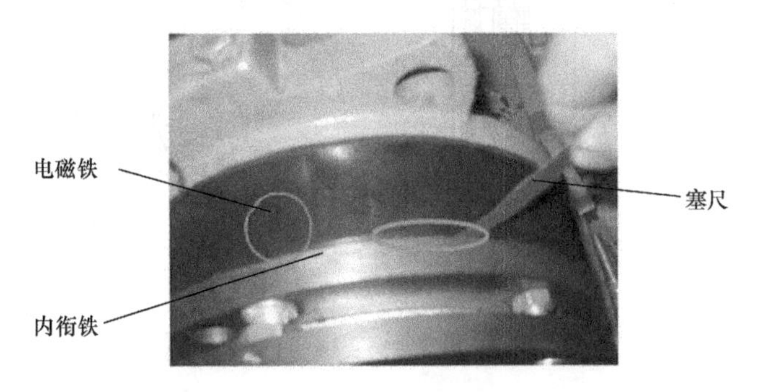

图 3-2-11　盘式制动器的气隙检查图

如图 3-2-12 所示，气隙的大小可通过调整三颗气隙调整螺母实现（顺时针旋转调整螺母气隙减小，逆时针旋转调整螺母气隙增大），使塞尺在电磁铁与内衔铁之间能够自由滑动。三处螺母位置调整一致后，锁紧。

此外，每月还需对制动盘进行拆除，清除附在制动盘上的灰尘，并检查锁紧螺母是否松动，确保其紧固。摩擦片的清理如图 3-2-13 所示，拆出摩擦片后，用毛刷清理外摩擦盘被摩擦的一面，并用水砂纸进行打磨。同时，检查外摩擦盘、摩擦片、内衔铁是否存在异常磨损，如严重刮伤、磨偏等现象，若出现摩擦片偏磨量 >0. 2mm，则需更换相关零件。

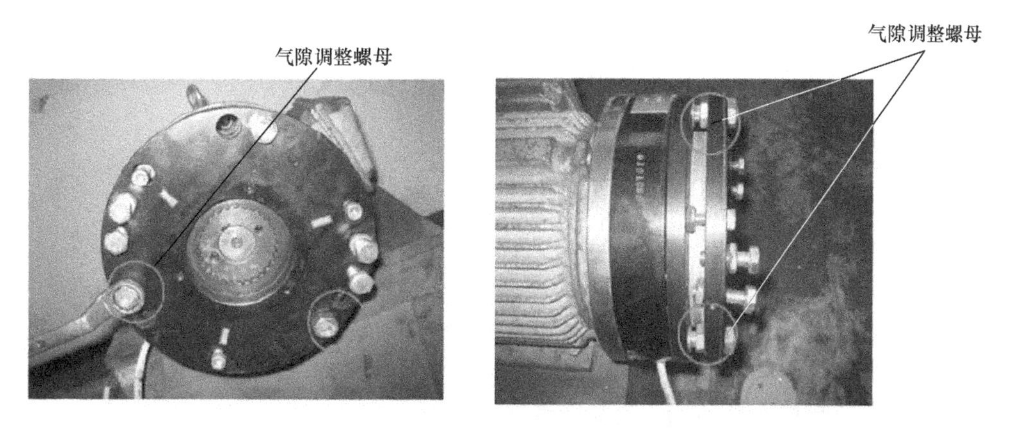

图 3-2-12　盘式制动器的气隙调整图

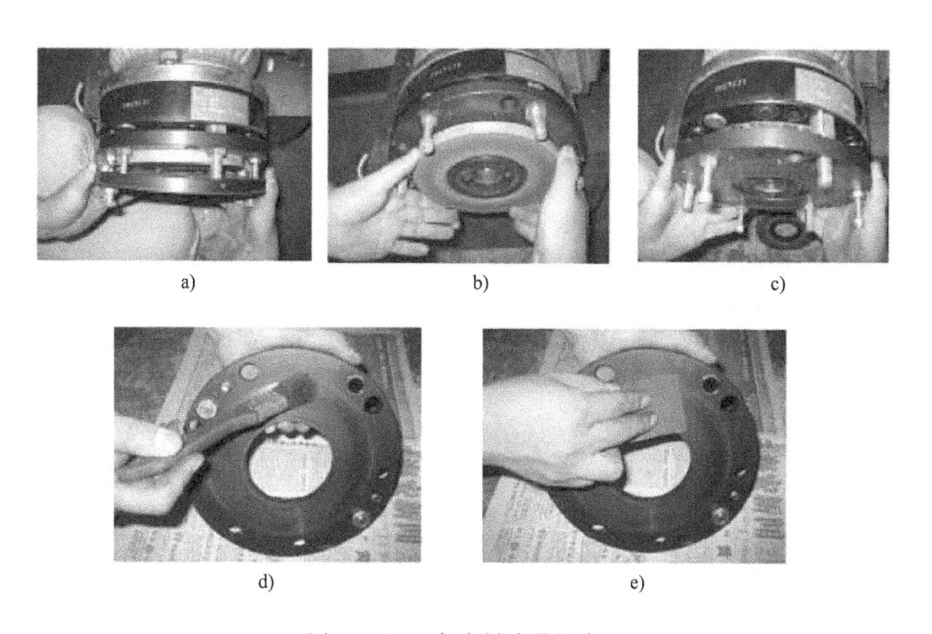

图 3-2-13　盘式制动器的清理

2. 制动力矩的计算

制动器的作用是使自动扶梯停止运动，并保持静止。为了达到有效制动的目的，GB 16899—2011 对各种规格的自动扶梯的制动载荷作了规定（详见第一章表 1-5-1 自动扶梯制动载荷的确定），同时还规定了向下运动时的最大制动减速度不应大于 $1m/s^2$。

因此，在设计制造中需要对工作制动器的制动力矩进行计算，进而对制动器的各项结构参数进行设计。下面介绍一种制动力矩的计算方法。

计算制动力矩的一般公式为

$$T=\frac{E+W}{S}\times\frac{D_{s}}{D_{m}}\times\frac{D_{ms}}{2I} \tag{3-2-2}$$

式中 T——主机制动力矩，单位为 N·m；

I——主机减速比；

D_{ms}——主机输出小链轮节圆直径，单位为 m；

D_m——主驱动链轮节圆直径，单位为 m；

D_s——梯级链轮节圆直径，单位为 m；

E——系统动能，包括所有的运动部件、载荷产生的动能，单位为 J；

W——制动过程中，运动部件、载荷力产生的摩擦力所做的摩擦功，单位为 J；

S——制动距离，单位为 m（需根据不同速度满足制动距离的范围要求，各厂家的设计略有不同，如 0.5m/s，制动距离一般设计在 0.2～1.0m 范围）。

$$E=mv^2/2$$

式中 m——所有运动部件的质量，单位为 kg；

v——运动速度，单位为 m/s。

或

$$E=J\omega^2/2$$

式中 J——转动惯量，单位为 kg·m²；

ω——角速度，单位为 rad/s。

$$W=FS$$

式中 F——整个扶梯系统在运行时的摩擦力，单位为 N。

3. 制动监控与调整

1）松闸检测：为确保自动扶梯在起动时制动器是松开的，工作制动器应有松闸检测装置，用以检查制动器是否已松开。

2）制动距离监测：为了确保制动的有效性，自动扶梯应安装有制动距离监测装置，当制动距离超过允许值的 1.2 倍时，自动扶梯将被故障锁定，不能起动，以督促调整制动力。

3）制动瓦磨损检测：为了保证足够的制动摩擦力，有的自动扶梯的制动闸瓦上还安装有闸瓦磨损报警装置，当闸瓦磨损超出许可值时，磨损报警装置将发出信号并使扶梯不能起动，以督促更换闸瓦。

六、主机与主驱动的传动方式

主机与主驱动之间最常见的是采用滚子链传动。这种传动方式具有结构简单、易于维修调整的优点，是自动扶梯主机与主驱动之间传统的传动方式。

有的重载型扶梯以减速箱传动代替滚子链传动，以排除链传动的断裂风险，这种结构一般只用于提升高度比较大的重载型扶梯上。

此外，也有厂家尝试在主机与主驱动之间使用联轴器进行连接，以联轴器直接传递主机的动力到主驱动轴上，以提高传动效率，但鉴于联轴器的强度和扶梯的制动性能等技术原因，目前未见应用于批量生产中。

1. 滚子链传动

滚子链传动的结构如图 3-2-14 所示。主机输出轴上的链轮通过链条将动力传输给主驱动轴上的驱动链轮。

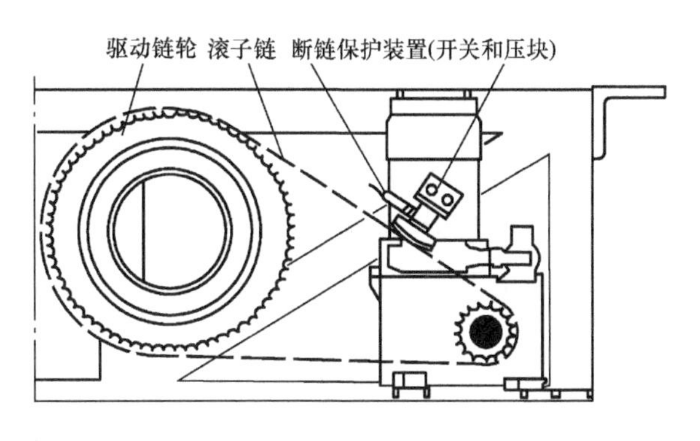

图 3-2-14　滚子链传动的结构

（1）滚子链的结构　滚子链作为通用的工业部件，执行 GB/T 1243—2006 或 ISO 606：2004 标准，链条可分为单排链，双排链和三排链，如图 3-2-15 所示。

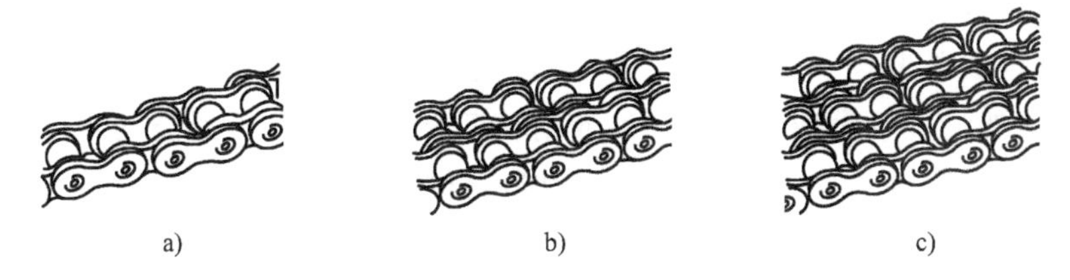

图 3-2-15　滚子链的种类
a）单排链　b）双排链　c）三排链

滚子链由链板、销轴、套筒和滚子等组成，图 3-2-16 是其结构示意。自动扶梯的驱动链条必须采用多排或单根多条结构，以提高传动的安全性，降低链条断裂的风险。

（2）滚子链的强度要求　滚子链作为自动扶梯的驱动元件，其静力计算的安全系数不应小于 5。静力是指 $5000\mathrm{N/m^2}$ 的载荷，并同时考虑张紧装置所产生的张力。

1）安全系数的计算公式为

$$K = F/F_{\mathrm{c}} \tag{3-2-3}$$

式中　K——安全系数；

F——滚子链的破断强度，单位为 N；

F_{c}——滚子链所受的力，单位为 N。

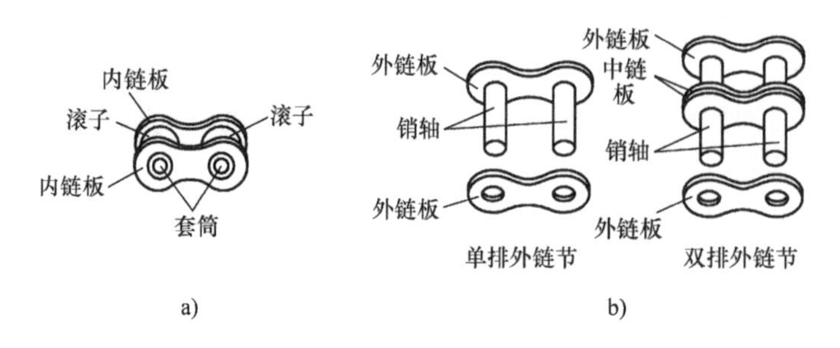

图 3-2-16 滚子链的结构

a）内链节 b）铆头外链节

2）滚子链受力的计算公式为

$$F_c = PA\sin\theta D_s / D_M \tag{3-2-4}$$

式中 F_c——主驱动链条传递的力，单位为 N；

P——静载荷，为 5000N/m^2；

A——自动扶梯倾斜面在水平面上的投影面积，单位为 m^2；

θ——扶梯倾斜角，单位为（°）；

D_s——梯级链轮的节圆直径，单位为 m；

D_M——主驱动链轮的节圆直径，单位为 m。

（3）滚子链失效监控 滚子链的失效表现在突然断裂和超出许用伸长。

1）突然断裂：一般表现在链板断裂或销轴断裂。其中链板断裂的原因多是制造质量或长期工作疲劳造成的；销轴断裂的原因多是磨损严重，链条伸长超出允许值而未作更换，导致链条承载能力不足而引起的。

如图 3-2-14 所示，在链条上安装断裂保护装置，一旦发生断裂，保护装置能立即使安装在主驱动轴上的附加制动器动作，使自动扶梯停止运行。但这只是一个紧急措施，解决问题的根本办法是拒绝劣质产品和劣质维保服务。

2）超出许用伸长：链条在使用中的伸长，主要是因销轴与轴套之间的磨损引起的。过度磨损会引起强度不足，还会导致与链轮的配合不良。一般链条的允许伸长不超过 2%，需要维保人员作定期测量，一旦发现已达更换标准，应当立即更换，防止断裂。

2. 齿轮传动

齿轮传动就是以多级齿轮替代滚子链，它在传动过程中没有链条断裂的风险。齿轮传动被使用在提升高度大、客流大的扶梯上。图 3-2-17 是一种齿轮传动的结构。由于主机与主驱动轴之间有一定的距离，因此结构上需要中间齿轮。全部齿轮都在一个箱体内工作，并在箱体内加入了润滑油，其结构远比滚子链传动要复杂。

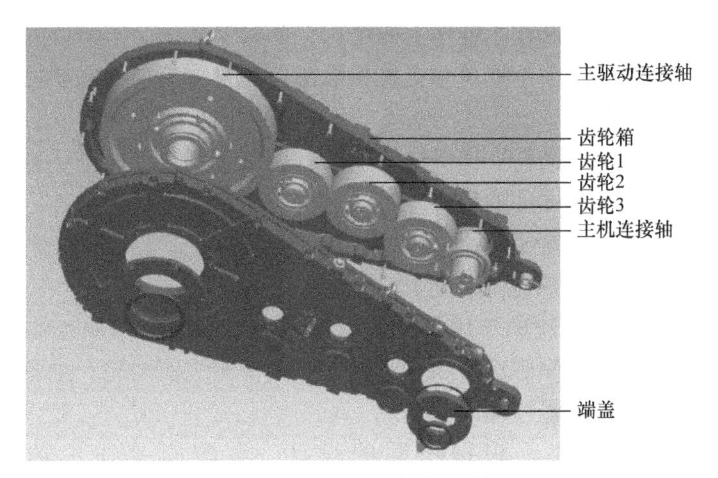

图 3-2-17　齿轮传动的结构

第三节　主驱动轴与梯级链张紧装置

主驱动轴的作用是接受来自主机的动力，同时驱动梯级链和扶手带运动，它是自动扶梯最重要的受力部件。梯级链张紧装置的作用是在扶梯的下部对梯级链施加一个预紧力，防止梯级链发生松弛，同时以移动弥补梯级链在使用中所发生的伸长，使梯级链始终保持直线运动。

一、主驱动轴

如图 3-3-1 所示，主驱动轴安装在自动扶梯的上端部，轴体上安装有主驱动轮、梯级链轮、扶手带驱动链轮和附加制动器（如有）。

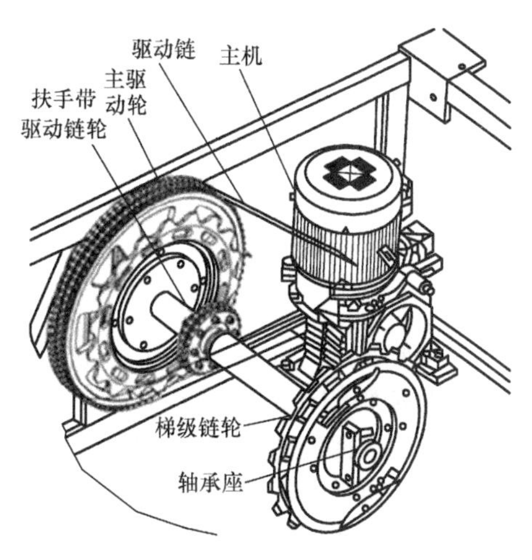

图 3-3-1　主驱动轴

1. 主驱动轴的一般结构

图 3-3-2 所示是最常用的主驱动轴的一般结构。

（1）主轴体　主轴体一般是实心轴，由优质钢材制造，在工作中需要承受很大的转矩和弯曲力。对于需要在轴体上焊接联接件的主轴结构，其材质应有良好的可焊性。

（2）法兰盘　法兰盘的作用是用来安装梯级链轮，它一般采用焊接的方法安装在主轴两侧。由于需要承受很大的扭转力，所以法兰盘的焊接需要进行焊缝质量检查。

但也有将梯级链轮直接焊在主轴体上的结构，此时主轴体上不需要先焊接法兰盘，简化了结构，但缺点是在使用中不能单独更换梯级链轮，且在制造中需要控制焊接应力。这种结构多用于普通扶梯。

还有一种不采用焊接的结构，梯级链轮上带有轴套，用热压的方法直接固定在主轴体上，避免了焊接应力对轴体强度的影响。

（3）梯级链轮　梯级链轮必须是双侧安装，同步驱动桁架两侧的梯级链。梯级链轮用螺栓紧固在法兰盘上（除热压式装配）。

（4）主驱动轮　主驱动轮的作用是传递主机的动力，并起到减速的作用。主驱动轮安装在主机一侧，如果是双侧驱动，则在主轴的两侧都有主驱动轮。主驱动轮一般是安装在梯级链轮上的，用高强度螺栓加以固定。

（5）扶手带驱动链轮　根据不同的设计，有的安装在主轴体的中间位置（图3-3-2），也有的安装在主轴的两个端部，用高强度螺栓加以固定在梯级链轮上（图3-3-3）。

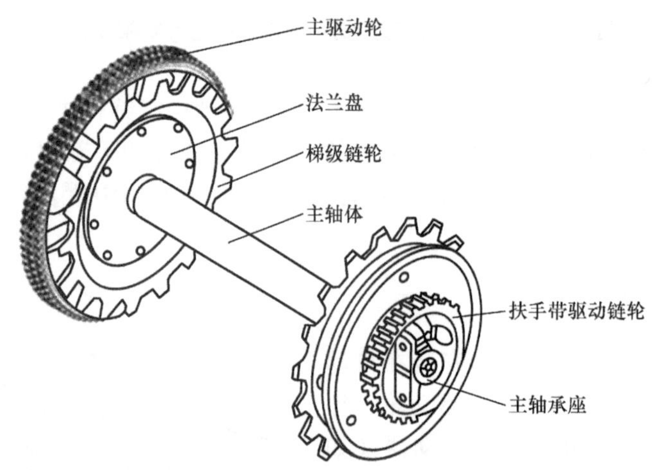

图3-3-2　主驱动轴的一般结构

（6）主轴承座　主轴承座安装在主轴体的两个端部，需承受主轴的旋转载荷。

2. 主驱动轴的一般强度要求

作为自动扶梯的主要驱动元件，主驱动轴需具备静载5000N/m^2条件下最小5倍安全系数的强度。通常，需要对主轴体、链轮联接螺栓、驱动链条等进行破断强度的计算校核。除此之外，还建议对主驱动轴、链轮以及链轮与主轴间的焊缝进行疲劳强度的核算，一般抗疲劳强度的安全系数应在1.5以上。对于轴承，除强度外还需计算工作寿命，以保证轴承工作寿命满足扶梯工作寿命的要求。一般普通扶梯不小于70，000h，公交型扶梯和重载型扶梯不小于140 000h（按各自的载荷条件）。

3. 主轴体

主轴体是自动扶梯的主要受力部件，其在工作中需要承受来自乘客载荷和来自梯级

（包括梯级链）自重的转矩和弯曲力，在设计中需要对其进行强度校核。主轴体需要采用优质钢材制造，常见使用的有 16Mn 或 45 钢等。对于需要在轴体上焊接连接件的主轴结构，其材质应有良好的焊接性。

对于主轴类的强度校核，需要考虑运动部件的自重、乘客载荷、系统设定的张紧力、扶手带驱动力。而且该计算通常以设计的最大梯宽，最小的倾斜角度，许用的最大提升高度及最大的承载能力进行校核。由于主轴体是驱动元件，同样需要以 $5000\mathrm{N/m^2}$ 的静载荷加以计算，安全系数不能小于 5。以下是一种通用的强度校核方法：

实心圆轴
$$\sigma=\frac{10\times\sqrt{M^2+(\alpha T)^2}}{d^3} \tag{3-3-1}$$

空心圆轴
$$\sigma=\frac{10\times\sqrt{M^2+(\alpha T)^2}}{d^3}\times\frac{1}{1-\nu^4} \tag{3-3-2}$$

式中 σ——轴计算截面上的工作应力，单位为 MPa；

d——轴的直径，单位为 mm；

M——轴计算截面上的合成弯矩，单位为 N × mm；对合成弯矩的计算需要按 $5000\mathrm{N/m^2}$ 静载荷加以计算；

T——轴计算截面上的转矩，单位为 N × mm，对轴计算截面上的转矩的计算需要按 $5000\mathrm{N/m^2}$ 静载荷加以计算；

α——校正系数，0.65 ~ 1；

ν——空心轴内径与外径之比。

图 3-3-3 所示为空心轴结构的主轴，分成空心轴和主轴体两个部分，具有将转矩和弯

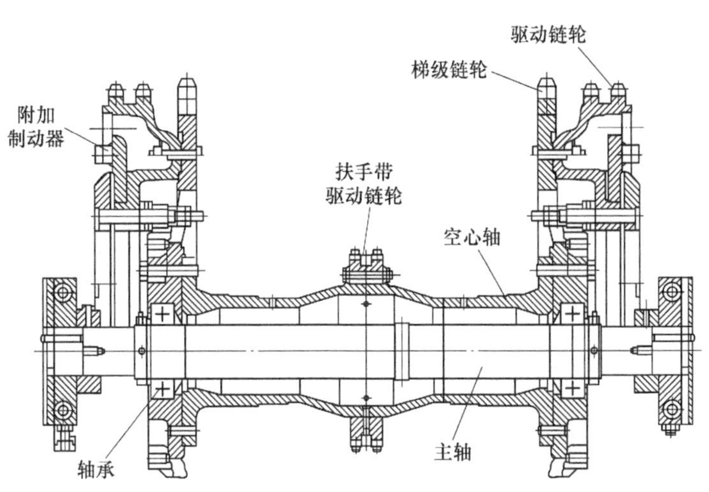

图 3-3-3 空心轴结构的主轴

曲力分别由空心轴和主轴体分担的优点，但存在结构上相对复杂、主轴承需要采用密封轴承的缺点，使用广泛度受到限制。

4. 链轮

主驱动轮、梯级链轮和扶手带驱动链轮都直接与链条啮合，实现牵引运动。其中梯级链轮必须是双侧安装，同步驱动桁架两侧的梯级链。梯级链轮用螺栓紧固在法兰盘上（除热压式装配）。对扶手带驱动链轮而言，根据不同的设计，有的安装在主轴体的中间位置（图3-3-1），也有的安装在主轴的两个端部，用高强度螺栓加以固定在梯级链轮上（图3-3-2）。

作为驱动元件的组成部分，链轮需要有足够的强度以传递转矩，以5000N/m^{2}静载荷计算，满足最小5倍安全系数的要求，在材料方面还需要考虑链轮的耐磨性。同时，链轮在主轴体上的装配还需要保证精度。

（1）材质　链轮材质有优质钢、球墨铸铁，也有高强度灰铸铁，它们分别使用在不同种类的扶梯上。不管是哪种材质的链轮都应具有相当的工作寿命：一般在普通扶梯上使用的链轮，其工作寿命不小于70000h，在公交型和重载型扶梯上使用的链轮，其工作寿命则需要按各自的载荷强度，以不小于140000h进行设计。

（2）装配精度　在自动扶梯的运行中，需要保证左右两条梯级链和扶手带链同步运动，因此在主轴的装配中必须严格保证左右两端上的链轮的对称同步度。同时，为了保证扶梯平顺地运行，链轮在传动中的径向圆跳动也是需要控制的指标之一。因此在对各种链轮进行装配时，装配孔必须严格装配，紧固螺栓应采用铰制孔配合，螺母必须要有可靠的防松措施。

（3）齿数设计　为了保证自动扶梯具有良好的运行舒适度，需要合理确定梯级链轮的齿数。在行业中，链轮的齿数通常为16～30。从链轮设计的标准来说，链轮的最小齿数应不小于13，（由于机加工的限制，通常很少见15或以下的齿数的链轮）。在提升高度越大及运行速度越快的扶梯中，链轮的齿数通常较大。齿数越多，梯级的振动越小，运动越平稳。

（4）主驱动链的强度校核　对主驱动链的强度校核，可以按工作中受力计算和5000N/mm^{2}的静载荷进行计算。由于按静载核算是GB 16899—2011规定的方法，因此按工作受力情况的核算只是设计计算中的一个内容，其核算的结果不能小于静力核算的结果。

1）按工作中的受力计算。下面以扶手驱动中间传动方式为例，说明主驱动链的强度校核。图3-3-4为主驱动链的受力示意图。

由$\Sigma F=0$可得

$$F_1\cos\beta=2F_2+2F_4+F_3 \tag{3-3-3}$$

由$\Sigma M=0$可得

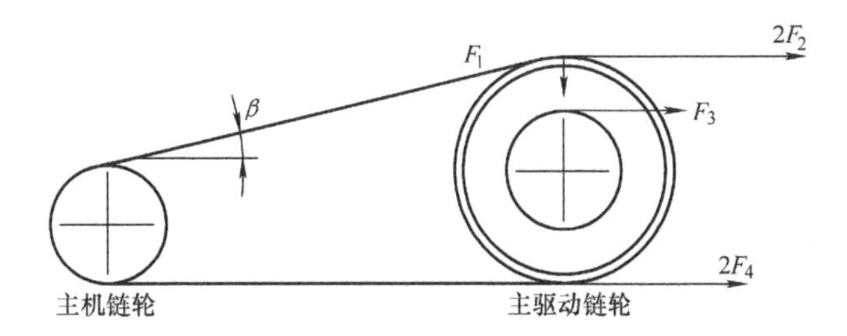

图 3-3-4　主驱动链的受力示意图

F_1—驱动链条的牵引力　F_2—梯级自重和乘客载荷的牵引力　F_3—扶手驱动链条牵引力

F_4—返回侧梯级、梯级链自重的牵引力　β—链条倾角

$$F_1 = 2(F_2 - F_4)\frac{d_{stk}}{d_k} + F_3\frac{d_{hd}}{d_k} \tag{3-3-4}$$

$$S = F_{bmc}/F_1 \tag{3-3-5}$$

式中　F_1——主驱动链的工作牵引力，单位为 N；

F_2——梯级自重、乘客载荷（按制动载荷）产生的牵引力，单位为 N；

F_3——扶手带驱动链轮牵引力，单位为 N；

F_4——返回侧梯级，梯级链自重的牵引力，单位为 N；

β——链条倾角；

d_{stk}——梯级链轮节圆直径，单位为 m；

d_{hd}——扶手带驱动链轮节圆直径，单位为 m；

d_k——主驱动链轮节圆直径，单位为 m；

F_{bmc}——驱动链条的破断强度，单位为 N；

S——驱动链条的破断安全系数。

2）以 5000N/m^2 的静载荷对主驱动链的强度校核。

$$F = PA\sin\alpha D_1/D_2 \tag{3-3-6}$$

$$S = F/F_1 \tag{3-3-7}$$

式中　F——驱动链条的牵引力，单位为 N；

P——5000N/mm^2；

A——自动扶梯倾斜段在水平面上的投影面积，单位为 mm^2；

D_1——主机上驱动链轮的直径，单位为 mm；

D_2——梯级链轮直径，单位为 mm；

S——驱动链条的破断安全系数；

F_1——驱动链条的破断强度，单位为 N。

（5）链轮间联接螺栓的拉伸及剪切强度校核　对于主驱动链轮与梯级链轮间采用螺栓联接的结构（图 3-3-5），需要进行螺栓强度及安全系数的计算及验证，以保证其联接的安全性。而且，该联接螺栓一般采用铰制孔配合螺栓，以提高左右两侧链轮齿的对齐度，确保左右两侧梯级链轮运行时的一致性。主驱动链轮是驱动元件，对联接螺栓的强度需要按静载 5000N/m^2 加以计算，其安全系数不应小于5。

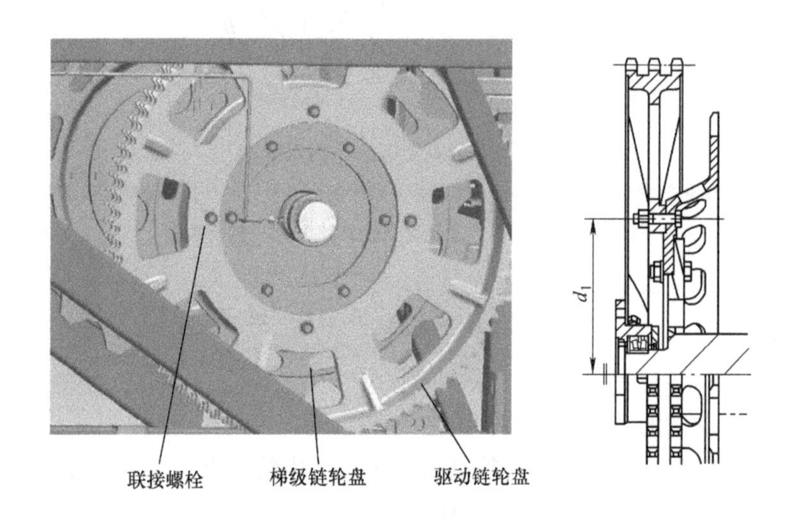

图3-3-5　主驱动链盘和梯级链盘螺栓联接示意图

首先需根据自动扶梯的规格参数计算出梯级链轮上的总牵引力及转矩，然后通过螺栓的预紧力，校核螺栓的拉伸强度，具体计算如下：

1）倾斜段作用在梯级链轮上的总牵引力 F_{mk} 的计算公式为

$$F_{mk}=F_d n_1 \sin\alpha(1+\mu) \tag{3-3-8}$$

式中　F_d——按标准规定的载荷 5000N/m^2 进行计算，以1.0m宽度的梯级为例，每个梯级的载荷约为180kg，单位为N；

n_1——倾斜段上梯级的数量，$n_1=\dfrac{H}{\sin\alpha}\dfrac{1}{P}$；

H——扶梯提升高度，单位为m；

α——扶梯的倾斜角度，单位为（°）；

P——两个梯级链滚轮（梯级主轮）之间的中心距，单位为m；

μ——梯路摩擦因数，各厂家的设计略有不同，计算时一般按经验取为0.03。

2）梯级链轮上总转矩 M_{t3} 的计算公式为

$$M_{t3}=F_{mk}d_{stk}/2 \tag{3-3-9}$$

式中　M_{t3}——梯级链轮上的总转矩，单位为N·m；

F_{mk}——倾斜段梯级链轮上的总力，单位为N；

d_{stk}——梯级链轮节圆直径，单位为m。

3）螺栓的预紧力 F_p 的计算公式为

$$F_p = T_1/(K_f d) \tag{3-3-10}$$

式中 F_p——链盘连接的预紧力，单位为 N；

T_1——螺栓的预紧力矩，单位为 N·m（一般来说，8.8 级螺栓取 210N·m）；

K_f——拧紧力矩系数（0.18～0.21）；

d——螺栓公称直径，单位为 m。

4）链盘连接的摩擦力 F_f 的计算公式为

$$F_f = n\mu_1 F_p \tag{3-3-11}$$

式中 n——链盘上联接螺栓的数量；

μ_1——盘间摩擦系数，通常取 0.18；

F_p——链盘连接的预紧力，单位为 N。

5）螺栓拉伸强度的校核。螺栓配合处截面的拉伸安全系数的计算公式为

$$S_{t1} = \sigma_s/\sigma_t \tag{3-3-12}$$

式中 σ_s——螺栓屈服应力，如 8.8 级螺栓屈服应力为 640MP；

σ_t——螺栓配合处截面拉伸应力，单位为 MPa。

$$\sigma_t = \frac{F_p}{\pi d_2^2 n/4} \tag{3-3-13}$$

式中 F_p——链盘连接的预紧力，单位为 N；

d_2——螺栓的直径，单位为 mm；

n——链盘上联接螺栓的数量。

螺纹处截面拉伸安全系数的计算公式为

$$S_{t2} = \sigma_s/\sigma_{screw} \tag{3-3-14}$$

$$\sigma_{screw} = \frac{F_p}{\pi d_3^2 n/4} \tag{3-3-15}$$

式中 σ_{screw}——螺纹处截面拉伸应力，单位为 MPa；

d_3——螺纹处截面的等效直径，单位为 mm。

在进行螺栓联接的强度校核时，无论是螺栓在配合处截面的拉伸安全系数还是螺纹处截面拉伸的安全系数均需大于 5，以保证链轮连接的安全性。

若结构设计上存在有过盈配合来传递驱动力，则还需要验证配合公差是否得当，材料性能、公差以及结构尺寸对配合温度的影响等。

5. 主驱动轴的固定方式

主驱动轴都是通过两个端部的轴承座固定在桁架上的，按照轴承座的结构，可分为座式轴承座固定和端部式轴承座固定。

（1）座式轴承座固定　如图 3-3-6 所示，主驱动轴采用的是座式轴承座固定方式，轴承座安装在桁架的轴承座安装平台上，一般一端采用固定式轴承，另一端采用自调心轴

承，以补偿安装制造的误差。由于自动扶梯的主轴属于低速重载动转，适合采用外部加注润滑油脂的方式润滑（有利于提高轴承的使用寿命），因此座式轴承座一般都采用润滑油脂润滑，在外壳上设置注油孔，在使用中定期加注润滑脂。

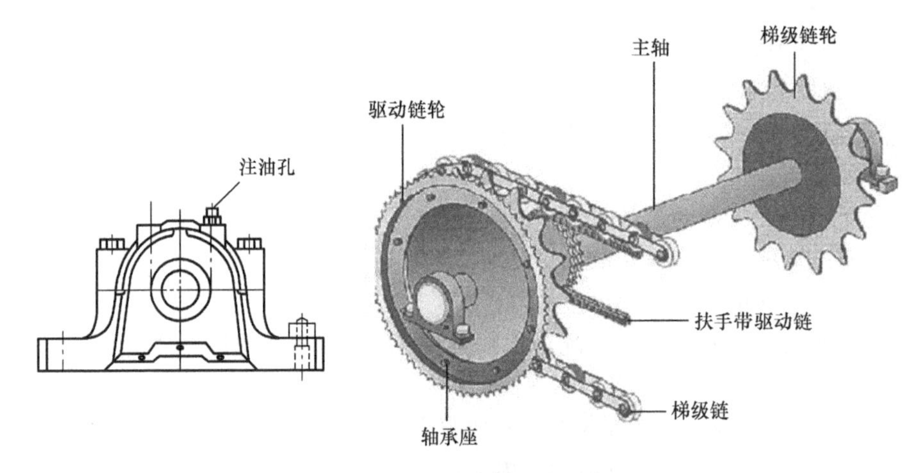

图 3-3-6　座式轴承座固定

这种结构的主轴固定方式由于结构简单，易于安装、调整和维护，在自动扶梯上使用最广泛。在安装时，将轴承座的上盖打开，将已装上了轴承的主驱动轴放入轴承座，然后加入适量润滑脂，再将上盖盖上拧紧。如果需要更换轴承，则需要将整个主驱动轴吊起。

（2）端部式轴承座固定　如图 3-3-7 所示，主驱动轴采用的是端部式轴承座固定方式。端部式轴承座固定方式常见于采用整体式侧板焊接式导轨结构（俗称船尾板）的扶梯上，主驱动轴承座固定在船尾板上，再整体吊入桁架中进行装配。在使用中如需更换轴承，则同样需要把主驱动轴吊起，再进行轴承的更换。

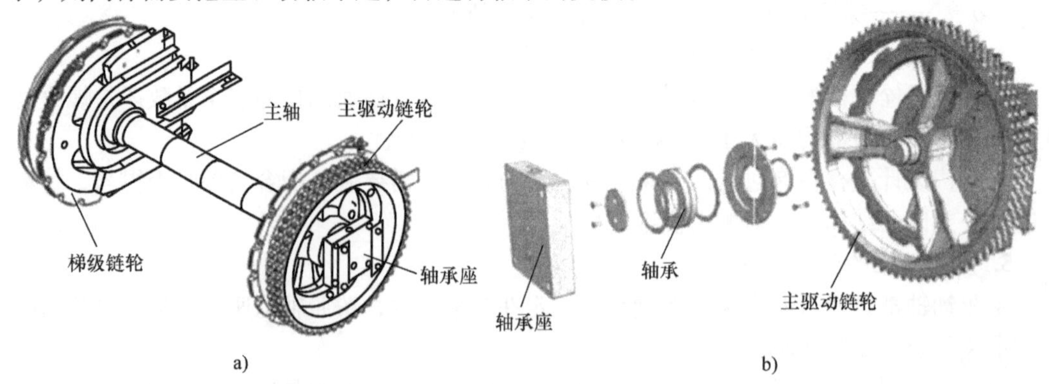

图 3-3-7　端部式轴承座固定

6. 主驱动轴的轴承设计

（1）轴承的承载能力　在轴承的选用上，首先需要对轴承的承载能力进行校核，以确保其强度满足要求，一般其安全系数需大于1.5。其计算公式为

$$S_o = C_o / F_B \tag{3-3-16}$$

式中　C_o——轴承的静载力，单位为N；

F_B——静载$5000N/m^2$下的轴承静载力，单位为N。

（2）轴承的寿命计算　主驱动轴的轴承在选用上至少要与扶梯的大修周期相同或更长，以避免扶梯在使用周期中由于轴承失效，需要拆除主驱动轴进行轴承的更换。一般来说，扶梯的使用寿命会因为其类型有所区别，通常普通扶梯按每天运行12h、每周6天、每年52周计算20年的轴承工作寿命（约合70000h）；公交扶梯则按每天运行20h、每周7天、每年52周计算20年的轴承工作寿命（约合140000h）。

轴承寿命的计算公式为

$$L_h = a_1 a_{23} \frac{10^6}{60n}\left(\frac{C}{F_m}\right)^p \tag{3-3-17}$$

式中　C——基本的动载荷，单位为N；

n——转速，单位为r/min，$n = 60v/(\pi D)$；

D——梯级链轮节径，单位为mm；

p——等效寿命指数（球轴承为3，滚子轴承为10/3）；

a_1——可靠性寿命调整系数，详细参看GB/T 6391—2003/ISO 281：1990（一般情况下，$a_1 = 0.33$）；

a_{23}——附加黏性比率的寿命调整系数，详细参看GB/T 6391—2003/ISO 281：1990（一般情况下，$a_{23} = 0.61$）；

F_m——不同交通载荷条件下的等效载荷，单位为N，详细计算请参看GB/T 6391—2003/ISO 281：1990或者轴承相关设计书籍。

以公交扶梯的一般客流特性（每3h中，有1h设定为100%制动载荷，其余2h设定为25%的制动载荷）为例，F_m可按下式进行计算：

$$F_m = \sqrt[3]{\frac{3.33}{20}F_{100\%}^3 + \frac{16.67}{20}F_{25\%}^3} \tag{3-3-18}$$

二、张紧装置

梯级链的张紧装置是一个可移动的装置，它在压缩弹簧的作用下给梯级链一个预张力，使其始终处于被张紧的状态。张紧装置上都安装有梯级的回转导轨，使梯级在这个位置产生回转运动。

梯级链的张紧装置可分为滚动式和滑动式两种。

1. 滚动式张紧装置

滚动式张紧装置又称为链轮式张紧装置，由张紧轴、张紧架、支撑架和压缩弹簧组成，其结构如图3-3-8所示。

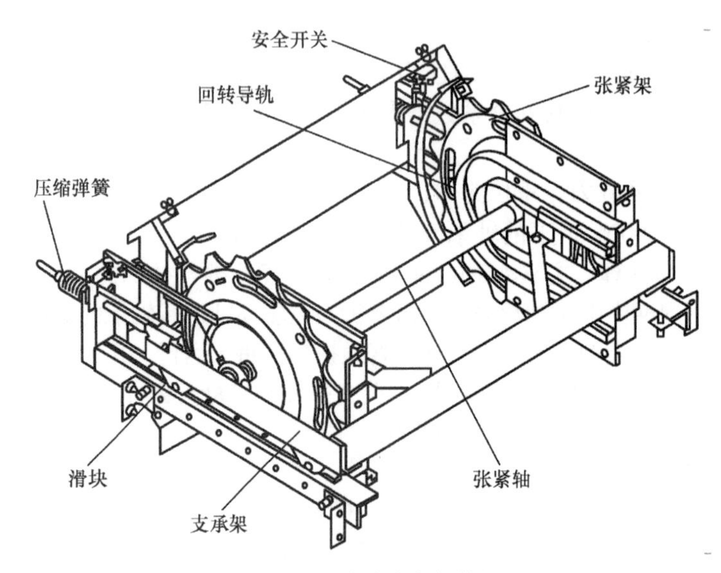

图 3-3-8　滚动式张紧装置

张紧架中两侧的链轮与梯级链啮合，通过轴承座安装在张紧架上；张紧架与支撑架之间安装有滚轮，整个张紧架可以在支撑架上前后移动。张紧架的双侧尾部都安装有一个压缩弹簧，通过调节弹簧的压缩量，可以调节张紧装置对梯级链的张紧力。在支撑架的尾部还安装有两个安全开关，当梯级链过度伸长、不正常收缩或断裂，使张紧架的移动距离超过 20mm 时，安全开关就会动作，使扶梯停止运行。

2. 滑动式张紧装置

图 3-3-9 是滑动式张紧装置的结构示意。其特点是没有链轮，通过安装在滑动架上的

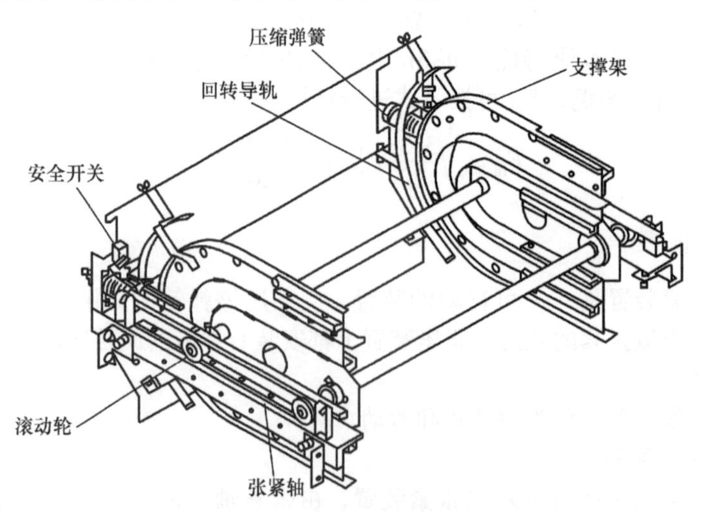

图 3-3-9　滑动式张紧装置

回转导轨的移动，以对梯级的张紧间接地对梯级链实行张紧。滑动架的尾部同样安装有压缩弹簧和安全开关，其功能与滚动式张紧装置相同。这种张紧装置结构简单、造价较低，在普通型扶梯上得到了广泛应用。

第四节　梯　级　链

梯级链的作用是牵引梯级运行，梯级链是自动扶梯最重要的受力部件之一。

一、梯级链的种类

梯级链按其结构可分为滚子链式梯级链和滚轮链式梯级链两种。

1. 滚子链式梯级链（滚轮外置式梯级链）

滚子链式梯级链的结构如图 3-4-1 所示。链条体是一条完整的套筒滚子链，梯级链滚轮（梯级主轮）安装在链条的外面，因此又称为滚轮外置式梯级链。

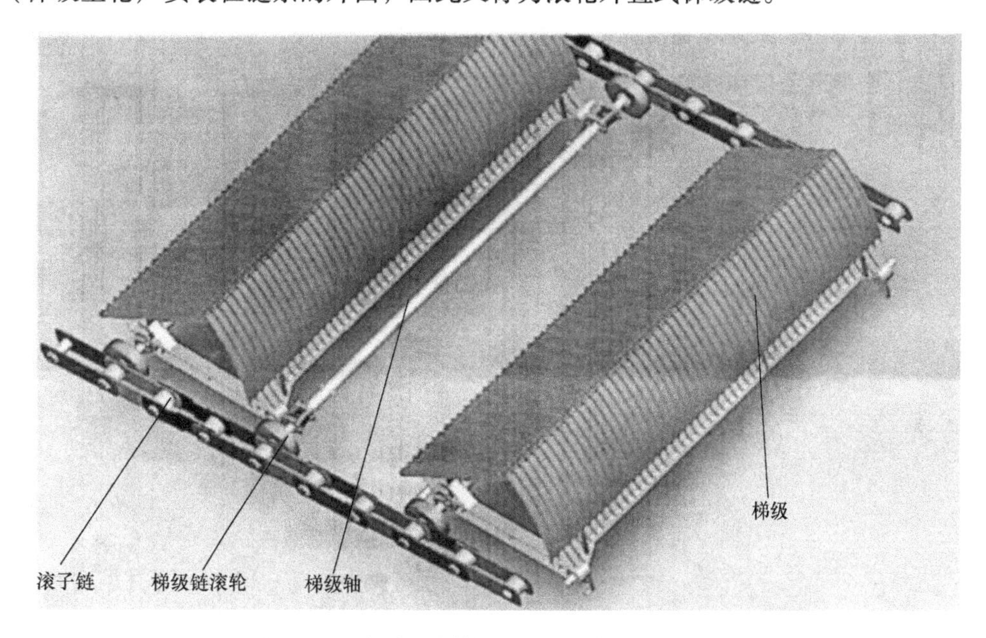

图 3-4-1　滚子链式梯级链（滚轮外置式梯级链）

采用滚子链式梯级链的扶梯，在工作导轨的上部弯曲段安装有卸载导轨，梯级链在这一段是被抬起的，此时的梯级滚轮不与导轨接触，而梯级滚轮不与导轨接触，不承受载荷产生的压力，从而对滚轮起到了保护作用（图 5-2-7b）。这种结构的梯级链可适用于不同提升高度和各种载荷条件的自动扶梯，同时该结构的梯级链滚轮在使用中装拆方便。

图 3-4-1 所示的梯级轴是长轴结构，轴将左右两条梯级链连接在一起，有利于梯级与

梯级链之间的稳固连接。但也有采用短轴结构的，此时梯级轴为一截短轴，供安装梯级（图3-4-2）。

图3-4-2　短轴结构梯级链

2. 滚轮链式梯级链

滚轮链式梯级链（滚轮内置式梯级链）的结构如图3-4-3所示。其特点是以滚轮代替了传统链条中的套筒和滚子，由于梯级滚轮是位于链条中间的，因此又称为滚轮内置式梯级链。这种梯级链具有结构简单、造价低的优点，在普通扶梯上广泛使用。

采用这种链条的扶梯在上部弯曲段没有卸载导轨，滚轮在经过这一段导轨时需要承受比倾斜段大的压力，同时在与梯级链轮的齿啮合时也需要承受梯级链拉力所产生的挤压力，因此适用的提升高度和载重条件受到限制。这种链条也同样有长轴结构和短轴结构之分。

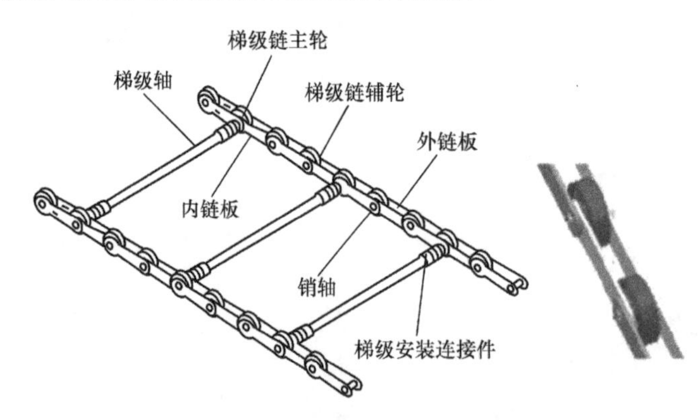

图3-4-3　滚轮链式梯级链（滚轮内置式梯级链）

二、梯级链滚轮（梯级主轮）

由于梯级链滚轮的受力要比梯级滚轮大，故一般都采用轮毂式滚轮（图3-1-13）。

1. 梯级链滚轮的受力和计算

梯级链滚轮的受力位置一般可分为在导轨返回侧中的主驱动处、上平层圆弧段处、倾斜段处、下平层圆弧段处、张紧架处和导轨乘客侧的下平层圆弧段处、倾斜段处、上平层圆弧段处、主驱动处九处，如图3-4-4所示。

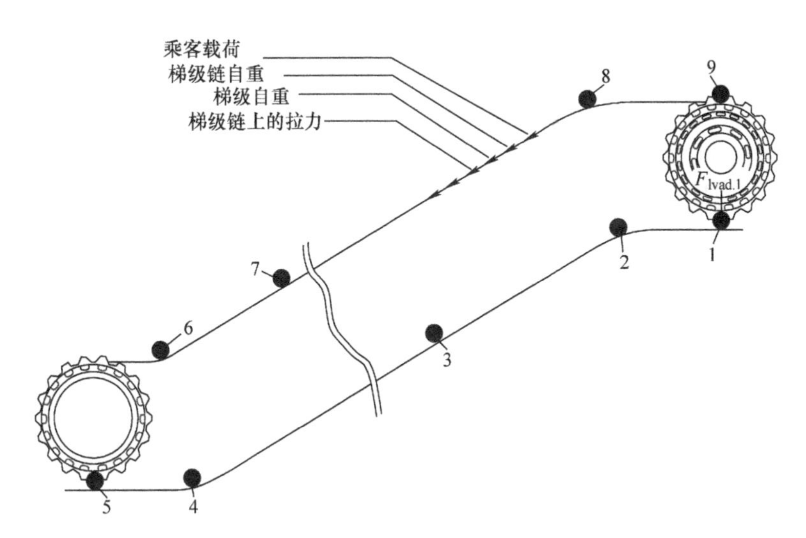

图 3-4-4　梯级链滚轮在梯路上的受力示意图

各位置具体受力情况如下：

（1）位置①和⑤　此时滚轮位于返回导轨的水平段位置，主要承受梯级和梯级链自重；

（2）位置②、③和④　主要承受梯级和梯级链自重的法向力；

（3）位置⑥和⑧　此时滚轮处于上、下部导轨的弯转段，除承受梯级和梯级链自重、乘客载荷的法向力外，梯级链的拉力也对滚轮产生了法向力。其中上弯转段的受力要大于下弯转段，是受力最大的位置。但对采用滚轮外置式梯级链条的扶梯，由于在这个位置都设有卸载导轨（详见图 5-2-8b），滚轮在这个位置是被抬起脱离导轨的，因此是不受力。

（4）位置⑦　此时滚轮处于倾斜段，主要承受梯级、梯级链自重和乘客载荷的法向力。

（5）位置⑨　此时的滚轮处于水平导轨上，主要承受梯级和梯级链的自重作用。

从以上的分折可知，最大受力点在上部转弯段（图 3-4-4 中的⑧），其次在倾斜段（图 3-4-4 中的⑦）。下面对这两个位置上滚轮的受力与计算加以简要介绍。

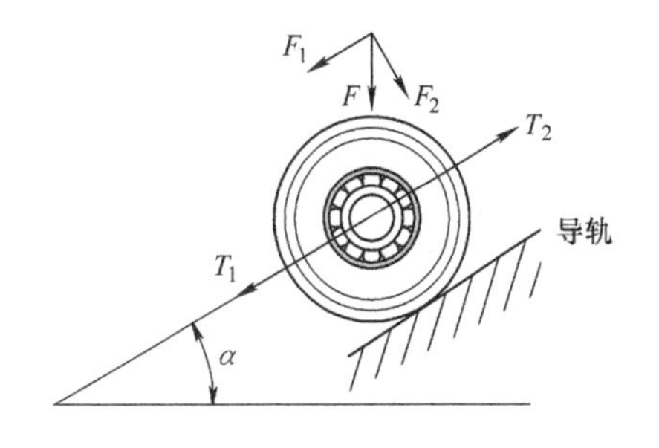

图 3-4-5　梯级链滚轮在倾斜段工作中的受力情况

1）倾斜段。梯级滚轮在倾斜段工作导轨上的受力分析如图 3-4-5 所示，F 为梯级轮所受总载荷，F_1 和 F_2 为该压力在导轨垂直及水平方向上的分力。其中 F_1 是轮子所受的压力，称为轮压。T_1、T_2 表示轮子所受的拉力及反力，由于该拉力与导轨是平行的，不产生轮压。因此梯级链滚轮在倾斜段的受力情况与梯级轮是基本相同的。轮子上的轮压来自梯级自重（包括一个梯级距的链条重量）和乘客载荷。

梯级链滚轮在倾斜段工作中的受力计算，对轮压的计算可参考第五章第二节中对梯级链滚轮施加给导轨的压力 F_1 的计算方法。在对滚轮的计算中乘客载荷一般按 5000N/m^2（单位投影面积上的静载荷）考虑。

2）上部弯转段（对滚轮内置式梯级链）。其受分析如图 3-4-6 所示。此时滚轮在圆弧上运动，轮压 P_{ya} 来自梯级链上的拉力和梯级自载荷的组合。

链条上的拉力 T 是梯级链对梯级的驱动所产生的力，T 的大小与自动扶梯的提升高度有关，提升高度大所需要的驱动力就大，从而链条上的拉力就大。当梯级从倾斜段进入转弯段后，T 对轮子产生法向压力，其大小与导轨转弯半径 R 的大小有关，R 大滚轮上所受的法向力就小。

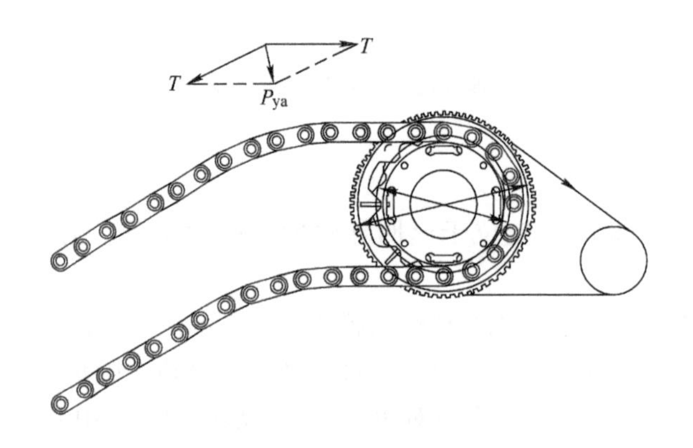

图 3-4-6　梯级链滚轮在上部弯弧段的受力情况

梯级载荷包括梯级自重、一个梯级上的梯级链重量和梯级上的载客载荷所产生的法向力。由于此时梯级导轨逐步向水平过渡，倾角减小，梯级载荷对滚轮的压力较倾斜段要大。对轮压的计算可参考第五章第二节中对梯级链滚轮施加给导轨的压力的计算方法。在对轮压的计算中乘客载荷一般按 5000N/m^2（单位投影面积上的静载荷）考虑。

2. 许用轮压与尺寸设计

许用轮压与扶梯的速度、轮缘材质以及滚轮的设计寿命有关。在正常使用条件下，梯级链滚轮的使用寿命通常为 10 ~ 15 年。

一般在轮缘采用橡胶或聚氨酯的条件下，不同额定速度下梯级链滚轮的允用轮压通常为 1000 ~ 3000N。一般来说，普通扶梯选用的滚轮允许轮压在 1000N 左右，而公交型扶梯和重载型扶梯的允许轮压则通常在 3000N 左右。

采用大尺寸的滚轮能减小轮压，从而提高滚轮的使用寿命，滚轮的直径一般为 60 ~

100mm（常用的是 70～80mm），滚轮的宽度为 20～25mm。大于 100mm 的滚轮只有在重载型扶梯或提升高度很大的扶梯上才有使用。

三、梯级链的强度

梯级链是自动扶梯最重要的驱动部件，各部件应按无限疲劳寿命进行设计，因此其安全系数最小为 5。

1. 梯级链的受力分析

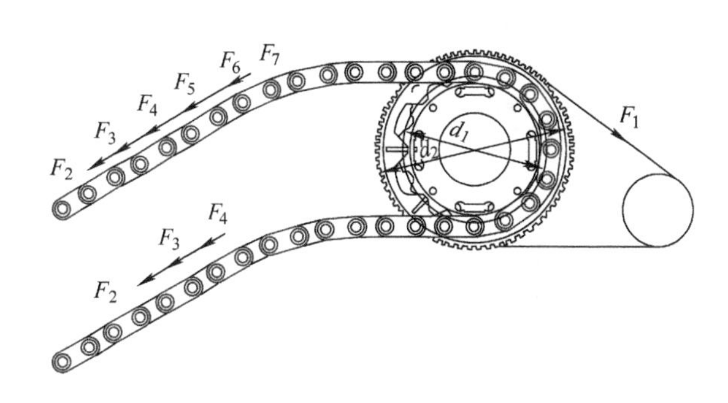

图 3-4-7　梯级链受力分析图

F_1—主机驱动力　F_2—张紧架的张紧力　F_3—梯级与梯级链的自重　F_4—梯级与梯级链的摩擦力　F_5—乘客载荷　F_6—乘客载荷的摩擦力　F_7—扶手带的驱动力　d_1—梯级链轮节圆直径　d_2—主驱动链轮节圆直径

2. 强度计算

梯级链的抗拉强度按 5000N/m^2 的静载力进行计算，其安全系数最小为 5。一般情况下，普通扶梯及公交型扶梯常常以标准安全系数 5 进行设计。重载型扶梯一般要求采用安全系数为 8 的梯级链。

（1）梯级链受力计算　梯级链的受力通常需考虑乘客的载荷、梯级链的张紧力及梯级和梯级链自重等，下面介绍一种计算方法。

$$F = F_2/2 + (F_3 + F_5)\sin\theta \qquad (3\text{-}4\text{-}1)$$

式中　F_2——张紧架的张紧力，单位为 N（根据各厂家设计而定，一般为 2500～4500N）；

F_3——梯级与梯级链的自重，单位为 N；

F_5——乘客载荷，单位为 N；

θ——扶梯的倾角，单位为（°）。

（2）静载情况下安全系数的计算　梯级链的安全系数通过链条的破断强度及式（3-4-1）中计算出的总体受力进行计算，其计算公式为

$$S = 2F_A/F \qquad (3\text{-}4\text{-}2)$$

式中　F——链条的受力，单位为 N；

F_A——链条的破断强度，单位为 N；

S——安全系数。

3. 比压计算

比压指的是套筒滚子链的销轴与轴套之间工作时的压强（单位为 N/mm^2），压强过大会加速销轴与轴套的磨损。在自动扶梯的设计制造中，比压以制动载荷（1000mm 宽度的梯级为 120kg/梯级）进行计算。一般情况下，普通型扶梯的销轴比压通常不大于 $30N/mm^2$，公交型扶梯的销轴比压通常不大于 $27N/mm^2$。重载型自动扶梯的销轴比压要求会更高。本书第十一章中有更详细的介绍。

梯级链的使用寿命主要取决于销轴比压，该计算以自动扶梯的制动载荷进行校核。首先，需要通过计算链条上销轴所承受的拉力，见式（3-4-3）。然后，再根据销轴的接触面积计算其比压。下面介绍一种计算方法。

$$F_p = F_2/2 + (F_3 + F_5)\sin\theta + (F_4 + F_6) \tag{3-4-3}$$

$$P = F_p/(2d_1 b_H) \tag{3-4-4}$$

式中 F_p——销轴受的拉力（在制动载情况下），单位为 N；

F_2——张紧架的张紧力，单位为 N；

F_3——梯级与梯级链的自重，单位为 N；

F_4——梯级与梯级链的摩擦力，单位为 N；

F_5——乘客载荷，单位为 N；

F_6——乘客载荷的摩擦力，单位为 N；

P——销轴比压，单位为 N/mm^2；

d_1——销轴的有效直径，单位为 m；

b_H——销轴的有效接触长度，单位为 m。

四、受损种类与更换条件

链条的受损情况较为常见的有链板与销轴之间的磨损导致链条伸长，以及滚轮的破裂、轮胎剥离或龟裂失效等。

（1）链条伸长　通常以两梯级间的间隙作为判断梯级链更换的依据。当梯级链运行磨损后，两梯级间的间隙达到 6mm，则该梯级链需要进行更换。

（2）滚轮失效

1）对于滚轮内置式梯级链，如只是梯级链中的个别滚轮发生破裂、轮胎剥离或龟裂等失效，而链条的延伸率还在许用范围内，则只需更换个别滚轮。但是，如果一个链条中有较多的滚轮失效，则需更换新的链条。

2）对于滚轮外置式梯级链，滚轮发生破裂、轮胎剥离或龟裂等失效时可以方便地更换，只有当链条伸长率超出允许范围时才需要更换新的链条。

第四章　扶手带系统

扶手带系统的主要作用是提供一套与梯级运动同步的扶手带，以实现乘客在乘梯紧握扶手带时，手和身体同步运行，保证乘客的乘梯安全。扶手带系统主要由扶手带、扶手带驱动装置、扶手导轨和扶手带张紧装置等部件组成，如图 4-0-1 所示。

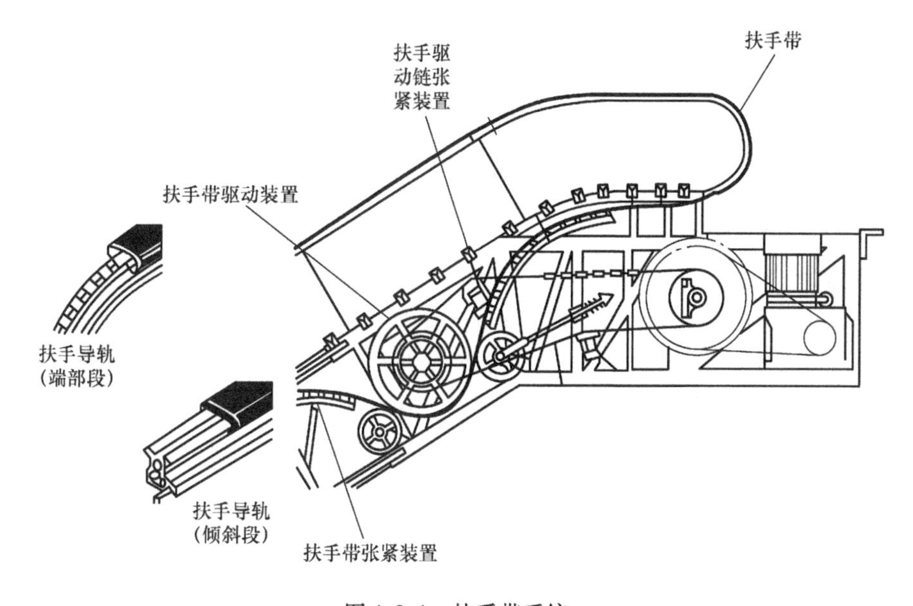

图 4-0-1　扶手带系统

第一节　扶　手　带

一、扶手带的结构

扶手带在构造上可分为外覆盖层、内衬垫层、抗拉层和滑动层四层，如图 4-1-1 所示。

（1）外覆盖层　称为面胶，通常采用黑色的橡胶材料制作。外覆盖层的材料也有采用聚氨酯的，多用于彩色扶手带的生产。

（2）内衬垫层　称作骨架层，一般是由多层夹布橡胶构成的，起到横向定形作用。

（3）抗拉层　抗拉层由一排小钢丝绳芯或薄钢带构成，被包裹在中间层中，起到承受拉力的作用。扶手带纵向的抗拉强度性能是通过它来保证的。

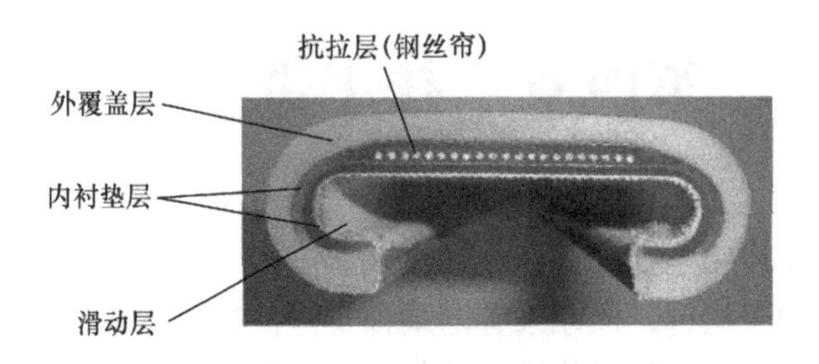

图 4-1-1　扶手带的结构

（4）滑动层　滑动层为最内层与扶手导轨接触的部分，滑动层的材料通常采用棉织物或合成纤维。其中，用棉织物如帆布做滑动层时，只能用于室内自动扶梯；以尼龙、涤纶等合成纤维材料制作的滑动层则可用于有耐水要求的室外扶梯。

二、扶手带的种类

1. 按截面形状区分

在自动扶梯及自动人行道产品中，常见的扶手带有 C 形及 V 形两种不同的结构。

C 形扶手带也称平面型扶手带，其截面形状及结构尺寸如图 4-1-2 所示。

V 形扶手带也称楔形带或三角带，其截面形状及结构尺寸如图 4-1-3 所示。

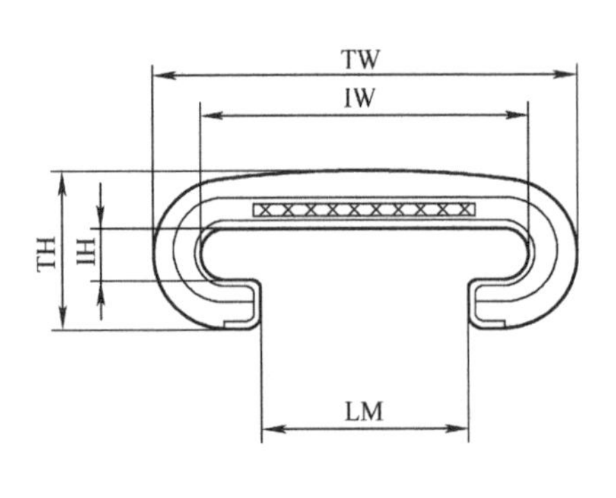

图 4-1-2　C 形扶手带

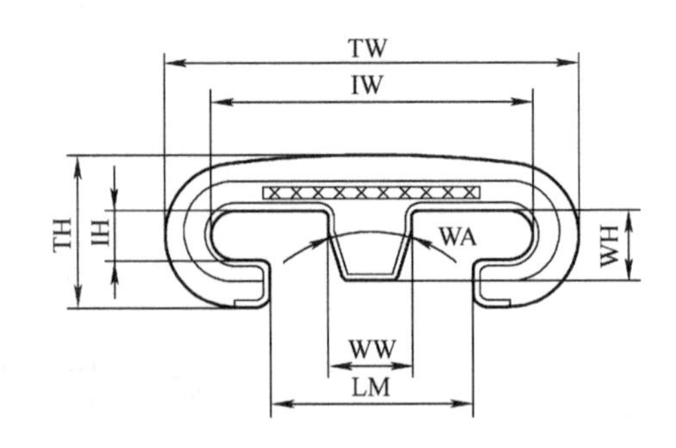

图 4-1-3　V 形扶手带

表 4-1-1 列出了扶手带截面中的主要尺寸。其中唇口宽（LW）、内宽（IW）和内高（IH）为影响扶手带性能的关键尺寸。

表 4-1-1　扶手带的主要结构尺寸

代号	C 形扶手带尺寸	V 形扶手带尺寸
LW	唇口宽	唇口宽
IW	内宽	内宽

（续）

代号	C形扶手带尺寸	V形扶手带尺寸
TW	总宽	总宽
IH	内高	内高
WW		楔宽
WH		楔高
WA		楔角

2. 按扶手带材料区分

扶手带按使用的材料不同可分为橡胶扶手带和聚氨酯扶手带两种。这两种材料的扶手带均广泛应用于自动扶梯和自动人行道产品中，由于材料性能的不同，造成其对驱动系统结构的轻微区别，如扶手带正弯及反弯最小半径尺寸要求等。

3. 按扶手带的颜色区分

扶手带按颜色不同可分为黑色及彩色扶手带，以满足不同客户与建筑物外观设计的要求。

4. 按使用环境区分

扶手带按不同的使用环境可分为室内型扶手带和室外型扶手带。室外型扶手带可以承受在室外使用环境下恶劣的日照、紫外线、雨水等因素所造成的扶手带老化、打滑等影响。

三、扶手带的生产

扶手带的生产过程主要是成型和接驳。

1. 成型

（1）橡胶扶手带　橡胶扶手带的生产主要通过模具和硫化工艺成型而成。由于扶手带的长度通常达数十米甚至上百米，硫化成型的模具长度一般不可能达到每一条扶手带所需的长度，因此每一条扶手带均需通过多次硫化成型，即一段扶手带与另一段扶手带之间均会产生重叠硫化部分。这需要严格控制硫化成型的生产工艺，目前较为先进的生产方式是采用硫化自动生产线。

（2）聚氨酯扶手带　聚氨酯扶手带通常采用热塑挤压成型工艺生产，不同扶梯所需的长度可通过模具挤压成型达到。

2. 驳接

应用在扶梯上的扶手带是一条闭合环形带，因此不论哪种扶手带，都需要进行闭环驳接后才能使用。闭环接口处的工艺要求非常高，质量控制难度大。

为保证扶手带的破断强度，一般扶手带的驳接是在工厂完成的。但是，某些特殊结构的扶梯，或在特定工地条件下，扶手带可在现场进行驳接。对此，某些扶手带厂家生产出特定的硫化驳接工具，在扶梯的安装现场能实现最后的扶手带闭环硫化。图4-1-4是一种供安装现场使用的硫化驳接设备。

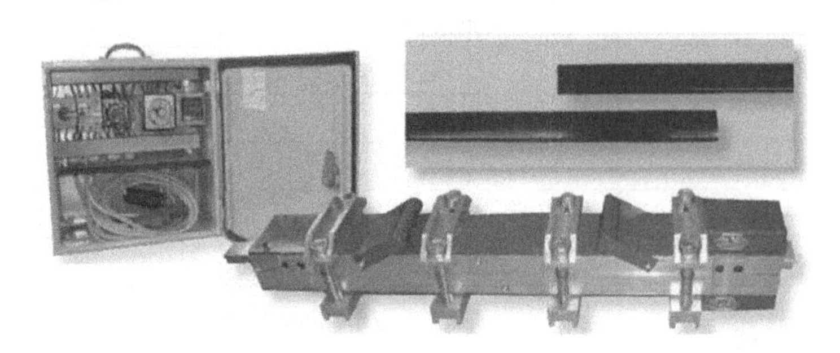

图 4-1-4　现场扶手带驳接设备

四、扶手带的技术要求

1. 外覆盖层（面胶）

无论是黑色或是彩色扶手带的外覆盖层都必须具有抗冲击性、耐气候、耐臭氧和光线照射作用的性能。外覆盖层在闭环驳接处的外观应平滑且被完全粘牢没有可见的裂缝。材料是热塑性聚氨酯（Thermoplastic Polyurethanes）的外覆盖层具有抗水解性能。

外覆盖层对硬度也有一定的要求。不同的扶手驱动结构，对扶手带的硬度要求也有所不同。一般情况下，采用线性扶手驱动系统的结构，对扶手带的硬度要求相比采用牵引式摩擦轮驱动结构时要高，通常其表面硬度在以下的参考值范围内：

合成橡胶：HSD75 ±5 肖氏

聚氨酯：HSD85 ±5 肖氏

2. 内衬垫层

内衬垫层需要具备充足的粘附能力，以保证扶手带的唇口能表现出良好的刚性及稳定性。

3. 滑动层

滑动层应采用高耐磨的优质织物材料，以避免扶手带与扶手导轨及其他零件接触时被快速磨损。织物可选用纯棉线、尼龙或聚酯材料，还可以采用尼龙和聚酯交织的工艺。棉线滑动层的扶手带仅用于室内扶梯，尼龙和聚酯织物滑动层扶手带可用于室内和室外。

滑动层需要具备一定的静摩擦力特性，以保证当驱动轮与扶手带滑动层接触时能产生足够的摩擦力。根据经验，静摩擦因数应不小于 0.9。

为减少扶手带运动阻力，在选择滑动层材料时，应使扶手带与导轨之间有较低的滑动摩擦因数。表 4-1-2 为不同滑动层相对不同材质导轨间的滑动摩擦因数的经验参考数据。

4. 钢丝绳芯

钢丝绳芯应具有足够的强度以满足扶手带破断强度的要求。钢丝应选用优质钢材，每股完整没有焊接口，不能有被腐蚀和破损的缺陷，破断时的延伸率一般应为1%～2%。

表 4-1-2　扶手带不同滑动层材料与各种材质导轨之间的滑动摩擦因数

导轨材质＼滑动层材料	尼龙	聚酯	棉布
镀锌钢板	约 0.30	约 0.30	约 0.30
不锈钢	约 0.25	约 0.25	约 0.25
聚甲醛 POM		约 0.20	约 0.20

5. 破断强度

扶手带的最小破断强度不小于25kN。驳接口无论是使用工厂内驳接还是在工地现场驳接，都必须满足相同的破断强度要求。

6. 驳接

扶手带应优先采用闭环的形式出厂，以保证其生产的一致性及强度要求，只有在特殊需要时，才考虑在现场进行驳接的形式。

7. 长度偏差

扶手带长度 L 的精度可根据扶手驱动装置的需要而定，较常用的普通精度公差要求为：$L \leqslant 30$m 时，±12.50mm；$30\text{m} < L \leqslant 50$m 时，±15mm；$L > 50$m 时，±(0.03～0.05)%$L$。但是，也有一些扶梯生产厂，对扶手带的长度要求比较严格，无论长短，其公差均需控制在±12.5mm 以内。

8. 使用中的允许伸缩量

扶手带在整个使用生命周期内，需控制其伸缩量，一般要求其缩短量不应大于-0.05%，伸长量不应大于0.10%。

9. 唇口宽度

唇口宽度作为扶手带的一个关键控制尺寸，会影响扶手带与扶手导轨间的间隙，带来乘客被夹手的安全隐患，因此需严格要求扶手带唇口宽度在使用期限内的变化。通常要求扶手带在整个生命周期内，唇口宽度不能因其收缩使唇口宽度小于名义尺寸公差的下限，也不能因其膨胀使唇口宽度大于名义尺寸公差的上限。

10. 唇口的刚度

扶手带唇口的刚度应达到一个乘客用正常的手力并在不借用任何工具的条件下拉动扶手带，而扶手带不能从扶手导轨上被拉出。常用的检验扶手带唇口刚度的方法是使用宽度为30mm 的夹钳在唇口处施加至少70N 的力，若唇口的扩张不大于7mm 则可认为唇口刚度合格。

11. 直线度

扶手带直线度的一般要求是在2m 长度内，扶手带在1500N 张力作用下，偏差小于4mm。

12. 弯曲半径

扶手带正、反弯情况如图 4-1-5 所示，图中的最小弯曲半径是较为严格的扶手带最小正弯和反弯半径要求。

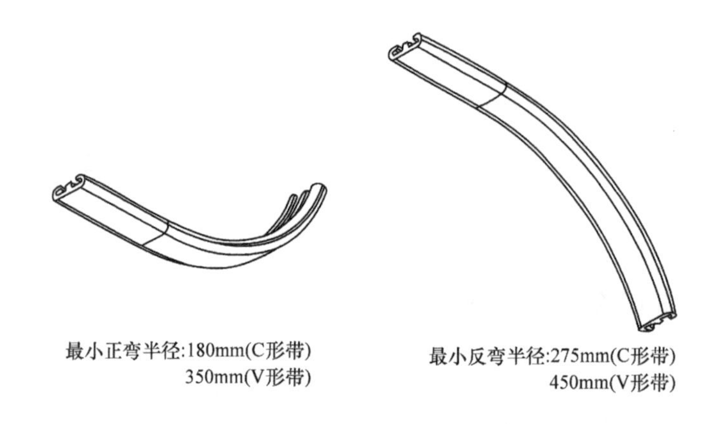

图 4-1-5　扶手带弯曲方向示意图

13. 抗拉层

扶手带内钢丝和胶层不能脱胶，不允许穿出橡胶层。

14. 外观

扶手带外观应平整、光洁、爽滑；正面不能有凹凸不平、气泡缺陷；扶手带内表面和截面开口处不应有橡胶溢出；闭环驳接口处无接痕。

此外，自动扶梯用户需要与厂家协商扶手带许用环境使用温度、包装方式、存储温度及表面清洁方法等要求。对于彩色扶手带，自动扶梯用户应与扶手带厂家协商颜色退化寿命标准。

五、扶手带的性能试验

扶手带的主要性能指标是抗拉强度和抗疲劳性能。

1. 抗拉强度

扶手带的一般抗拉强度试验在材料试验机上进行，要求试件必须包含一个驳接口，长度不小于 500mm。将扶手带安装在夹具上，夹紧扶手带，缓慢加力直至破坏，所得最大力即为扶手带最大拉力。经对三条试件作抗拉破断试验，破断力均达到 25kN 以上的送检样品就认为达到强度要求。

2. 疲劳性能

扶手带的疲劳性能试验也就是扶手带的寿命测试。扶手带的疲劳性能试验在专门的试验机上进行。试验机模拟扶手带工作运动轨迹，让扶手带在小于实际工作弯曲半径条件下，以较高的速度运转，观察扶手带性能和外观的变化。图 4-1-6 是一种专用的扶手带疲劳试验机。可以在试验机上设定对扶手带的各种弯曲度、试验的速度以及张紧力。

图 4-1-6　扶手带疲劳试验机

由于扶手带的工作寿命除了与自身的质量有关外，还与扶手带驱动装置的结构、扶手带导轨的结构，以及环境条件和乘客条件等诸多因素有关，因此对于扶手带的疲劳试验的评定，当前尚无统一的方法和规定，各扶梯生产厂对扶手带在试验时的弯曲、速度、张紧力的设定，以及检测内容与指标要求等都有自己的规定。扶手带在室内工作的环境下，工作寿命一般应为8～10年。

（1）试验条件设定

1）弯曲设定。扶手带的疲劳主要由各部位的弯曲引起，扶手带弯曲变化实验是综合衡量扶手带性能的一个有效方法。图 4-1-7 是目前两种行业内具有代表性的扶手带工作寿命测试中的弯曲设定方式。

测试的原理是将扶手带装入测试台内，扶手带通过与不同直径的滚轮接触，反复进行正弯和反弯运动，在设定的时间内完成运转后，检查各项尺寸和技术指标的变化，从而评估和判定扶手带的质量和工作寿命情况。

2）试验速度设定。扶手带最大的测试运行速度一般应限制在 3m/s 以内。

3）试验时间设定。一般要求试验时间至少是 30 天。经设定的试验时间，扶手带应完好。

设置弯曲条件时需要考虑的事项：

· 测试装置中应模拟扶梯系统中的弯位数量和方向，弯曲半径应类似或略小于扶梯扶手带系统中的弯曲半径。

· 测试装置中应设置一处扶手带许用最小弯曲半径的弯位。

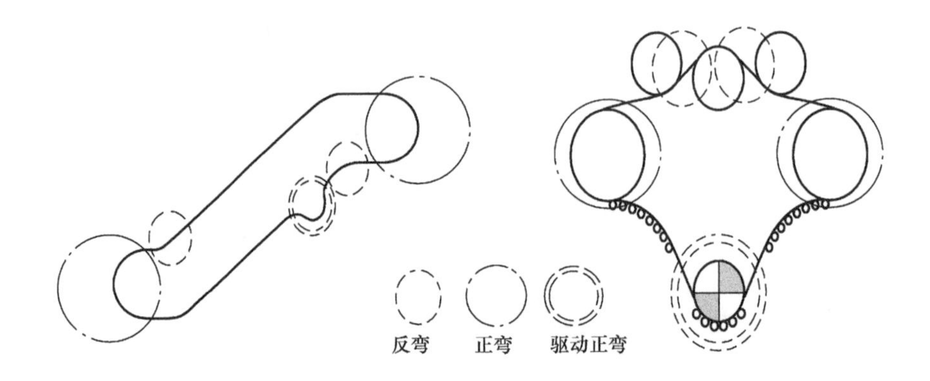

图4-1-7 弯曲变化实验方式

（2）测试检查项目 在扶手带的动态测试过程中，应定时检查和记录扶手带测试样品的变化。需测试检查的项目如下：

1）截面尺寸。扶手带在正弯和反弯的工作状态下，尺寸可能会发生变化。这主要是因为扶手带材料中具有柔性的物质因为弯曲方向频繁的改变而变僵硬导致尺寸的改变。因此对扶手带中的关键尺寸应在测试过程中和最终测试后，比对测试前的原始数据。

2）温度特性。扶手带的老化与工作环境的温度、湿度有关，还与工作中的温升有关。其中扶手带温升对其使用寿命影响最大。扶手带在工作中的温升取决于以下因素。

① 环境温度。

② 扶手带滑动层与导轨的摩擦因数。

③ 扶梯的速度和提升高度。

④ 扶手导轨的端部导向结构种类，其中滑动式导轨设计温升大，滑轮式导轨设计温升小。

⑤ 乘客负载量。

⑥ 扶手带在扶手驱动系统中的弯曲数量及弯曲度。

在试验中应记录环境温度、扶手带表面温度、扶手带滑动层温度和选定区域的扶手导轨面的温度，这些测试温度数据主要用于与测试前的初始数据进行比对分析。

3）硬度特性。由于环境状况和扶手带永久存在的内应力影响，扶手带的面胶在存储和使用过程中会变硬。这种特性尤其在面胶是橡胶的扶手带上表现突出。扶手带面胶变硬会加速老化而龟裂。因此，需要检测扶手带面胶的硬度与测试前的初始数据进行比对分析。

4）渗出特性。扶手带橡胶面胶多用充油丁苯橡胶材料制成。这种材料具有高耐磨性，但耐温和耐臭氧能力较差，需要在混料工艺过程中添加一些抗老化添加剂。而这些添加剂在扶手带的存储和使用过程中会被渗出在扶手带表面，这些明显的渗出物具有黏沾性，使用中会使整条扶手带变脏。因此，需要检测扶手带表面的化学物质渗出情况。

5）老化性能。在使用过程中扶手带面胶会发生老化裂脆。微裂纹多发生在受到较大张紧力下的扶手带唇口位置，而平面型扶手带表面在受到较大的接触压力时，面胶也容易出现老化的龟裂纹。因此在实验过程中要细致观察扶手带的表面、唇口和驳接口的裂纹发展情况。

6）色彩保持性能。彩色扶手带的颜色是在面胶混料时加入色粉而成。这些色粉在扶手带存储和使用中因损失而呈现褪色现象。阳光中的紫外线和紫外线灯光对褪色有重大影响。因此实验过程中要对室外型扶手带观察并记录其颜色的变化情况。

六、扶手带的维护与更换

1. 存储和运输过程中的维护

扶手带制造完成后必须小心保护处理。由于扶手带很长，不作保护很难存储和运输，所以通常在工厂将扶手带盘绕成图 4-1-8 中步骤①所示的状况，并且在整个运输和安装过程中采取适当的保护措施，防止碰撞刮伤扶手带表面。尤其不能将扶手带折弯，否则扶手带的使用寿命将缩短 50%。扶梯生产厂接收到扶手带后，在扶梯装配之前，建议按照图 4-1-8 所示的步骤解开盘绕的扶手带。

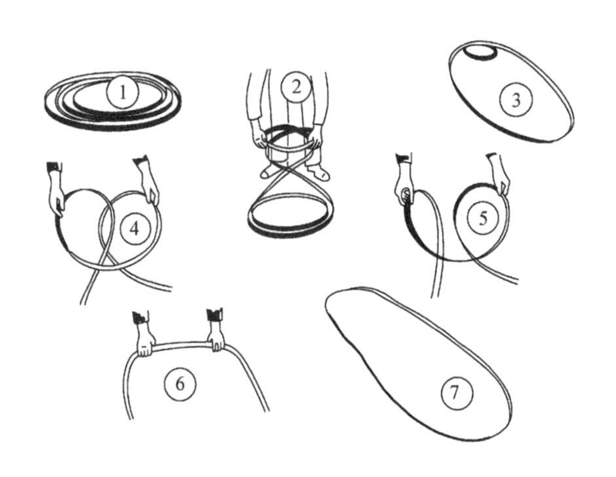

图 4-1-8　扶手带盘绕释放步骤

2. 使用过程中的检查与维护

在使用过程中对扶手带的清洁只能用清水和干净的抹布，禁用溶脂剂、汽油及含有汽油成分的清洁剂，因为这类清洁剂会使橡胶过早老化，使扶手带的使用寿命大为缩短。洗碗机或清洗机所用的清洁剂具有侵蚀性，因此也不宜使用。

如橡胶扶手带（黑色）表面暗而无光，建议使用橡胶上光剂（一种用于橡胶地板的清洗乳液）涂于表面，待干后用干布打亮即可。黑色光泽在表面形成保护层可防止橡胶老化。

当扶手带表面有发热情况时，应尽快对扶手带的驱动装置和导向机构进行检查和调整，排除不良因素。

3. 扶手带的更换

在使用中发生如下情况之一时，扶手带就必须更换。

（1）变形　反复弯曲导致开口尺寸变大，扶手带与导轨的配合发生松动，与导轨的侧隙超过8mm。

（2）表面龟裂　因材料老化表面发生龟裂。

（3）磨损　表面磨损严重，导致中间层钢丝暴露。

（4）剥离　外层材料在外力作用下发生剥离。

第二节　扶手带驱动装置

扶手带驱动装置的作用是驱动扶手带，并保证扶手带运行速度与梯级速度偏差不能大于2%。常见的扶手带驱动装置有摩擦轮驱动、直线压滚式驱动（压滚轮驱动）、端部轮驱动三种形式。通常C形扶手带采用摩擦轮驱动或直线压滚式驱动结构，V形扶手带采用端部轮驱动结构。

一、摩擦轮式扶手带驱动装置

摩擦轮式扶手带驱动装置通过大直径的驱动轮（通常为ϕ600～ϕ900mm）和扶手带间的摩擦力对扶手带进行驱动。为保证足够的摩擦力，通过张紧装置对扶手带施加一定的预紧力，对摩擦驱动力的大小进行控制。

1. 结构

如图4-2-1所示，摩擦轮式扶手带驱动装置主要由摩擦驱动轮、滚轮压紧链条、导向

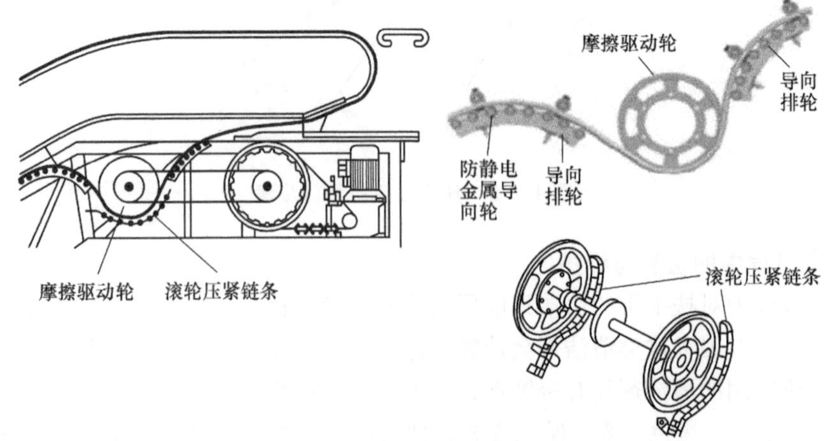

图4-2-1　摩擦轮式扶手带驱动装置

排轮、防静电金属导向轮等组成。摩擦轮式扶手带驱动装置一般位于扶梯上部靠水平段处，左右各有一个驱动轮。

（1）摩擦驱动轮　摩擦驱动轮的金属轮外缘包有橡胶或聚氨酯，以增大与扶手带之间的摩擦力，其中橡胶型摩擦驱动轮能产生较大的摩擦动力，适合室内和室外应用，但其缺点是橡胶容易磨损。当橡胶磨损后轮径变小，扶手带速度降低，影响与梯级速度的同步，当扶手带速度慢于梯级速度时，摩擦轮就需要更换。聚氨酯型摩擦驱动轮的耐磨性好，摩擦轮使用寿命长，但通常仅适合室内扶梯应用。

（2）滚轮压紧链条（或压紧传动带）　滚轮压紧链条由一排滚轮组成，压紧在扶手带表面，使扶手带的内表面与摩擦驱动轮外缘的包胶紧贴而产生摩擦力。也有的驱动装置以压紧传动带来压紧扶手带。由于传动带压紧系统的安装定位要求较高，不容易测量，所以容易造成安装不到位产生对扶手带的压紧力不足现象，使得传递的驱动力不足，并容易产生滑动摩擦。但是，由于传动带式的压紧方式与扶手带的接触面积比滚轮式的大，在传递同等驱动力的情况下，传动带式的传动方式更有利于扶手带长期使用。

（3）导向排轮　在摩擦驱动轮的两侧设有导向排轮，具有扶手带导向作用和张紧作用。通过调整导向排轮，可以调整扶手带和摩擦轮接触包角的大小及扶手带在长度上的张紧作用。

2. 特点

摩擦轮驱动结构简单、容易调整，能产生较大的摩擦驱动力，被广泛用于普通自动扶梯。但这种结构需要扶手带作较大的弯曲，尤其是当摩擦驱动轮直径尺寸较小时，扶手带在驱动轮处弯曲较大，会使扶手带驳接口容易开裂或唇口变软变形而影响扶手带的使用寿命，因此采用这种装置时对扶手带抗弯曲性能有较高的要求，一般不宜采用钢带结构的扶手带。

采用这种结构的驱动时，扶手带在工作中正、反弯曲的次数多，使得扶手带在运动中摩擦阻力增大，导致驱动系统的能耗相对较大。在运行中需要重视对扶手带预紧力的合理调整，过度张紧时，容易造成扶手带发热而缩短扶手带的使用寿命。

3. 系统运动阻力分析计算与驱动功率计算

多数情况下，通过对自动扶梯扶手带的运动阻力分析计算出驱动功率，各厂家都有自己的经验公式，以下介绍的是一种采用逐点法并应用柔韧体摩擦力欧拉公式进行分析与计算的方法。

首先通过计算扶手带运动系统中存在的总阻力，然后得出克服这些阻力而需要的最大扶手带驱动功率。明确了驱动功率的要求，就可以指导摩擦驱动轮等零件的具体设计，也为自动扶梯驱动主机功率的设计提供数据。

（1）阻力分析　扶手运动系统所需克服的总阻力，可以采用逐点法进行分析。图4-2-2是扶手带摩擦轮驱动结构的扶手带运动系统阻力示意图，以自动扶梯在向上运行状态下的情况为例进行分析。

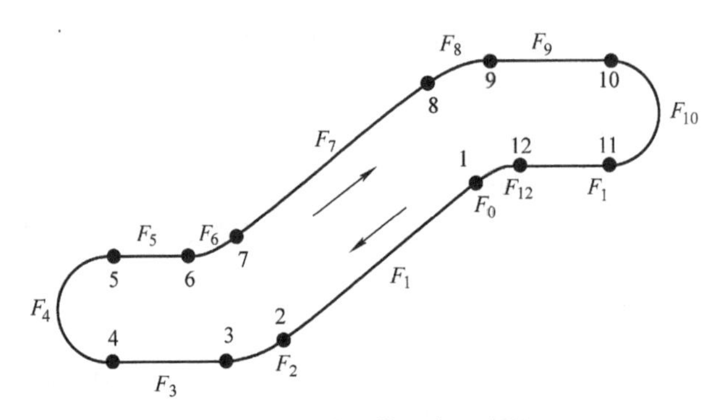

图 4-2-2　扶手带阻力示意图

1）设定驱动点在图 4-2-2 所示的点 1 位置，扶手带设置的预紧力 P_o是在点 1 左侧。

2）F_{12}是点 1 和点 12 之间的摩擦阻力，由于 F_{12}是扶手带驱动系统中的阻力最大值，也就是要求摩擦轮产生的扶手带驱动力。

3）在图 4-2-2 中，扶手带共需要通过 6 个弯曲段，点 10 到点 11 是上部转弯端，点 4 到点 5 是下部转弯端，扶手带这两个端部弧段的接触包角皆为 α_n。

4）点 6 到点 7 是下部弯曲段，点 8 到点 9 是上部弯曲段；点 1 到点 12 是扶手带在大摩擦轮外的过渡弯曲段，点 2 到点 3 是扶手带在下部张紧装置上的弯曲段。扶手带这四部分弧段的接触包角皆设定与自动扶梯的倾角相同，为 α。

（2）阻力计算和驱动功率计算　以上所述这些弯曲段的阻力，可以通过应用柔韧体摩擦力欧拉公式进行计算；其他的直线段的摩擦阻力，可根据正压力和摩擦因数进行计算，将其综合，可以对图 4-2-2 所示 12 个位置点的摩擦阻力得出如下的计算式

$$F_1 = P_o + \frac{H}{\sin\alpha} M_{hr} \mu_2 \cdot \cos\alpha - M_{hr} H$$

$$F_2 = F_1 e^{\mu_2 \alpha}$$

$$F_3 = F_2 + \left(\frac{k_h}{4} - d_h \frac{\pi}{4}\right) M_{hr} \mu_2$$

$$F_4 = F_3 e^{\mu_n \alpha_n}$$

$$F_5 = F_4 + \left(\frac{k_h}{4} - d_h \frac{\pi}{4}\right)(P_{MP} M_p + M_{hr}) \mu_2$$

$$F_6 = F_5 e^{\mu_2 \alpha}$$

$$F_7 = F_6 + (P_{MP} M_p + M_{hr}) \left(H \frac{\cos\alpha}{\sin\alpha} \mu_2\right) + H(P_{MP} M_p + M_{hr})$$

$$F_8 = F_7 e^{\mu_2 \alpha}$$

$$F_9 = F_8 + \left(\frac{k_h}{4} - d_h \frac{\pi}{4}\right)(P_{MP} M_p + M_{hr}) \mu_2$$

$$F_{10} = F_9 e^{\mu_n \alpha_n}$$

$$F_{11}=F_{10}+\left(\frac{k_{\mathrm{h}}}{4}-d_{\mathrm{h}}\frac{\pi}{4}\right)M_{\mathrm{hr}}\mu_2$$

$$F_{12}=F_{11}\mathrm{e}^{\mu_2\alpha}$$

式中　P_o——扶手带预紧力，单位为 N；

H——扶梯提升高度，单位为 m；

α——扶梯倾斜角，单位为（°）；

M_{hr}——每米扶手带质量，单位为 kg/m；

μ_2——扶手带与导轨之间的滑动摩擦因数；

μ_n——扶手带与端部滚子导轮之间的滚动摩擦因数；

d_h——扶手带在上下端的转弯直径，单位为 m；

α_n——扶手带在上下端的包角，单位为（°）；

M_p——扶手带上乘客载荷，kg/m；

P_{MP}——乘客载荷比例，满载时取 100%。

从以上的计算式中可知，扶手带在各位置的摩擦阻力与弯曲半径的大小、包角、摩擦因数、预紧力等参数有关，同时还与扶梯的提升高度有关。通过上述方法的计算，可最终得出扶手带驱动点上的力 F_{hr}，从而得出所需要的驱动力为

$$F_{hr}=2F_{12}\text{（双侧扶手带）}$$

则系统需提供的驱动功率为

$$P_{hr}=F_{hr}V$$

式中　P_{hr}——系统需提供的驱动功率，单位为 W；

V——扶手带速度，单位为 m/s。

二、直线压滚式扶手带驱动装置

直线压滚式驱动又称为压滚轮驱动，与摩擦轮驱动的基本原理一样，都是采用摩擦原理实现扶手带的驱动。两者的区别在于直线压滚式扶手带驱动系统采用的是若干个较小直径的驱动轮（通常为 ϕ130 ~ ϕ180mm），由扶手带紧靠在驱动轮上产生正压力进而转化成摩擦力来驱动扶手带，而两者之间的正压力来自于驱动装置的压轮（从动轮）与驱动滚轮之间的相互挤压（扶手带位于两者之间），因此驱动力的大小只与正压力以及驱动滚轮和扶手带之间的摩擦因数有关，而与扶手带的预紧力（初拉力）无关。由于该驱动系统各驱动滚轮排列成直线状态，因此称之为直线压滚式扶手带驱动装置，简称直线驱动装置。

1. 类型和基本结构

根据正压力产生的来源，直线压滚式驱动装置可分为链条张紧式扶手带驱动装置和弹簧张紧式扶手带驱动装置。

（1）链条张紧式扶手带驱动装置　图 4-2-3 是链条张紧式扶手带驱动装置的安装位

置示意图。这种装置一般安装在扶梯上部接近弯曲段处，分左右各一套。当提升高度大时，可以安装两套或多套，以提高对扶手带的驱动力。

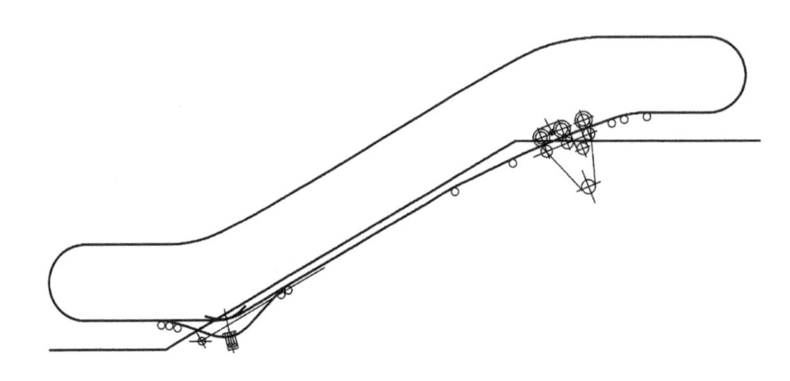

图 4-2-3　链条张紧式扶手带驱动装置的安装位置示意图

图 4-2-4 是链条张紧式扶手带驱动装置的结构示意图。它主要由扶手带上、下两侧的两组压滚组成，上压滚组（也叫驱动滚轮）从扶手带驱动链获得动力，而下压滚组（也叫从动滚轮）压紧扶手带，使得扶手带与驱动滚轮之间获得足够的正压力，驱动滚轮的转动使扶手带产生直线运动。

链条张紧式扶手带驱动装置的技术特点是，扶手带的正压力来源于扶手带驱动链条。在具体结构上，驱动滚轮在垂直方向可以滑动，从动滚轮是固定的，当运行时驱动滚轮在驱动扶手带的同时能向下压紧扶手带，使与扶手带之间产生足够的摩擦力。但驱动滚轮不仅承受切向力，而且承受正压力，因此增大了对驱动力的要求，但由于扶手带的正压力来自链条的驱动力，因此在使用时不用对正压力进行调整。

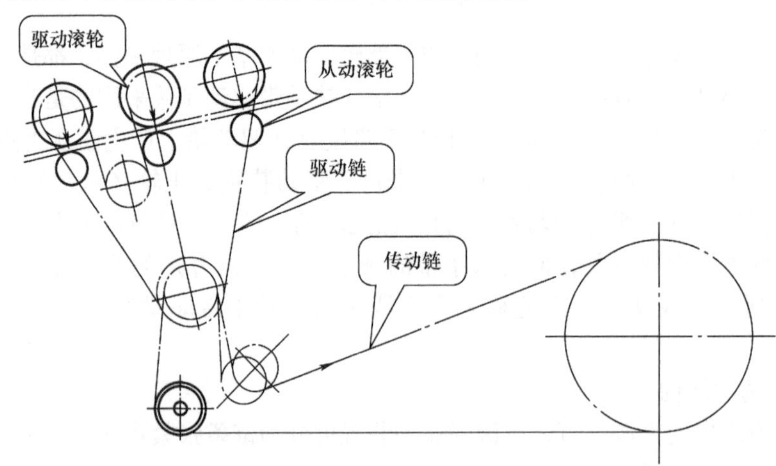

图 4-2-4　链条张紧式扶手带驱动装置的结构示意图

（2）弹簧张紧式扶手带驱动装置　弹簧张紧式驱动装置的安装位置与链条张紧式相同，且可以视需要增加装置的套数。

图 4-2-5 是弹簧张紧式扶手带驱动装置示意图。它与链条张紧式扶手带驱动装置不同的地方是，其上部的驱动滚轮是固定的，下部的从动滚轮在垂直方向是可以滑动的，从动滚轮对扶手带的压紧力来自安装在其上部的压缩弹簧，通过调整弹簧的被压缩量调节压紧力。驱动滚轮仍然是由扶手带驱动链条加以驱动，但链条不对驱动滚轮产生正压力，因此驱动滚轮在工作中只受切向力，所需要的驱动力要小于链条张紧式扶手带驱动装置。在使用中要根据需要调节弹簧的压缩量，防止扶手带打滑。

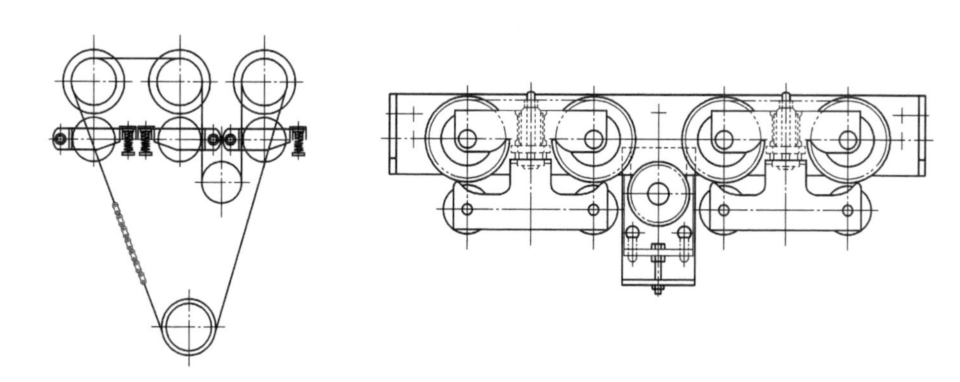

图 4-2-5　弹簧张紧式扶手带驱动装置示意图

2. 特点

采用直线压滚式扶手带驱动装置时，由于扶手带在驱动时不需要预张紧，仅需要保证扶手带不要过松而从扶手带导轨中脱离，所以扶手带受到的预紧力较小，整个扶手带的运行轨迹顺畅，有效减少了扶手带绕曲阻力。整个扶手带的传动回路中，不需要对扶手带作大的反弯和张紧、有利于提高扶手带的工作寿命。同时，这种装置使扶手带的运行阻力明显减少，减少了动力损耗。这种装置的另一个优点是可以实现模块化驱动设计。对提升高度大的自动扶梯或长距离的自动人行道，可同时采用多套驱动单元进行多级驱动以满足扶手带大驱动力的要求。直线压滚式扶手带驱动装置能适应各种类型的自动扶梯，在普通扶梯、公交型扶梯和重载型扶梯上都有使用。

但由于这种驱动装置中的驱动滚轮、扶手带在工作中同时受正压力及切向力，因此对扶手带抗压及层间剥离性能要求较高。同时，由于扶手带的驱动滚轮数量需求多，当扶手带厚度不均、滚轮及扶手带磨损不一致和扶手带内、外表面有异物时，会引起各驱动滚轮的切向速度不均匀及局部正压力异常，导致扶手带温度异常升高的不良现象，以及扶手带表面的磨损。

在扶梯停止运转时，小直径的压轮长时间以较大的压力作用在扶手带的某个位置上，扶手带表面因长时间受挤压，容易因材料不能回弹而产生表面压痕印。一种减缓的措施是在上、下两组压滚组中间加入摩擦驱动带（图 4-2-6），使位于上部的压滚组不直接压在扶手带内滑动层，可以减缓扶手带上的压痕。

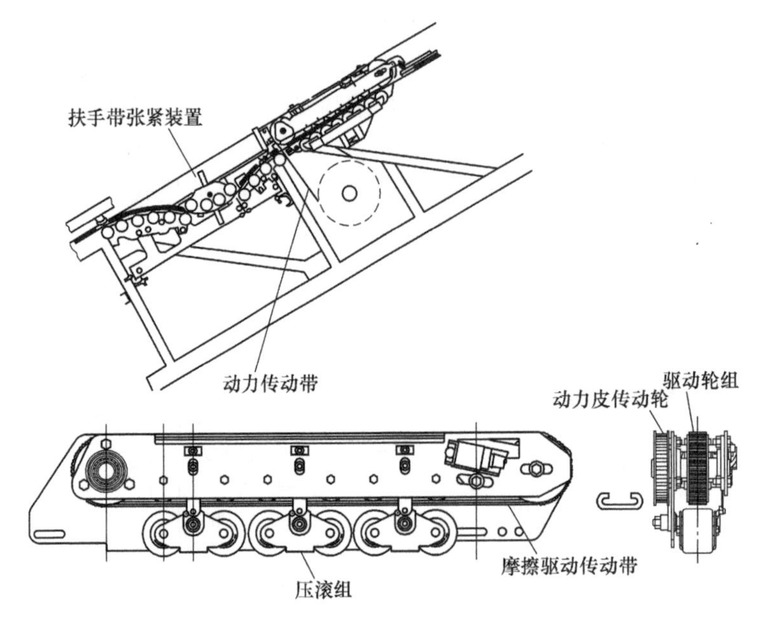

图 4-2-6　带有摩擦驱动带的扶手带直线驱动装置

3. 驱动力分析计算

下面对弹簧压紧式扶手带驱动装置所能产生的最大驱动力 $F2_{HLD}$ 的分析与计算作简要介绍。

如图 4-2-7 所示，此弹簧压紧式扶手带驱动装置在中部设有一条压紧弹簧，用以提供压紧力，它配置有 6 个压紧滚轮。

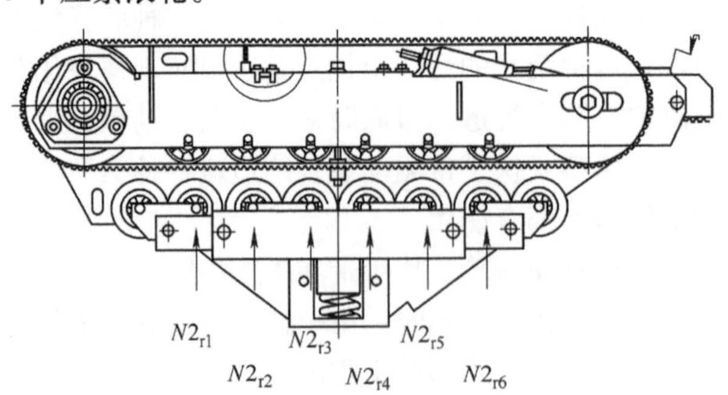

图 4-2-7　弹簧压紧式扶手带驱动装置受力分析

（1）每个压紧滚轮上对扶手带的平均正压力

$$N_{Nom2} = F_{SPR}/N_{roller} \tag{4-2-1}$$

式中　N_{Nom2}——压紧滚轮平均正压力，单位为 N；

F_{SPR}——弹簧总压力，单位为 N；

N_{roller}——实际压紧滚轮数量。

（2）最大驱动力（对单侧扶手带）$F2_{HLD}$

$$F2_{HLD} = N_{roller}\mu_{p2}N_{Nom2} \tag{4-2-2}$$

式中　$F2_{HLD}$——最大驱动力，单位为 N；

N_{roller}——实际压紧滚轮数量；

μ_{p2}——摩擦驱动轮与扶手带滑动层的摩擦因数。

三、端部轮驱动式扶手带驱动装置

端部轮驱动式扶手带驱动装置是采用安装在自动扶梯上端部的带 V 形槽的驱动轮，配用 V 形扶手带（或称三角带扶手带），类似于三角带的传动方式。

1. 结构

端部轮驱动式扶手带驱动装置如图 4-2-8 所示，由端部驱动轮、张紧弓轮、扶手带、扶手带驱动链张紧轮、扶手带驱动轮等组成。驱动轮安装在扶梯的上端部，配用 V 形扶手带。端部驱动轮带有 V 形槽，扶手带上的三角带楔入 V 形槽而产生摩擦驱动力。张紧弓轮组是扶手带张紧和导向部件。端部驱动轮由扶手带驱动链驱动，驱动动力来自主驱动轴。扶手带驱动链的张紧可通过调整两个张紧链轮实现。

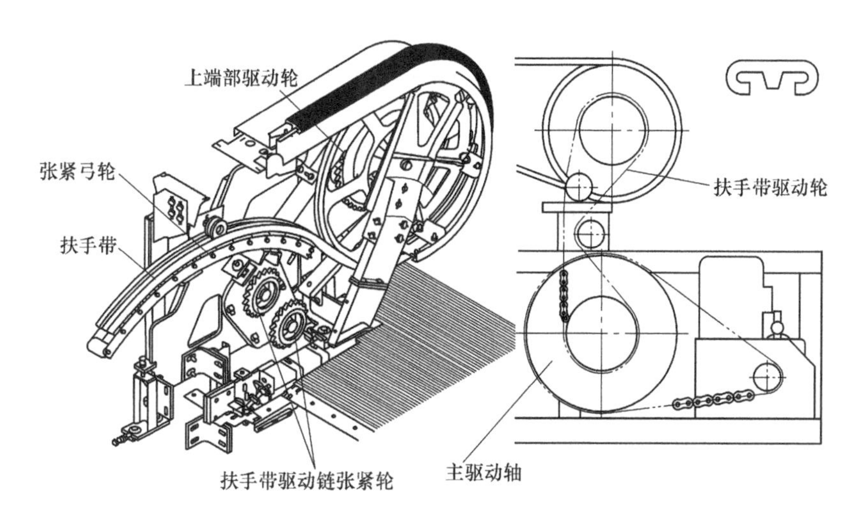

图 4-2-8　端部轮驱动式扶手带驱动装置

2. 特点

端部轮驱动式结构能产生很大的扶手带摩擦驱动力，扶手带工作时在驱动轮梯形槽的导向作用下不会产生横向的左右偏移运动，运行性能平稳。扶手带在全程中反向弯曲小，有利于提高工作寿命。从图 4-2-8 可见，整个端部轮驱动式扶手带驱动装置，基本上都是安装在扶梯端部地台板的上部，只要打开端部护栏的内侧板，就能方便地通过调整张紧弓轮去张紧扶手带，同时也可以方便地调整扶手带驱动链的张紧情况。由于其驱动力大、运行平稳和维护调速方便，端部轮式驱动结构多应用于公交场站的自动扶梯。

有一点需要注意的是，在采用端部轮式驱动结构时，对于下行的自动扶梯，需要特别注意扶手带的张紧情况，使它总是处于正常张紧状态。若扶手带张紧太松，扶手带与驱动轮之间压力减少，会导致摩擦驱动力不足而产生相对梯级速度偏慢的不同步状况。特别是室外梯在雨天时，该结构的扶手带容易出现打滑的现象。

3. V 形扶手带端部轮驱动式装置驱动力分析计算

V 形扶手带端部轮驱动式装置的受力分析如图 4-2-9 所示。端部轮驱动结构可以产生的最大摩擦驱动力主要与四个因素有关：扶手带的预紧力 F_{S3}、摩擦轮 V 形槽夹角 $\phi_3$mm、扶手带与摩擦轮接触包角 θ_3 以及槽轮与扶手带滑动层间的摩擦因数 m_{p3}。

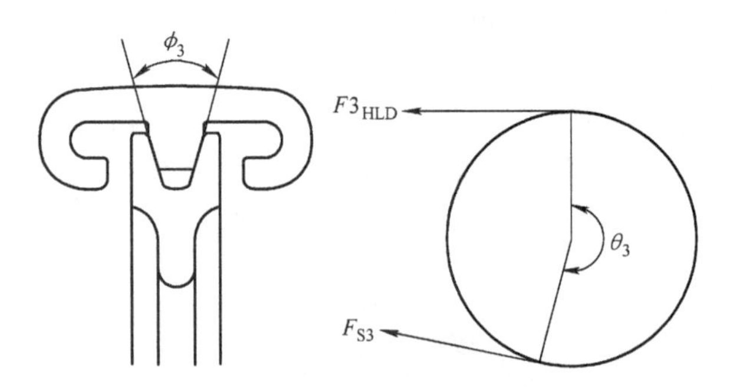

图 4-2-9 V 形扶手带端部轮驱动式装置的受力分析

V 形扶手带端部轮驱动式装置的最大驱动力（对单侧扶手带）$F3_{HLD}$为

$$F3_{HLD}=F_{S3}e^{\frac{m_{p3}\theta_3}{\sin\left(\frac{\phi_3}{2}\right)}} \tag{4-2-3}$$

式中 F_{S3}——扶手带松弛端的预紧力，单位为 N

ϕ_3——V 形槽夹角，单位为（°）；

θ_3——扶手带与摩擦轮接触包角，单位为弧度；

m_{p3}——槽轮与扶手带滑动层间的摩擦因数；

e——数学常数（自然对数的底，取 2.718）。

第三节 扶手带导向系统

扶手带的导向系统由扶手导轨及导向组件构成，可按位置区分为乘客段、返回段和端部转向段三大部分。端部转向段包括端部转向导轨或导轮。图 4-3-1a 是端部采用导轮的扶手带导向系统的结构，图 4-3-1b 是端部采用滚轮式转向导轨的扶手带导向系统的结构。

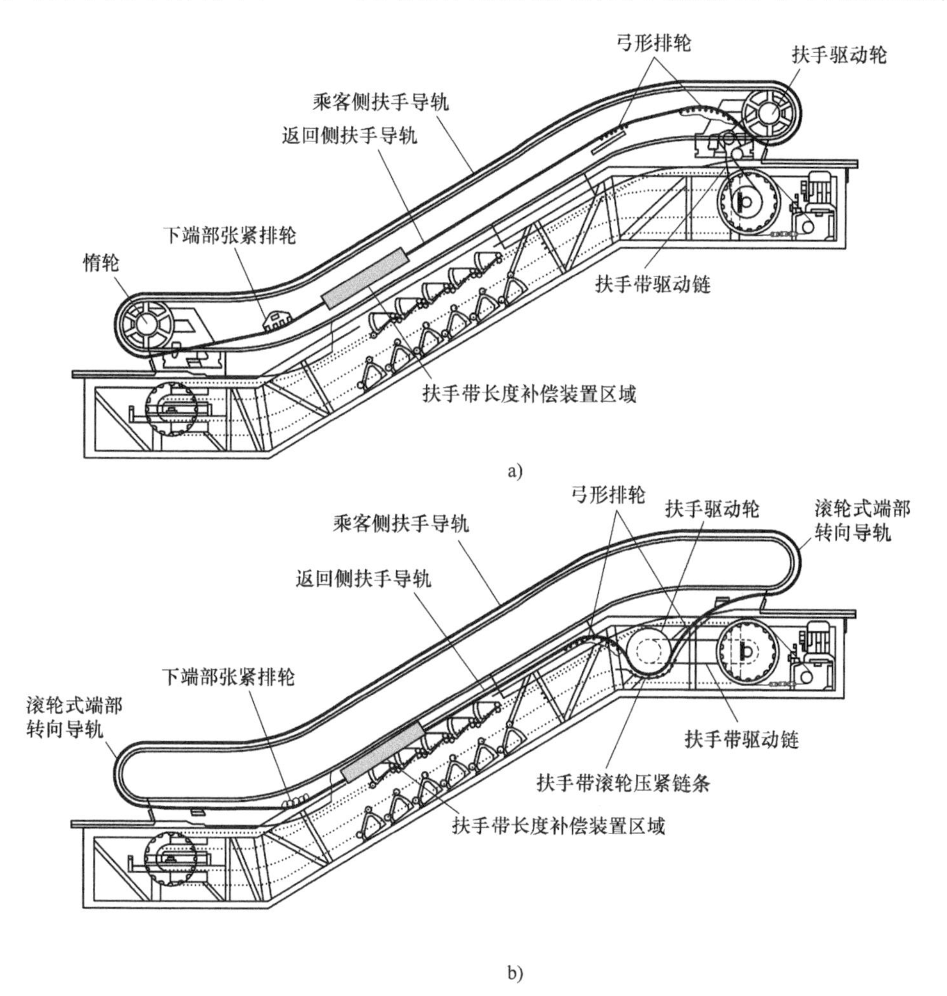

图 4-3-1　扶手带导向系统

一、乘客段扶手带导轨

乘客段扶手带导轨要求连续不间断地对扶手带起导向作用，且能承受来自乘客作用在扶手带上的载荷。

扶手带的设计通常会考虑如何令乘客方便地握紧扶手，因此在设计上其接触面常为平面，宽度需控制在 70～100mm，多数厂家的扶手带宽度约为 80mm。为避免乘客的手指在紧握扶手时可能夹在扶手带开口与扶手导轨或支架间的间隙中造成意外损伤，要求两相对运动的部件间的设计间隙不大于 8mm，而且要求扶手带的唇口要有一定的强度，在长期

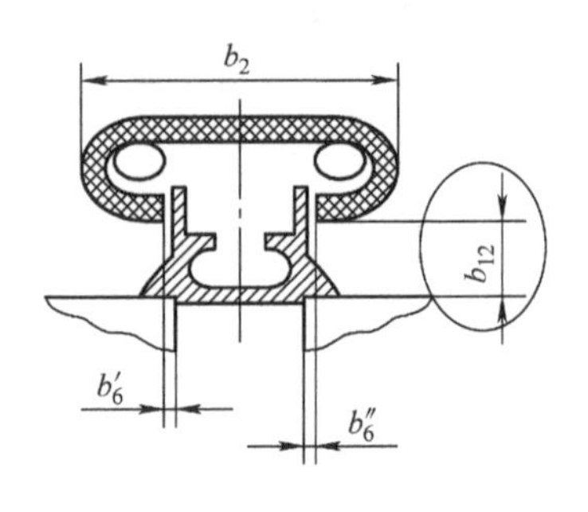

图 4-3-2 扶手带与导轨间隙

运行后不发生变形或变形量较小，以保证扶手带在使用周期内该间隙均小于 8mm（图4-3-2）。

扶手带导轨在乘客段一般都由金属型材制造，分为不锈钢型材、碳钢型材和铝合金型材几种。

1. 不锈钢型材导轨

不锈钢型材导轨的结构与形状如图 4-3-3a 所示。不锈钢型材导轨可用于室外梯和室内梯，具有良好的耐磨性。

2. 碳钢型材导轨

碳钢型材导轨的结构与形状如图 4-3-3a 所示。碳钢型材通常仅用于室内梯，一般表面作电镀锌处理。

3. 铝合金型材导轨

铝合金型材导轨的结构与形状如图 4-3-3b 所示。铝合金型材的导轨除了用于室内梯外，在进行阳极处理后，同样可用于室外梯中。因铝合金型材的耐磨性较差，为避免过快被扶手带磨损，需要在铝合金型材上套上聚甲醛 POM 耐磨衬片以减少与扶手带间的磨损。

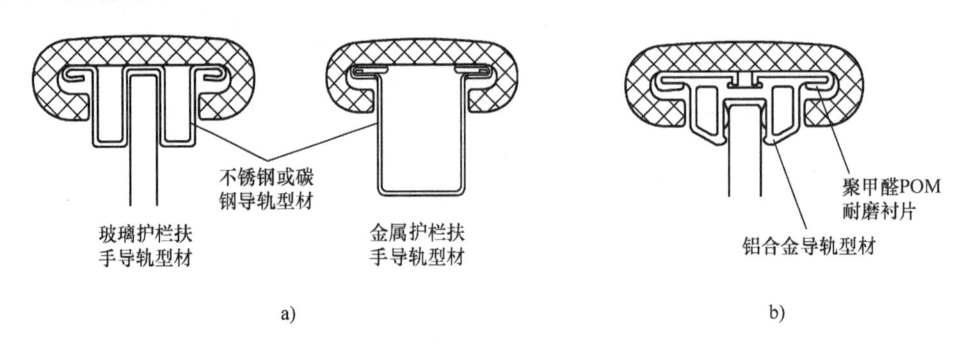

图 4-3-3 扶手带导轨的型材

a）不锈钢及碳钢型材 b）铝合金型材

二、返回段扶手带导轨

返回段的扶手带导轨由于不需要承受乘客的负载，其主要作用是导向和调节扶手带的松紧，同时一般还配备有去静电装置。

1. 导向方式

常用的导向方式有导轨型材导向、导块导向和导向滚轮导向等。

（1）导轨型材导向 如图 4-3-4 所示，在扶手带的返回段除安装调节扶手带松紧的导向排轮之外的直线部位，还安装如图 4-3-4 所示的型材，对扶手带实行连续性导向。

（2）导块导向　如图 4-3-5 所示，间断性安装导向块，对扶手带实行非连续性导向。

（3）导向滚轮导向　如图 4-3-6 所示，在返回段全程间断性安装滚轮，对扶手带实行导向。

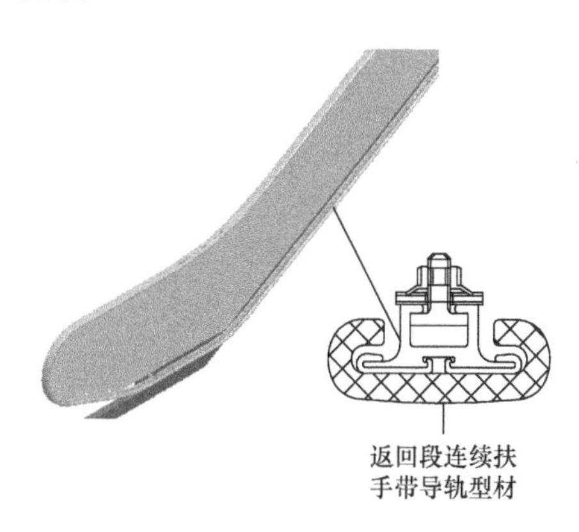

图 4-3-4　返回侧型材式扶手导轨

图 4-3-5　返回侧导块式扶手导轨

2. 扶手带松紧的调节

扶手带的长度在扶梯使用的过程中会发生变化，因而使扶手带的张紧度发生变化。扶手带过松时会出现打滑、速度变慢，甚至导致扶手带脱离导轨；过紧时扶手带则会发热，加速疲劳。因此在使用中必须对扶手带的松紧进行调节。

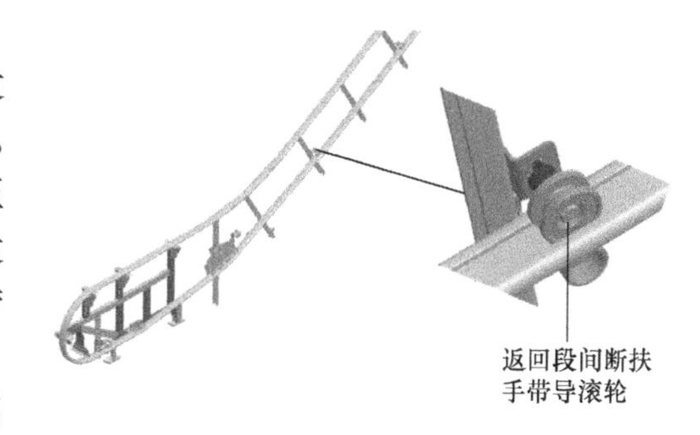

图 4-3-6　返回侧导向轮滚式扶手导轨

不论采用哪种驱动方式，在扶手带返回段都安装有弓形导向排轮，其安装位置如图 4-3-7所示。弓形导向排轮由一组滚轮组成，如图 4-3-8 所示，滚轮多用工程塑料制造，分布在摩擦驱动轮左右两边。导向排轮的角度是可调的，调整其角度，就可以抵消或补偿扶手带的伸长或缩短，使扶手带处于一种最佳的松紧运行状态。

对于大提升高度的扶梯，由于扶手带总长度较长，随环境温度和材料老化的影响，长度伸缩量较大，所以可增加弓形导向排轮的套数，对扶手带长度进行补偿调节。如图 4-3-7所示，在调节弓形导向排轮 3 不足以补偿长度时，可首先调节上部弓形导向排轮 4 对扶手带进行张紧，若仍然不能满足驱动力的要求，可以调节靠近下端部的弓形导向排轮 5 对扶手带长度作进一步的补偿。

3. 防静电滚轮

扶手带的运动是通过驱动轮的摩擦力来实现的，在运动过程中，扶手带与非金属的导

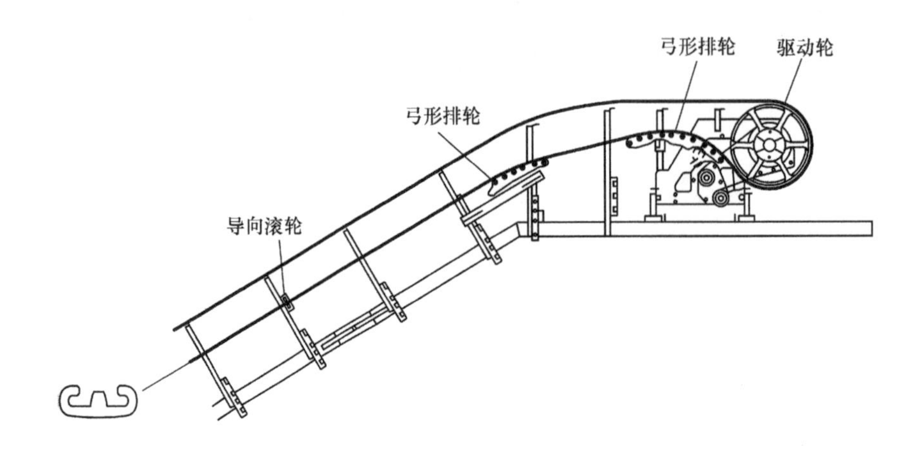

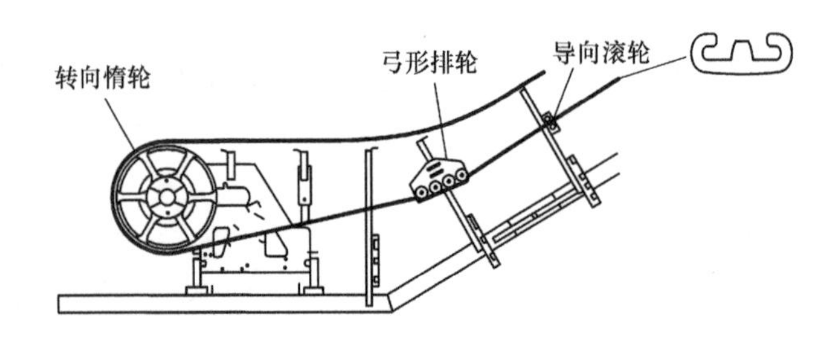

图 4-3-7 扶手带长度补偿装置

向滚轮、导轨等零件的摩擦接触，会产生静电积聚在扶手带的表面上，当人的手扶上去时就会有触电的感觉。为去除扶手带上的静电，可将导向排轮上的一个滚轮设计为金属滚轮，达到接地去静电的目的。图 4-3-8 中的导向排轮中有一个防静电金属导向轮，一般采用导电性能好的铜制成。

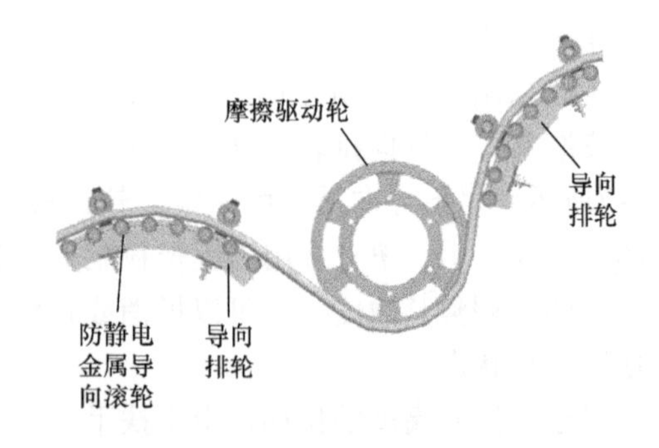

图 4-3-8 导向排轮与防静电滚轮

三、端部转向段扶手带

由于整条扶手带需要张紧，所以上、下两端部的导轨需要承受较大的正压力，会导致扶手带与端部导轨间产生较大的摩擦。摩擦阻力会令扶手带发热升温，温升过高会损坏扶手带的性能并会缩短扶手带的使用寿命。因此对端部转向段需要采取措施，减少扶手带在端部转向时的摩擦阻力，对扶手驱动系统的正常运行有十分重要的意义。

减少扶手带在通过端部时的摩擦阻力，主要途径是采用滚轮结构，将扶手带与导轨型材的滑动摩擦改为滚动摩擦，或者采用导轮使扶手带下导向件之间不发生摩擦。

1. 滚轮结构扶手带端部导向

图 4-3-9 是滚轮结构扶手带端部导向的一个典型设计。在转向段的导轨中镶入滚轮以减少摩擦阻力，当扶手带通过时，滚轮的转动消除了扶手带与导轨之间的滑动摩擦，使阻力大为下降。这种结构广泛用于玻璃护栏结构的普通自动扶梯，如图 4-3-1b 所示。

2. 导轮结构扶手带端部导向

图 4-3-10 是导轮结构扶手带端部导向的一个典型设计。随着扶手带的通过而以相同的线速度转动，使扶手带与端部导向之间不产生摩擦，从而大幅降低扶手带的阻力。由于导轮本身没有动力，所以这种结构又被称为惰轮结构，一般用在金属护栏的扶梯中。

当扶梯的扶手带驱动装置是摩擦轮式或直线压滚式驱动时，需在扶梯的上、下端部同时安装导轮结构扶手带端部导向（图 4-3-1）。当扶梯的扶手带采用端部轮式驱动时，上部的导轮同时也就是扶手带的驱动轮（图 4-3-1）。这种结构相对滚轮结构要复杂，但导向效果优于滚轮结构，主要被应用于公交型扶梯或重载型扶梯上。

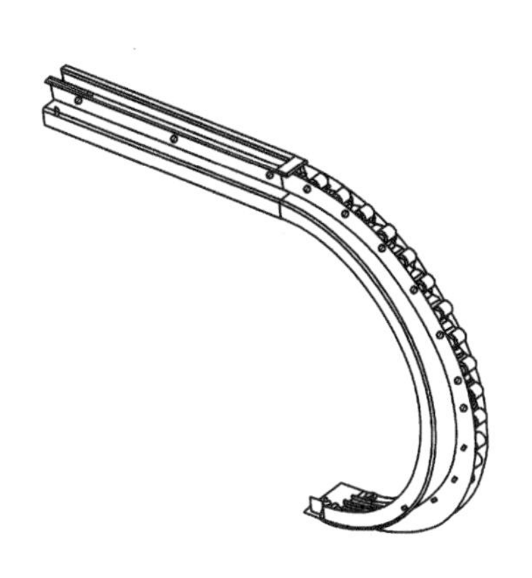

图 4-3-9　玻璃护栏端部转向段

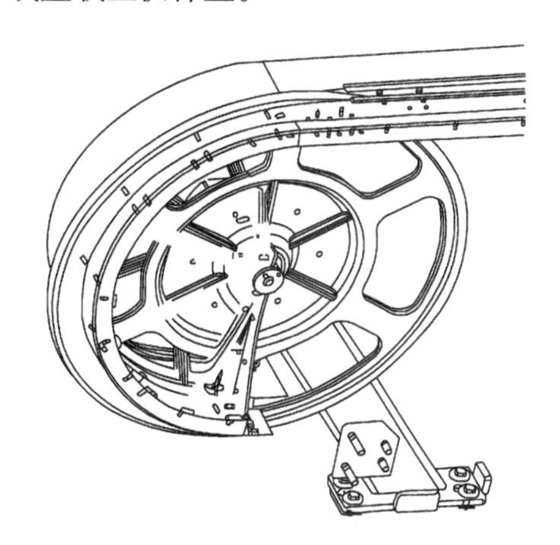

图 4-3-10　金属护栏端部转向段

第五章　导轨系统

自动扶梯的导轨系统用于支撑由梯级主轮和副轮传递来的载荷，保证梯级按照一定的规律运动并防止梯级跑偏。其主要表现在：工作导轨支撑梯级自重及乘客载荷，引导梯级在乘客入口处作水平运动，以后逐渐形成阶梯，在接近出口处阶梯逐渐消失，梯级再度作水平运动；返回导轨支撑梯级的自重并引导梯级顺利返回至工作区域。因此，导轨系统设计得是否合理，其制造及装配质量的好坏直接影响扶梯的安全性和舒适度，是自动扶梯最关键的技术之一。

图 5-0-1 是自动扶梯导轨系统示意图。导轨按其功能可分为以下几部分：主轮工作导轨、主轮返回导轨、副轮工作导轨、副轮返回导轨、卸载导轨、上下端部转向导轨和压轨等。

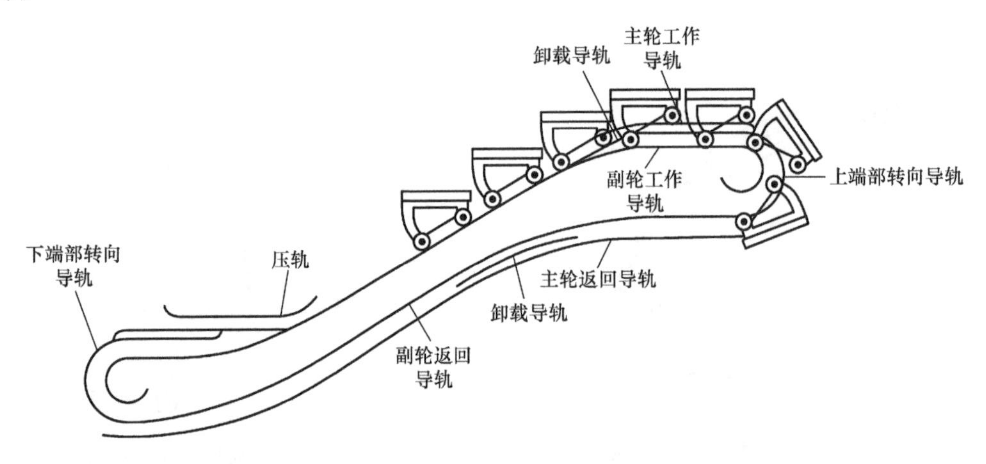

图 5-0-1　自动扶梯导轨系统示意图

图 5-0-2 是倾斜部导轨截面结构示意图。从图中可以看出，所有的导轨都是支承在导轨支架上的。导轨支架则是固定在自动扶梯的桁架上，以承受梯级施加在导轨上的压力。从此图中还可以看出各种导轨在桁架内的空间位置。

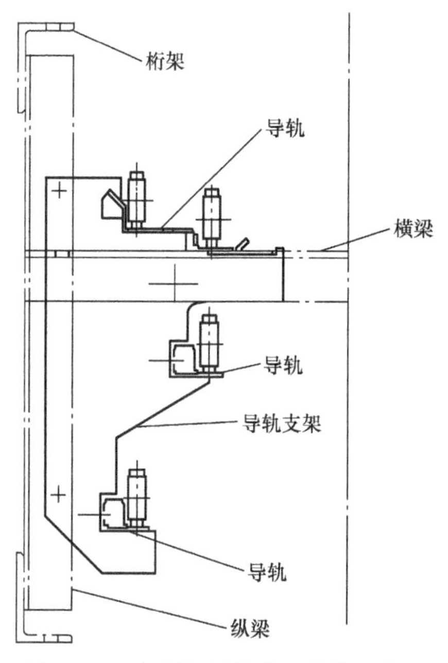

图 5-0-2　倾斜部导轨截面结构示意图

第一节　自动扶梯的梯路

自动扶梯导轨系统主、副轮导轨的轨迹称为梯路，是一个由前进侧导轨（工作导轨）和返回侧导轨组成的供梯级运行的封闭循环导向系统。前进侧导轨用于运输乘客，是工作导轨；返回侧导轨是非工作导轨，如图 5-1-1 所示。

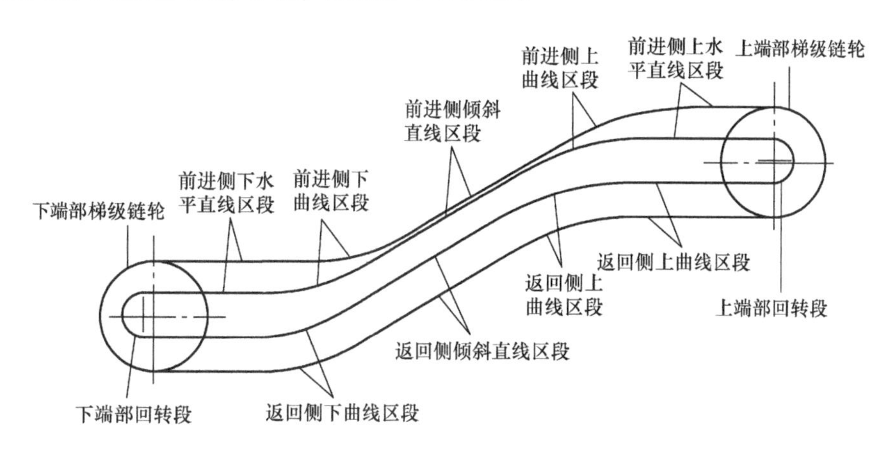

图 5-1-1　自动扶梯区段划分图

一、工作导轨的设计

1. 工作导轨的设计要求

为了使乘客能安全乘梯，自动扶梯的工作导轨必须保证梯级具有以下特征。

1）梯级踏板在工作分支各个区段应严格保持水平，且不绕自身轴转动。

2）梯级在倾斜区段内各梯级应形成阶梯状。

3）在扶梯上下曲线段，各梯级应有从水平到阶梯状态的逐步过渡过程。

4）相邻两梯级间的间隙，在梯级运行过程中应保持恒值，它是保证乘客安全的必备条件。

5）梯级在前进中必须防止跑偏。

2. 工作导轨各参数的确定

（1）上下水平段工作导轨的长度确定　上下水平段工作导轨主要作用是引导梯级在出入口水平运动，使乘客能安全地进出扶梯。其长度的设定，与水平移动的梯级数量有关。水平移动的梯级数量多，乘客就容易登上梯级，搭乘的安全性就好；但水平移动的梯级多会增加扶梯的长度，同时扶梯的造价也会相对较高。对水平梯级的数量，在客户没有特别要求的情况下，一般都以符合 GB 16899—2011 中的规定为准。

下面以倾斜角为 30°、2 个水平梯级的上水平段工作导轨为例，介绍一下如何确定上水平段工作导轨的最小长度 L_{min}，如图 5-1-2 所示。

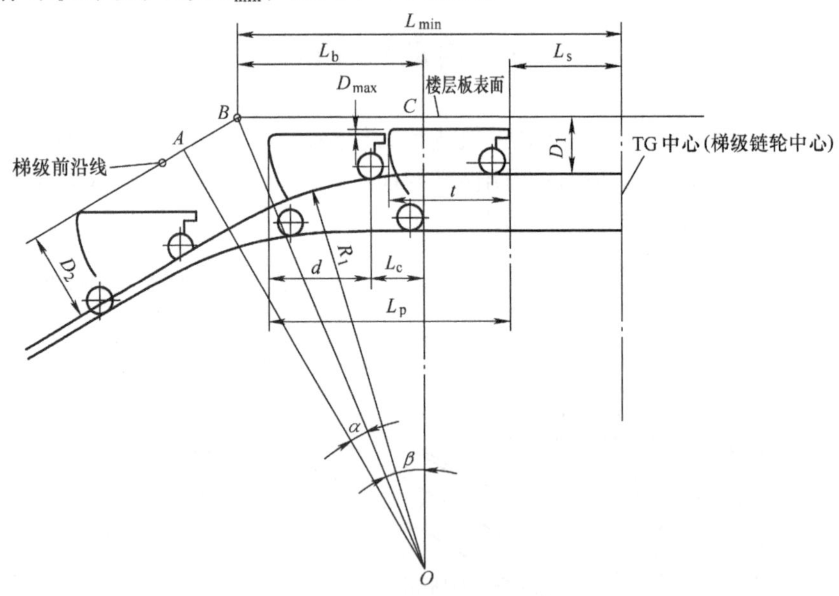

图 5-1-2　上水平段工作导轨示意图

图 5-1-2 中，D_1 为上水平主轮导轨到楼层板表面的距离；D_2 为中间倾斜主轮导轨到梯级前沿线的距离；t 为梯级深度；R_1 为上曲线工作导轨半径；L_p 为水平移动段长度；L_s

为梳齿板距 TG 中心（梯级链轮中心）的距离，与梳齿板的结构设计及梯级翻转的结构设计有关；D_{max}为水平移动段两个相邻梯级之间的最大水平高度差；B 为梯级前沿线与楼层板面的交点；L_{min}为满足安全规范要求时，B 点至梯级中心的最小距离。

D_1、D_2、t、L_s、D_{max}均为已知参数，计算上水平段工作导轨长度 L_{min}的值的过程如下：

根据上 R 部（倾斜段与上水平段的圆弧过渡部分）圆弧圆心与切点的半径分别延长至楼面板与梯级前沿线，则

$$\overline{OB}=\overline{OA}/\cos\alpha=\overline{OC}/\cos\beta$$

$$\overline{OA}=R_1+D_2,\ \overline{OC}=R_1+D_1$$

$$\alpha+\beta=30^\circ$$

计算得
$$\tan\beta=\frac{2(R_1+D_2)}{R_1+D_1}-\sqrt{3}$$

按 GB 16899—2011 要求，水平运动部分相邻梯级之间的水平高度差最大允许为 $D_{max}=4\text{mm}$，则该部分水平距离为

$$L_{cmax}=\sqrt{R_1^2-(R_1-4)^2}$$

$$L_{bmin}=\overline{OC}\tan\beta=\sqrt{R_1^2-(R_1-4)^2}\times\left(\frac{2(R_1+D_2)}{R_1+D_1}-\sqrt{3}\right)$$

2 个水平梯级时
$$L_p=2t$$

由上述公式可以算出 B 点到 TG 中心（梯级链轮中心）的距离为

$$L_{min}=L_b-L_c-d+L_p+L_s$$

式中　L_b、L_c、d 见图 5-1-2 上的标示。

3 水平级时，只是 L_P 的尺寸需变换（$L_p=3t$），可以据此推算出上水平部的尺寸 L_{min}。

而当导轨曲率半径变化时，则会引起 α、β 角度的变化，导致 L_b 尺寸变化。所以导轨半径越小，L_{min}值也越小。

使用同样的方法可以确定下水平部工作导轨的长度，这里不作详细计算。

（2）上下曲线段工作导轨的半径确定　梯级具有两只主轮和两只副轮，要使梯级达到前面所述的梯级运动要求，主、副轮必须有各自的梯路导轨才行。根据上述计算可知，上、下曲线段工作导轨的曲率半径越小，扶梯的长度越短，其造价也越低。但采用大的曲率半径有利于梯级在作过渡运动时的平稳性，从而提高搭乘的安全性。因此曲率半径首先符合 GB 16899—2011 的规定。

在条件允许的情况下，为节省自动扶梯所占空间，制造厂一般取满足 GB 16899—2011 的曲率最小值作为上下工作导轨曲率半径。

（3）主、副轮工作导轨位置的确定　要满足梯级在工作导轨各区域段上运行时踏面始终保持水平，需要处理主、副轮工作导轨面的距离与梯级的结构尺寸之间的关系。

1）水平段主、副轮工作导轨位置的确定。如图 5-1-3 所示，当主、副轮的滚轮半径相同时，上下水平段主、副轮工作导轨面的距离等于梯级主、副轮中心在垂直方向上的投影长度 a；当主、副轮的滚轮半径不相同时，上下水平段主、副轮工作导轨面的距离等于梯级主、副轮中心在垂直方向上的投影长度 a 减去主轮导轨与副轮导轨的半径差。

图 5-1-3 中，a 为梯级主、副轮中心在垂直方向上的投影；b 为梯级主、副轮中心在水平方向上的投影；c 为梯级踏面到梯级主轮中心的垂直距离；d 为梯级前沿线到梯级主轮中心的水平距离。r 为主、副轮的半径，这里假设主、副轮半径相同。

因同一个自动扶梯生产厂的梯级尺寸是固定的，因此 a、b、c、d、r 值也是固定值。

2）倾斜直线区段主、副轮工作导轨位置的确定。根据梯级结构尺寸即可确定倾斜直线区段主、副轮工作导轨的轨迹，如图 5-1-4 所示。

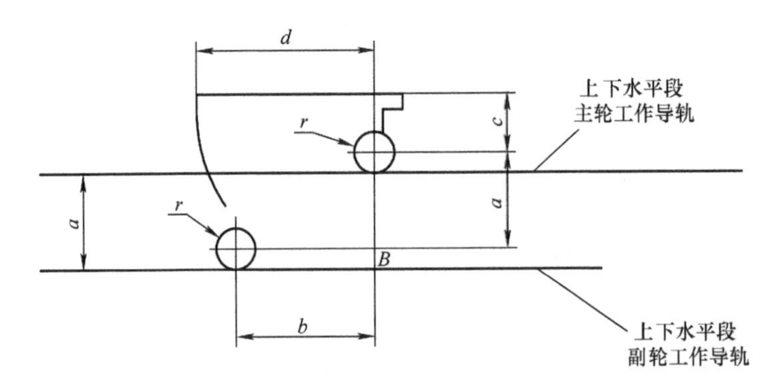

图 5-1-3　上下水平部主、副轮工作导轨位置设计示意图

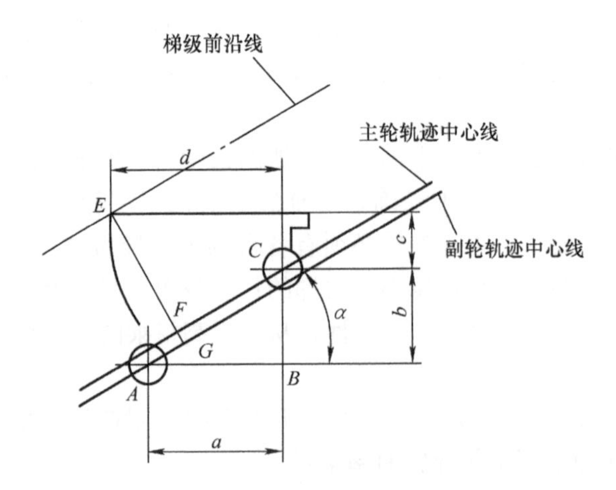

图 5-1-4　倾斜直线区段主、副轮工作导轨位置设计示意图

• 主副轮导轨高度差确定：主、副轮导轨高度差主要决定于梯级结构，设计导轨之前必须了解主、副轮导轨高度差。

从图 5-1-4 中可以推导出倾斜直线区段主、副轮工作导轨高度差：

主、副轮导轨高度差 $L_{FG} = b\cos\alpha - a\sin\alpha$（这里按主、副滚轮直径相同计算，当其直径不同时，须增加滚轮半径差）。

• 主轮工作导轨高度尺寸的确定：工作导轨的位置尺寸同样由梯级结构尺寸决定，由图 5-1-4 可以推导出主轮工作导轨高度尺寸：

主轮工作导轨高度尺寸 $L_{EF} = c\cos\alpha + d\sin\alpha + r$（其中 r 表示前轮半径）

3）主、副轮工作导轨曲率中心坐标的确定。由于梯级在前进侧梯级面始终应保持水平，且相邻两梯级间的间隙保持一致，所以其运行轨迹圆弧段与水平段及倾斜段都应相切，且主、副轮导轨在上部或下部的曲率半径应一致，如图 5-1-5 所示。

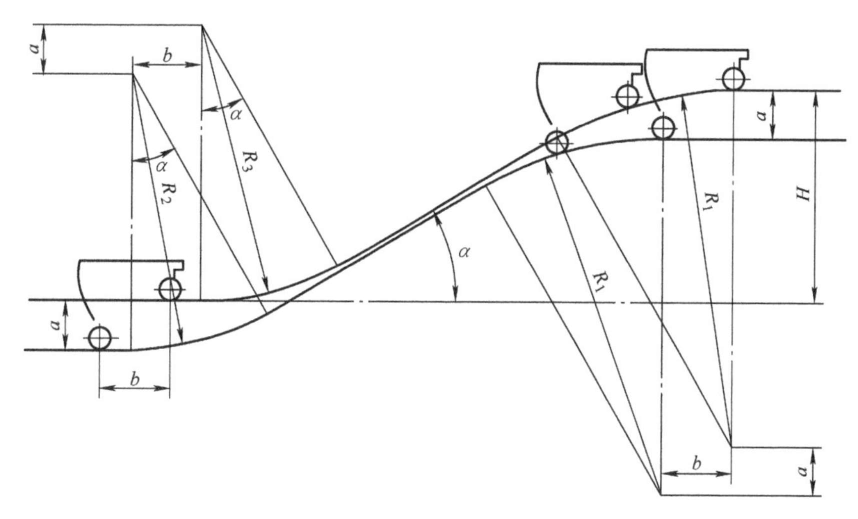

图 5-1-5　梯路系统前进侧上、下曲线区段图

H—自动扶梯的提升高度　α—自动扶梯倾斜角度

二、返回导轨的设计

1. 返回导轨的设计要求

梯路的返回侧，即返回导轨，由于不载客，上述针对工作导轨的设计条件可以不作要求。返回导轨是非工作导轨，不要求梯级保持水平，因此只需从结构、安装、维修及节省空间等方面考虑即可。

2. 返回导轨各参数的确定

（1）返回侧主轮导轨位置的确定　返回侧水平区段主轮导轨间的距离 D，由梯级链轮直接决定；上返回侧倾斜直线区段主轮导轨间的距离 h，按结构要求决定，即保证上返回侧梯级不发生干涉，且不与其他零部件干涉，另外还要考虑节省桁架空间，一般取 400

~800mm，如图 5-1-6 所示。

（2）返回侧副轮导轨位置的确定　返回侧水平区段主、副轮导轨间的距离，由主、副轮工作导轨的距离和偏心距 δ 决定。当主、副轮工作导轨半径大小一致时，$W = a + 2\delta$，如图 5-1-6 所示。

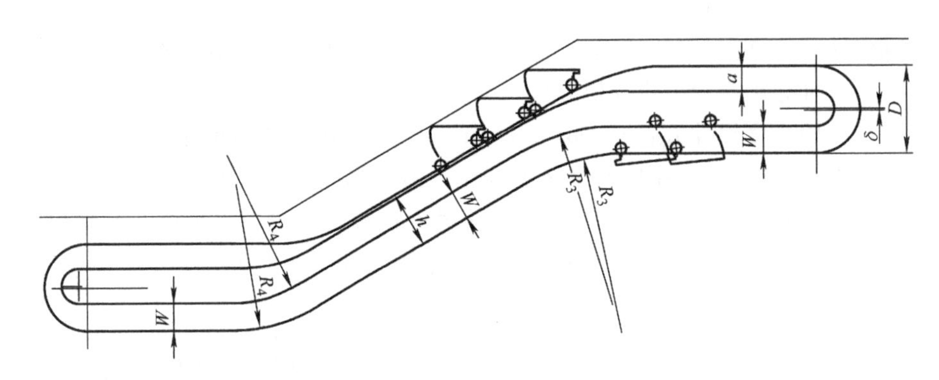

图 5-1-6　返回侧主、副轮导轨位置及曲率半径示意图

（3）返回侧导轨半径大小　GB 16899—2011 中对返回侧导轨半径大小未作规定。一般来说，要求梯级在运行过程中，不与其相邻梯级及其他零部件发生碰撞。即 R_3 与 R_4 是根据自动扶梯结构和生产厂家的加工模具而定的。在不影响自动扶梯性能的情况下，为了节省模具的开模费用，一般 R_3 与 R_4 的尺寸确定之后不轻易改变。

三、梯路模拟

在导轨设计中，梯路模拟是不可缺少的。梯路模拟可以帮助检查梯路设计是否合理、梯级运行是否干涉，并最终确定梯路的设计方案。梯路模拟如图 5-1-7 所示。

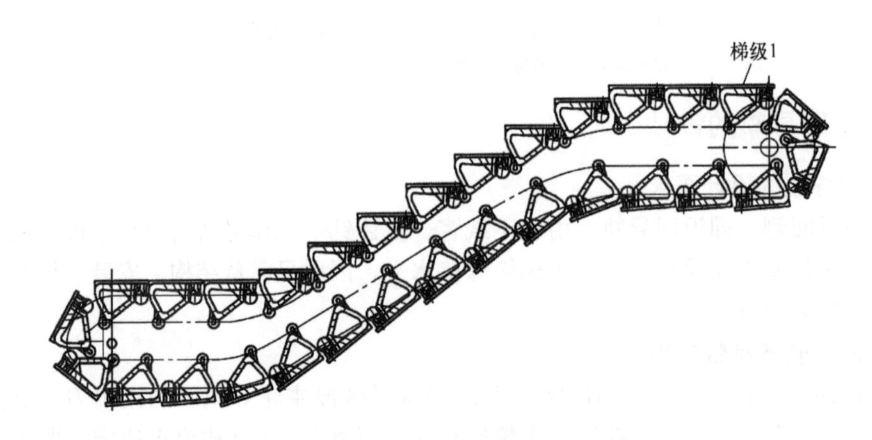

图 5-1-7　梯路模拟

梯路模拟的方法如下：

1）设定一个梯级运行的起始点。假设图 5-1-7 中梯级 1 为起始梯级，其主轮中心点为起始点，与上部梯级链轮的分度圆的最高位置重合。

2）在上下水平直线区段及中间倾斜直线区段，链条张紧后，可以将一个单元的链条视为刚性的，相邻梯级的主轮的距离 t 等于一个单元的链条长度（一个梯级距的链条）。

如图 5-1-8 所示，在前进侧，保证梯级踏面水平的前提下，每隔一个单元的链条长度放置一个梯级。检查模拟梯路时，相邻梯级之间的尺寸 δ_1 既要保证相邻梯级间不会发生碰撞，又要满足 GB 16899—2011 中规定的水平状态下相邻梯级之间的间隙在 6mm 以下的要求，前进侧水平直线区段梯级模拟同此方法。

在返回区段，不要求梯级踏面保持水平，先将一个梯级主轮中心放置在主轮中心线上，再以主轮中心为中心，主、副轮的距离 R 为半径画圆（$R=\sqrt{a^2+b^2}$），此圆与返回侧副轮中心轨迹的交点即为此梯级的副轮中心，再以此梯级为例，每隔一个单元的链条长度 t 放置一个梯级。检查模拟梯路时，返回侧相邻梯级的最小间隙 δ_2 要保证相邻梯级间不会发生碰撞，如图 5-1-9 所示。返回侧水平直线区段梯级模拟同此方法。

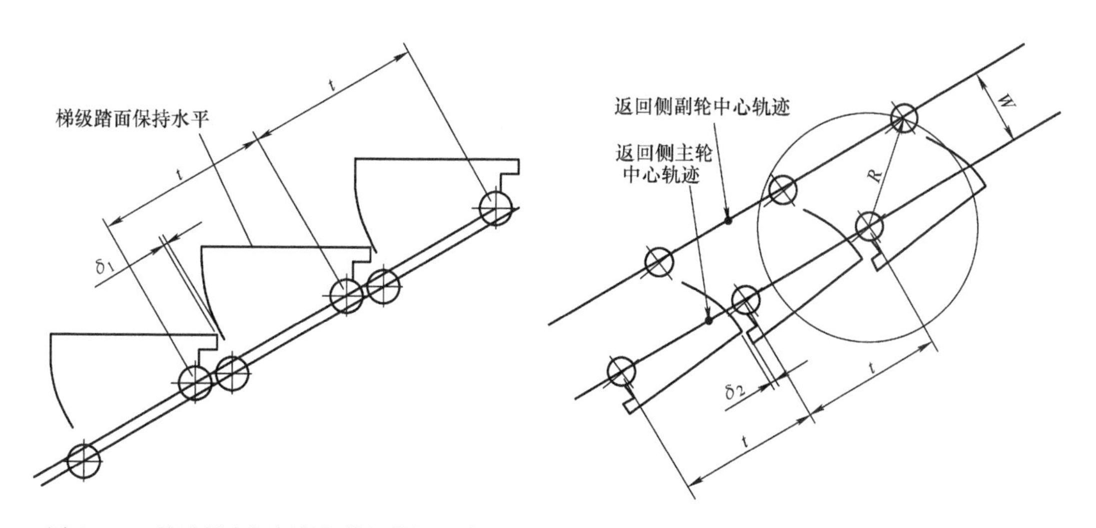

图 5-1-8　前进侧中间倾斜部梯级模拟示意图　　图 5-1-9　返回侧中间倾斜部梯级模拟示意图

3）在曲线区段及上下翻转区段，需考虑多边形效应，即链条张紧后，将每一个链节长度 p 的链条视为刚性体。假设一个单元的链条由 3 个链节组成。图5-1-10所示是前进侧上曲线区段梯级模拟示意图。上、下翻转区段也用相同的方法进行模拟。

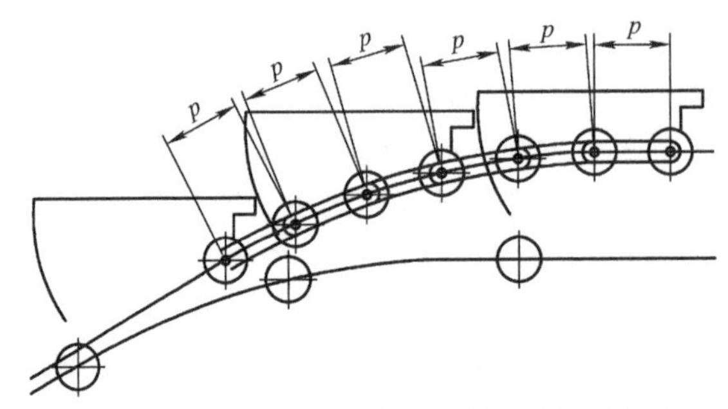

图 5-1-10　前进侧上曲线区段梯级模拟示意图

第二节　工 作 导 轨

自动扶梯的工作导轨又称为梯级前进侧导轨，主要功能是承载梯级自重和乘客重量，引导梯级沿梯路轨迹运行。工作导轨除应满足设计的各项尺寸精度及强度要求之外，还应具有光滑、平整、耐磨的工作表面，拼接位接口平整等特点。其设计、制造质量的好坏直接影响到扶梯的乘坐舒适度。

一、工作导轨的型材结构

工作导轨型材结构一般有以下几种：①选用角钢型材；②采用板材折弯而成；③采用板材滚轧而成。对于主、副轮工作导轨，常见的型材结构见表 5-2-1。

表 5-2-1　工作导轨型材结构

导轨	截面结构	导轨型材结构特点
主轮工作导轨	A B 角钢型材导轨	1. 当梯级采用导轨作横向限位时，主轮工作导轨上既有支承梯级主轮运行的导轨工作面（如图中 *B* 面），又有限制梯级主轮左右偏移的限位面（如图中 *A* 面）。对于倾斜直线区段的工作导轨，由于主轨和副轨的位置十分接近，通常会将这两根导轨做成一体 2. 当梯级采用专用的横向限位设计时，主轮工作导轨型材可不设置限位面（即图中所示 *A* 面）
	A B 板材折弯导轨	
	A B A B 板材滚轧成型导轨	

（续）

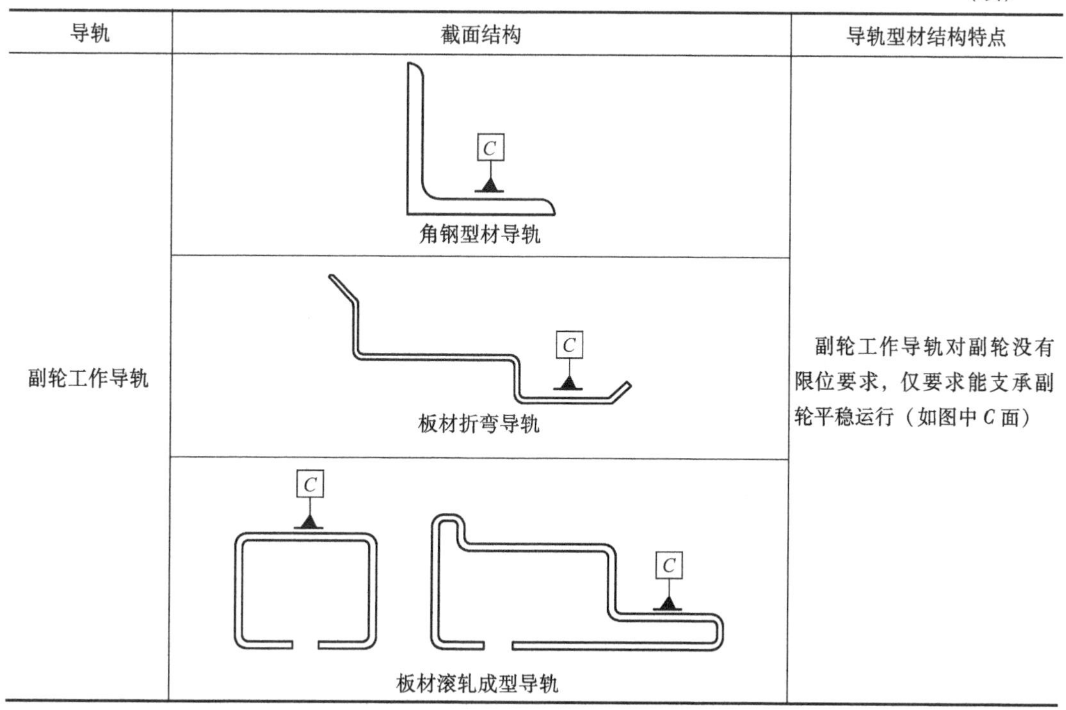

导轨	截面结构	导轨型材结构特点
副轮工作导轨	C 角钢型材导轨	副轮工作导轨对副轮没有限位要求，仅要求能支承副轮平稳运行（如图中 C 面）
	C 板材折弯导轨	
	C C 板材滚轧成型导轨	

（1）角钢型材导轨的特点　成本低、加工简单、通用性好，但其安装定位性能不是很好。

（2）板材折弯导轨的特点　投资少，一般机械加工厂家基本都具有钣金设备，可以不用追加投资；易操作，钣金设备尤其是折弯机操作简单，人员培训费用少。但折弯成型的导轨长度受设备限制不能太长，一般长度不超过 3m；相对于角钢型材导轨价格稍贵。

（3）板材滚轧成型导轨的特点　能加工出截面复杂的导轨型材，如图 5-2-1 所示。长度不受限制，理论上可以无限长。但加工设备一次性投入大，模具费用高，通用性差。但有专业的导轨生产厂供给各种板材滚轧成型的导轨供扶梯生产厂选用。

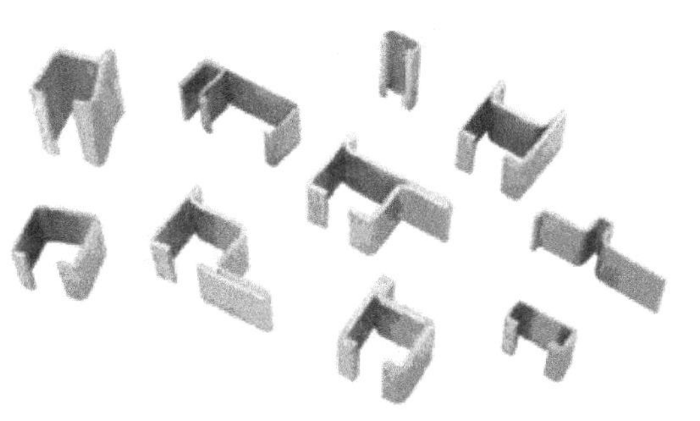

图 5-2-1　板材滚轧成型导轨结构

从实际使用看，大多数生产厂的导轨截面设计一旦确定，不会轻易修改。板材滚轧成型导轨通用性好，配合板材折弯导轨支架，安装调整方便。因此板材滚轧成型导轨是目前自动扶梯导轨型材的主流。

二、工作导轨的强度校核

导轨需要有足够的强度和刚度，以下介绍以有限元分析法进行强度校核的一般方法。

1. 倾斜直线区段工作导轨强度校核

对于倾斜直线区段工作导轨强度校核，一般来说应该选择支架距离最长、受力情况最恶劣、结构最薄弱的导轨进行校核。

（1）倾斜直线区段工作导轨的通用条件

1）导轨支架间距最大值 L；

2）每个梯级的自重 W_s；

3）一个梯级距的梯级链重量 W_c；

4）一个梯级承载的人的载荷 W。

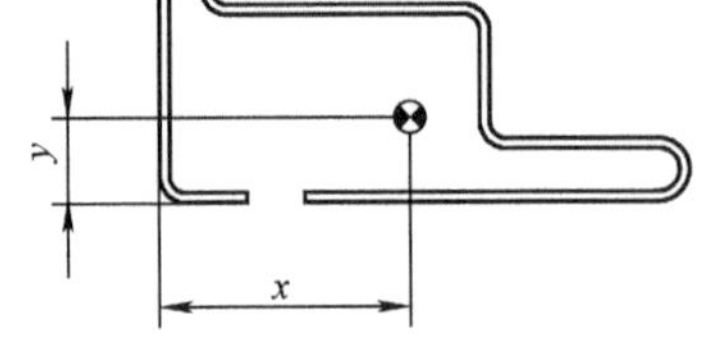

图 5-2-2　倾斜直线区段主、副轮工作导轨截面形状

（2）截面形状　倾斜直线区段主、副轮工作导轨截面形状如图 5-2-2 所示。下面将以此为例进行分析。

（3）约束条件　将 4 块梯级上乘客载荷相加（形式Ⅰ）与全部梯级上乘客载荷相加（形式Ⅱ）作为约束条件进行评价。

形式Ⅰ：如图 5-2-3a 所示，L 是两个导轨支承点之间的距离，t 是梯级距（即两个主轮之间的距离），此时在导轨支架间的中部，产生最大的应力和挠度。

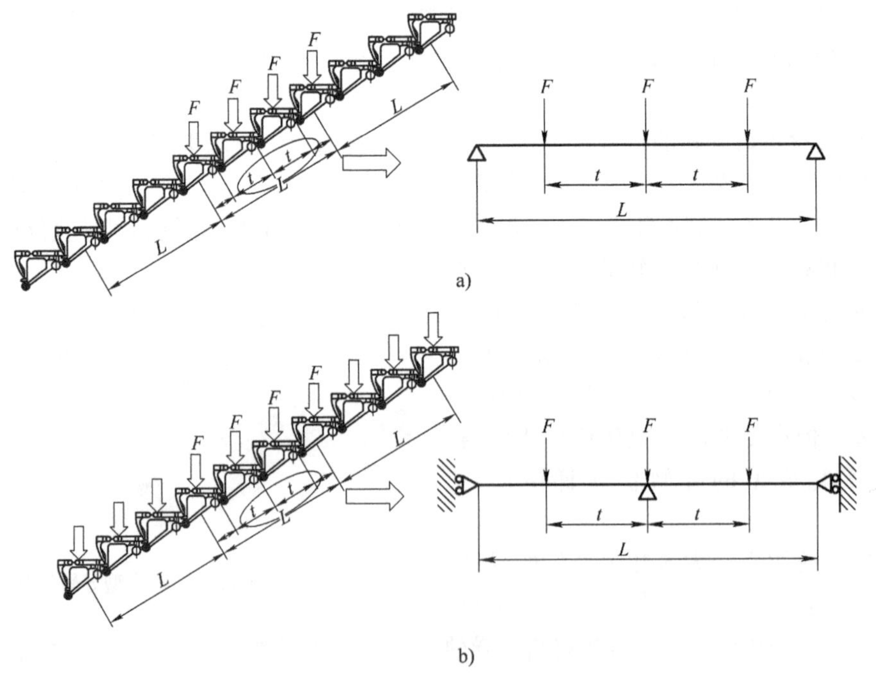

图 5-2-3　载荷条件和约束条件

a）形式Ⅰ　b）形式Ⅱ

形式Ⅱ：如图5-2-3b所示，L是导轨两个支承点的中部间距，图示中的导轨的支承点位于中部，此时导轨支承部产生最大的应力。其最大挠度比形式Ⅰ的小。

（4）载荷条件　梯级自重的载荷W_s均等作用于4个滚轮上；一个梯节距上的梯级链重量的载荷W_c均等作用于两个主轮上；根据人机工程原理，35%乘客载荷W均等作用在两个主轮上，65%乘客载荷W均施加给两个副轮。即

梯级主轮施加给主轮导轨的载荷

$$F_1 = \left(\frac{W_s}{4} + \frac{W_c}{2} + \frac{0.35W}{2}\right)\cos 30° \tag{5-2-1}$$

梯级副轮施加给副轮导轨的载荷

$$F_2 = \left(\frac{W_s}{4} + \frac{0.65W}{2}\right)\cos 30° \tag{5-2-2}$$

式中　W_s——梯级自重的载荷，单位为N；

W_c——一个梯节距上梯级链重量的载荷，单位为N；

W——乘客载荷，单位为N。

（5）建模进行解析（以下计算基于Simulation平台）　对跨距为L且存在驳接位的倾斜直线区段工作导轨进行建模，并对其进行前处理，如图5-2-4所示即：

1）约束条件：固定有支架板的部位；

2）接触条件：考虑导轨和连接部件的接触（确定摩擦因数μ）；

3）螺栓固定条件：驳接位导轨与连接板使用螺栓固定。

（6）模型有限元网格化并运行解析　网格化结果如图5-2-5所示。

（7）解析结果评价

1）强度分析结果判定。由于自动扶梯在运行中，梯级轮对导轨重复施加载荷，因此强度分析主要是对导轨进行疲劳评价。导轨强度的判定条件是，相对于导轨材料疲劳极限的安全系数应为1.3以上（自动扶梯的导轨一般采用的是普通钢材如Q235A，其弯曲疲劳极限为210MPa）。

2）挠度分析结果判定。因GB 16899—2011中未对导轨的挠度进行要求，各生产厂都有自己的标准，对普通型自动扶梯一般是以不影响梯级正常运行及乘客舒适感为准。一般要求在3000N/m²的静载条件下，导轨的计算弯曲量控制在不大于1mm。在进行挠度分析时，梯级上的乘客载荷应按3000N/m²考虑。

2. 强度计算方法总结

通过上述倾斜部直线段导轨强度计算过程，总结采用有限元分析的方法和步骤如下：

1）确定应力和挠度最大时的结构位置；

2）建模型；

3）确定约束条件；

4）确定载荷条件；

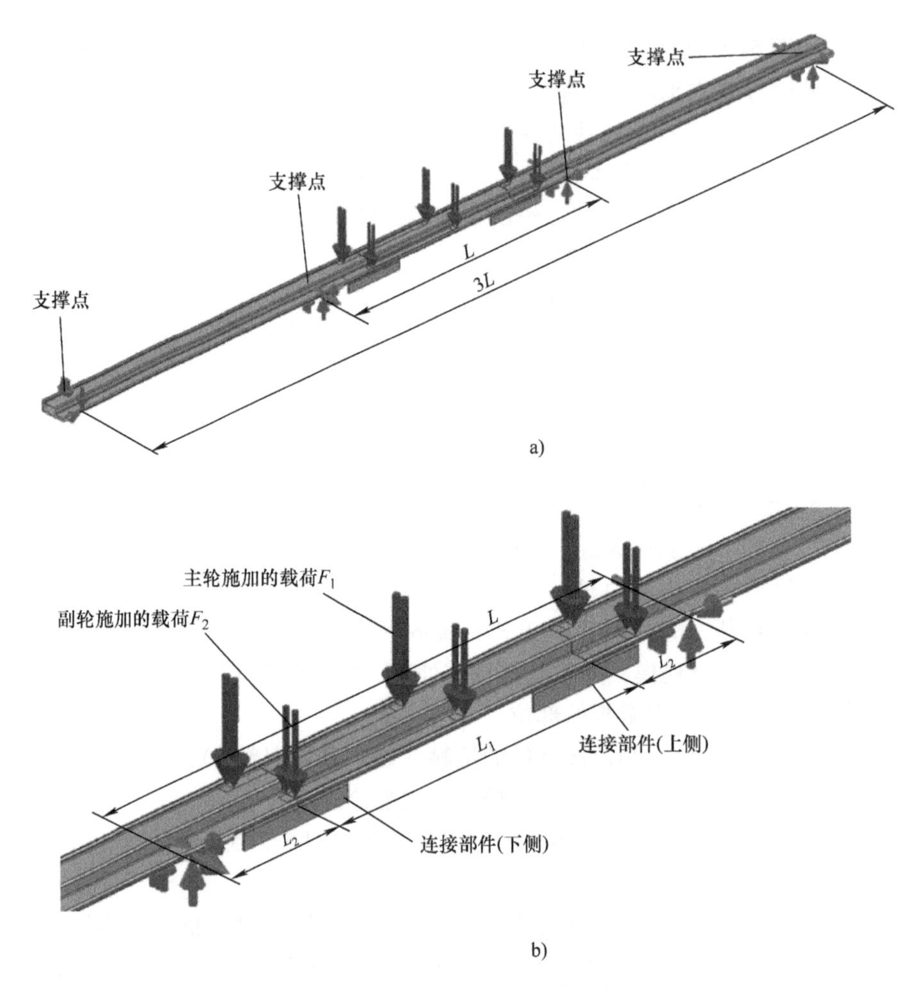

图 5-2-4 驳接部导轨载荷条件

L_1—驳接段导轨长度 L_2—驳接位至导轨支承位的距离

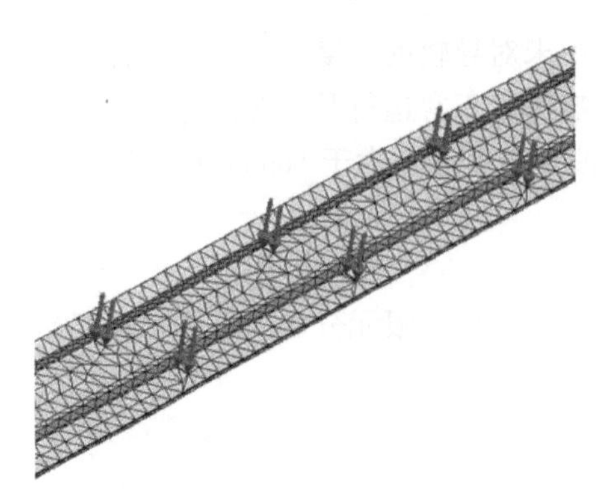

图 5-2-5 模型有限元网格化

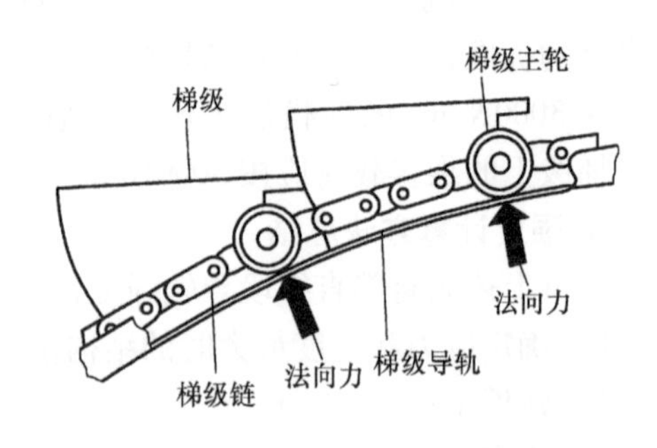

图 5-2-6 梯级主轮负载方式

5）进行有限元网格化；

6）运行分析；

7）查看分析结果，并对结果做出判定。

3. 上曲线区段工作导轨强度计算

（1）受力分析　在前进侧上曲线区域段，主轮工作导轨不仅要承载梯级及链条自重及乘客载荷，还需承受梯级链张紧力通过梯级主轮作用在上曲线段产生的法向力，如图5-2-6中的箭头所示。这个法向力的值随扶梯提升高度而增加，并随导轨曲率半径变小而变大。

要减少上曲线区段主轮导轨对梯级主轮的支承力有两种方法：一种是增大导轨曲率半径；另一种是将一个单元的链条张力和一个梯级的主轮载荷分散至多个点上。由于第一种方式会增大自动扶梯桁架空间，导致自动扶梯制造成本增加，因此通常采用将主轮载荷分散的方法来解决。

对于滚轮外置链条，通常通过在曲线段设置卸载导轨（也称链导轨），将主轮抬起脱离导轨，只有梯级链的滚柱与卸载导轨接触，从而将主轮上的法向力转移到链条的滚柱上，此时主轮是脱离导轨面而不受力的，这样主轮导轨的受力情况得到改善，主轮得到保护，同时扶梯上曲线区段的工作导轨的曲率半径就可以相对减小，如图5-2-7所示。

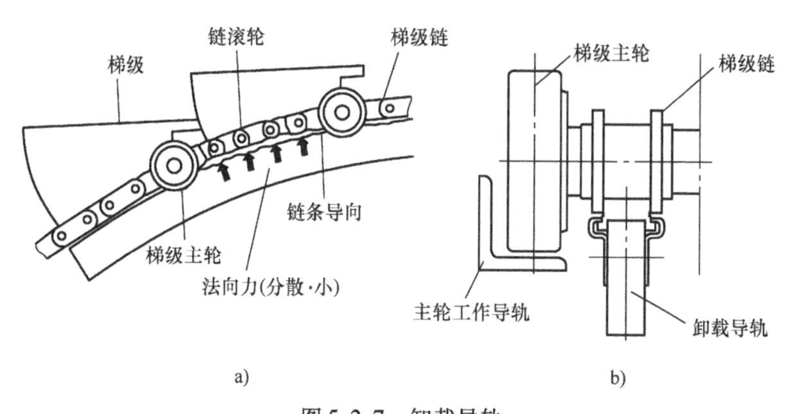

图5-2-7　卸载导轨

a）卸载导轨的原理　b）卸载导轨截面图

对于滚轮内置链条，每个单元长度的链条上包含1个主轮和2个副轮（假设单位长度链条由3个链节组成），则由此3个滚轮将单位链条上的法向力分散至上曲线区段工作导轨上。此方式是在链条上增加副轮，将上曲线区段产生的法向力分散至更多的滚轮上，以减少主轮的受力，但主轮导轨受力并未得到改善，如图5-2-8所示。

（2）载荷计算　虽然两种链条卸载方式的结构有所不同，但它们的原理是类似的，均是通过将上曲线区段链条产生的法向力分散至更多的链条滚柱（对外置式滚轮梯级链）或链条的副轮上（对内置式滚轮梯级链），使单个梯级滚轮所受法向力 F 为0或减少，从而也分散了导轨的受力，如图5-2-9所示。

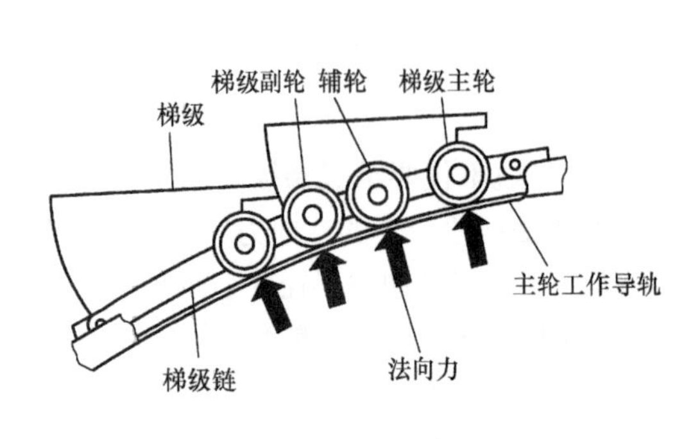

图 5-2-8 链条上增加副轮分散法向力

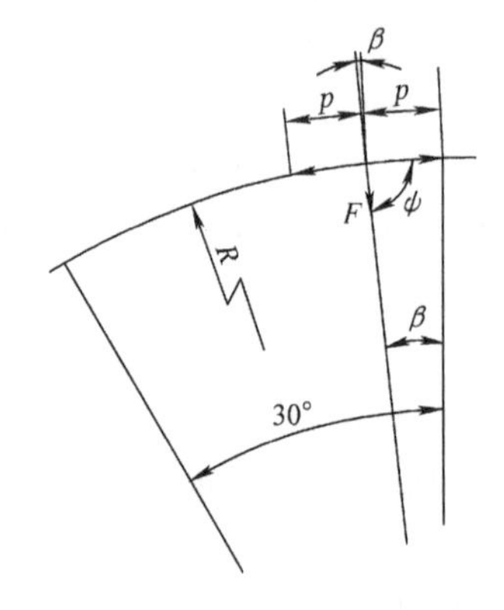

图 5-2-9 单个链条滚柱或滚轮施加于卸载导轨或主轮导轨表面的法向压力示意图

单个梯级链滚柱或单个梯级链滚轮（对内置式链条）在导轨上曲线区段所受法向力的计算公式为

$$F = 2T\cos\varphi + \left(\frac{W_s}{4} + \frac{W_c}{2} + \frac{0.35W}{2}\right)\cos\beta \tag{5-2-3}$$

式中 T——链条张紧力，单位为 N；

W_s——梯级自重的载荷，单位为 N；

W_c——一个梯级距的梯级链载荷，单位为 N；

W——乘客载荷，单位为 N；

$\beta = 2\arcsin\dfrac{p}{2R}$；

$\psi = \arccos\dfrac{p}{2R}$；

p——链条一个节距的长度，单位为 mm；

R——导轨曲率半径，单位为 mm。

（3）强度校核　参考倾斜直线段工作导轨的计算方法，可以对上曲线区段工作导轨进行建模、前处理（约束、加载等）、网格化、运行等，并对其结果进行判断。

三、工作导轨的结构细节

1. 端部结构

在主轮工作导轨与链轮的结合部，为防止滚轮在进出导轨时产生噪声及产生轮压，导轨的端部应设计为鼻弯结构，如图 5-2-10 所示。

2. 导轨接口的结构和要求

受制造加工工艺、安装及运输的影响，每根导轨的长度都有限制，工作导轨就是由多根导轨连接而成的。为使梯级滚轮能在导轨上平稳通过，设计时可采用“Z 型”和斜接口型的设计方式。

(1)“Z 型”导轨接口结构　如图 5-2-11 所示。

采用“Z 型”导轨接口结构时，梯级滚轮面的一半先通过驳接位，另一半后通过驳接位。此结构加工较复杂，多适用于导轨 1 和导轨 2 为不同截面型材的情况下，接口配合状况良好，如上下部端部导轨与水平段副轮导轨的拼接位。

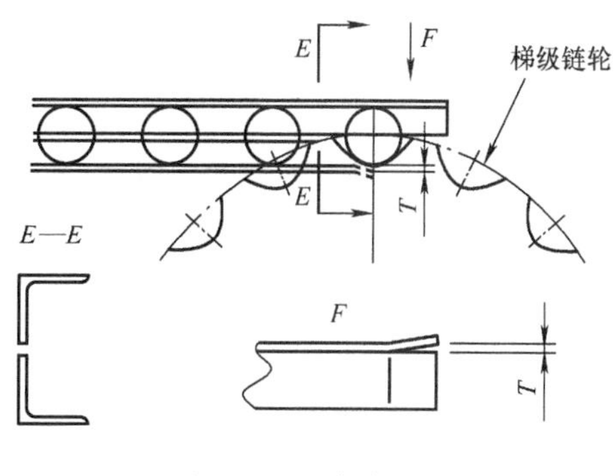

图 5-2-10　鼻弯结构

(2) 斜接口型导轨接口结构　如图 5-2-12 所示。

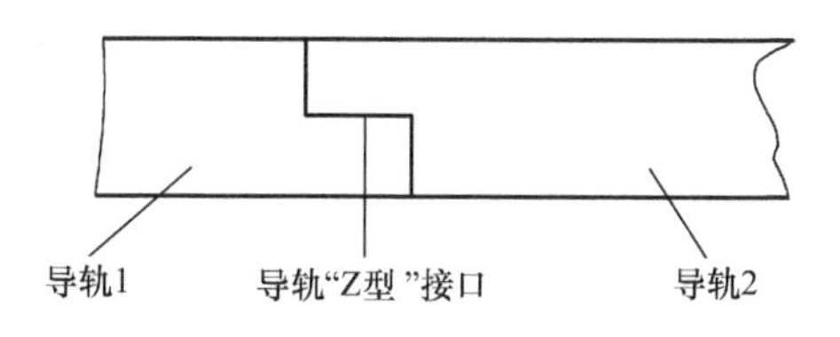

图 5-2-11　“Z 型”导轨接口结构示意图

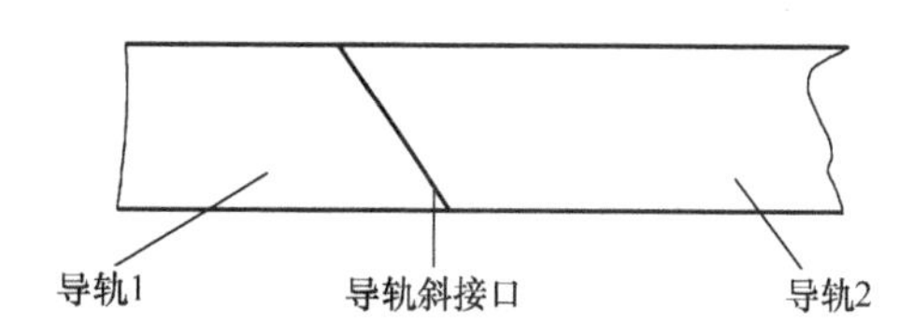

图 5-2-12　斜接口型导轨结构示意图

采用斜接口驳接结构时，梯级滚轮面逐渐渡过驳接位置，过渡平稳。此结构加工简单，多适用于导轨 1 和导轨 2 的截面结构相同的情况下，如中间倾斜部导轨。

四、工作导轨的其他辅助结构

1. 主轮压轨

为防止工作区域段梯级跳动，大部分扶梯都需要在主轮工作导轨的全区域段设置压轨。通过压轨与导轨共同限制滚轮的运动轨迹，如图 5-2-13 所示。其工作原理是主轮工作导轨侧面限制主轮左右偏移，从而防止工作梯级因跑偏发生梳齿错齿现象；压轨限制主轮跳动，保证扶梯乘坐的安全性和舒适感，压轨与主轮间隙 δ 一般设定在 4mm 以下。

在前进侧水平直线区域段，为保持梯级的水平运行，防止梯级跳动引起梯级在出入梳齿时产生错齿现象，造成设备损毁，此区域段压轨的长度设置应以延伸至梳齿板以内为宜。另外，由于压轨一般不受力或受力较小，只起限位功能（也可称为限位导轨），所以可以采用小规格的型材。

2. 副轮压轨

一般在水平区域及倾斜直线区域段，副轮上不需要设置压轨，但在上曲线区段内梯级

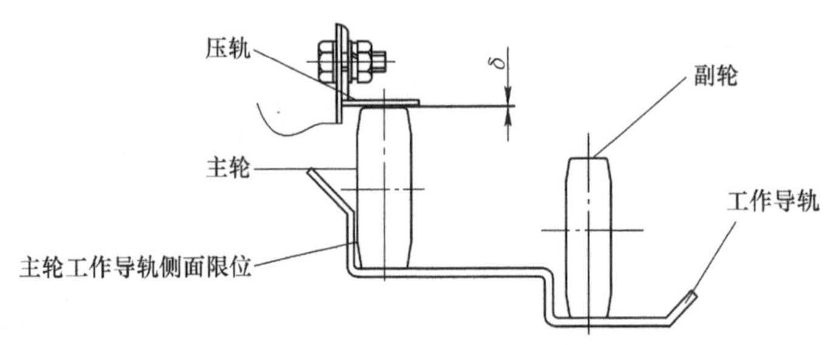

图 5-2-13　压轨与工作导轨工作示意图

的段差发生变化（即梯级逐渐由阶梯形过渡到水平运动），梯级在主工作轨压轨的强制作用下，被强制性改变运行方向，此时副轮就会受力向上冲，导致该间隙变大，危险性也增大，踢板与踏板间隙易夹住鞋子类物品。在此区段设置压轨主要作用是防止副轮的上浮，增加安全性（图 5-2-14）。为进一步保证乘客安全，在公交型扶梯和重载型扶梯上还常要求在该段导轨上设置梯级运行安全装置，当副轮浮起至一定位置时，会触动安全开关，使扶梯停止。

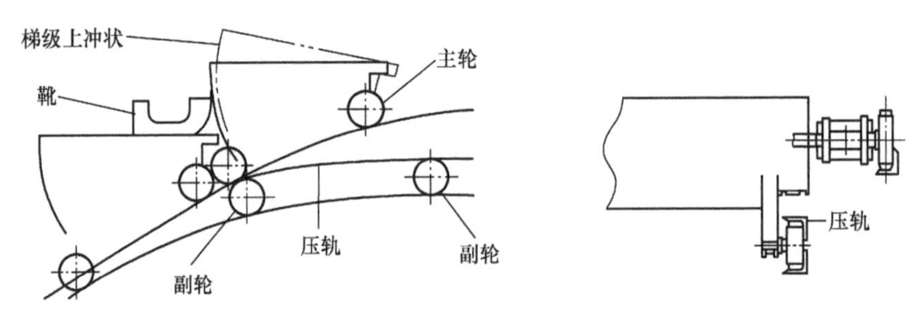

图 5-2-14　副轮工作导轨在上部曲线区段设置压轨的原理图

对于下曲线区段，在空载时梯级受梯级链张力的影响，梯级主轮向上浮起并沿下部曲线区段主轮压轨面上运行。为保证梯级平稳运行，下曲线区段副轮上也应设置压轨。

第三节　梯级返回导轨

梯级返回导轨是非工作导轨，其主要作用是顺畅引导空载的梯级返回至工作区域段，保证梯级在回程过程中不与扶梯其他部件发生碰撞，其要求没有工作导轨严格。

梯级返回导轨与梯级工作轨之间的位置关系如图 5-3-1 所示（倾斜段）。

一、返回导轨的截面结构

返回导轨的结构也有几种：角钢型材结构、冷拉成型的导轨型材结构。常用的返回导轨型材见表 5-3-1。

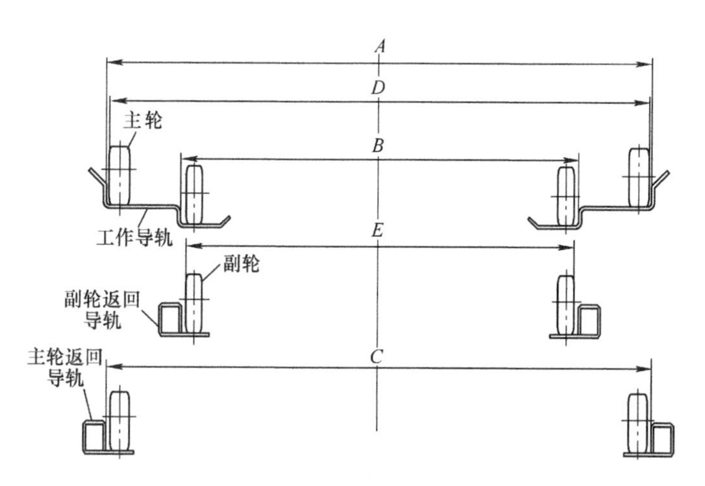

图 5-3-1　返回导轨在中间倾斜部的截面结构

表 5-3-1　返回导轨常用型材结构表

导轨	截面结构	导轨型材结构特点
主轮返回导轨	A B 角钢型材导轨	主轮返回导轨上既有支承梯级主轮运行的导轨工作面（如图中 *B* 面），又有梯级主轮左右偏移的限位面（如图中 *A* 面）
	A B A B 钣金冷拉成型导轨	
副轮返回导轨	C 角钢型材导轨	副轮返回导轨对副轮没有限位要求，仅要求其工作面光滑，能支承副轮平稳运行（如图中 *C* 面）

（续）

导轨	截面结构	导轨型材结构特点
副轮返回导轨	钣金冷拉成型导轨	副轮返回导轨对副轮没有限位要求，仅要求其工作面光滑，能支承副轮平稳运行（如图中 C 面）

二、返回导轨的强度校核

返回导轨与工作导轨不同，施加到导轨上的载荷几乎是固定的，梯级自重载荷 W_s 均等分布在4个梯级滚轮上，一个梯级距的梯级链重量的载荷 W_c 均匀分布在梯级主轮上。因返回主轮导轨和副轮导轨是分离设置的，下面以受力较大的主轮返回导轨为例讲解强度校核。

1. 列出此段导轨的通用条件

1）导轨支架之间尺寸最大值 L；

2）每个梯级的自重 W_s；

3）一个梯级距的梯级链重量的载荷 W_c。

2. 截面形状

取倾斜直线区段主轮返回导轨的截面形状如图5-3-2所示。

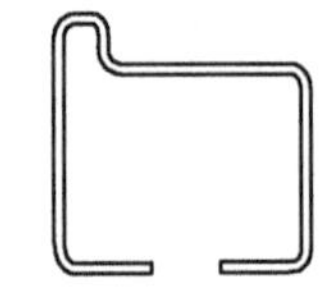

图5-3-2 倾斜直线区段主轮返回导轨截面形状

3. 约束条件

返回导轨与工作导轨不同，施加到导轨上的载荷几乎是固定的。因此，按照图5-3-3所示载荷条件解析。另外，按照有导轨驳接部的条件进行解析。

4. 载荷条件

（1）正常运行状态时　梯级主轮对返回导轨的载荷

$$F_4 = \left(\frac{W_S}{4} + \frac{W_c}{2}\right)\cos 30°$$

（2）维保作业时　维保作业时维保人员有时会误把返回侧梯级作为脚手架。因此，即使是维保操作错误时也要保证导轨无变形损坏。维保时的载荷条件是在上述正常运行状

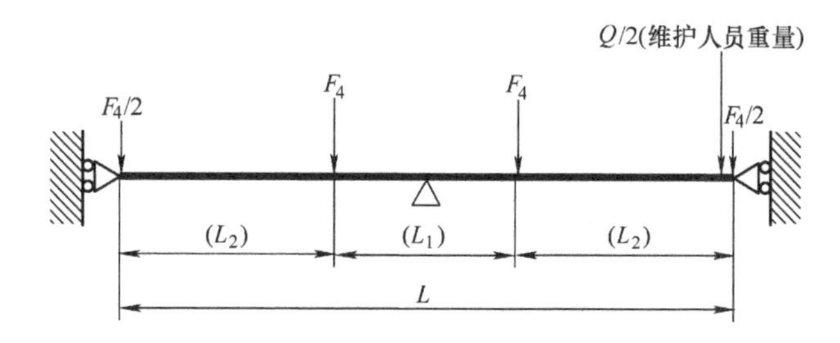

图 5-3-3　载荷条件和约束条件

L—两个导轨支承点的中部距离　L_1—梯级距　L_2—梯级主轮与导轨支承点中部的距离

F_4—梯级主轮对返回导轨的载荷

态载荷加上维保人员自重 Q。

5. 判定条件

对返回导轨一般只进行强度判定，正常运行时梯级链轮对导轨重复施加载荷，因此同样需要进行疲劳评价，其判定条件与工作导轨相同。

维保作业时，重复加载的情况很少，因此判定条件设为屈服应力以下。

返回导轨的建模及有限元分析同本章第二节的工作导轨，这里不再重复介绍。要注意的是返回导轨的上曲线段与工作导轨上曲线段类似的法线张力，因此有必要对其进行强度和磨损分析，方法与工作导轨上曲线区段相同。

第四节　上、下端部转向导轨和张紧装置

自动扶梯按主机放置的位置，可分为上端部驱动和中间驱动两种结构。最常见的是上端部轮式驱动结构，所以本节主要对上端部驱动结构的对上、下端部转向导轨的结构及工作原理进行介绍。

上端部转向导轨位于扶梯的上水平部，当扶梯向上运行时，引导梯级由前进侧转向返回侧；当扶梯下行时，引导扶梯由返回侧转向前进侧。下端部转向导轨位于扶梯的下水平部，当扶梯上行时，引导梯级由返回侧转向前进侧；当扶梯下行时，引导扶梯由前进侧转向返回侧。

一、上端部转向导轨

1. 上端部转向导轨的结构

对于上端部驱动的自动扶梯，当牵引链条通过上端部梯级链轮转向时，梯级主轮已经不需要转向导轨，但梯级的副轮经过上端部时仍需要转向导轨，即梯级副轮的上端部转向导轨装置和上部梯级链轮构成了扶梯上转向系统，如图 5-4-1 所示。

2. 上端部转向导轨系统工作原理

上端部转向导轨系统的工作原理如图 5-4-2 所示。

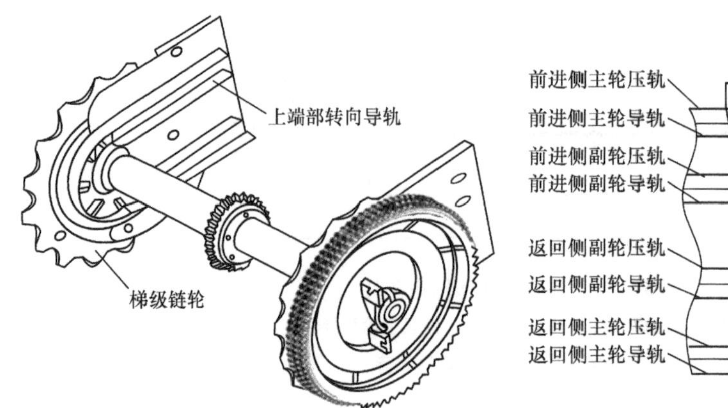

图 5-4-1　上端部转向导轨系统结构示意图

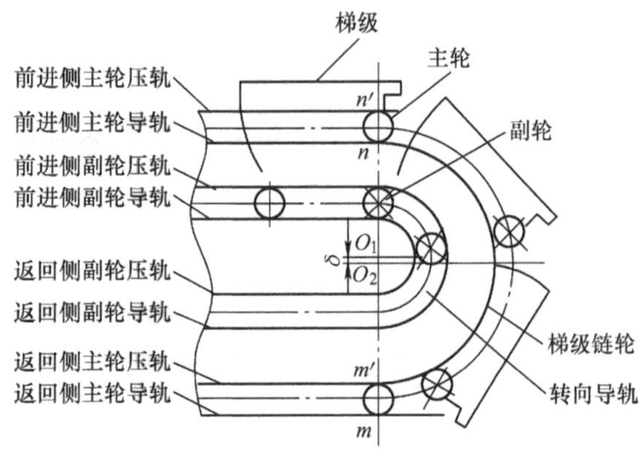

图 5-4-2　上端部转向导轨系统工作原理示意图
（滚轮内置式梯级链）

（1）梯级向下运行时　前进侧系统是松边，返回侧系统为张紧边。主轮沿返回侧主轮导轨水平直线段滚动，并转向梯级驱动链轮而环绕驱动中心旋转，致使主轮进入 n 切点。随后沿着切点滚动进入前进侧主轮水平直线导轨段。

由于梯级主轮的轮毂外圆与驱动链轮的齿槽啮合后沿上部链轮轴旋转（对滚轮内置式梯级链），随后进入前进侧主轮导轨水平直线段；副轮则由返回侧直线段副轮导轨进入转向壁上的转向导轨（图示中的小圆弧处），随后进入前进侧副轮水平导轨。

由于梯级的主轮由驱动链轮带动，即可避免梯级反转。n 点的水平高度与驱动链齿槽底为同一个平面，为了避免主轮进入 n 点时产生跳动，设置前进侧主轮压轨，以起到安全防跳的作用。nn'的尺寸为轮子的外圆直径及间隙之和。

（2）梯级向上运行时　前进侧系统是张紧边，返回侧系统为松边。由于梯级主轮外圆与驱动链轮的齿槽啮合沿上部链轮轴旋转（对滚轮内置式梯级链），随后进入返回侧主轮导轨水平直线段 m'切点；返回侧导轨切点接口 mm'的尺寸为轮子的外圆直径及间隙之和。这样当主轮从驱动链轮过渡到水平直线导轨时能平稳地滚动，所以过渡平稳、冲击小、无噪声，链条张力变化小。

二、下端部转向导轨

下端部转向导轨结构根据梯级链张紧装置结构的不同而大体可分为两种：一种为链轮式张紧装置的下端部转向导轨，采用链轮张紧，又称为滚动式张紧装置的下端部转向导轨；另一种是圆弧导轨式张紧装置的下端部转向导轨，采用圆弧导轨张紧，又称为滑动式张紧装置（详见第三章第三节的介绍）的下端部转向导轨。但无论梯级链张紧装置采用哪种结构，它们与转向导轨组成的下端部转向导轨系统的原理是相同的。

1. 链轮式张紧装置的下端部转向导轨

（1）结构　链轮式张紧装置的下端部转向导轨系统结构示意图如图 5-4-3 所示。

当牵引链条通过下端部张紧链轮转向时，梯级主轮已经不需要转向导轨，但梯级的副轮经过下部张紧端部时仍需要转向导轨，梯级副轮的下端部转向导轨与下端部张紧链轮构成了扶梯下转向系统。

下端部副轮转向导轨作为张紧装置的组成部分，固定在张紧架上，在工作中随张紧架的移动而移动。转向导轨与水平段副轮工作轨以“Z 型”接口方式相接，当梯级链在工作中由于发生伸长而使张紧架后移时，“Z 型”接口的缝隙被拉大，产生缺口，此时滚轮在通过接口部时只能在一半宽度的导轨面上滚动，梯级必须有可靠的横向限位，不能发生太大的偏摆，否则梯级滚轮就有可能陷入缺口之中（详见第十一章第三节介绍和图 11-3-34）。

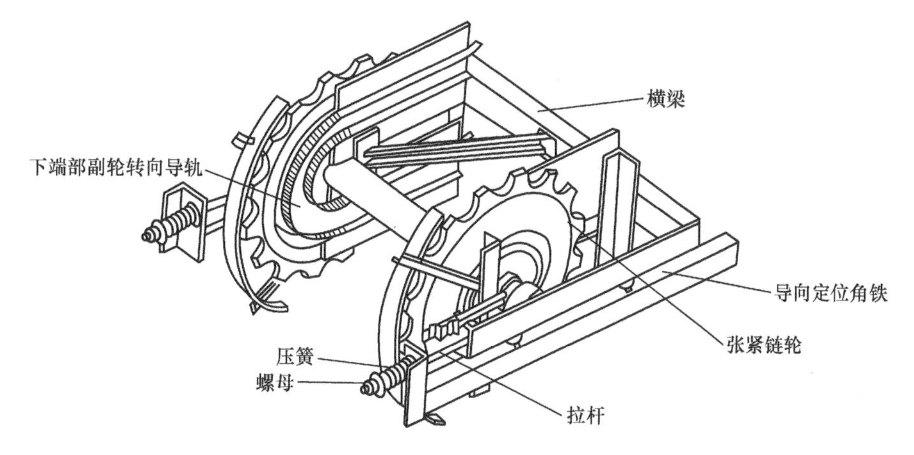

图 5-4-3　链轮式张紧装置的下端部转向导轨系统结构示意图

（2）工作原理　链轮式张紧装置的下端部转向导轨系统的工作原理如图 5-4-4 所示。

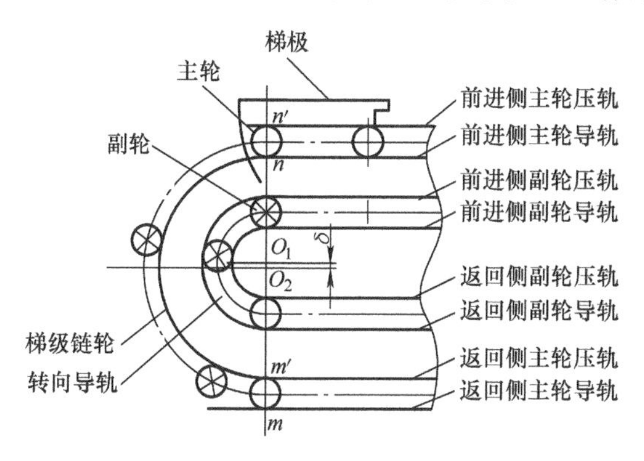

图 5-4-4　链轮式张紧装置的下端部转向导轨系统的工作原理

1）梯级向下运行时。主轮沿前进侧主轮导轨水平直线段滚动，并转向梯级链轮而环绕驱动中心旋转，致使进入 m 切点，随后沿着切点滚动进入返回侧主轮水平直线导轨段。

由于梯级主轮的轮毂外圆与驱动链轮的齿槽啮合后沿上部链轮轴旋转（对滚轮内置式梯级链），随后进入返回侧主轮导轨水平直线段；副轮则沿前进侧直线段副轮导轨进入转向壁上的转向导轨（图示中的小圆弧），随后进入返回侧副轮水平导轨。

由于梯级的主轮由梯级链轮带动，即可避免梯级反转。*n* 的水平高度与梯级链齿槽底为同一个平面，为了避免主轮进入 *m* 发生跳动，设置返回侧主轮压轨，以起到安全防跳的作用。*mm′*的尺寸为轮子的外圆直径及间隙之和。

2）梯级向上运行时。由于梯级主轮外圆与驱动链轮的齿槽啮合沿下部链轮轴旋转（对滚轮内置式梯级链），主轮进入 *n′*切点，随后进入前进侧主轮导轨水平直线段；前进侧导轨切点接口 *nn′*的尺寸为轮子的外圆直径及间隙之和。这样当主轮从下部链轮过渡到水平直线导轨时能平稳地滚动，所以过渡平稳、冲击小、无噪声，链条张力变化小。

2. 圆弧导轨式张紧装置的下端部转向导轨

圆弧导轨式张紧装置的下端部转向导轨的结构如图 5-4-5 所示。

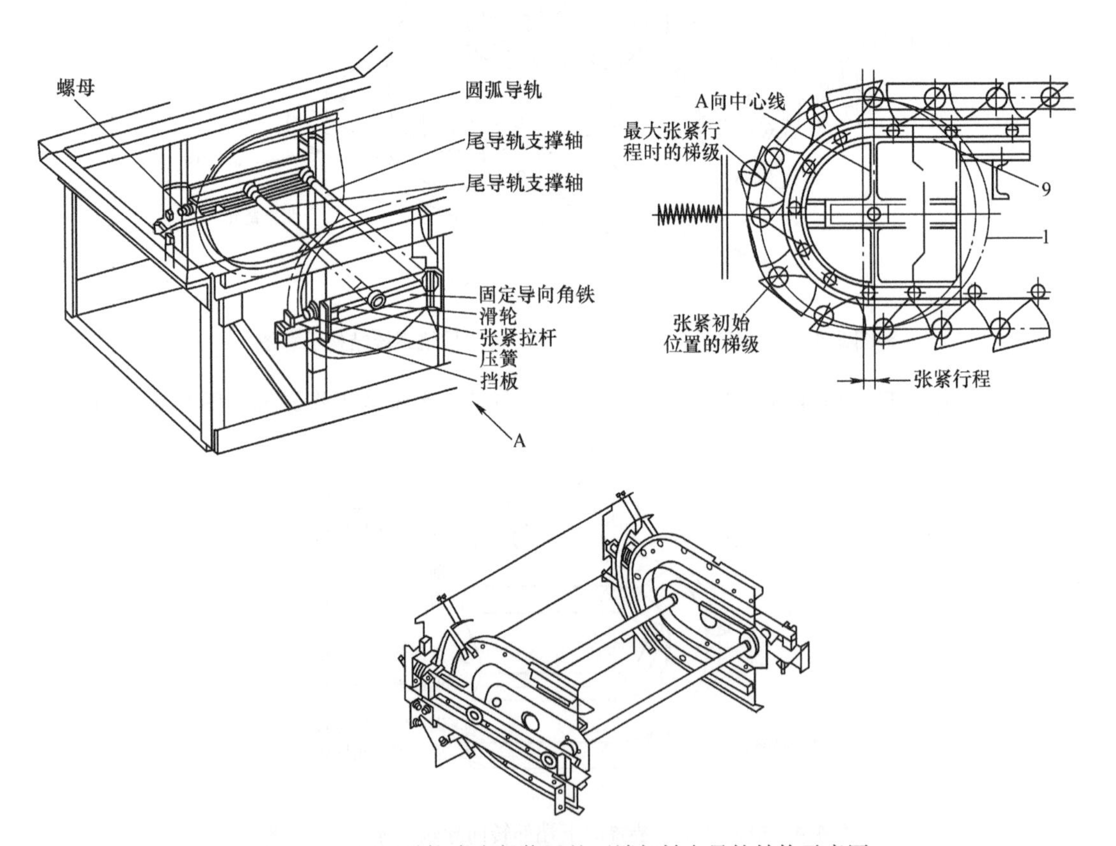

图 5-4-5　圆弧导轨式张紧装置的下端部转向导轨结构示意图

圆弧导轨、张紧拉杆、压簧等部件构成了一个圆弧导轨式张紧装置。其中圆弧导轨就是下转向导轨。

左右转向导轨作为一个整体结构由尾导轨支撑轴相连，组成了一个导轨式梯级链张紧架，使梯级链条获得初始张力。它通过在固定导向角铁上的自由滑动来调节转向导轨的位置，以吸收梯级链在梯路上的伸缩长度。在对梯级链的张紧过程中，转向导轨不断伸缩，同时实现对梯级的转向功能。其张紧原理与链轮式张紧装置相同。

三、转向导轨的技术要求

目前市场上的转向导轨多为一体化导轨，即以前进侧、返回侧副轮压轨与前进侧、返回侧副轮导轨为一体，制成一个部件，统称为转向壁。其加工方法有两种：冲压成形和焊接。

因转向导轨的质量直接影响梯级翻转过程是否顺畅及噪声的大小，因此在设计制造过程中应满足以下技术要求。

1）导轨平整、光滑，使用耐磨、耐疲劳强度高的材料，保证其能承受周期性的载荷。

2）滚轮在转向导轨上滚动自如，无卡死现象。

3）滚轮在圆周导轨轨迹运动时不产生冲击，噪声小。

4）为避免副轮滚动转向时发生相互碰撞，能平稳过渡，主轮圆弧导轨或链轮的曲率半径应选择适当（半径大，有利于滚轮平稳过渡，但不利于节省桁架空间）。

5）制作转向导轨时，应保证各组成部件间的位置精度，使主、副轮能平顺翻转通过转向壁。

第五节　导 轨 支 架

一、结构介绍

导轨支架是用来支承导轨及其上的载重的。导轨支架分为两种：一种是角钢型，直接焊接在桁架上；一种是钣金型，通过螺栓固定在桁架结构上。表5-5-1介绍了以上两种支架的结构与性能。

二、表面处理

角钢型导轨支架的表面处理与扶梯桁架的表面处理相同，但需要根据扶梯的使用环境及客户要求不同而有所区别。

1. 普通型扶梯

（1）角钢型支架　一般室内用扶梯喷漆处理；室外用扶梯热镀锌处理。

表 5-5-1　导轨支架对比分析

导轨支架类型	图片	特点
角钢型	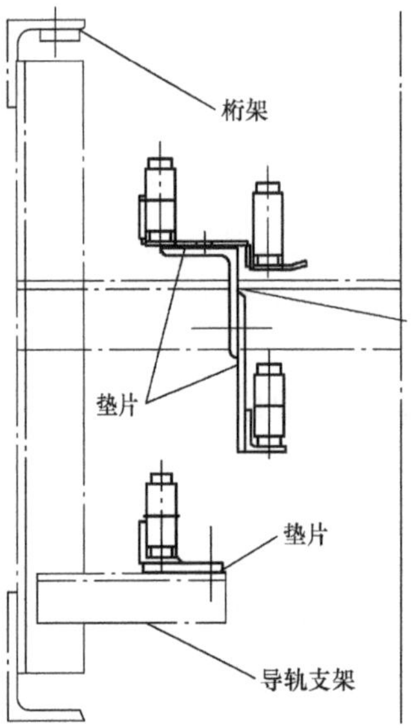	1. 支架强度高 2. 桁架上需要焊接大量的导轨支架，焊接工作量大，结构复杂 3. 安装导轨时需要使用垫片调节，导轨安装效率较低
钣金型	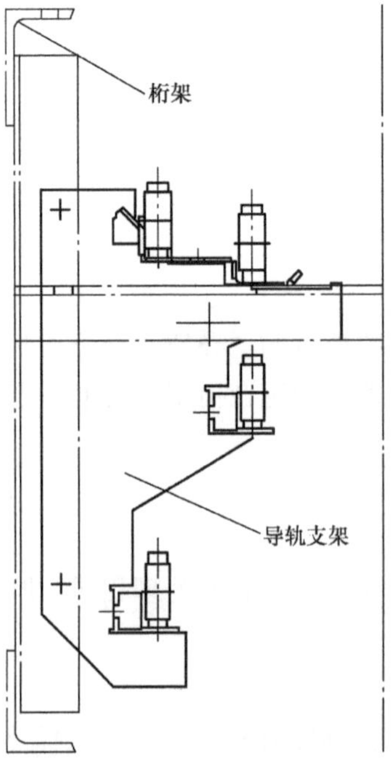	1. 桁架结构简洁 2. 安装导轨时，只需准确定位导轨支架，导轨不需要调节，安装效率高 3. 需核算支架强度以及导轨支架与桁架的联接螺栓的强度

（2）钣金型支架　一般室内梯直接采用镀锌板或采用电镀锌，锌层厚度不小于12μm；室外梯采用热喷锌或热镀锌处理，厚度不小于20μm。

2. 公交型扶梯

对角钢型支架或钣金型支架，室内梯热镀锌或采用热镀锌；室外梯采用热镀锌，镀层不小于50μm。

3. 重载型扶梯

对角钢型支架或钣金型支架一般都采用热镀锌，镀层不小于50μm。

钣金型支架采用热镀锌处理时，其材料厚度应不小于4mm，以防热镀锌后的脆性。

第六节　导轨的技术要求与表面处理

一、技术要求

因导轨的制造、安装的好坏直接影响到梯级运行的平稳性、乘客乘坐的安全性和舒适性，所以对以滚轧成型的导轨型材也有一定的技术要求。

1. 直线度要求

目前市面上流通的滚轧成型的直线导轨，工作面的直线度公差一般要求不大于0.5/1000。

2. 表面平整度要求

导轨的工作表面应平整，一般要求表面粗糙度在 *Ra*3.2 以内。导轨接缝处不能有级差，接缝处要修平，保证接缝处平滑过渡。

3. 表面耐磨性要求

导轨的磨损量随滚轮载重大小、轮压、环境（灰尘、温度等）、轮缘硬度、表面粗糙度值等条件而变化。一般磨损达1mm时，就需要更换导轨。

二、表面处理

导轨的表面处理根据扶梯的种类、使用环境及材料等因素而有不同的要求。一般来说，室外扶梯的使用环境较为恶劣，对扶梯各部件的防锈能力的要求也更为严格。目前市场上常见导轨的表面处理方式有以下几种。

1. 喷漆

喷漆主要用于型材导轨（L钢、工字钢等），即对其进行喷砂除锈后，在导轨的非工作面上喷漆，工作表面涂防锈油。这种方式多用于室内环境下使用的扶梯导轨。

2. 电镀锌

电镀锌主要用于轧制钢板中，这种表面处理方式后的钢板锌层厚度多为12μm以下，较多用于室内环境下的扶梯导轨系统中。

3. 热镀锌

（1）热镀锌板材滚压导轨　这种方法是对已作热镀锌处理的钢板加以滚压成形。采用此种工艺时，由于锌层不能太厚，所以一般只能在25μm左右，且需要采用特殊的滚压轮。目前尚需要进口。

（2）冷轧成形导轨热镀锌　这种表面处理方式的特点是镀锌层较厚，可达50μm以上，多适用于环境恶劣的室外环境。当采用对轧制导轨作热镀锌处理的工艺时，容易导致导轨型材受热变形，因此导轨长度不能太长，还要视需进行整形及工作表面打磨处理以控制其变形及表面质量。

第六章 扶手装置

扶手装置也称护栏或栏杆，设在自动扶梯两侧，是对乘客起安全防护作用，便于乘客站立时扶握的部件。同时，扶手装置也是扶手带安装位置，需要为扶手带的工作提供导向和承受负载。此外，扶手装置也是自动扶梯最主要的装饰构造物，有如扶梯的“外貌”。

因此，在满足安全性要求的前提下，扶手装置的设计应以提供导向及降低扶手带的运行阻力为重点，在提高扶梯的乘坐舒适感的同时，使自动扶梯以及建筑物的装饰协调，满足客户需求。

扶手装置基本结构如图6-0-1所示，主要由护壁板、围裙板、内盖板、外盖板、外装饰板等构成。

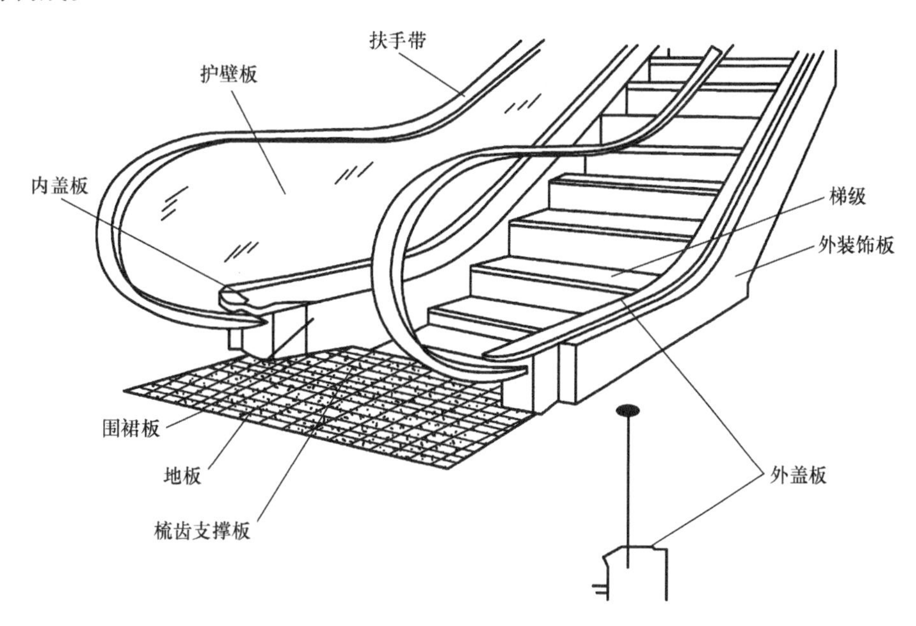

图6-0-1 扶手装置基本结构

自动扶梯扶手装置按结构形式可分为玻璃型护栏（如图1-2-9所示）和金属型护栏（如图1-2-10所示）两种。

1. 玻璃型护栏

玻璃型护栏的护壁板采用玻璃制造，通常有全透明玻璃和半透明玻璃两种，此外还可以采用不同颜色的玻璃，其中全透明玻璃应用最广泛。根据扶手框架（位于玻璃与扶手带之间）的结构形式，玻璃型护栏还可以分为标准型和苗条型等。其中，苗条型护栏的结构简洁，制作简单，应用最为广泛。图 6-0-2 为玻璃型护栏的外形示意图。

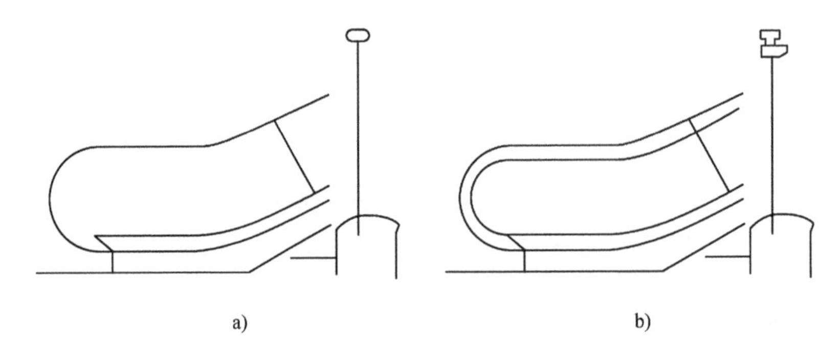

图 6-0-2　玻璃型护栏

a）苗条型　b）标准型

2. 金属型护栏

金属型护栏的护壁板通常采用发纹不锈钢制作，并根据其与梯级或踏板的踏面（水平面）夹角分为直型和斜型两种。直型金属护栏多应用于普通公共交通型自动扶梯当中，而斜型金属护栏通常应用于重载型自动扶梯当中。图 6-0-3 为金属型护栏的外形示意图。

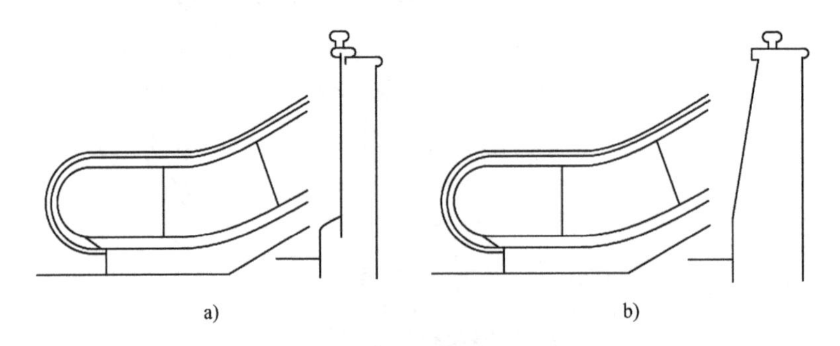

图 6-0-3　金属型护栏

a）直型　b）斜型

第一节　一般技术要求

由于扶手装置与乘客直接接触，是自动扶梯的一个重要安全部件，因此，在 GB 16899—2011 中对其结构尺寸参数和强度要求等都有较详细的规定。

一、尺寸参数（图 6-1-1）

1. 扶手装置的高度

扶手带顶面距梯级前缘或踏板表面或胶带表面之间的垂直距离 h_1 不应小于 0.90m 也不应大于 1.10m。

扶手装置高度值是扶手装置一个最基本的结构尺寸，也是一个重要的参数，如图 6-1-1 所示。扶手装置高度是根据人机结构原理而确定的，其值的大小直接影响自动扶梯的外形轮廓以及乘梯的舒适感，更重要的是影响乘客的人身安全。

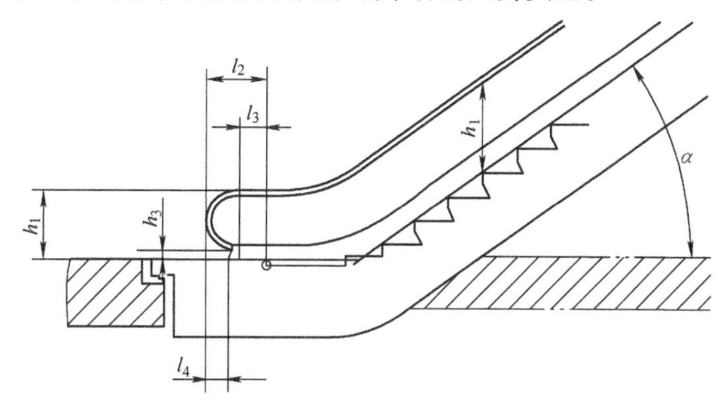

图 6-1-1　扶手装置尺寸参数

目前不同公司的产品对扶手装置高度值的设置各有不同，中国、日本等大多数亚洲地区的国家使用的标准扶手装置高度值为 900 ~ 1000mm 左右，欧美地区的国家（平均身高较亚洲地区相对较高）采用的高度值相对较高，据报道澳大利亚的大部分项目要求该值为 1100mm。图 6-1-2 所示为扶手装置高度过小时人员倾覆示意图。反过来可以想象，如果高度过高，则将引起乘梯时扶握不便等情况。

图 6-1-2　扶手装置高度过小时人员倾覆示意图

2. 扶手端部的位置

1）扶手转向端（包括扶手带在内），距梳齿与踏面相交线的纵向水平距离 l_2 不小于 0.60m。

2）在出入口，扶手带水平部分的延伸长度自梳齿与踏面相交线起 l_3 不应小于 0.30m。

扶手端部位置的 2 个要求是为了确保乘客进出自动扶梯或者自动人行道的安全性。因为在扶手端部位置，乘客需要在静止的地板和运动的梯级或踏板两者之间过渡，存在因惯性而产生不平衡导致摔倒等风险，如果扶手带装置的上述尺寸参数过小，则难以起到有效的扶握作用，增加不安全因素。

3. 扶手带入口的位置

1）扶手带在扶手转向端入口处的最低点与地板之间的距离 h_3 不应小于 0.10m，也不应大于 0.25m。

2）扶手带转向端定点到扶手带入口处之间的水平距离 l_4 不应小于0.30m。

3）如果 l_4 大于（$l_2 - l_3 + 50mm$），则扶手带进入扶手装置时，与水平方向的夹角 α 不应小于20°。

从上述尺寸规定可看出，在扶手带入口处，虽然设置有入口保护装置，但其尺寸要求也非常重要。从图6-1-1上可看出，如果 h_3 尺寸过小，则该部位容易产生类似尖角空间，容易夹物；如果 h_3 过大，则容易产生误碰扶手带入口装置的情况，两者都具有较大的安全风险。扶手带进入扶手装置时与水平方向的夹角 α 过小时，也存在较大的安全隐患。

4. 围裙板与梯级的位置

根据统计，由围裙板与梯级之间的间隙而引起的乘梯事故占的比例相当大。其中在自动扶梯的上下拐弯处，由于相邻梯级之间的相对运动，容易产生夹伤事故，因此，围裙板的安装间隙调整非常重要。

围裙板设置在梯级的两侧，任何一侧的水平间隙不应大于4mm，在两侧对称位置处测得的间隙总和不应大于7mm。

二、强度要求

为保证乘客搭乘自动扶梯的安全性，扶手装置的强度也需要达到如下的强度要求：

1. 承受外力能力

扶手装置应能同时承受静态600N的侧向力和730N的垂直力，这两个力均匀分布在扶手带导向系统顶部同一位置1m的长度上。

图6-1-3所示为均布力实际测试位置及其加载详细示意图。在实际应用过程当中，需要进行实际测试及验证工作。通常情况下，由于自动扶梯的上下水平部与中间倾斜段扶手装置结构有区别，所以在实际测试过程当中需要分别进行测试，直至全部符合要求。

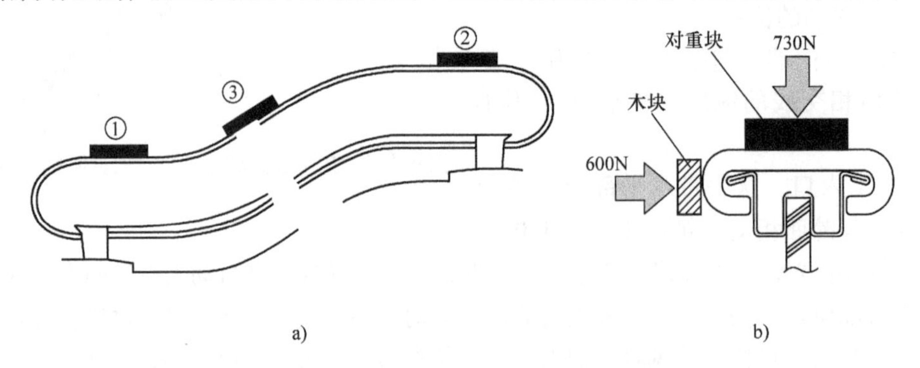

图6-1-3　扶手装置均布加载力测试示意图

对于垂直加载力，可通过在扶手上部的1m长度上均匀放置重块（如图6-1-3a所示的①、②或③的位置）。而对于侧向力，则通常需要通过多个弹簧计借助木块等等效成均布加载力方式实现，如图6-1-3b所示。

2. 护壁板刚度

在护壁板表面任何部位，垂直施加一个500N的力作用于$25cm^2$的面积上，护壁板不应出现大于4mm的缝隙和永久变形。

3. 围裙板刚度

在围裙板的最不利部位，垂直施加一个1500N的力于$25cm^2$的方形或圆形面积上，其凹陷不应大于4mm，且不应由此而导致永久变形。

测试承受外力能力、护壁板刚度和围裙板刚度时的加载部位如图6-1-4所示。

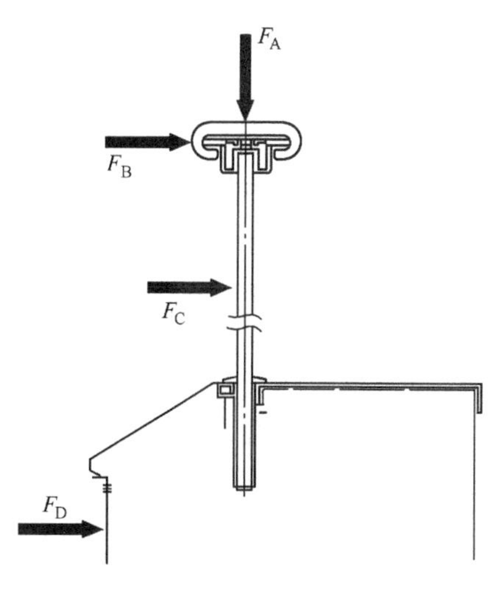

图6-1-4　扶手装置强度测试加载示意图

F_A—顶部加载　F_B—侧面加载

F_C—护壁板加载　F_D—围裙板加载

图6-1-5为护壁板和围裙板刚性测试示意图，该测试方法通过顶杆装置及百分表进行测试，该装置中调整装置是用来调整顶杆伸缩长度，其自带的压力传感器可实时读取施加压力大小，而百分表则可读取加载后的变形量及确认卸载后是否完全复位（指针返回零点），即是否产生永久变形，此外，对于加载过程中出现的缝隙则可通过塞尺等进行测量并读取。

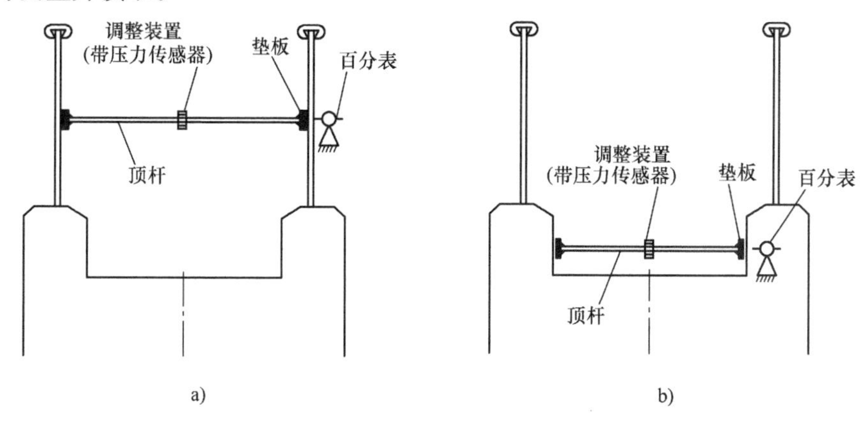

图6-1-5　护壁板和围裙板刚性测试示意图

a）护壁板　b）围裙板

第二节　玻璃护栏

一、玻璃护栏的分类

玻璃护栏的主体（护壁板）采用玻璃制造，通常有全透明玻璃和半透明玻璃两种，玻璃与梯级或踏板的踏面（水平面）呈直角布置，即垂直于地面。根据扶手盖板的形状与结构不同，玻璃型护栏分为苗条型和标准型两种，标准型玻璃护栏又有带照明装置和不带照明装置两种结构。

通常情况下为方便制作及管理，可将上述几种结构的玻璃型护栏的特点归纳为：区别仅在于玻璃以上的部分，玻璃以下的部分的结构基本相同。苗条型玻璃护栏与标准型玻璃护栏的区别在于其扶手盖板结构相对简单，并且通常扶手盖板与扶手带导轨为同一部件，从扶手带上垂直往下看时看不到扶手盖板部件；而标准型玻璃护栏的扶手盖板相对复杂，通常情况下需要另外安装扶手带导轨部件，整体结构部件及用材较多。标准型中的两种结构区别较小，即仅存在是否带照明装置及由此引起的细节结构变化的区别。

1. 苗条型玻璃护栏

苗条型玻璃护栏的扶手盖板多采用铝合金成形材料或冷拉成形钢材，其中心与玻璃护壁板的中心一致，以玻璃护壁板中心对称分布，该护栏外观简洁明朗，拆装也较为方便，应用广泛。

图 6-2-1 示出几种苗条型玻璃护栏的扶手盖板截面形式，其中图 6-2-1a 为两种采用冷拉成形钢材制作而成的玻璃护栏，通常该扶手盖板与扶手带导轨为同一部件，而图 6-2-1b 为两种采用铝合金成形材料制作而成的玻璃护栏，通常需要在该成形材料上增加耐磨塑料，以方便磨损时更换。

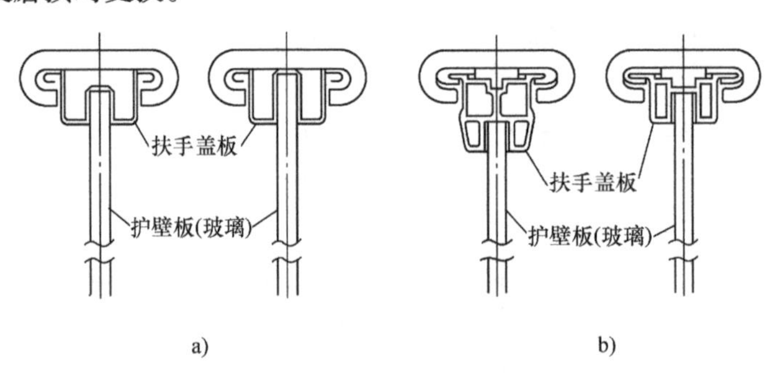

图 6-2-1　苗条型玻璃护栏扶手盖板
a）冷拉成形　b）铝合金成形

2. 标准型玻璃护栏

标准型玻璃护栏的扶手盖板通常采用铝合金成形材料或者由铝合金成形材料和冷拉成形钢材两者的组合，而该护栏的扶手带导轨则一般为冷拉成形钢材结构，两者通过紧固螺栓进行固定。

图 6-2-2 为几款标准型玻璃护栏扶手盖板及扶手带导轨截面示意图。从图上可看出，这部分结构的区别除了是否带照明装置之外，还有扶手带与玻璃护壁板的中心线是否对齐，一般来说，中心对齐结构的受力情况相对较好。

标准型玻璃护栏的照明装置需根据要求进行配置，目前，市场上通用的照明灯常选用

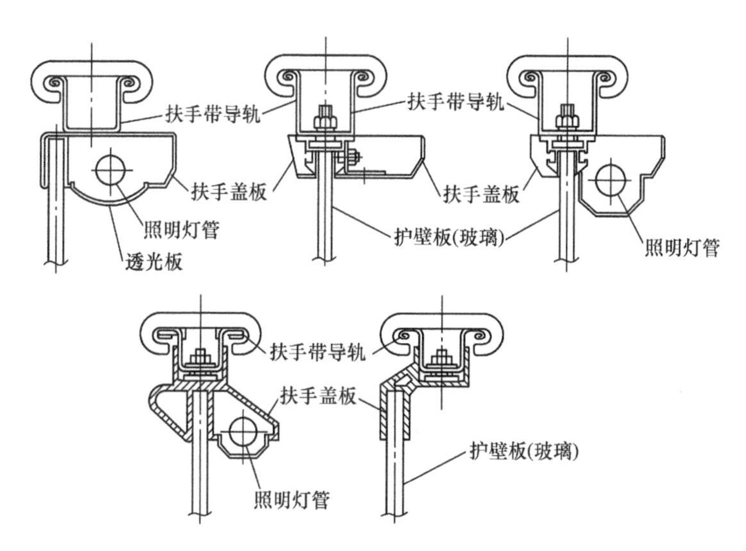

图 6-2-2 标准型玻璃护栏扶手盖板

多根冷极灯管组合而成。随着技术的发展，近些年也出现了较多采用LED灯的结构，后者相对更加节能环保，并且寿命较长。此外，为了防止意外触碰，需要安装透光板，透光板通常为塑料材料。

二、玻璃护栏的部件

玻璃型护栏组成部件主要有：玻璃护壁板、扶手盖板、扶手带导轨、U形夹紧件（玻璃夹码）、夹紧条、内外盖板、围裙板、外装饰板、照明装置（如有）及其安装件（如裙板梁、裙板梁支架、双面胶及橡胶条等）。如图6-2-1～图6-2-3所示。

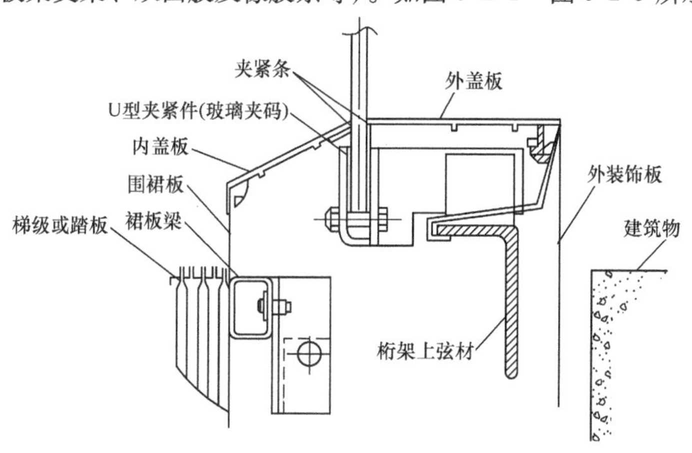

图 6-2-3 玻璃型护栏基本结构

1. 玻璃护壁板

玻璃壁板应采用是钢化玻璃。单层玻璃的厚度应不小于6mm。当采用多层玻璃时，应为夹层钢化玻璃，并且至少有一层的厚度应不小于6mm。

此外，在实际应用过程中，玻璃护壁板一般还应满足以下的技术要求：

1）为方便安装，每块玻璃的重量在50kg以下。

2）考虑到使用过程中可能产生的热变形，通常玻璃间隙至少为1mm，通常设计理论要求为2～3mm。

3）玻璃护壁板应可靠固定，采用防偏移、防脱落的结构。玻璃护壁板的上部由扶手盖板进行固定，下部由下部夹紧装置固定，同时，需要注意夹紧力矩的大小。

4）为提高护壁板的强度及可靠性，应在每个玻璃护壁板处设置2～3个U形夹紧件（玻璃夹码），相邻两个夹紧件的间距通常在800～1500mm之间。

图6-2-4为两种不同玻璃护壁板的对接部结构，其中图6-2-4a为对接口垂直于自动扶梯的运行方向，而图6-2-4b为对接口垂直于地面。通常情况下，为了方便部件的制作、搬运及保护等，各企业的标准配置结构为图6-2-4a所示形式，图6-2-4b所示结构仅在用户特别要求时进行配置。

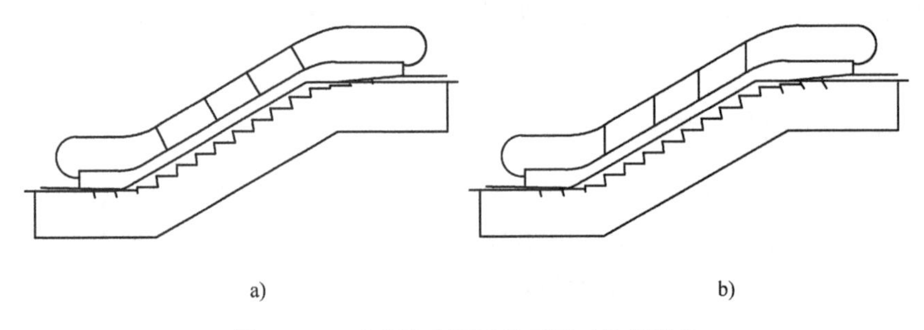

图6-2-4　玻璃护壁板两种不同对接部结构

同时，对于上下水平部及R部玻璃在允许情况下通常做成一体化，其目的在于减少玻璃护栏数量便于安装调整，提高精度。

2. 扶手盖板

扶手盖板是指与扶手带导轨相接并形成扶手装置顶部覆盖面的横向部件。如前面所述，玻璃型护栏扶手盖板常用结构为铝合金成形材料、冷拉成形钢材或者两者的组合件，其常用结构如图6-2-5所示。扶手盖板的一个共同点在于都具有与玻璃厚度相匹配的卡槽结构，并通过增加薄型夹紧件或者双面胶与玻璃护壁板进行匹配安装。

特别需要指出的是，由于安装扶手盖板是在安装玻璃之后，而玻璃本身是分段对接的，当扶手盖板对接处与玻璃对接处位于同一位置时，通常需要在玻璃对接处采用一小段扶手盖板同时并接相邻两块玻璃护壁板或者通过其他加强措施，避免对接口处连接强度不足影响正常使用，如图6-2-6所示。

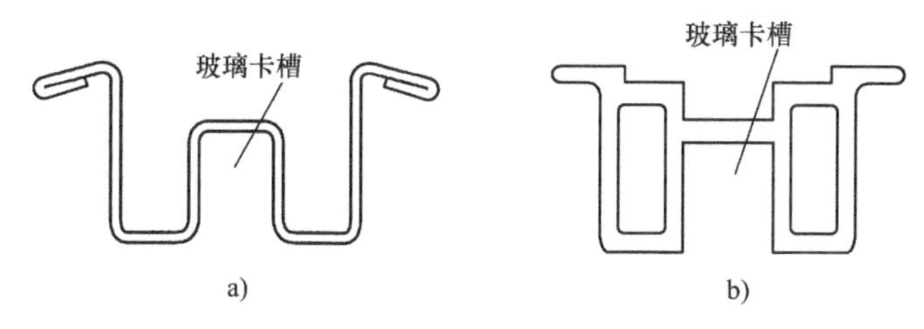

图 6-2-5　玻璃型护栏扶手盖板结构
a）冷拉成形　b）铝合金成形

3. 扶手带导轨

这里所述的扶手带导轨是指位于扶手盖板上面部分的部件，如前面所述，扶手带导轨部件通常采用螺栓固定在扶手盖板上，与扶手盖板一体化安装。其常用材料有：冷拉成形钢材（包括不锈钢）、铝合金成形材料和塑料类材料部件等（如图 6-2-1 和图 6-2-2 所示），当采用塑料类部件时，通常也需要冷拉成形钢材或铝合金成形材料作为骨架结构进行支撑（如图 6-2-7 所示），目的在于降低扶手带运行阻力、方便更换和降低维保费用等。

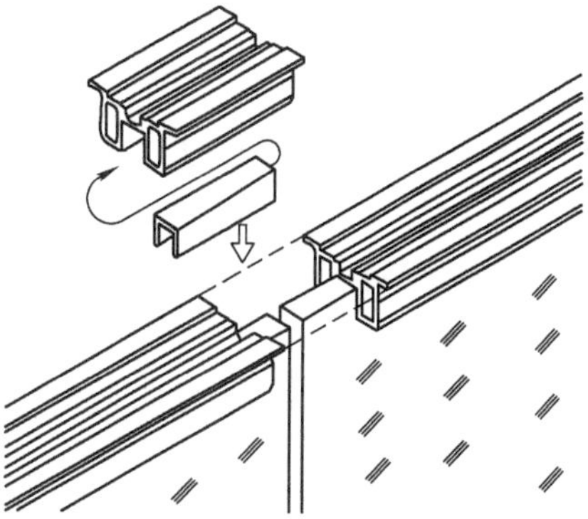

图 6-2-6　玻璃护壁板对接处扶手盖板连接结构示意图

4. 下部夹紧装置

这里所述的下部夹紧装置是指 U 形夹紧件（玻璃夹码）及夹紧条的统称，通常情况下，U 形夹紧件（玻璃夹码）是间隔分段安装的，相邻间隙通常在 900 ~1500mm 之间，而夹紧条则是连续安装，目的在于改善玻璃的受力情况。

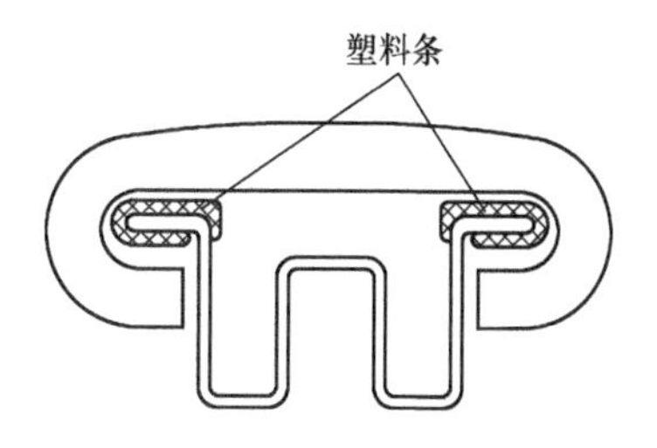

图 6-2-7　扶手带导轨截面示意图

市面上通用的 U 形夹紧件（玻璃夹码）主要有两种结构，其一是钣金件，其二是铸件，两者都是通过调节螺栓进行调节夹紧力。而夹紧条结构通常为冷拉成形钢材，常用板材厚度在 1 ~2mm 之间，由于夹紧条上有内外盖板的安装，因此在夹紧条的结构除了考虑玻璃护壁板的安装外，还需一并考虑内外盖板相关结构尺寸及安装方便性等。

图 6-2-3 示出一种钣金件的 U 形夹紧件（玻璃夹码）安装结构，图 6-2-8 示出铝合金铸件结构的 U 形夹紧件（玻璃夹码）安装结构及玻璃夹码示意图。

5. 盖板

盖板可分为内盖板与外盖板，如图 6-2-3 所示。内盖板位于护壁板内侧（梯级侧），主要作用在于覆盖围裙板和护壁板间的间隙；外盖板是指连接外装饰板和护壁板的部件，

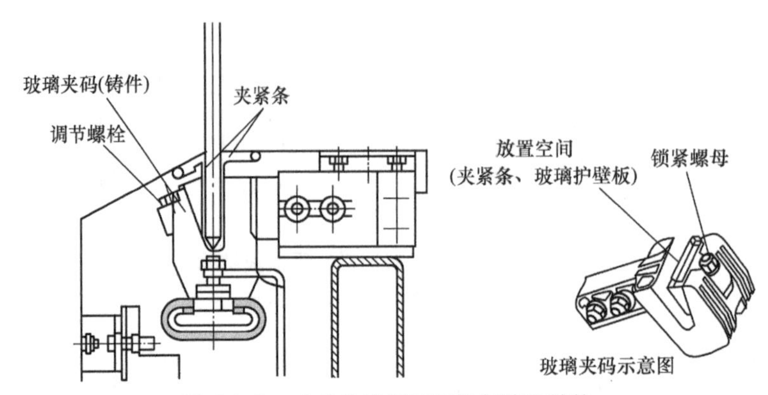

图 6-2-8 玻璃护壁板下部夹紧装置结构

位于护壁板外侧、外装饰板上方，覆盖装饰板和护壁板间的间隙。

由于内外盖板属于非重要受力部件，一般采用厚度为 1 ~2mm 的冷拉成形钢材或者薄型铝合金成形材制作而成。

6. 围裙板

围裙板是指与梯级、踏板或胶带相邻的扶手装置的垂直部分，也即是设置在梯级两侧并与梯级之间的间隙不应大于 4mm，两侧间隙之和不应大于 7mm。

图 6-2-9 为自动扶梯围裙板布置示意图，从图中可看出，该部件贯穿整个自动扶梯梯级工作区间，并且直接面对乘客，因此，围裙板既是装饰部件又是安全部件，其通常由喷涂钢板或不锈钢板制作而成，板材厚度通常为 1.5 ~3mm。为了加强围裙板的刚度，围裙板的背面都配有裙板梁（加强筋），如图 6-2-10 所示。

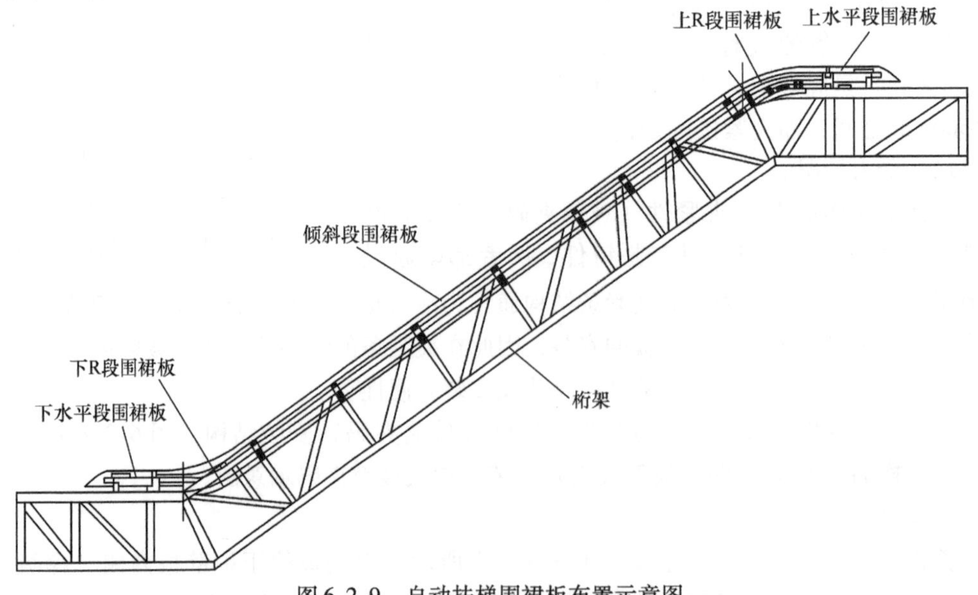

图 6-2-9 自动扶梯围裙板布置示意图

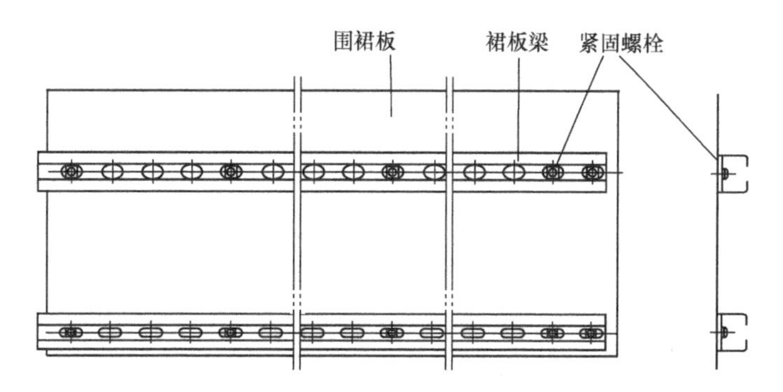

图 6-2-10　围裙板的加强筋

除了上述尺寸和刚性要求之外，还需要考虑采取适当措施减小围裙板的滑动摩擦因数。常用的方法是围裙板表面喷涂低摩擦因数的材料，或采用光面的不锈钢板等。

7. 外装饰板

外装饰板又称为外包板，是指从外盖板起，将自动扶梯桁架封闭起来的部分。

外装饰板也需要一定的强度，在外装饰板上任意点垂直施加 250N 的力作用在 25cm^2 面积上，外装饰板不应产生破损或导致缝隙的变形。固定件应设计成至少能够承受两倍的外装饰板自重。

外装饰板通常由涂漆钢板或不锈钢板制作而成，也有的自动扶梯在两侧使用透明玻璃，向外界展示自动扶梯的内部结构，如图 6-2-11 所示，图中 1 是钢板，2 是玻璃。

图 6-2-11　自动扶梯透明外装饰板
1—普通装饰板　2—玻璃装饰板

由于外装饰板还具有装饰性，通常情况下，该部件由用户自行安装或者另行委托安装。

需要指出的是，对于有特殊装饰或结构要求，尤其外装饰板重量较重可能超出桁架预留的装饰重量的情况，用户需要与生产厂家共同探讨，由厂方对桁架做出相应结构改变或者加强，以免强度不足引起安全事故。

第三节 金 属 护 栏

金属型护栏有扶手支撑柱部件，金属护壁板和扶手盖板都是直接或者通过一定的辅助支架安装在扶手支撑柱上，因此金属型护栏与玻璃型护栏相比较具有很高的承受外力的能力。

一、金属护栏的分类

金属护栏的护壁板通常采用发纹不锈钢制作，类型分为直型和斜型两种，直型金属护栏多应用于公共交通型自动扶梯上，而斜型金属护栏则多用于重载型自动扶梯上。究其原因，由于斜型金属护栏为无内盖板部件结构，相当于金属护壁板充当了玻璃护栏中的玻璃和内盖板功能，因此，其相对于水平面倾斜角度远远大于 GB 16899—2011 中规定的 25°要求，消除了踩踏内盖板危险，因此，其相对于直型金属护栏更加安全，更适合大客流的公交场所使用。

1. 直型金属护栏

图 6-3-1 为一种直型金属护栏结构示意图。与玻璃型护栏的护壁板垂直水平面布置结构类似，直型金属护栏的护壁板也是呈垂直布置状态的区别在于两者的材质不同。因此，在正常情况下，金属材质护壁板相对于玻璃材质护壁板安全性更高。

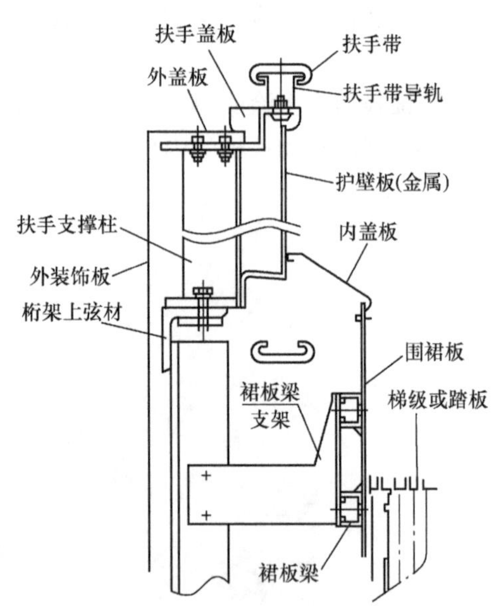

图 6-3-1 直型金属护栏结构

直型金属护栏在外形结构与斜型金属护栏相比显得相对轻巧，因此多用于要求护栏强度高，但又希望外观不要太厚重的一般公共交通场所。

2. 斜型金属护栏

图 6-3-2 为一种斜型金属护栏结构组成示意图。该护栏结构与直型金属护栏在结构组成上除了护壁板的倾斜角度和没有内盖板的区别之外，并无大的区别。但与直型金属扶梯相比，由于其护壁板是斜的，内盖板与护壁板合成了一体，增大了空间，且两侧护壁板的间距在任一点都是上部尺寸要大于下部尺寸，在人流十分拥挤的情况下也不会对人体产生挤夹，因此在公共交通型自动扶梯与重载型自动扶梯上得到广泛使用。

二、金属护栏部件介绍

1. 金属护壁板

金属护壁板一般用不锈钢材料制作，板材厚度类似于围裙板，在1.5～3mm之间。由于该部件直接面对乘客，两块板对接处不允许有锐边，因此金属护壁板对接处通常都是采用折弯结构（如图6-3-3所示），使对接处产生圆角，同时也增强了护壁板的刚性。此外，由于金属护壁板的材料比较薄，需要防止其在自动扶梯运行时产生振动导致噪音，在护壁板与其他部件连接处需要通过压紧条（加垫橡胶条）或者采用弹簧夹等结构加以妥善固定。其固定方法还需要考虑在维修中的装拆方便。

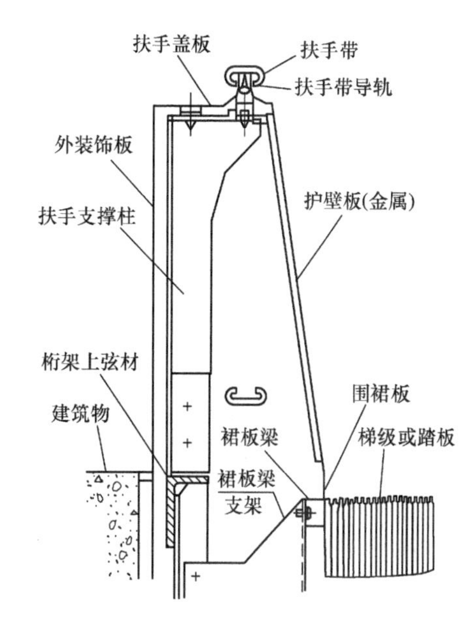

图6-3-2　斜型金属护栏结构

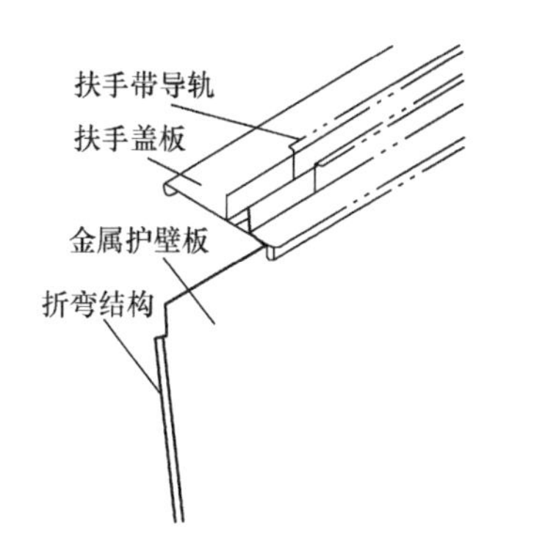

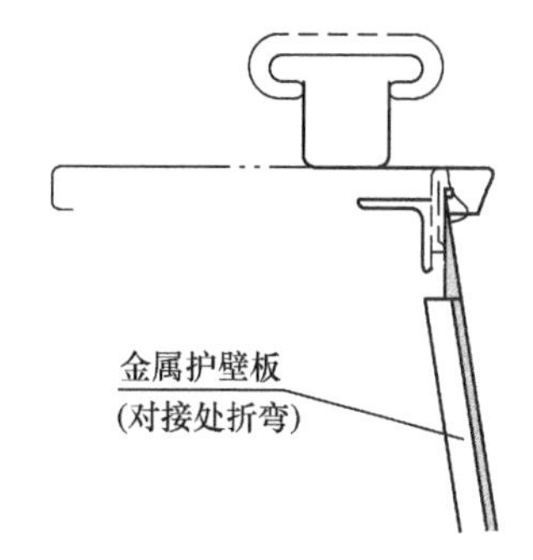

图6-3-3　金属护壁板的结构

2. 扶手盖板

金属型护栏的扶手盖板通过其自身特殊结构或者辅助支架固定在扶手支撑柱上，因此无玻璃型护栏的扶手盖板上所具有的卡槽结构。图6-3-4和图6-3-5分别为铝合金成形材料扶手盖板和冷拉成形钢材扶手盖板结构示意图，从图上可看出，该两款扶手盖板结构都为外盖板和扶手盖板一体化结构，扶手带导轨通过螺栓固定在扶手盖板上面。其中铝合金成形材料扶手盖板具有精度高、安装方便快捷的优点；冷拉成形钢材扶手盖板一般用不锈钢制造，但具有成本优势。

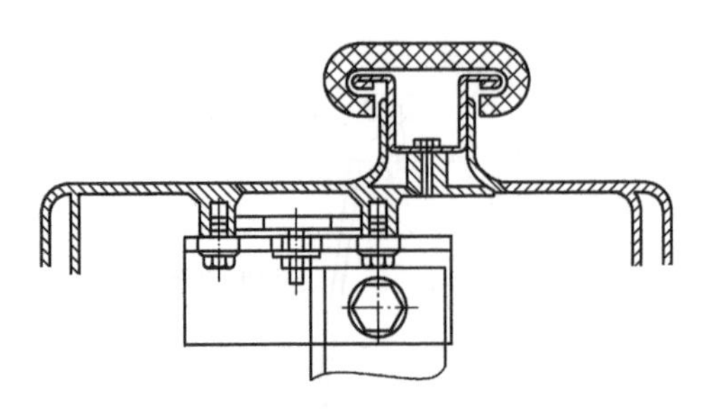

图 6-3-4　金属护栏的铝合金成形材料扶手盖板

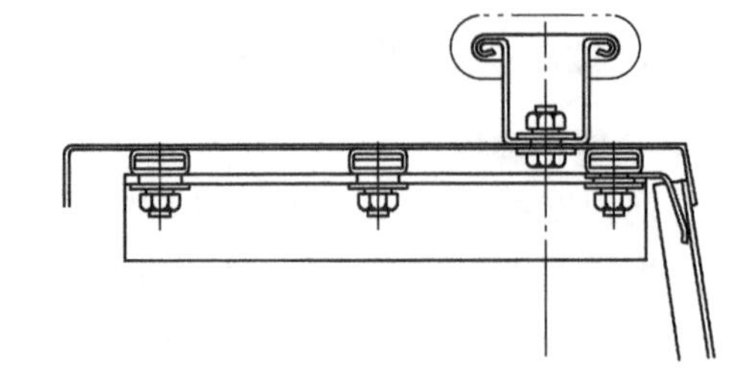

图 6-3-5　金属护栏冷拉成形钢材扶手盖板

3. 扶手支撑柱

扶手支撑柱是金属型护栏中重要的承载部件，通常按一定间隙布置，相邻两个扶手支撑柱的间隙通常在 900 ~ 1500mm 之间，其高度依据护栏高度等确定。目前，通用的扶手支撑柱主要有钢材钣金成形件和型钢（主要为角钢）两种。扶手支撑柱下端部分连接在桁架主体构架上，上端部分与扶手盖板等相关护栏部件或支架连接，对斜型金属护栏来说，通常扶手带返回侧导向轮也会安装在扶手支撑柱上。

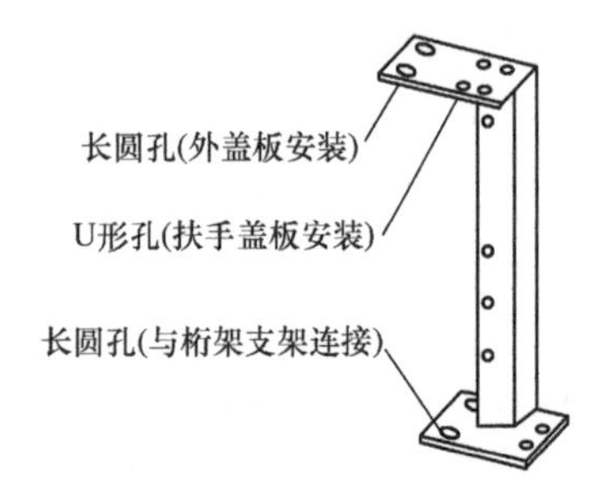

图 6-3-6　扶手支撑柱安装结构

图 6-3-6 为扶手支撑柱安装结构示意图，扶手支撑柱的具体结构跟护栏、桁架其他相关安装件结构密切相关，为了方便安装及调整，通常情况下会设置长圆孔或者凹槽甚至定位块等结构。

第四节　护栏的安装

本书前面的内容曾介绍过，自动扶梯通常在生产厂内组装调试后再发货至工程现场，但由于受制于运输车辆、通道、安装空间及技术要求等条件，除了整机发货之外，工程现场大都需要进行护栏的安装作业，因此，护栏的安装是比较常见的工作，下面以某一品牌的扶梯为例，分别对玻璃型护栏和金属型护栏的安装作简要介绍。

一、玻璃型护栏的安装

玻璃型护栏各主要部件的安装一般顺序为：裙板梁支架⟶U 形夹紧件（玻璃夹码）⟶（玻璃）夹紧条⟶外盖板⟶玻璃护壁板⟶扶手盖板（含扶手带导轨）⟶照明装置（如有）⟶扶手带返回侧导向件⟶扶手带⟶围裙板⟶围裙板防夹装置⟶内盖板。

1. 裙板梁支架的安装

裙板梁支架安装在桁架上，是用于安装裙板的部件，由于该部件通常是固定在桁架的纵梁上，其布置间隔一般与桁架纵梁间距一致。该部件不影响桁架的分段、拆卸、驳接和运输等，因此，一般在工厂的整机组装时以工装定位加以安装。

2. U形夹紧件（玻璃夹码）的安装

U形夹紧件（玻璃夹码）是根据自身结构安装在桁架上弦材或者上弦材支架上的，与裙板梁支架类似，可在生产厂内组装。

3. （玻璃）夹紧条的安装

夹紧条是夹紧玻璃用的，因此该部件安装较为简单。需要注意的是其对接处通常位于U形夹紧件内。需要注意夹紧条的开口是否良好，以便玻璃护壁板的放入，如图6-4-1所示。

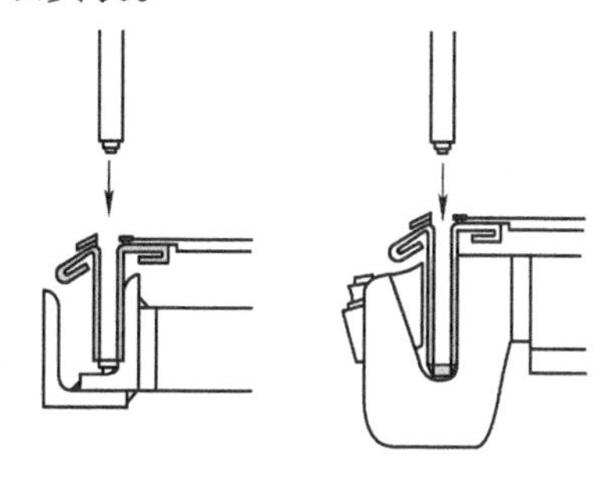

图6-4-1　夹紧条安装状态示意图

4. 外盖板安装

通常情况下，安装人员都是站在梯级或者踏板上进行护栏组装的（尤其是在建筑井道空间有限情况下）。因此，安装玻璃护壁板之前应先安装外盖板部件。外盖板的安装需要注意其平整度，由于制作及安装误差无可避免，通常在设计时，使最后安装的一个部件（通常为中间直线段）预留一定切割余量，在安装时根据需要现场切割，如图6-4-2所示。

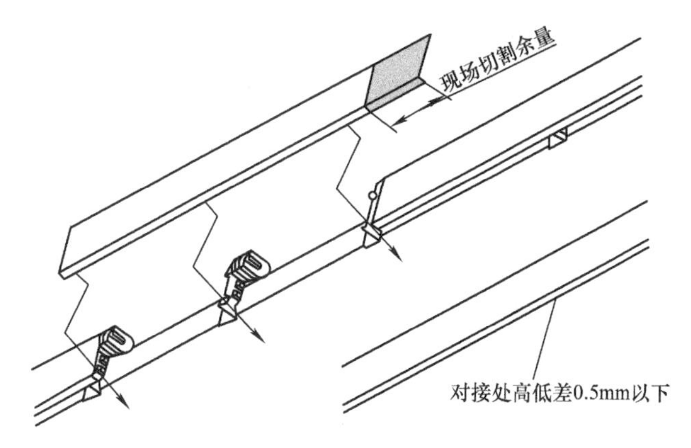

图6-4-2　外盖板拼接安装示意图

5. 玻璃护壁板的安装

玻璃护壁板的安装是玻璃型护栏安装的重要一环，玻璃护壁板安装质量将直接影响后续相关部件的安装质量甚至扶手带的运行等，因此需要加以重视。目前，玻璃护壁板的安装顺序主要有以下两种：

1）首先安装下段端部回转站的玻璃，接着是安装直线段玻璃栏板，最后安装上段端部回转站的玻璃。

2）先安装上、下段端部回转站的玻璃，最后安装中间直线段玻璃。

由于上、下段端部的玻璃端部定位尺寸（图 6-4-3 中的ⓐ）关系到扶手带的安装，因此需要严格控制该处的安装尺寸。尤其在自动扶梯提升高度较高情况下，由于玻璃本身部件制作公差，加上安装公差的累积，如果从下端往上端顺序安装时，可能导致最后安装的上段端部玻璃与理论定位尺寸超差较大，因此采用从中部开始向两端安装的方法比较可取（如图 6-4-3 的中间图）。

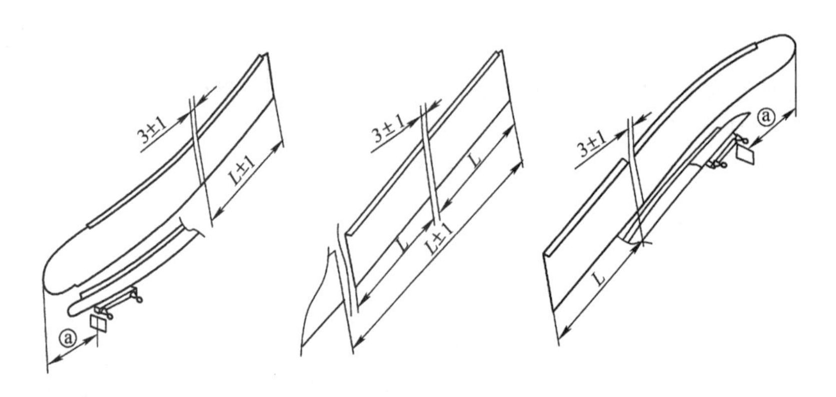

图 6-4-3　玻璃护壁板安装示意图（图中 L 代表玻璃长度尺寸）

玻璃护壁板安装需要注意：

1）钢化玻璃安装时，应特别使用手动吸盘，大块玻璃应由两人以上搬动。

2）安装过程中未紧固前，必须在玻璃护壁板接缝中安装胶木板等缓冲材料以防止玻璃爆裂。

3）调整和移动玻璃时要确保玻璃夹紧条保持在玻璃夹码紧固的对应位置，不能错位。

4）在安装玻璃的同时，用塑料衬板或橡胶条等调整相邻两块玻璃的高度、间隙及端面平整度，使相邻两块玻璃的错位小于 2mm，各玻璃之间的间隙基本相等，符合厂家设计要求，并且两侧玻璃护壁板之间下部的水平距离应与上部的相同。

5）拧紧螺栓时最好用扭力扳手，保证拧紧力矩不要超过规定值。

6. 扶手盖板（含扶手带导轨）**的安装**

扶手盖板（含扶手带导轨）沿玻璃护壁板铺设，并且具有与玻璃相匹配的卡槽，只需按照要求顺序（通常与玻璃护壁板安装顺序一致）安装即可。与外盖板类似，安装最后一件扶手盖板时一般需要现场切割。扶手盖板和扶手导轨在对接位置需要特别注意，在对接处必须光滑无尖棱，必要时可用手工修磨平整，如图 6-4-4 所示。

此外，由于扶手盖板材料较单薄存在制作误差，在打入玻璃护壁板的夹紧件时如果过紧则需要借助软质工具用适当的力将扶手盖板完全嵌入玻璃并砸实，敲打时需要注意敲打位置，避免扶手盖板变形，切忌敲打扶手带导轨，以免影响扶手带正常运行，如图 6-4-5 所示。

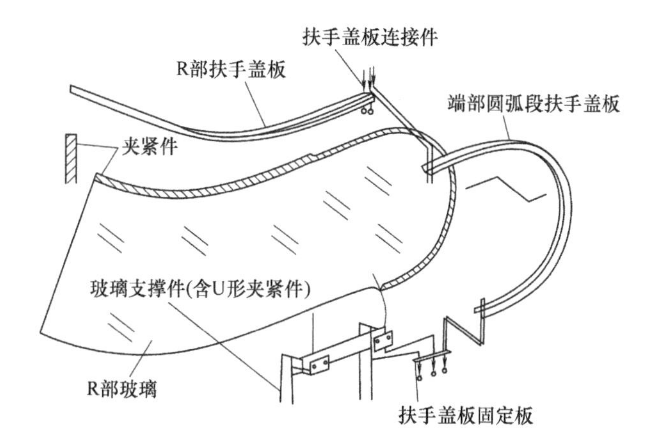

图 6-4-4　扶手盖板（含扶手带导轨）的安装

7. 照明装置的安装

照明装置结构形式多样，安装时一般先安装灯具固定支架，其次安装灯管或者灯带，电缆接线（采用灯管时通常需接整流器），最后装透光板（罩）。

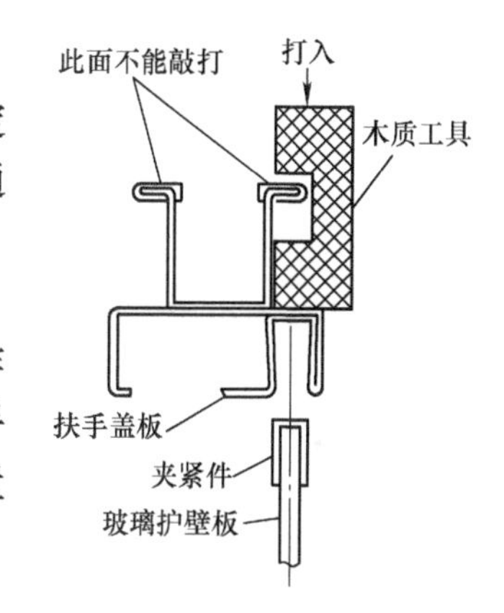

图 6-4-5　扶手盖板打入示意图

8. 扶手带返回侧导向件的安装

扶手带返回侧导向件是扶手带驱动系统相关部件，作用是对返回侧扶手带进行导向，防止跑偏，同时减少扶手带运行阻力。该部件的安装只需根据设计需要在相应位置或者间距安装即可，但必须注意保证其平直度要求。

9. 扶手带的安装

扶手带一般是整根环状出厂的，安装前应对内外表面做清洁，当扶手带在最后约 150mm 部分装入时，受力比较大，可采用专用工具将其逼入扶手导轨，注意不要用螺钉旋具（如图 6-4-6 所示），因为这样容易损坏扶手带或刮伤抛光栏杆表面。

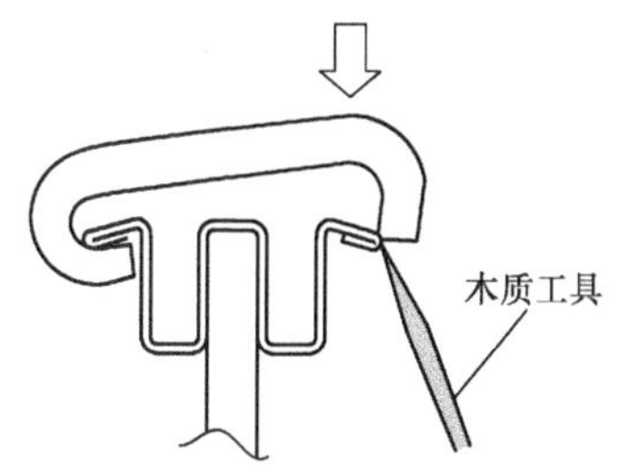

图 6-4-6　扶手带逼入导轨示意图

10. 围裙板安装

围裙板安装示意图如图 6-4-7 所示。围裙板安装方法如下：

1）围裙板的安装顺序一般为先装自动扶梯的上、下两端，然后再装中间直线段。最后安装的一件围裙板一般需要现场切割，如图 6-4-7 所示。

2）将围裙板卡入裙板梁支架，裙板梁与裙板梁支架定位面之间必须紧贴，无松动现象。

3）拼装裙板时，接缝处应严密平整，不得有凹凸不平和弯曲的现象。装裙板时，应用软质工具将裙板敲正。

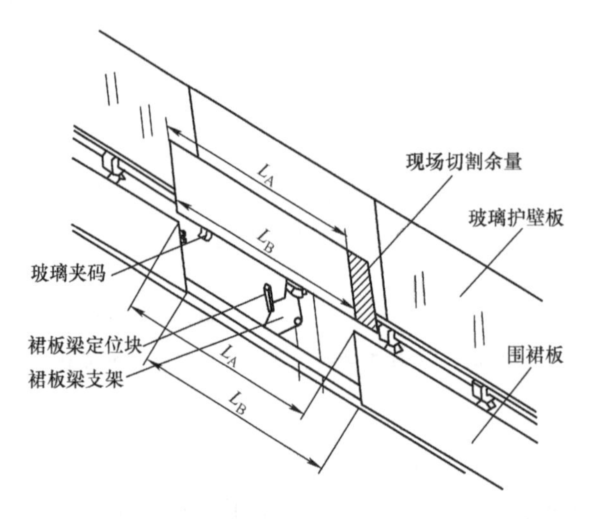

图 6-4-7　围裙板安装示意（图中 L_A、L_B 代表围裙板现场切割加工尺寸）

4）调整围裙板与梯级的间隙：①梯级的侧面与裙板表面的间隙安装标准为：单边间隙 1 ~ 4mm，两边间隙之和不大于 7mm。②标准规定的间隙范围内，微调围裙板安装尺寸，以保证梯级运动时与围裙板不产生接触和摩擦且在任何运动位置间隙均不会超越标准的规定。③调试时可用移动裙板梁支架的方法来进行调整。

5）安装、调整完围裙板后应手动盘车或者以维修速度慢行至少一周，在保证无刮蹭、异响后方可正常行车。

11. 围裙板防夹装置安装

由于围裙板防夹装置（毛刷或胶条）是安装在厚度为 1.5 ~ 3mm 的围裙板上，一般需采用铆螺母的方法，再用螺栓加以固定。下面介绍工程现场采用铆螺母安装工艺的安装过程及注意事项。

1）将固定座按照设计安装尺寸要求放置在裙板上，固定座零件一般预先开有安装孔，用笔在固定座对应孔位置标上记号。图 6-4-8 是上端部围裙板防夹装置安装位置示意。

2）取下固定座，在标记位置配钻铆螺母用的孔。

3）用铆枪在对应孔位铆上铆螺母。

4）将固定座放置在裙板上，并让其安装孔与铆螺母对准，装上紧固螺栓（图 6-4-9）。

5）下端部及中间直线段的安装过程与上述一样。

6）固定座安装完毕后，接着将毛刷或胶条（柔性部件）安装在固定座上。

围裙板防夹装置安装中应注意的事项：①围裙板防夹装置的安装尺寸必须符合 GB

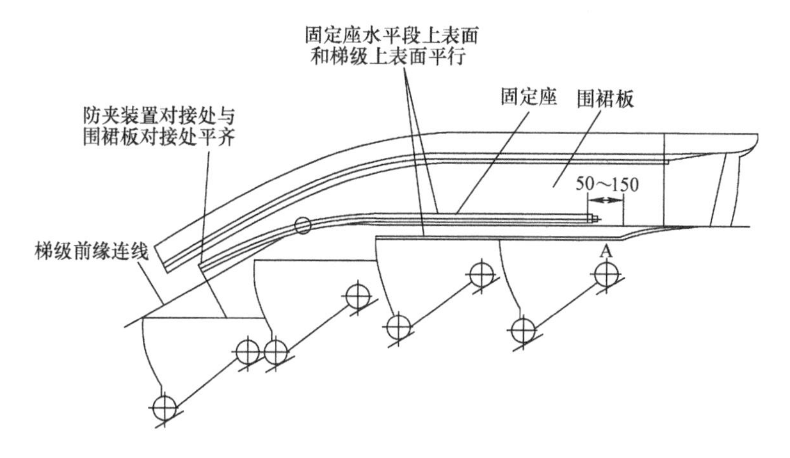

图 6-4-8　上端部围裙板防夹装置定位及安装

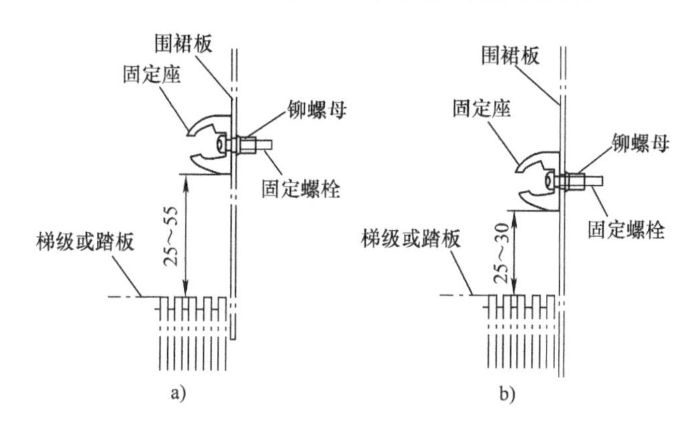

图 6-4-9　固定座安装定位及固定方式

a）过渡区段和水平区段　b）倾斜区段（直线段）

16899—2011 要求，如图 6-4-10 所示。②每条防夹装置的长度最好与每块围裙板的长度一致，即对接口位置一致，这样在维修中装拆围裙板时可以不用先拆除防夹装置。

12. 内盖板安装

图 6-4-11 为内盖板拼接安装示意图，其与外盖板等部件一样，通常需要对最后一块做现场切割，由于内盖板侧直接面对乘客，应注意对接部的平整。

二、金属型护栏的安装

安装金属型护栏的一般顺序为：裙板梁支架⟶扶手支撑柱⟶外盖板（如有）⟶扶手盖板（含扶手带导轨）⟶扶手带返回侧导向件⟶扶手带⟶围裙板⟶围裙板防夹装置⟶内盖板（如有）⟶金属护壁板。

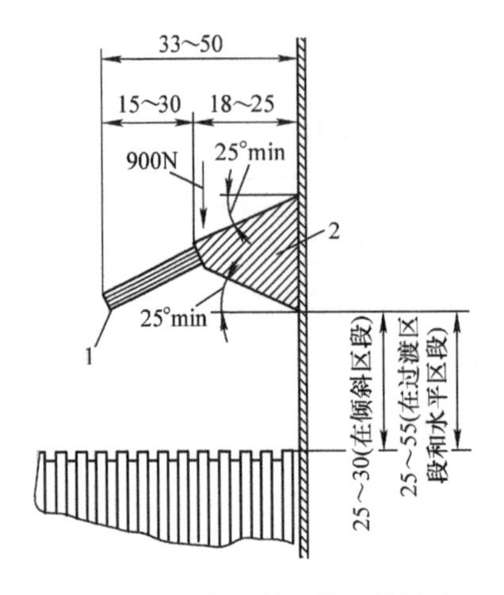

图 6-4-10　防夹装置的安装尺寸

1—毛刷　2—固定座

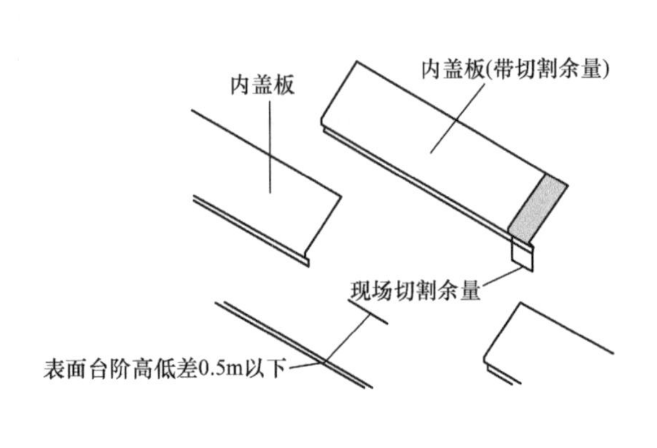

图 6-4-11　内盖板拼接安装

由于金属型护栏的安装与玻璃型护栏的安装大体内容是相同的，这里仅以斜型金属护栏为例介绍与玻璃型护栏区别较大的扶手支撑柱、扶手盖板（含扶手带导轨）及金属护壁板的安装。

1. 扶手支撑柱安装

图 6-4-12 为扶手支撑柱安装示意图。通常情况下，自动扶梯的桁架上弦材设置有支撑柱安装支架，支架上设置有长圆孔用于固定扶手支撑柱。

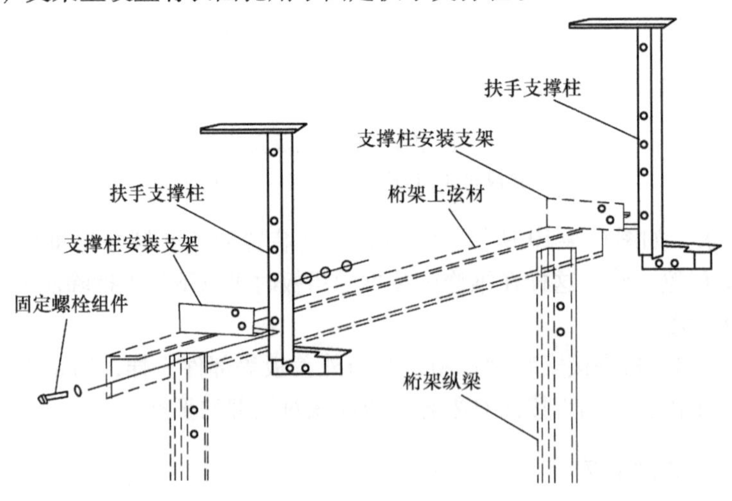

图 6-4-12　扶手支撑柱安装示意图

扶手支撑柱预安装到支撑柱安装支架后，需要调整和控制其对桁架中心线的位置精度，（如图 6-4-13 所示的尺寸 A 和 B，C 和 D）以及高度尺寸（如图 6-4-14 所示采用放钢丝形式确定)。

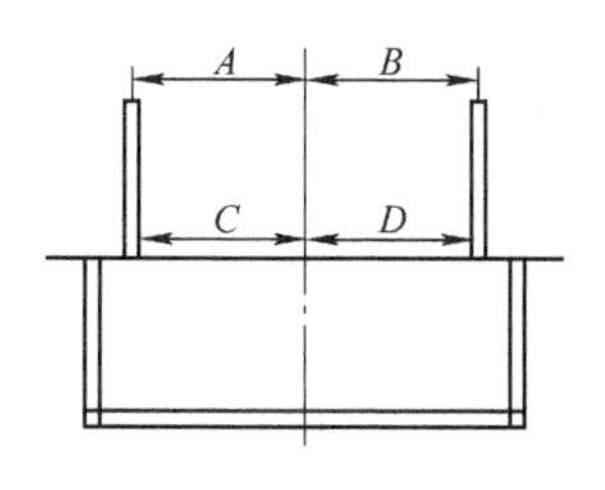

图 6-4-13　扶手支撑柱对中尺寸测量示意

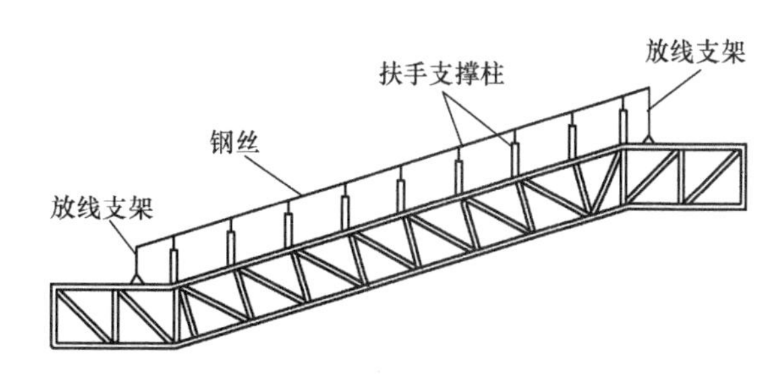

图 6-4-14　扶手支撑柱对中尺寸测量示意

2. 扶手盖板(含扶手带导轨)安装

在金属型护栏中,扶手盖板是安装在扶手支撑柱上的,当护栏具有独立外盖板结构时(如图 6-3-1 所示),可先安装外盖板再安装扶手盖板。由于扶手盖板上含扶手带导轨,其安装质量(平整度、直线度等)直接关系到扶手带的运行平顺性。扶手盖板安装实例示意图如图 6-4-15 所示。

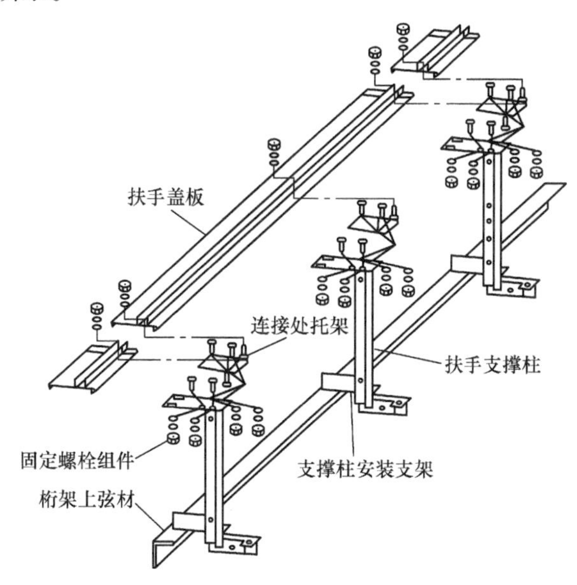

图 6-4-15　金属护栏扶手盖板的安装

3. 金属护壁板安装

金属护壁板的安装顺序也是先装上、下两个端头,然后再装中间直线段。如图 6-4-16 所示为一款斜型金属护栏的金属护壁板的安装示意图。

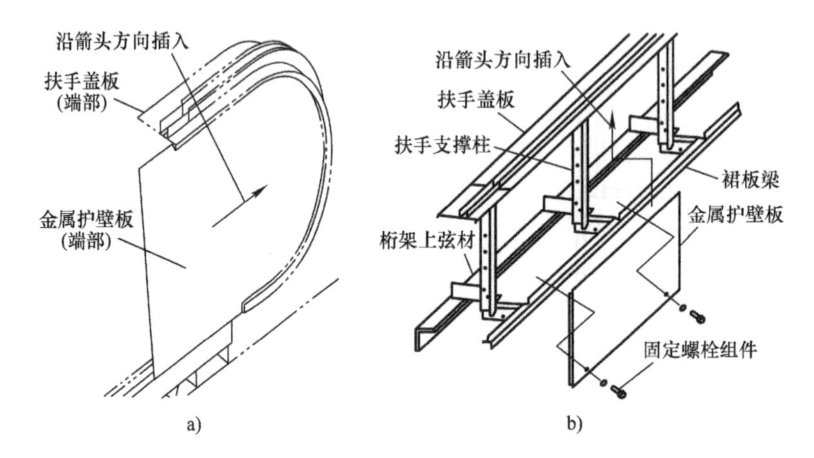

图 6-4-16　金属护壁板安装示意图

a）端部护壁板安装示意图　b）中间倾斜段（直线段）护壁板安装示意图

第七章　安全保护装置

自动扶梯是与人有接触的运输机器，可能发生的安全事故涉及两方面的人员：乘客和操控者（如安装、调试、维修等人员）。针对可能发生的安全事故，自动扶梯除在结构设计提高安全性外，还设置了各种安全保护装置，并以电气控制的方式对自动扶梯的运行实行安全控制。安全保护（监测）装置和电气安全设计，构成了自动扶梯的安全系统。

其中电安全设计方面的内容将在第八章第一节“电控原理与电路设计”中作介绍。

图 7-0-1 是安全保护装置的布置图。

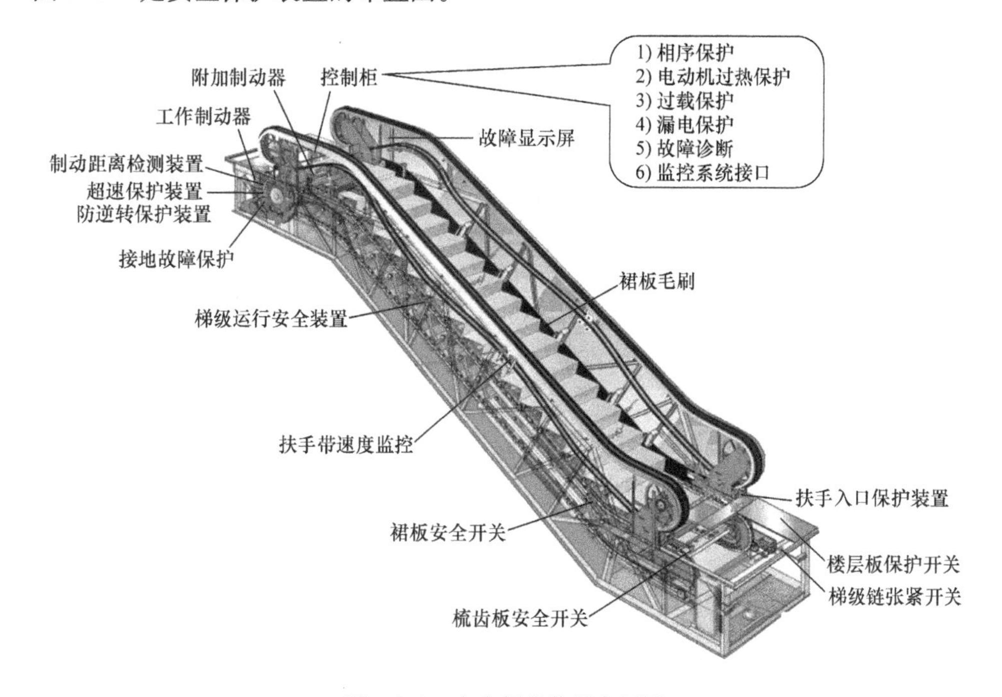

图 7-0-1　安全保护装置布置图

第一节　自动扶梯可能发生的安全事故

GB 16899—2011 中列出了重大危险清单，并提出了相应的安全措施。通过风险评估的方法，识别出关系到人员的所有重大危险、危险状态和事件。

一、重大危险清单

1. 机械危险

由于机器设计或接近机器的原因，在自动扶梯上以及紧邻区域可能发生的机械危险包括：

1）与通常情况下公众不能接触到的机械部件（如驱动装置、扶手驱动）相接触。这里的机械部件指的是自动扶梯安装在机身内的机械装置，包括驱动主机、扶手带驱动装置、梯级链等，如果人员接触这些传动部件是危险的，易造成吸入或卷入、摩擦、冲击等伤害。因此自动扶梯除梯级以及可接触的扶手带部分外的所有机械运动部件，必须完全封闭起来。

2）扶手带和扶手装置以及扶手装置之间挤压、剪切手指。扶手装置之间挤压指的是自动扶梯两侧扶手装置与人身体间可能发生的挤压。为了防止人流拥挤时发生扶手装置之间挤压，两扶壁板下部各点之间的水平距离不应大于其上部对应点间的距离。扶手带和扶手装置之间剪切手指主要指的是扶手带开口处与导轨之间的间隙存在剪切手指的危险。为此这个间隙在任何情况下都不能大于8mm。

3）相邻盖板部件导致的割破危险。此种危险指的是相邻的盖板在安装时没有对齐，并且在端部存在毛刺，锋利边缘等，令乘客在乘梯时由于挤压而造成身体中的脚，手等部位的划伤。因此，要求盖板、围裙板的切割边必须打磨去毛刺，并使两件连接板对齐连接，避免突出的边缘造成人员的划伤。

4）与建筑结构（墙、顶、交叉布置）或相邻自动扶梯上的人员碰撞导致的人体撞击危险。此种危险指的是当乘客乘梯时，如把身体的头部，手等部位伸出扶梯护栏外，在扶梯与建筑物或扶梯交汇时，由于相对运动而造成挤压，碰撞，或更为严重的剪切等而造成对乘客的伤害。

5）在扶手带进入扶手装置处被拖入的危险。此种危险指的是当运动的扶手带进入静止的入口箱时，乘客（主要是小孩）出于好奇等原因，用手去碰触入口箱，则手有可能被运动的扶手带拖入入口箱，造成与其间隙间的挤压。

6）围裙板和梯级之间夹住的危险。此种危险指的是由于梯级与围裙板间存在间隙（通常要求围裙板与梯级间的间隙因控制在安全的间隙范围之内，单边间隙需小于4mm，两边间隙之和不能大于7mm）和相对运动（运行方向及垂直方向上），而且围裙板本身的摩擦因数不够低，造成鞋、衣物、围巾等与围裙板接触摩擦所产生的摩擦力令其卷入间隙中。

7）梯级与梯级之间卡夹的危险。此种危险指的是当乘客乘坐扶梯时，脚站立的位置比较靠近另一个梯级并超出边界处时，在上下平层弧度段，由于两梯级间存在垂直方向上的相对运动，鞋容易被夹入一个梯级踏面与另一梯级踢面间。此外，最常见的是行李箱和婴儿车的滚轮卡死在两梯级间。

8）楼层板和扶手带之间被夹住的危险。

一般情况下，扶手带入口处与地板间存在一定的距离，不太容易有物体被卡夹。但常见小孩在扶梯上玩耍，他们对扶梯上的部件比较好奇，常常想看看扶手带入口箱内是什么。当他们蹲在入口前玩耍时，其头部就有可能被卡夹在扶手带入口箱与楼层板间，造成损伤。因此，要求楼层板与入口箱处的距离不能小于100mm且不能大于250mm，而且如扶手带与楼层板间存在水平夹角时，其夹角不能小于20°，以降低卡夹小孩头部的风险。

2. 电气危险

下列原因可能导致危险：

1）人体与带电部件接触。电气元器件及连接件存在漏电现象，当人体与扶梯部件接触时，由于零件间的导电现象易造成人员的触电伤害。控制电路接地不良，导致漏电保护开关无法起作用，也会造成人员触电的危险。

2）不适当的紧急停止开关。由于机械故障或者有雨水等进入，导致电气元器件损坏、短路，使扶梯紧急停止，有可能造成乘客摔倒。由于其他原因或目的，安全回路被短接，检修人员忘记修复即重新投入使用，当某些安全装置被触动时，被短路的安全回路引起运行中的自动扶梯紧急停止，有可能造成乘客摔倒。某种原因的误动作，令自动扶梯紧急停止，有可能造成乘客摔倒。

3）电气元器件的装配错误。安全功能失效，产生故障导致不能停梯也会造成危险。

4）静电现象。由于空气干燥、湿度过低，造成物体间由于摩擦及吸附等产生静电、起火花等现象，特别是毛料衣服等与金属间在冬天时极容易产生静电现象。

5）外界对电气设备的影响。外界环境，如雨水、灰尘、沙土等对电气元器件造成的损伤及影响。电网电源质量不稳定、波动较大，超出正常电气元器件的承受范围，造成系统不稳定及电气元器件的损坏。外界其他设备的电磁波干扰对控制系统造成影响，令控制系统失效或产生不可控的意外及事故。

3. 辐射危险

1）由机器产生的电磁辐射危险。自动扶梯正常运行期间可能产生电磁辐射，影响建筑物内的其他设备。变频控制系统中由于变频器的选用不当，令其产生较大的电磁辐射。

2）受到外界的电磁辐射危险。控制系统本身设计的抗干扰性能较差，受外界建筑物内其他设备的低频辐射、无线电辐射和微波等影响后，控制系统失去应有的功能及作用。

4. 火灾危险

1）可燃材料如纤维、毛发等积聚在桁架内部，未能得到及时清理，在外界某种条件下有可能产生火灾的危险。

2）电气安全系统中所使用的电缆，其绝缘等级及选用的绝缘材料不当，在外界某种条件的诱发下，存在可能产生火灾的危险。

3）由于驱动系统的长期过载，电动机过热，或电缆产生过流而导致过热等，都可能产生火灾危险。

5. 设计时忽视人类工学原则产生的危险

下列原因可能导致危险：

1）忽视使用者的人类工学尺寸。例如，扶手装置的高度、扶手带的宽度及扶手带速度与扶梯速度不同步，引起乘客摔倒。

2）工作场所和进入这些场所通道的照明不足，并且没使用合适的检修用的手提行灯照明，造成维修人员在工作中由于光线不足产生意外。

3）工作场所空间不足。在维修保养中，维修工需进入维修间，如空间太小很容易造成维修工意外伤害。因此，GB 16899—2011 中明确定义维修间的最小站立面积须不小于 $0.3m^2$，且较小一边的长度不应小于 0.5m，以确保维修工有足够的空间进行检查及修理。

4）缺少重物提升装置。由于单个零件的重量较大，如没有相应的控制柜提升装置，直接靠人手提起，很容易造成维修人员的扭伤。同样，如果楼层板的尺寸过大，单件重量太重，如没有恰当的工具时，直接靠一个维修工提起楼层板也容易造成维修工的扭伤。

6. 控制电路失效产生的危险

下列原因可能导致危险：

1）危险状态下制停。在危险状态下，如超速、逆转，发生夹伤事故时，如不能有效制停或制停时的减加速度过大，都会引起乘客的摔倒。因此，除了要求自动扶梯发生超速，逆转时需有效制停外，还要求最大减速度值不能大于 $1m/s^2$，以保证乘客不会因减速度过大而摔倒。

2）短路。保险管、断路器不起作用，可能会引起火灾。

3）过载。由于乘客的长期过载，引起发热量过大、元器件损坏，从而引发火灾。

4）停止后机器意外起动。断电回路不可靠，令停止后的机器重新启动，可造成乘客意外伤害。软件故障、抗干扰能力差、短路等造成机器停止后又意外地重新起动，可导致乘客意外摔倒。

5）驱动的意外逆转。驱动链由于质量原因断链，造成自动扶梯在重力作用下产生逆转。同时，如附加制动器失效，或被人为短接，或传感器失效，均可能造成意外，引发安全事故。

6）超速。一台向下运行的自动扶梯，当发生过载的情况下，扶梯加速下滑，产生超速。这时，工作制动器应在超速 1.2 倍前有效地制停扶梯；如工作制动器失效，附加制动器则应在超速 1.4 倍前有效地制停扶梯，避免产生意外令乘客摔倒。如工作制动器和附加制动器均失效，或被人为短接，或传感器失效，均会引发安全事故。

7）制停过程中加速度过大。

当制动力矩设置过大时，令刹车过程中的减速度过大，很容易令乘客摔倒。因此，最大减速度值不能大于 $1m/s^2$，以保证乘客不会因减速度过大而摔倒。

7. 运行期间断裂或破裂产生的危险

即使自动扶梯是按照标准的要求设计，仍可能因下列原因导致特殊的危险：

1）大于规定的使用者和结构载荷作用于桁架上。乘客体重过重，客流数量远远超出设计允许的最大值要求范围。由于地震等意外，造成钢结构受力远大于设计要求，从而令桁架损坏。

2）大于规定的载荷作用于扶手装置上。乘客在自动扶梯上玩耍，人为拉动扶手带，令其所受的作用力远大于扶手带的设计要求。由于有异物卡入，令扶手带产生破损断裂。

3）因为不可预见的误用导致大于规定的载荷作用在梯级或踏板上。由于夹鞋、夹衣物、夹行李、夹婴儿车轮等意外的出现，令超出许用应力作用在梯级和踏板上，并由于该物件与梯级、围裙板、梳齿等产生干涉，挤压及碰撞等令其产生破损。

4）大于规定的载荷作用在驱动装置上。由于不明故障引起，附加制动系统与驱动系统产生对拉，令驱动装置产生破损。

8. 滑倒、绊倒和跌倒的危险

多数自动扶梯和自动人行道上的危险状态是由于人员的滑倒和跌倒导致，其中包括：

1）在梯级、踏板或胶带上以及在梳齿支撑板和楼层板上滑倒。由于雨天时的雨水、平时清洁中未干的水及不明油污等原因，令摩擦力下降，乘客容易滑倒。因此，对楼层板、梯级、踏板等零件的防滑性能，一般要求室内梯的防滑等级不小于 R9 级，室外梯不小于 R10 级，以防止乘客在行走或乘梯时摔倒。

2）扶手带的速度偏差（包括扶手带的停顿）导致的跌倒。由于扶手驱动部件长时间的运行，有可能造成摩擦轮磨损，直径变小，从而令扶手带的速度变慢，与梯级的运行速度产生偏差。当速度偏差较大时，容易引起乘客摔倒。由于链条的质量问题，产生断链现象，造成扶手带停顿，容易引起乘客摔倒。

3）运行方向改变导致的跌倒。由于意外情况，自动扶梯发生运行逆转，令乘客在没有防备或没有紧握扶手带，在重心失稳的情况下，导致跌倒。

4）加速或减速导致的跌倒。由于自动扶梯的运行速度不稳定，造成在乘客乘坐扶梯时意外跌倒。由于制动器部件的质量问题或误动作，如电磁铁的突然失电，误信号等令制动器突然缺乏动作，制停运行中的扶梯，使乘客意外跌倒。

5）机器意外的起动或超速导致的跌倒。由于控制回路不稳定，令自动扶梯意外起动或突然加速，使乘客失去重心跌倒。

6）出入口的照明不足导致的跌倒。

乘客在进入或离开自动扶梯及自动人行道时，需从静止（或运动）的部件进入（或离开）到运动（或静止）的部方，需要有足够的照明光源给乘客进行判断，防止由于光线不足跌倒。因此，GB 16899—2011 中定义出入口的照明须不小于 200lx，以提高乘客的安全性。

9. 该类机器特有的危险

自动扶梯特有的危险包括：

1）梯级或踏板缺失。进行自动扶梯及自动人行道的检修时，维修工拆除梯级或踏板，以进行内部的检查或修复。完工后，由于遗忘安装回全部梯级或踏板，却把扶梯或人行道恢复到正常的运行状态，造成人员意外跌入空缺的梯级或踏板处，令乘客或维修工产生意外。由于受到外力的原因，使梯级或者踏板断裂，令乘客意外跌入间隙中，产生伤害。

2）被手动盘车装置卡住。由于盘车过程中，用力不当，被回旋的盘车装置卡住，造成维修人员的受伤。

3）运送除人员外的其他物品。例如，购物车、行李车或手推车等。自动扶梯及自动人行道作为特种设备，对人员乘梯有一定的安全要求。当不恰当地使用购物车、行李车或手推车等时，有可能因这些物品导致人员的伤害或设备的损坏。

4）爬上扶手装置的外侧。乘客因在自动扶梯上进行玩耍，爬上护栏扶手带，跨到外盖板上行走，因重心不稳，造成失足、摔倒及跌落等严重意外伤害。

5）在扶手装置间滑行。乘客因在自动扶梯上进行玩耍，爬上扶手带，当滑梯进行滑行，很有可能因为摩擦力小，滑行的速度越来越快，最后被抛出，与其他建筑物碰撞、摔伤。

6）翻越扶手装置。乘客因在自动扶梯上进行玩耍，爬上扶手带，由于扶手带的运行，因失足、重心不稳等令乘客摔倒、跌落。

7）在扶手带上玩耍。乘客因在自动扶梯上进行玩耍，爬上护栏扶手带当滑梯。由于扶手带在运动，乘客因重心不稳，造成失足、摔倒及跌落等严重意外伤害。

8）在扶手装置附近区域堆放物品。由于有物品堆放在扶手装置附近，阻塞乘客从运动进入静止区域行走空间，令乘客意外摔倒。

二、自动扶梯安全问题的归类

重大危险清单较全面地覆盖了自动扶梯上的各种安全风险，包括机械转动的危险、用电安全、电磁辐射危险、火灾危险、人机工程学、控制电路失效、不当使用设备及自动扶梯设备自身特有的危险等。建立自动扶梯中的安全系统主要就是围绕这些安全风险而制定措施，达到监控、消除或减少危险的目的。通过进一步对这些自动扶梯中的重大危险进行深入的分析和总结，可以归纳出自动扶梯中最典型的四类安全核心问题，即惯性滑行失控、挤夹、跌倒及坠落。因此，透彻地研究自动扶梯中的这些安全问题的机理，对自动扶梯整体安全设计及使用有着重要的意义。为此，特针对这类问题特作进一步的论述。

1. 惯性滑行失控

惯性滑行失控是指自动扶梯处于制动失控状态，不能有效地制停运行中的扶梯，或梯级在负载作用下处于自由下滑状态。通俗地讲，就是当自动扶梯系统或部件发生异常情况，制动功能不起作用，站立在梯级上的乘客，或由正常上行变向下逆行，或在正常下行时变超速向下自由滑落，使人员失去重心跌倒、互相践踏和堆叠，造成严重伤亡。

图 7-1-1 是一起逆行引起的惯性滑行事故示意图。发生此类事故，多与驱动部件的失

效和制动系统失灵有关。因此，对驱动部件包括驱动主机、驱动主轴、驱动链条、梯级链条和制动装置等，在设计上有较高的安全性和可靠性的要求，在生产过程中必须作为重要的安全部件，进行严格的质量控制。

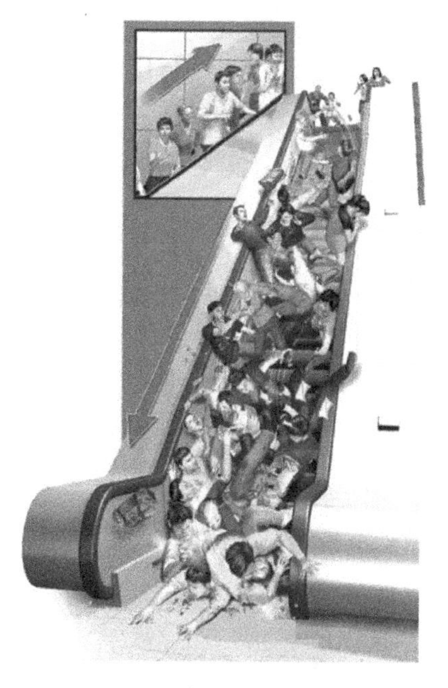

图 7-1-1　一次逆行引起的惯性滑行事故示意图

2. 挤夹

物体被夹住在自动扶梯运动部件的间隙中称为挤夹现象。在自动扶梯结构中，有四个挤夹事故多发的区域：

（1）梯级与围裙板之间　梯级与围裙板之间的间隙是自动扶梯最危险的部位，图 7-1-2 所示的是最易发生的脚和鞋子被挤夹事故。梯级在运行中与围裙板之间存在相对运动，放置在有相对运动部件之间的物体，如鞋子、衣物、人的手指或脚趾等，在摩擦力的作用下被扯入其间隙中而产生被夹住的意外。另外，研究结果表明，诱发挤夹发生与几个敏感因素有关：

1）物体的材质及软硬度：材质较软的塑料凉鞋和橡胶雨靴容易被夹。布质柔软的长裙、长袍、婚纱、纱巾等也容易被卷入缝隙中。

2）围裙板表面的滑动摩擦因数：在围裙板的表面，较大的摩擦因数容易产生物体挤夹。实验结果表明，减小围裙板上的滑动摩擦力可减少被挤夹的风险。目前，GB 16899—2011 推荐了德国标准 DIN 51131：2008 用于测量鞋类通常踩踏表面的滑动摩擦因数 μ，要求平均滑动摩擦因数 μ 应小于 0.45。

3）运动部件之间的间隙大小：运动部件之间的间隙过大，物品容易陷入间隙中诱发物体被挤夹。

4）围裙板的刚性：围裙板在外力的挤压作用下会产生内凹变形，增大了围裙板和运动梯级边缘的间隙从而增加了物体被挤夹的风险。因此，围裙板的刚性需要满足一定的要求，能抵抗外力作用下的变形。梯级的边缘尤其是在踢面，也应满足一定的刚性要求。

5）梯级的横向偏摆：梯级在外力作用下会向非受力方向偏移，使间隙增大，因此梯级必须有可靠的限位，其受力偏摆导致的单边间隙增大不能超过规定的最大值 4mm。

（2）两相邻梯级之间　梯级踏面的前端与相邻梯级踢面，在运行到上下弯转部位，逐步形成水平踏面的运动过程中，存在垂直方向的相对运动。容易对人的脚或物体产生挤夹，特别是行李箱的轮子和婴儿车的滚轮。

（3）梯级进入梳齿板处　在设计中要求梯级与梳齿之间是以齿相啮合，不允许存在连续间隙。但在使用过程中，由于梯级上滚轮、梯级链条、梯级面的磨损以及导轨工作状

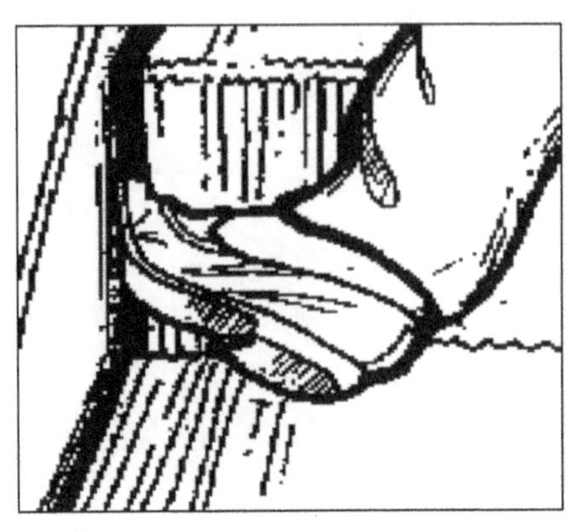

图 7-1-2 梯级与围裙板之间发生的脚和鞋子被挤夹事故

态的变化等原因，使这个部位产生水平缝隙，从而导致挤夹。图 7-1-3 所示是梯级进入梳齿板处发生挤夹的情况。

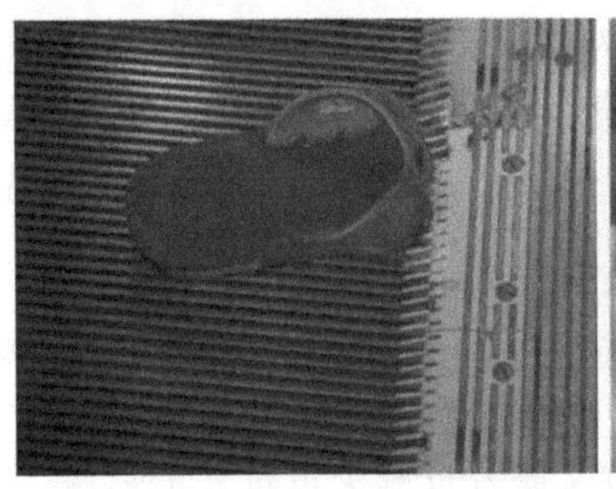
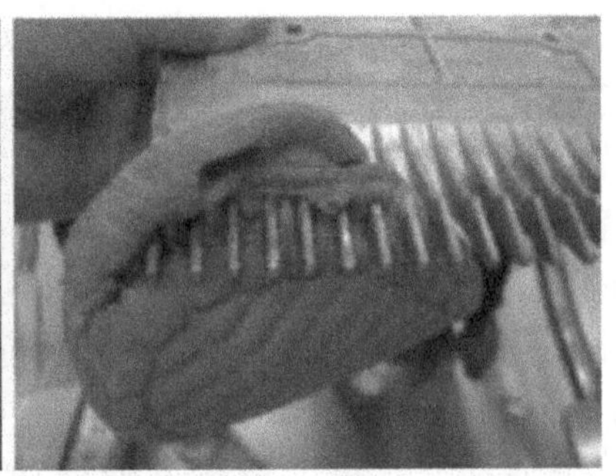

图 7-1-3 梯级进入梳齿板处发生挤夹

（4）扶手带进入入口处　扶手带入口处是人员不容易碰触的位置，只有刻意碰触才会导致事故，主要发生在小孩身上。由于扶手带与入口箱间存在间隙，小孩通常会用手指插入，看看毛刷或橡胶后是什么东西，从而造成伤害。

3. 跌倒

多数自动扶梯上的危险状态是由于人员的滑倒和跌倒所致，如图 7-1-4 所示。

图 7-1-4 人在自动扶梯上跌倒

乘客在自动扶梯内跌倒是十分危险的状态，会造成严重的伤害事故。造成跌倒的主要原因是乘客因自动扶梯运行中产生的某种原因而失去重心。

（1）扶手带的速度偏差（包括扶手带的停顿）导致的跌倒　扶手带运行的速度相对于梯级的实际速度偏差不能太大。自动扶梯上行时，如果扶手带速度相对梯级偏慢，容易造成乘客尤其是年长者，由于反应较慢，未能及时松手调整把握扶手带的位置，身体被拖后失去重心而跌倒。

（2）由于加速或减速导致的跌倒　乘客在进入和离开自动扶梯的过程中，身体通常都发生速度的变化，人体需要一段调整过渡期以适应这种速度上的变化。因此，在自动扶梯的出入口处需要设置水平运行梯级以方便乘客能做出反应，及时地做出对身体的调整以避免跌倒。但有的乘客没有扶扶手带或双手都提着行李，则不能及时调整身体而发生跌倒。

另外，当自动扶梯由于意外发生紧急制动时，如果驱动主机制动距离太短，减速度太大，乘客因为惯性也容易被甩离梯级而跌倒。

（3）梯级出现异常　如下陷、缺失、被卡等，导致人员失稳而跌倒。

（4）不正确使用导致的跌倒　自动扶梯是设计用于乘客站立在梯级上进行垂直交通运输的机器，梯级间的高度和倾斜角度，都不适合人们在自动扶梯上行走，尤其是在自动扶梯运行中的行走是不安全的。“右边站人、左边通过”是自动扶梯的使用误区。常见赶时间的人员在自动扶梯上匆忙地步行而发生跌倒事故。

青少年或儿童反向进入自动扶梯，进行玩耍，从而发生跌倒事故也常有发生。

4. 坠落

图 7-1-5 所示为人员翻出护栏坠落。

图 7-1-5　人员翻出护栏坠落

坠落意外的发生，主要是乘客不正常地使用自动扶梯造成的。常见有青少年儿童在自动扶梯上嬉戏，翻越护栏，在护栏外侧沿外盖板攀爬，甚至将身体骑在扶手带上移动。这些都极易造成坠落。图 7-1-6 所示的是儿童在护栏上嬉戏。

因此对扶手护栏的尺寸需要有一定的要求，扶手带外顶面距梯级前缘之间的垂直距离应为 900～1100mm。扶手护栏设置太低达不到有效的防护作用，太高则不便于不同身高的乘客把握扶手带。如果有人在扶梯护栏外侧沿外盖板进行攀爬活动，存在着非常高的人员坠落风险。因此，必须采取适当的措施阻止人员爬上扶手护栏外侧，扶手护栏在结构设计上需要考虑没有任何部位可供人员正常站立，以增加难度达到阻碍攀爬的行为意图。

根据上述提到的安全风险和种类，安全装置可对应地分为：

图 7-1-6　儿童在护栏上嬉戏

1）防止惯性滑行失控。

2）防止挤夹。

3）防止跌倒。

4）防止电动机过载、接地故障的电气安全装置。

5）防止坠落等安全设计和附加安全设施。

下面会分别对以上五种类型的安全装置的结构、性能加以介绍。

第二节　防止惯性滑行失控的安全装置

防止惯性滑行失控的主要安全装置有工作制动器、附加制动器、驱动链监控装置、超速保护装置、逆转保护装置、梯级链保护开关、过载保护装置等。

一、工作制动器

工作制动器也称主制动器，是自动扶梯正常制停时使用的制动器。形式多采用鼓式（又称为块式）、带式或盘式设计，一般安装在电动机高速轴上，可使自动扶梯和自动人行道在停止运行过程中，以接近匀减速度使其停止运转，并能保持停止状态。工作制动器在动作过程中应无故意的延迟现象。

制动器的制动力必须由有导向的压缩弹簧或重锤来产生。工作制动器应不能自激。这种制动器也称为机电式制动器。自动扶梯的工作制动器常使用块式制动器、带式制动器或盘式制动器等（工作制动器的详细结构和原理详见第三章第二节驱动主机）。

工作制动器都采用常闭式的。所谓常闭式制动器在不工作期间是闭合的，也就是处于制动状态。在自动扶梯运行时，通过持续通电，由释放器将制动器释放（或称打开、松闸），使之运转。GB 16899—2011 中对工作制动器有三个方面的明确要求：

（1）制动载荷　规定各种规格自动扶梯在制动时每个梯级上的最大允许载荷（详见

表1-5-1)，是制动器设计和试验的依据。

（2）制停距离　规定根据自动扶梯运转速度的不同，制停距离必须在一定的范围内。例如，名义速度是0.5m/s的扶梯，制停距离要求在0.2～1m范围内（详见表1-5-4)。

（3）制动减速度　规定自动扶梯向下运行时，制动器制动过程中沿运行方向的减速度不应大于$1m/s^2$。

二、附加制动器

驱动主机与驱动主轴间的传动元件多使用传动链条进行连接，如传动链条突然断裂、驱动主机的输出轴或电动机与减速箱之间的联轴器发生破断，则工作制动器与主驱动轴之间就失去了联系。此时，即使有安全开关使电源断电，电动机停止运转，也无法使自动扶梯停止运行。特别是在有载上行时，自动扶梯将突然反向运转并产生超速向下运行，导致恶性事故的出现。应对这种情况的方法是，在驱动主轴上装设一个机械摩擦式制动器，直接对主驱动轴实行制动，这个制动器称为附加制动器或辅助制动器。GB 16899—2011规定，自动扶梯在下列任何一种情况下应设置附加制动器：

1）工作制动器和与梯级、踏板或胶带驱动装置之间不是用轴、齿轮、多排链条或多根单排链条连接的。

2）工作制动器没有使用机电式制动器。

3）提升高度大于6m。

4）公共交通型自动扶梯。

1. 附加制动器的基本要求

GB 16899—2011对附加制动器有如下基本要求：

1）附加制动器与梯级、踏板或胶带驱动装置之间应用轴、齿轮、多排链条或多根单排链条连接。不允许采用摩擦传动元件（如离合器）构成连接。附加制动器应该是机械式的，利用摩擦原理通过机械结构进行制动。

2）在制动力作用下，应能使带有制动载荷向下运行的自动扶梯有效地减速停止，并使其保持静止状态。减速度不应超过$1m/s^2$。附加制动器独立工作时，并不需要保证对工作制动器所要求的制停距离。

3）附加制动器在动作开始时应强制地切断控制电路。如果电源发生故障或安全回路失电，允许附加制动器和工作制动器同时动作，但要求的制停距离与单独对工作制动器所要求的制停距离相同。

4）附加制动器应在下列任何一种情况下都起作用：超速：在速度超过名义速度1.4倍之前。逆行：当梯级改变其规定的运行方向时。

2. 附加制动器的结构种类

自动扶梯的附加制动器有多种不同的设计，常用设计有棘轮式制动器和楔形式制动器等。

（1）棘轮式附加制动器　图 7-2-1 所示是一种常见的棘轮式附加制动器，安装在主驱动轴上，用压缩弹簧与梯级链轮连成一体。棘轮式制动盘是活套在制动盘上的，与压盘之间衬有摩擦片。正常情况下，棘轮与梯级链轮作同步的旋转运动。当附加制动器动作时，电磁线圈通电，使棘爪向上转动楔入棘轮中，棘轮被拦截停止转动并在摩擦片的作用下对梯级链轮试加制动力矩，迫使自动扶梯停止运行。通过调整摩擦片压紧力的方法，可获得需要的制动力矩。

这种附加制动器由于棘轮具有许多齿，只要棘爪一旦动作，就能使制动器产生制动力，响应时间快、制动迅速，用于逆转保护时，能迅速制动，不会产生明显的逆转。

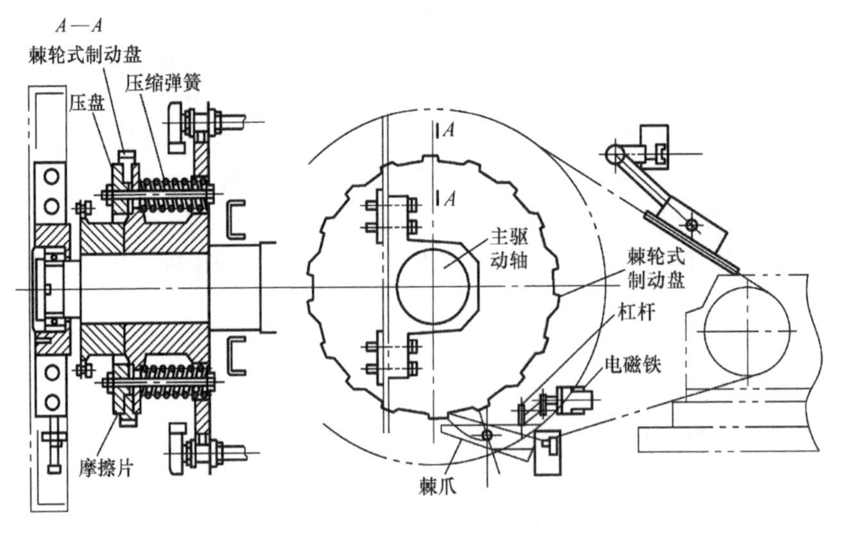

图 7-2-1　棘轮式附加制动器

（2）楔形式附加制动器　图 7-2-2 是一种楔形附加制动装置的结构示意。主要部件包括楔形制动靴、制动盘、电磁铁、制转杆和弹簧等。楔形制动靴和制动盘选用高强度耐磨合金材料。制动盘安装在主驱动轴上（驱动链轮的另一侧）。安全控制系统检测到相应信号，切断电磁铁供电，在弹簧 1 的作用下，制转杆发生转动，棘爪脱离止动钩，楔形制动靴在弹簧 2 作用下，向上快速滑行，制动靴楔入制动盘，两金属表面发生接触摩擦，制动盘被卡住并将主驱动轴制停。

这种制动器没有摩擦片，直接由制动靴楔入制动盘产生摩擦力矩，结构上比较简单，制动靴一经楔入制动盘就能产生摩擦力，制动响应快。但需要保证制动靴与制动盘之间的位置准确，在制动中接触良好，同时在使用中还需要注意制动盘表面的清洁，防止有油污，以确保制动盘可靠性。

（3）挡块式附加制动器　图 7-2-3 是一种挡块式附加制动器结构示意。其作用原理与棘轮式附加制动器相同，都具有摩擦片，不同之处是以挡块式制动盘代替了棘轮式制动盘。挡块焊接在制动盘上，一般是 4 ~ 6 块均匀分布，当安全控制系统检测到相应信号，

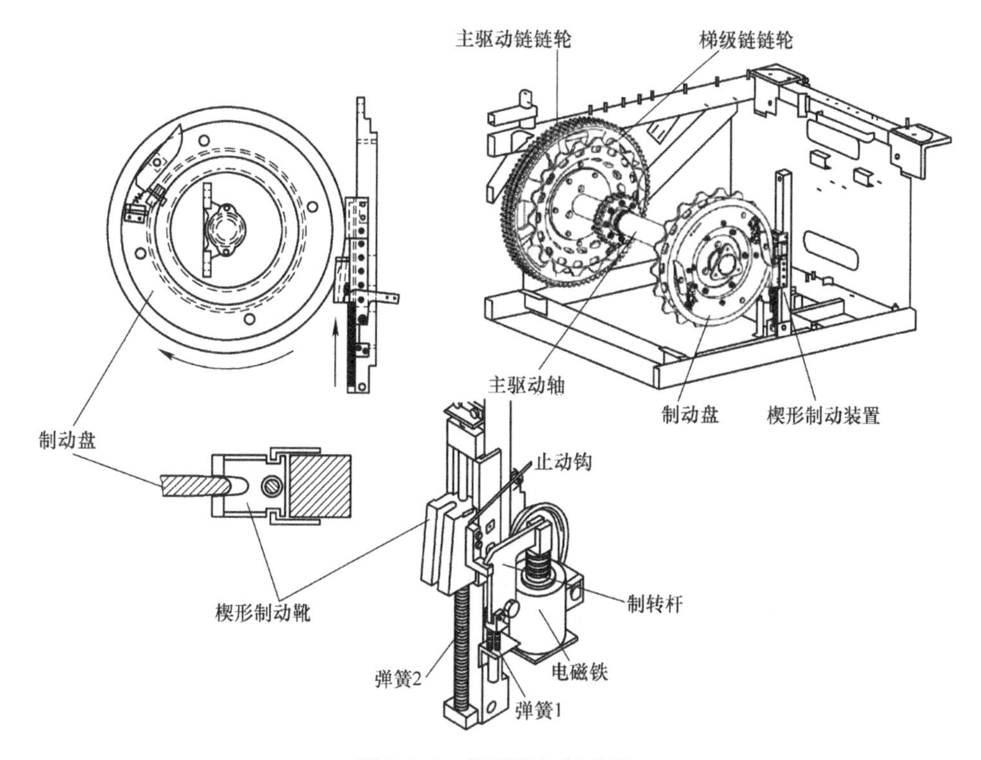

图 7-2-2　楔形附加制动器

切断电磁铁供电，制动叉叉入制动盘表面，与挡块相碰阻止制动盘转动，在摩擦片的作用下对梯级链轮试加制动力矩，迫使自动扶梯停止运行。

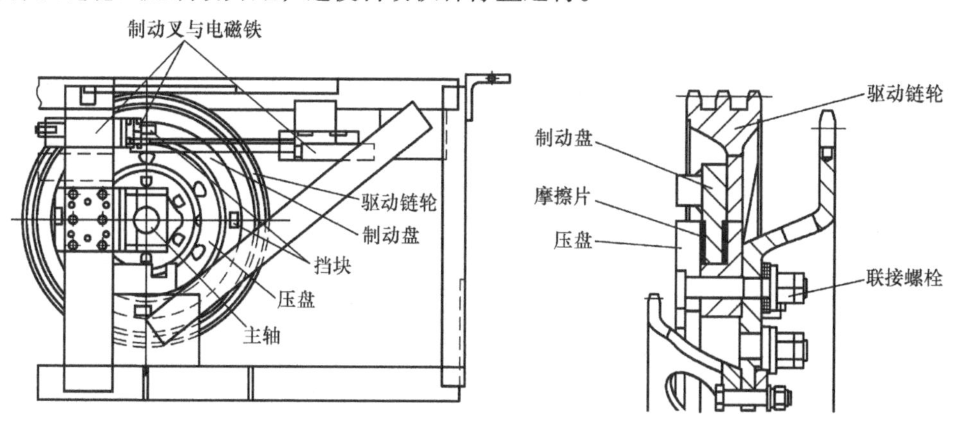

图 7-2-3　挡块式附加制动器

这种制动器结构上比棘轮式简单，但挡块之间存在空挡，当制动叉已动作，但还没有碰上挡块时，制动器实际上尚未动作，因此往往与系统检测信号之间存在一个时间差，当用于逆转保护时，在制动时往往会先出现一段明显的逆转。

无论哪一种设计，附加制动器必须与速度监控装置进行联动，一旦检测到梯级超速、欠速或改变其规定的运行方向时，能立即触发制动。

三、驱动链监控装置

驱动链如果发生断裂，自动扶梯将失去动力并与工作制动器也失去联系，出现惯性滑行，因此，自动扶梯都必须安装对驱动链的工作状态实行监控的装置。常用的驱动链监控装置有机械式和电子式两种。

图7-2-4所示是一种常见的机械式驱动链监控装置。滑块在自重的作用下紧贴在驱动链上，当链条因磨损伸长而下沉超过某一允许范围或断裂时，滑块使安全开关动作，使驱动主机电源断开而制动。

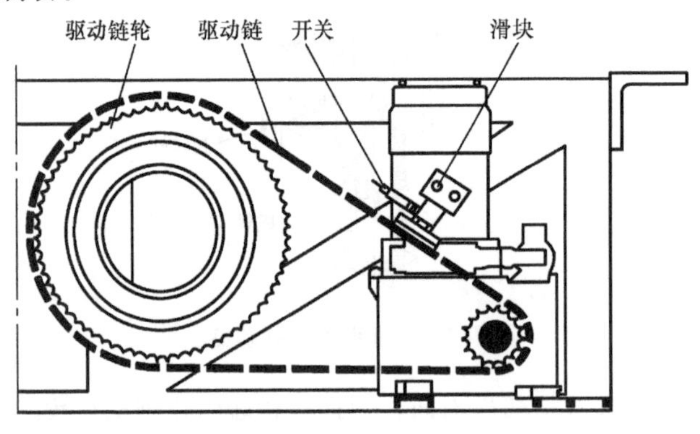

图7-2-4　机械式驱动链监控装置

图7-2-5所示是一种电子式驱动链监控装置。接近开关安装在距离驱动链4～6mm的位置，对准驱动链，当驱动链脱离接近开关监控时切断扶梯控制电路，使自动扶梯制动。

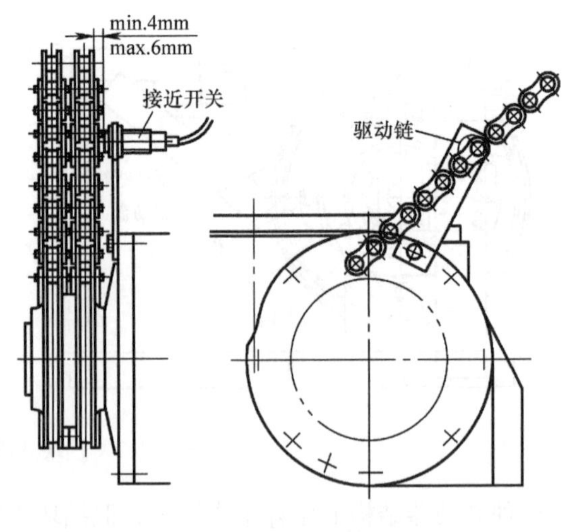

图7-2-5　电子式驱动链监控装置

四、超速保护装置

自动扶梯如发生超速，应使其在速度超过名义速度1.2倍之前自动停止。超速只发生在自动扶梯下行时，造成超速的原因有驱动链断链等传动元件断裂、打滑（存在摩擦传动时）、电动机失效等原因，是自动扶梯通过结构设计难以完全避免的问题，因此自动扶梯一般都需要设有超速保护装置。

自动扶梯的超速保护装置有电子式和机械式两种。

1. 电子式超速保护装置

图7-2-6所示是一种常见的电磁式超速保护装置，与制动轮同轴装有飞轮，在飞轮下面装有磁块，另有脉冲接收器装在底架下，与安全电路相连。飞轮轴旋转时，磁块产生脉冲信号，当转速或转向发生变化时，可传递不同的脉冲信号，达到速度监控的目的。

也有的自动扶梯将电子装置安装在驱动电动机尾部，以简化结构，但当电动机与减速箱之间存在皮带传动时，由于皮带的打滑可使测量不准确。

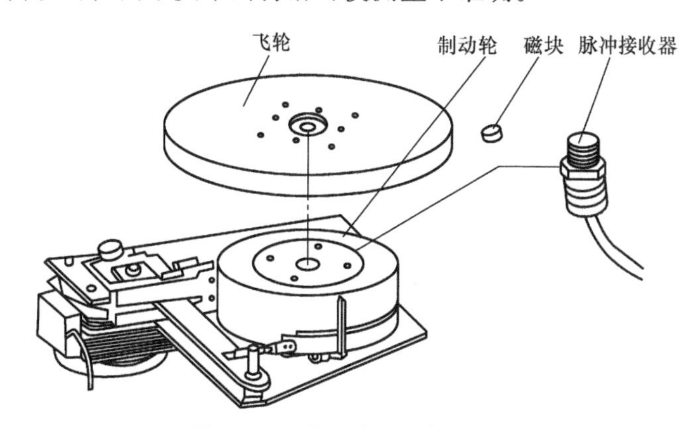

图7-2-6　电磁式超速保护装置

电子式速度监测装置同时具有超速检测和欠速检测的功能，当自动扶梯的运行速度出现非正常减速至某个数值时（一般降低至50%以下时），装置将信号反馈到安全电路，使自动扶梯停止。

2. 机械式超速保护装置

速度监控装置也有采用机械式设计，一般都采用离心式结构。图7-2-7所示是一种常见的离心式超速保护装置。与电动机同轴旋转的离心块在超速时，在离心力的作用下往外移动，当发生超速时碰撞安全开关动作，使自动扶梯停止。一般安装在电动机与减速箱的联轴器位置。机械式超速保护装置对速度检测的可靠性要高于电子式，但机械式超速保护装置没有欠速保护功能。

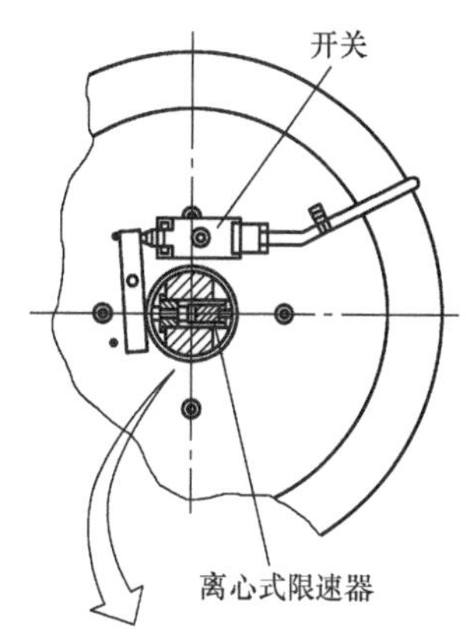

图7-2-7　离心式超速保护装置

3. 超速保护装置动作的设定

考虑到从运行速度信号的采集，到控制系统的反应，进而切断电源，触发制动器等环节存在延迟响应的因素，通常会把超速监控的响应点放在名义速度1.2倍之前，设置在1.1～1.15倍范围内触发响应信号。但监控超速的设定值也不宜定得太小，因为存在电网频率波动，电动机滑差等影响转速变化的因素，容易产生误动作，导致自动扶梯频繁停梯。

4. 速度监测装置的安装位置

以上介绍的速度监控装置，无论磁块脉冲式和机械离心式超速保护装置，一般都安装在主机的电动机轴上，通过监控电动机的速度或转向是否发生非正常的变化，间接地监控电梯运行速度状况。

然而，由于从电动机的监控点到梯级，需要经过多个传动环节，包括电动机与减速箱之间的联轴器、减速箱内传动副、驱动主机的输出链轮、主驱动链条等。虽然这些传动元件的设计被要求了 5 倍以上的安全系数，但历史上因为各种意外原因，这些传动元件都有失效的案例，如主驱动链发生了断裂，在这种情形下，电动机速度和转向没有发生变化，而此时梯级的速度或运行方向已经发生变化，监控装置就不能正确地检测电梯运行的状况，导致不能马上断电和制动停梯。

因此，对速度监控装置位置的设定，应在尽可能靠近乘客站立其上的运动梯路端，其中直接对主驱动轴或梯级进行速度检测，是最可靠的方法。

常见的直接检测方法有如下两种：

（1）对主驱动轮安装速度传感器或编码器　从主驱动链轮的链齿上采集速度相关的脉冲信号，检测自动扶梯的实际运行速度，当运行速度过低，或发生逆转时，发送信号给控制系统，切断主机电源，使自动扶梯停止。图 7-2-8 所示是对主驱动链轮安装传感器的方法。

（2）在导轨上安装速度感应器　如图 7-2-9 所示，直接将检测器安装在导轨上，监测梯级的运行速度及方向变化。

图 7-2-8　在主驱动链轮上安装速度传感器

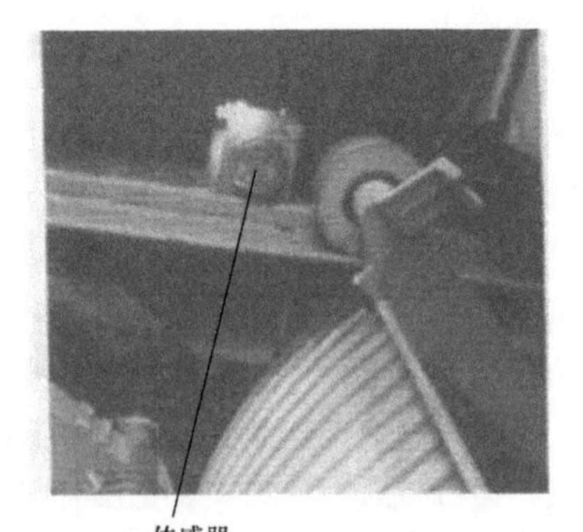

图 7-2-9　在导轨上安装速度传感器

五、逆转保护装置

自动扶梯的逆转是严重事故，轻则会使乘客受到惊吓，重则造成伤亡。因此逆转保护装置必须工作可靠，反应灵敏。逆转保护装置有机械式和电子式两种。

（1）电子式逆转保护装置　是电子式速度检测装置的一种功能，电子式超速检测装置一般同时具备逆转检查测功能。

自动扶梯的逆转只会发生在上行状态，在逆转发生前必然先是意外减速，一般当速度降到正常速度的50% ~20%，电子式速度监测装置就会触发安全电路，使自动扶梯的制动器动作；如果此时工作制动器已失效，则会出现逆转，电子式速度监测装置一旦检测到自动扶梯出现了逆转，安全电路就会使附加制动器动作，紧急制动自动扶梯。

（2）机械式逆转保护装置　为了提高对逆转检测的可靠性，有的自动扶梯在具有电子式速度检测装置的同时，还安装机械式逆转保护装置。

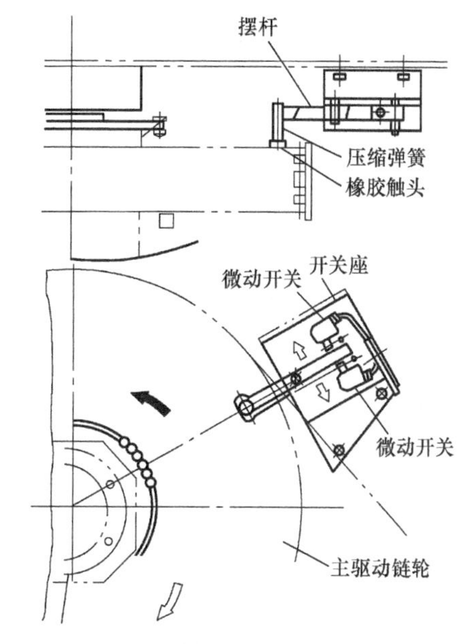

图7-2-10　摆杆式逆转保护装置

图7-2-10所示为一种摆杆式逆转保护装置。摆杆以端部的橡胶触头与驱动链轮侧面接触，并由压缩弹簧提供压紧力。当自动扶梯以白色箭头方向运转时，摆杆尾部使白色箭头方向的微动开关动作，表明自动扶梯是在正常方向运行；如自动扶梯逆转，即发生黑色箭头方向转动时，摆杆尾部脱开白色箭头方向微动开关，使自动扶梯控制电路断开，附加制动器动作，紧急制动自动扶梯。这种装置可灵敏反应自动扶梯的意外逆转，但在使用中需对橡胶触头进行保养。

图7-2-11是一种角度开关式逆转检测装置，角度式开关安装在图示的位置（桁架上），以梯级轮运行时碰触开关的角度方向来检测梯级的运行方向。这种结构比较简单，但由于两个梯级滚轮之间相距在400mm以上，其检测的灵敏度相对较差。

六、梯级链保护开关

梯级链保护开关又称为梯级链张紧开关，如图7-2-12所示，通常在梯级链张紧装置的左右张紧弹簧两端部各设置一个梯级链保护开关。当张紧装置的前后移位超出20mm时，使自动扶梯自动停止运行。其检测的内容如下：

1. 梯级链磨损

当梯级链因磨损伸长超出允许范围时，张紧装置后移，间隙减小，令开关触发动作，使自动扶梯停止运行。梯级链的异常磨损一方面会导致两个相邻梯级之间的间隙超过规定的要求（详见图3-1-6所示），同时会使梯级链的强度下降，如果梯级链发生断裂，将会

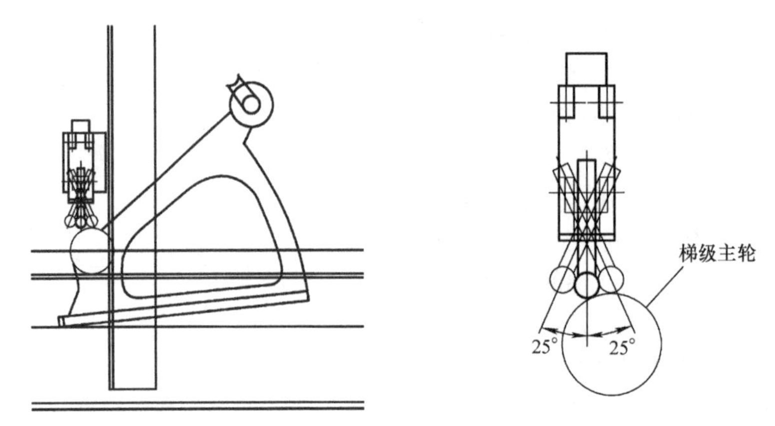

图 7-2-11　角度开关式逆转检测装置

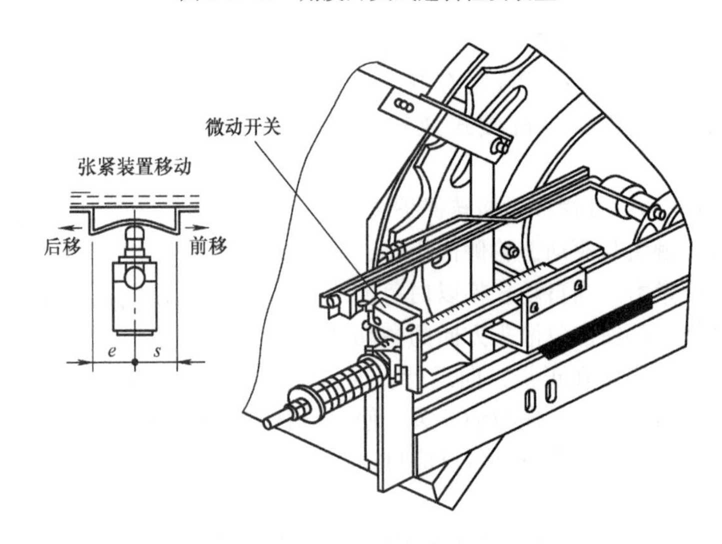

图 7-2-12　梯级链保护开关

发生无法制止的下滑，因此，必须对梯级链的伸长加以检测。当梯级链的伸长使相邻梯级的间隙超出安全规定时，就必须加以更换。

2. 梯级链破断

当自动扶梯在左右两侧其中一条链条发生断裂时，张紧装置也会突然后移，使开关动作。一般极少发生两条梯级链同断裂的情况，当发现一条梯级链断裂时，自动扶梯尚可实现有效的制动，防止另一条也发生破断而使自动扶梯发生恶性下滑。

3. 梯级运动受阻

若自动扶梯发生意外，如梯级碰撞梳齿，不能正常进入回转段时，梯级链将受到异常拉力，张紧装置也会突然前移，空隙减小，也使开关动作。出现这种情况时，如不及时使自动扶梯停止，将会严重损坏设备。

梯级链保护开关是梯级链张紧装置的一个组成，其详细结构可阅读第三章第三节主驱动轴与梯级链张紧装置。

第三节　防挤夹保护装置

防挤夹保护装置主要有梳齿板保护装置、围裙板安全开关、扶手带入口保护装置、围裙板毛刷、梯级运行安全装置等。

一、梳齿板保护装置

梳齿板保护装置的作用是：当梳齿板与梯级之间发生挤夹时，以梳齿板支撑板的后移或上弹产生缓冲，减小挤夹力对人体、机件的损害，并立即使自动扶梯停止，是自动扶梯必须安装的安全装置。

梳齿板安装固定在梳齿支撑板上，梳齿支撑板采用可活动的结构，平时在压缩弹簧的作用下处于工作位置。当梳齿板受到冲击时，梳齿支撑板在外力下发生移动，触动安装在活动结构上的微动开关，安全回路切断，自动扶梯停止运行。通过调整弹簧的长度（压紧），实现触动压力的调整。

自动扶梯梳齿板保护装置从结构上可分为双向保护和单向保护。

1. 双向保护结构

图 7-3-1 所示是垂直及水平两个方向都可以移动的结构。此结构的梳齿支撑板连同其支撑支架在垂直和水平方向上都安装有压缩弹簧，当梯级不能正常进入梳齿板时，梯级向前的推动力就会将梳齿板抬起并产生水平和垂直方向的位移，梳齿板支撑支架触发垂直和水平的微动开关，使自动扶梯停止运行。这种结构具有水平和垂直两个方向的保护作用。

2. 单向保护结构

图 7-3-2 所示是梳齿板安全保护开关的另一种结构，这种结构的梳齿支撑板连同其支撑支架仅在垂直方向有压缩弹簧压紧定位并设置微动安全开关，梳齿板被抬起时，触发垂直微动安全开关停梯。这种结构相对简单，但其安全保护的灵敏性不如双向保护结构。

二、扶手带入口保护装置

在一般情况下，成年人的手不会主动碰触扶手带的出入口，可天性好奇的小孩则有可能用手去掏摸这个危险的地方，导致手和手臂有可能被移动的扶手带扯入而受到伤害。扶手带入口保护装置是自动扶梯必须安装的安全保护装置。

图 7-3-3 是扶手带入口保护装置的一般结构。保护装置由入口套、微动开关、托架等组成。入口套是一个有一定硬度的弹性体（如橡胶），与扶手带保持有很小的间隙，作封闭保护，在橡胶块后面装有一个微动开关。其工作原理是：当有异物或人手推压入口处时，入口套受力变形后触发微动开关，使自动扶梯停止。一般 30 ~ 50N 的外力就能使微

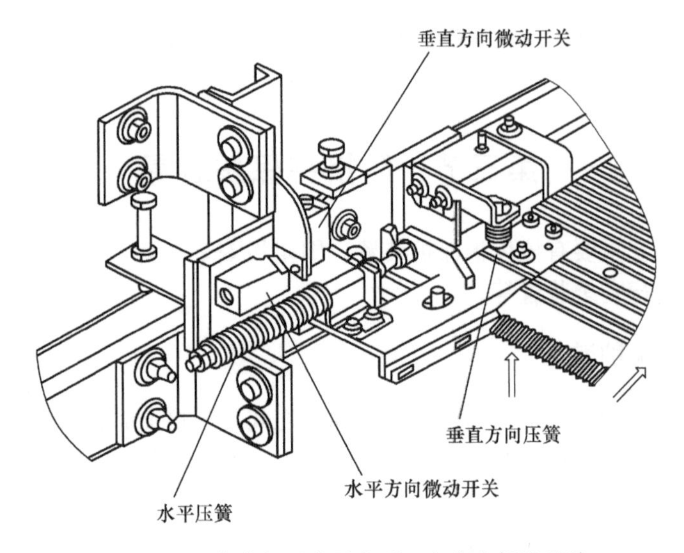

图 7-3-1　梳齿板垂直及水平双向安全保护开关

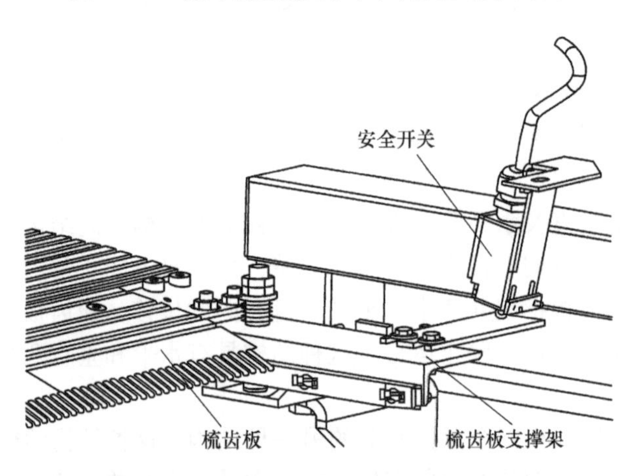

图 7-3-2　梳齿板垂直方向安全保护开关

动开关动作。

图 7-3-4 是一种雷达感应式扶手带入口保护装置，通过雷达波的检测，任何物体接近扶手带出入口的危险区域，都会通知安全回路停梯。这种结构由于不需要外力的作用，具有更好的安全保护性能。

1. 围裙板安全毛刷

围裙板安全毛刷如图 7-3-5 所示，安装在自动扶梯的两侧围裙板的全长上，目的是将乘客与围裙板隔开，防止乘客的鞋和衣服被夹入梯级与围裙板之间的间隙。自动扶梯必须安装围裙板毛刷。

围裙板毛刷有单排和双排之分，双排的更具有保护作用。图中所示为双排毛刷。

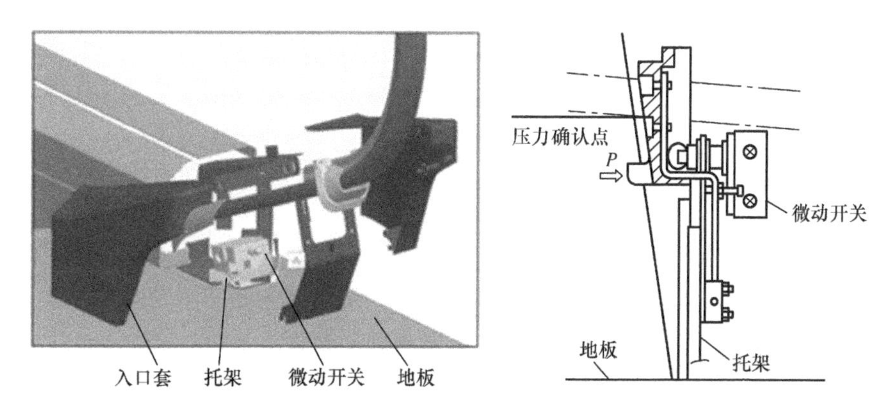

图 7-3-3　扶手带入口保护装置

图 7-3-4　雷达感应式扶手带入口保护装置

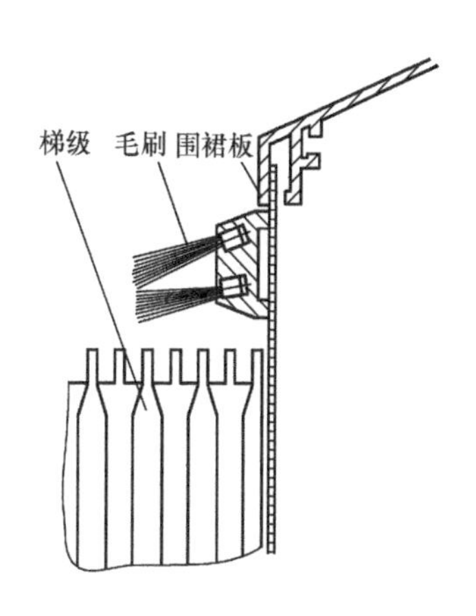

图 7-3-5　围裙板安全毛刷

2. 围裙板安全开关

围裙板安全开关如图 7-3-6 所示，位于围裙板的后面与围裙板之间，一般安装上下弯转部位，分左右共四个，当自动扶梯提升高度较大时，中间再加装。其目的是当异物进入围裙板与梯级之间的间隙后，围裙板发生变形，开关动作，使自动扶梯停止运行。但由于

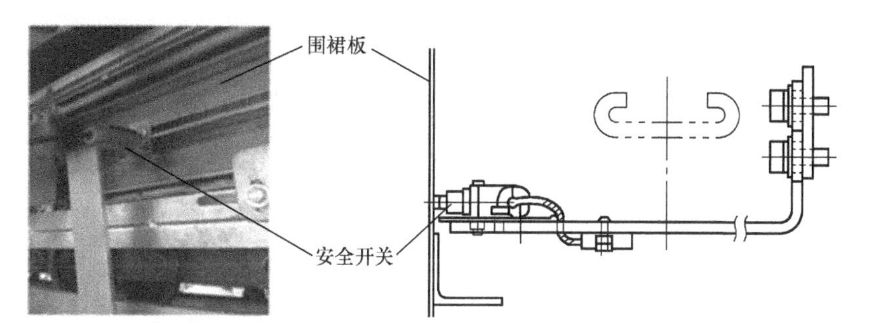

图 7-3-6　围裙板安全开关

围裙板安全开关只是装在围裙板全长的某几个位置，当挤夹的位置离开关较远时，就难以起到保护作用。因此，这种装置不是强制性需要配置的，是一种辅助性的安全装置。

第四节　防跌倒保护装置

防跌倒保护装置主要有扶手带断带保护装置、扶手带速度监控装置、梯级下陷保护装置、梯级缺失检测装置、梯级运行安全装置、楼层板安全开关和制动距离监测装置等。

一、扶手带断带保护装置

扶手带如果在运行中发生断裂，断带一侧的乘客失去了扶手，如自动扶梯继续运行，则可能会导致乘客失稳跌倒。因此，当扶手带发生断裂时，让自动扶梯立即停止是一个需要的安全措施。因此，尽管 GB 16899—2011 没有规定必须安装，但多数自动扶梯都安装有扶手带断带保护装置。

扶手带断带保护装置的一般结构如图 7-4-1 所示，安装在扶手带驱动系统靠近下平层的返回侧，自动扶梯左右两条扶手带都需要安装。滚轮在重力的作用下靠贴在扶手带内表面，并在摩擦力作用下滚动，如果扶手带处于松弛状态，低于设定的张紧力或扶手带发生断裂，摇臂就会发生下垂，使微动开关动作，自动扶梯停止运行。

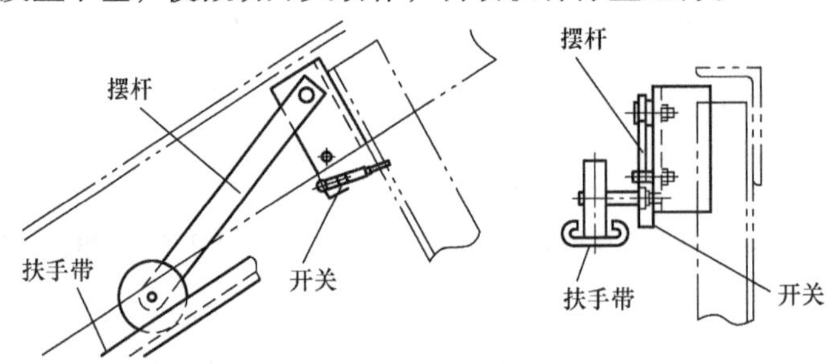

图 7-4-1　扶手带断带保护装置

二、扶手带速度监控装置

扶手带正常工作时应与梯级同步。如果相差过大，特别是在扶手带速度过慢时，会将乘客的手臂向后拉而摔倒。为此，可设置扶手带速度监控装置，检测梯级与扶手带速度的同步状态。扶手带与梯级的速度允差是 0% ~2%，当超过这个偏差范围时，属于不正常状态。

图 7-4-2 所示是一种扶手带速度检测装置。一对滚轮上下压紧扶手带限其作同步滚动，由传感器发出速度脉冲信号，通过控制柜中的微机系统与梯级的运行速度进行比较，当偏差超过允许值时，安全电路动作，使自动扶梯停止。对偏差监控点的设定，可参阅第十一章第三节的表 11-3-6。

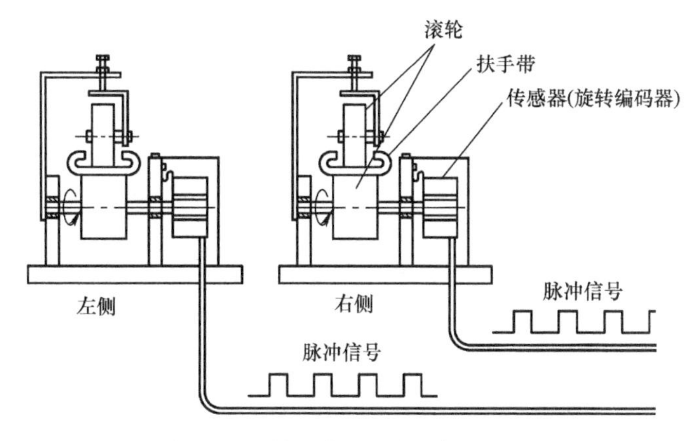

图 7-4-2 扶手带速度检测装置（一）

图 7-4-3 是另一种常见的扶手带速度检测装置。通过一个带有接近开关的扶手带压轮，在滚动过程中产生脉冲信号。

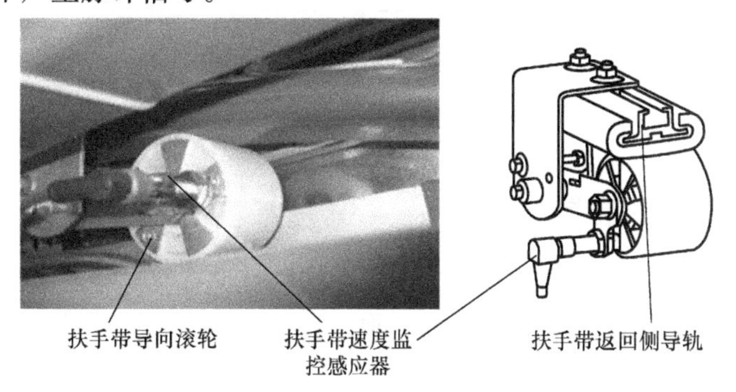

图 7-4-3 扶手带速度检测装置（二）

三、梯级下陷保护装置

梯级下陷指的是由于梯级滚轮破损、梯级轴断裂或梯级体破损等原因，导致梯级离开正常运行平面，发生倾斜、下沉，此时若不能及时停止运行，将会导致梯级上的人员跌倒，并使梯级无法正常通过梳齿板。因此，当梯级的任何一个部分发生下陷而不能保证与梳齿板啮合时，应有一个装置使自动扶梯停止。这个装置被称为梯级下陷保护装置。

图 7-4-4 是一种梯级下陷保护装置的结构示意。装置设置在自动扶梯上下弯转部接近水平段的位置，由横轴、5 个触碰杆、微动开关以及复位连杆等组成。在正常情况下，梯级上的任何部位都不会碰到触碰杆，但当梯上任意一个部位发生下陷时，就会碰到触碰杆（5 个中的 1 个或多个），使横轴发生转动，安装在横轴端部位置的微动开关被动作，自动扶梯停止运行。排除故障后，横轴通过复位连杆进行复位，自动扶梯可重新起动运行。

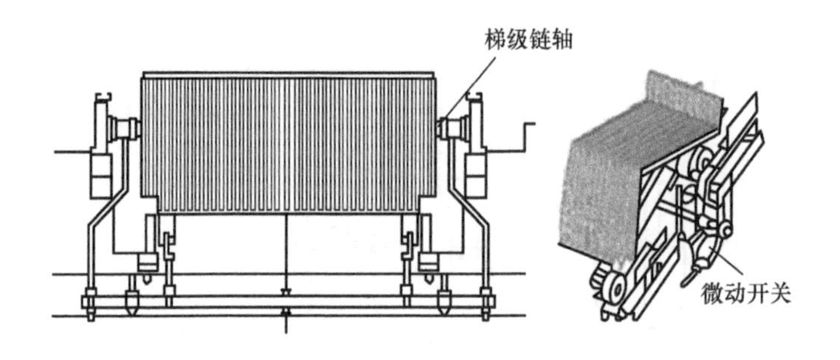

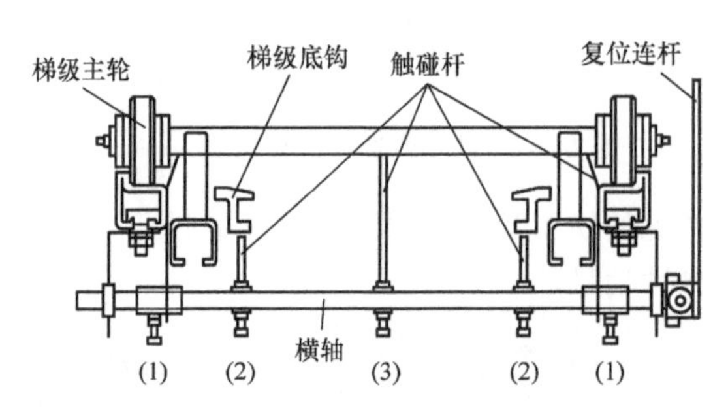

图 7-4-4　梯级下陷保护装置

四、梯级缺失监测装置

自动扶梯在梯级缺失情况下的运行，如果在维修时没有及时装上被拆卸的梯级，而自动扶梯又能启动运行，带来后果是严重的。乘客就有可能踩上没有梯级的缺口，跌入桁架内。因此，自动扶梯应在驱动站和转向站（即上下水平段内），安装有梯级缺失监测装置，在缺口从梳齿板出现之前使自动扶梯停止。

图 7-4-5 是梯级缺失监测装置的示意。安装在靠近上、下平层的倾斜段，通过传感器监测梯级脉冲信号，如有梯级缺失的状况，不正常的脉冲信号将使自动扶梯停止运转。

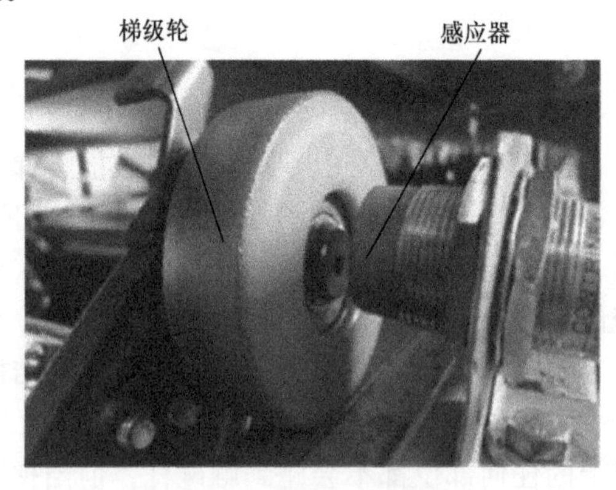

图 7-4-5　梯级缺失监测装置

五、梯级运行安全装置

当梯级运行到上下弧段时，两个相邻梯级之间的在垂直方向因相对运动产生高度差的变化。此时，如果有物品（如婴儿车的轮子、鞋、玩具球等）卡入两个梯级之间，梯级被卡住不能完成平梯级过程，梯级就会碰撞梳齿板，造成人员失稳跌倒和设备的损坏。因此，在一些公共交通场所等客流较大的自动扶梯上，常安装有梯级运行安全装置。

图7-4-6所示是一种常见的梯级运行安全装置。这种安全装置安装在上下圆弧段，在梯级副轮导轨的压轨上开有一个缺口，当梯级运动异常受力，梯级副轮运动至缺口时顶开开关打板，开关动作，使自动扶梯停止运行。

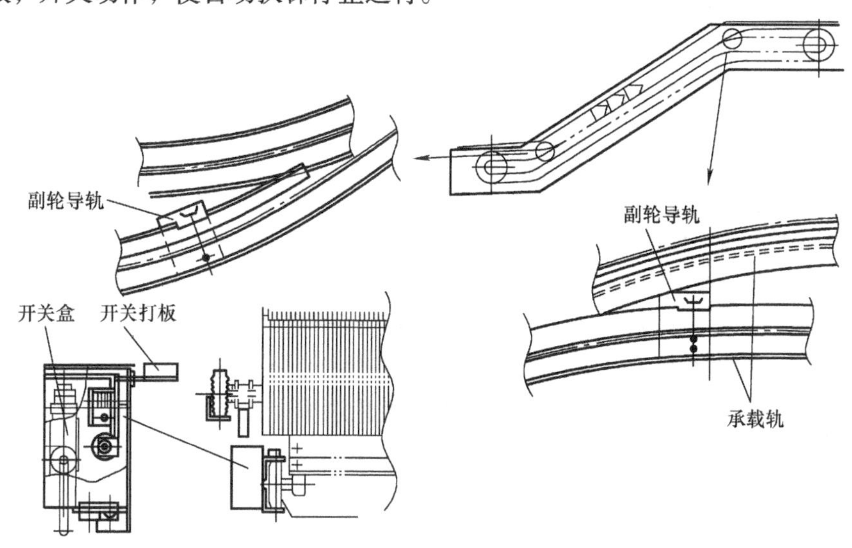

图7-4-6　梯级运行安全装置

六、楼层板安全开关

楼层板是供人员出入自动扶梯行走与站立的地方，如楼层板没有盖好或发生缺失，则人员就有可能踩入缺口，发生严重事故。因此，自动扶梯在上下水平段端部都必须安装楼层板安全开关，只要一打开楼层板，或没有完整地安装好楼层板，自动扶梯就停止运行或不能启动。同时，在楼层板的设计上，只允许从端部第一块开始打开，以确保安全开关的动作准确性。

图7-4-7是楼层板安全开关的示意图。

图7-4-7　楼层板安全开关

七、制动距离监测装置

制动距离过小会引起人员的惯性前冲，容易跌倒；距离过大则表明自动扶梯不能及时制停，有可能出现机械伤害或人员跌倒，其中对制动距离过大的监测是必须有的。

对制动距离的监测一般都是电子式的。常用的方法是在主机或主驱动轴上安装一个监测装置，检查在自动扶梯收到停梯信号后到实际停止的时间，以计算出实际的制停距离。一旦发现实际的制停距离超出规定的制动距离的1.2倍时，对自动扶梯实行锁定，使其不能重新启动。只有当检修人员排除了故障，并进行手动复位后，自动扶梯才能重新启动。

八、其他防跌倒措施

1. 梯级间隙照明

在梯路上下水平区段与曲线区段的过渡处，梯级在形成阶梯或在阶梯的消失过程中，乘客的脚往往踏在两个梯级之间而发生危险。为了避免上述情况的发生，在上下水平区段的梯级下面各安装一对绿色荧光灯（如图7-4-8所示），使乘客经过该处看到绿色荧光灯时，能清晰地看清相邻梯级的边界，即时调正在梯级上站立的位置。

2. 梯级上的黄色边框

如图7-4-9所示，在梯级上喷制（安装）黄色边框，以告知乘客，只能踏在非黄色边框区域，避免因站立不稳失去重心而跌倒。

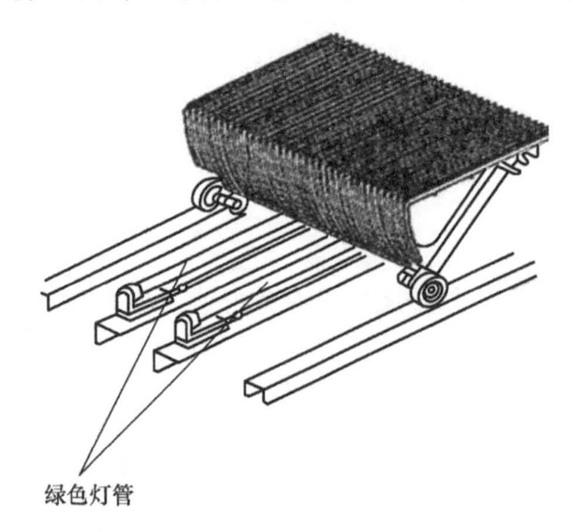

图7-4-8　梯级间隙照明

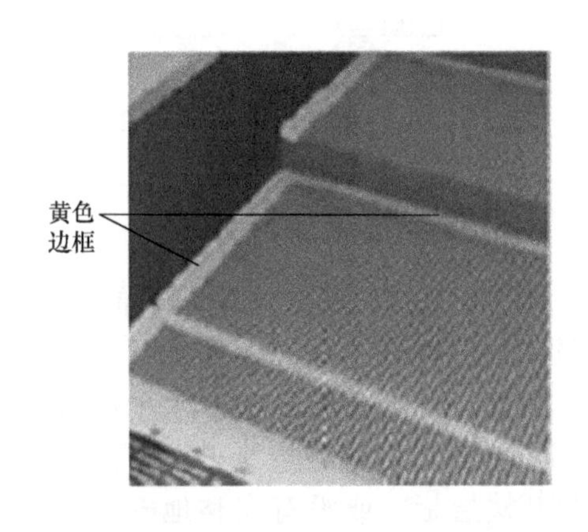

图7-4-9　梯级黄色边框

第五节　附加安全装置与设施

附加安全装置与设施指的是，与自动扶梯安装位置有关的安全措施，包括防止人员从护栏外部攀登自动扶梯、被自动扶梯与建筑物间的夹角位剪切、在水平外包板上滑行等的设施。

一、防爬装置

一般是在护栏上或护栏前设置隔离板，防止人员沿着护栏外盖板攀登自动扶梯。隔离板用安全玻璃或有机玻璃制造，与自动扶梯的外观协调。

如图 7-5-1 所示，在自动扶梯的护栏外侧安装防攀登板，阻止人员从该处攀登自动扶梯。

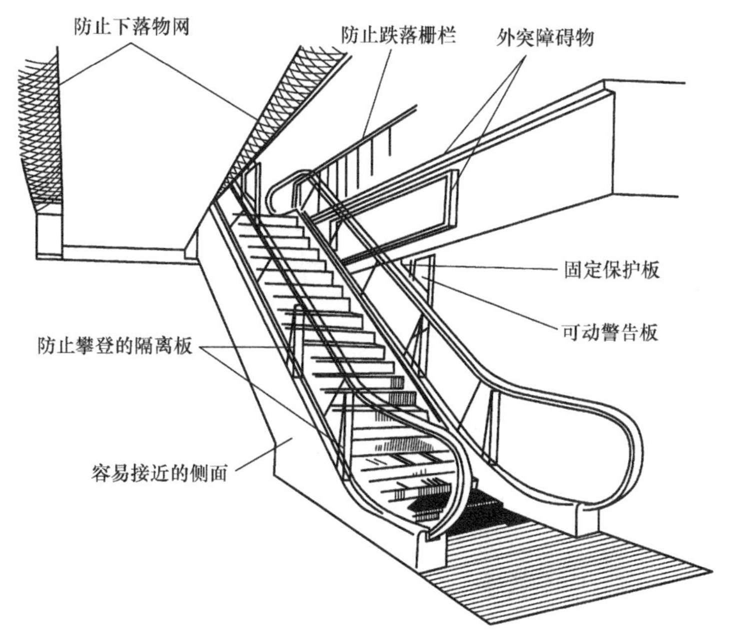

图 7-5-1　自动扶梯的防攀登隔离板的安装位置

防攀登设施的位置如图 7-5-2 所示，应位于地平面上方（1000 ± 50）mm 处（见图 7-5-2 中 h_9），下部与外盖板相交，平行于外盖板方向上的延伸长度 l_5 应不小于 1000mm，并应确保在此长度范围内无踩脚处。该装置的高度应至少与扶手带表面平齐。

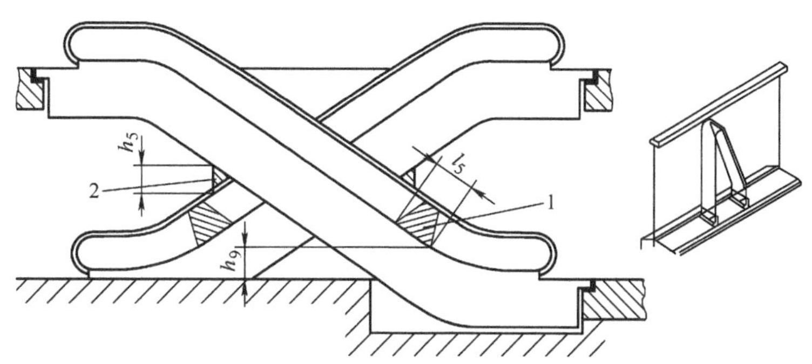

图 7-5-2　隔离板与垂直挡板的安装位置

1—隔离板　2—垂直挡板

二、阻挡装置

如图 7-5-3 所示，在两台自动扶梯之间或自动扶梯与相邻墙之间设置阻挡板，防止人员在此空隙从护栏外盖板攀登自动扶梯。

当自动扶梯与墙相邻，且外盖板的宽度 b_{13} 大于 125mm 时，在上、下端部应安装阻挡装置（见图 7-5-3 中 2）防止人员进入外盖板区域。当自动扶梯为相邻平行布置，且共用外盖板的宽度 b_{14} 大于 125mm 时，也应安装这种阻挡装置，该装置应延伸到高度 h_{10}。

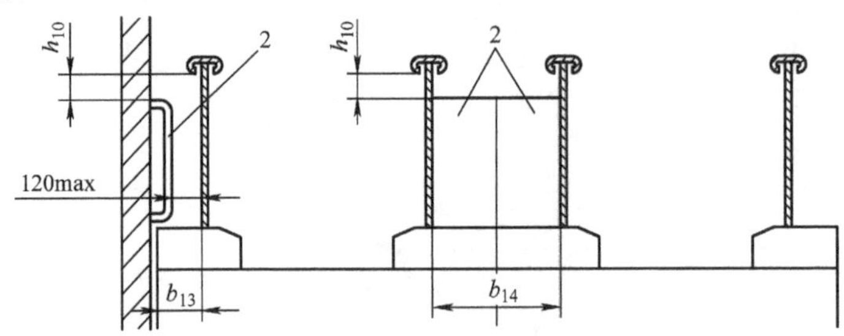

图 7-5-3　两台自动扶梯之间和与相邻墙之间的阻挡装置

三、防滑行装置

如图 7-5-4 所示，当自动扶梯和相邻墙之间装有接近扶手带高度的扶手盖板，且建筑物（墙）和扶手带中心线之间的距离 b_{15} 大于 300mm 时，应在扶手盖板上装设防滑行装置（见图 7-5-4中 3）。该装置应包含固定在扶手盖板上的部件，与扶手带的距离不应小于 100mm（见图 7-5-4 中 b_{17}），并且防滑行装置之间的间隔距离应不大于 1800mm，高度 h_{11} 应不小于 20mm。该装置应无锐角或锐边。对相邻自动扶梯扶手带中心线之间的距离 b_{16} 大于 400mm 时，也应满足上述要求。

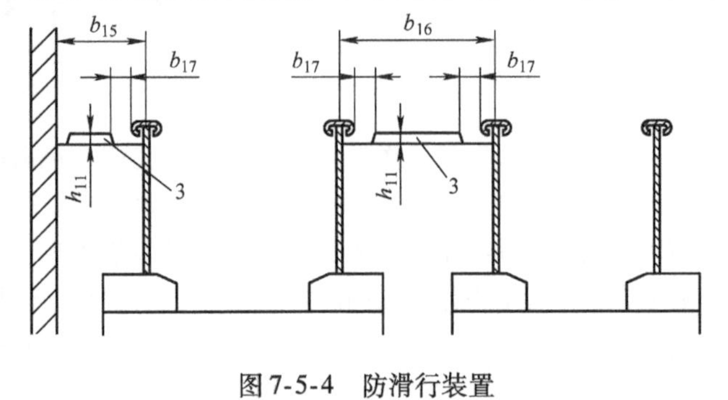

图 7-5-4　防滑行装置

四、垂直防护板

当自动扶梯与建筑物楼板之间或相邻自动扶梯之间或与任何障碍物之间形成了夹角，当扶手带外缘与其之间的距离小于 400mm 时设垂直防护板，防止人员被剪切。其安装位置如图 7-5-5 所示。为了加强安全效果，可以如图 7-5-5 所示，在垂直防护板之前再加装一个可动警示牌。

五、警示标识

自动扶梯的出入口处，通常张贴各种警示标识，提醒乘客在乘梯时需要注意的安全事项。如紧握扶手带、关注随行儿童、手推车不能进入扶梯、小心夹脚等。如图 7-5-6 所示。

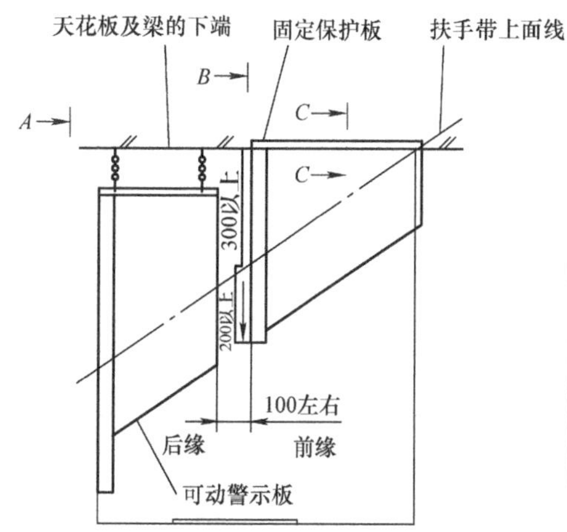

图 7-5-5　垂直防护板和可动警示牌

图 7-5-6　警示标识

第六节　附加制动器的制动力矩计算

附加制动器是安全冗余设计概念中的一个安全装置，是安全系统中的一道保险，其结构设计必须可靠耐用。因此，无论采取哪一种结构形式，都需要清晰制定其设计的基本要求。表 7-6-1 对附加制动器的多项要求进行了归纳。

表 7-6-1　对附加制动器的制动要求

序号	失效模式	速度状态	制动系统触发		GB 16899—2011/EN 115—2008	
			附加制动器	工作制动器	最大减速度	制停距离
1	电源故障或安全回路失电	名义速度	√	√	√	√
2	发生超速，工作制动器正常制动	140% 名义速度	√	√	—	—
3	发生超速，工作制动器不能正常制动	140% 名义速度	√	—	√	—
4	发生逆转，工作制动器正常制动	20% 名义速度	√	√	—	—
5	发生逆转，工作制动器不能正常制动	20% 名义速度	√	—	√	—

从表 7-6-1 可知，发生超速或逆转时，附加制动器和工作制动器可同时动作，但规范并没有明确最大减速度和对制停距离的要求。可针对表中的 1、3、5 三种失效模式，制定

附加制动器的设计要求和校核计算。

1. 电源故障或安全回路失电

在名义速度状态下，附加制动器承受从驱动主机及工作制动器制动时传递的能量。必须满足不大于最大减速度 1m/s^2 和制停距离的要求（见表 1-5-4）。

2. 发生超速，工作制动器不能正常制动

在 140% 名义速度的超速状态下，附加制动器制动时，必须满足不大于最大减速度 1m/s^2 的要求，但没有制停距离的要求。

3. 发生逆转，工作制动器不能正常制动

当有梯级、踏板或胶带改变其规定运行方向时，考虑将其速度为名义速度的 20% 时作为计算速度，附加制动器制动时，必须满足不大于最大减速度 1m/s^2 的要求，但没有制停距离的要求。

从上述附加制动器设计要求分析，基本上就是要解决满足制停距离和减速度的问题，而这两个参数与制动力矩有关，也就是如何确定最佳的制动力矩值以满足整体需要的问题。

附加制动器的制动力矩需要满足以下条件：

1）制动力矩应大于静态制动力矩以使自动扶梯保持静止状态。

2）在上述三种失效模式情况下，制动力矩应大于最小制动力矩，而小于最大制动力矩，以同时满足最大加速度和制动距离的要求。

下面就静态制动力矩、空载下行失电时的制动力矩、满载下行失电时的制动力矩、空载下行超速时的制动力矩（140% 名义速度）、满载下行超速时的制动力矩（140% 名义速度）、空载发生逆转的制动力矩、满载发生逆转的制动力矩等共六种状态的制动力矩的一种计算方法加以介绍。

一、静态制动力矩

静态制动力矩是在满载条件下，附加制动器独立制动时，能使系统保持静止状态的制动力矩，这也是附加制动器设计时的最小制动力矩。

$$T_s = n_{incl} M_d g \sin\alpha \frac{d_{scs}}{2} \tag{7-6-1}$$

式中 T_s——静态制动力矩，承受 100% 制动载荷，单位为 N·m；

n_{incl}——乘客侧倾斜段梯级数量，$n_{incl} = \left(\frac{H}{\sin\alpha}\frac{1}{P}\right)$；

H——提升高度，单位为 m；

P——梯级链两个梯级链轮（梯级主轮）之间的中心距，单位为 m；

M_d——每梯级制动载荷，单位为 kg；

g——重力加速度，取 $g = 9.8\text{m/s}^2$；

α——倾斜角（°）；

d_{scs}——梯级链轮节径，单位为 m。

二、空载下行，电源故障或安全回路失电时的制动力矩

1. 总动能

总动能 E_k(J) 包括水平运动、转动部件的动能（包括梯级，主驱动，主机等）

$$E_k = E_s + E_m + E_{mc} \tag{7-6-2}$$

式中 E_s——空载情况下，梯级总动能，单位为 J；

E_m——空载情况下，主驱动轴转动动能，单位为 J；

E_{mc}——空载情况下，主机有效动能，单位为 J。

2. 总做功

总做功 W_k(J) 指制动过程当中，所有部件所做的功

$$W_k = -W_{st} - W_{hd} - W_{mc} \tag{7-6-3}$$

式中 W_{st}——空载情况下，梯级自重引起的摩擦力所做的功，单位为 J；

W_{hd}——空载情况下，制动过程中扶手带摩擦力所做的功，单位为 J；

W_{mc}——空载情况下，制动过程中，主机制动力所做的有效功，单位为 J。

3. 制动力矩 T_k(N·m)

$$T_k = (E_k + W_k)\frac{d_{scs}}{2S} \tag{7-6-4}$$

式中 E_k——总动能，单位为 J；

S——制动距离，单位为 m；

W_k——总做功，单位为 J；

d_{scs}——梯级链轮节径，单位为 m。

由于传动系统存在一定的电气、机械延时，在最短的制动距离和最大减速度的条件下，分别计算相应的最大制动力矩：

1）对标准规范中限定的最小制动距离下的最大制动力矩要求：

最小制动距离 $S_{n2} = S_{n1} + v_{a\_no}t_d$

最大制动力矩 $T_{ks} = (E_k + W_k)\dfrac{d_{scs}}{2S_{n1}}$

式中 S_{n2}——制动距离，包括反应时间与实际动作时间下的制距离，单位为 m；

S_{n1}——最小制动距离，单位为 m；

v_{a_no}——空载下行速度，单位为 m/s；

t_d——系统延时时间，单位为 s。

2）对标准规范中限定的最大减加速度的情况下，最大的制动力矩要求：

最大制动力矩 $T_{ka} = (E_k + W_k)\dfrac{d_{scs}}{2S_{a\_max}}$

式中 S_{a_max}——最大加速度下的最小制动距离，单位为 m。

4. 计算结果选用

为能同时满足最小制动距离和最大制动减速度两个方面的要求，应选择两个最大制动力矩中的较小值，为本条件下的附加制动器制动力矩 T_{aux_n2}：

$$T_{aux\_n2} = \min(T_{ks}, T_{ka})$$

三、满载下行失电时的制动力矩

失电的主要原因是电源故障或安全回路。

1. 总动能

总动能 E_m(J) 包括水平运动、转动部件的动能（包括梯级，主驱动，主机等，还包括乘客动能）

$$E_m = E_{ms} + E_{mm} + E_{mmc} + E_{mr} \tag{7-6-5}$$

式中 E_m——满载情况下的系统动能，单位为 J；

E_{ms}——满载情况下的梯级动能，单位为 J；

E_{mm}——满载情况下的主驱动动能，单位为 J；

E_{mmc}——满载情况下的主机动能，单位为 J；

E_{mr}——满载情况下的乘客动能，单位为 J。

2. 总做功 W_m(J)

$$W_m = W_{mr} - W_{mrf} - W_{mst} - W_{mhd} - W_{mmc} \tag{7-6-6}$$

式中 W_m——满载情况下系统摩擦力做的功，单位为 J；

W_{mr}——满载情况下，乘客自重所做的正功，单位为 J；

W_{mrf}——满载情况下，乘客自重产生的摩擦力所做的摩擦功，单位为 J；

W_{mst}——满载情况下，梯级自重产生的摩擦力所做的摩擦功，单位为 J；

W_{mhd}——满载情况下，扶手带传动产生的摩擦力所做的摩擦功，单位为 J；

W_{mmc}——满载情况下，主机制动力所做的有效功，单位为 J。

3. 制动力矩 T_m(N·m)

$$T_m = (E_m + W_m)\frac{d_{scs}}{2S} \tag{7-6-7}$$

由于传动系统存在一定的电气、机械延时，分别计算两种状态下的制动力矩：在最长制动距离的条件下，计算相应的最小制动力矩。在最大的减加速度的条件下，计算相应的最大制动力矩；

1）对标准规范中限定的制动距离的要求：

最大制动距离 $S_{f2} = S_{f1} + v_{a\_fd}t_d$

式中　S_{f2}——制动距离，包括反应时间，与实际动作时间下的制停距离，单位为 m；

S_{f1}——最长的实际制动距离，单位为 m；

v_{a_fd}——满载下行速度，单位为 m/s；

t_d——系统延时时间，单位为 s。

最小制动力矩　$$T_{ms} = (E_m + W_m)\frac{d_{scs}}{2S_{f1}}$$

2）对标准规范中限定的最大减加速度的要求：

最小制动距离　$$S_{smin\_fd} = S_{min\_fd} + v_{a\_fd}t_d$$

式中　S_{smin_fd}——最小的制停距离，包括反应时间，与实际动作时间下的制动距离，单位为 m；

S_{min_fd}——最小的实际制动距离，单位为 m；

v_{a_fd}——满载下行速度，单位为 m/s；

t_d——系统延时，单位为 s。

最大制动力矩　$$T_{ma} = (E_m + W_m)\frac{d_{scs}}{2S_{min\_fd}}$$

4. 计算结果选用

为能同时满足两个方面的要求，应选择两个制动力矩中的较大值为本条件下的附加制动器制动力矩 T_{aux_f2}(N·m)：

$$T_{ms} < T_{aux\_f2} < T_{ma}$$

四、空载下行发生超速时的制动力矩

速度达到名义速度的 140%，工作制动器不能正常工作，且仅考虑满足最大减速度的条件下，计算制动力矩。这种状况下能量由驱动主机递到附加制动器上。

1. 总动能

总动能 E_{k_ov}(J) 包括水平运动，转动部件的动能（包括梯级，主驱动，主机等）

$$E_{k\_ov} = E_{s\_ov} + E_{m\_ov} + E_{mc\_ov} \tag{7-6-8}$$

式中　E_{k_ov}——空载，超速情况下系统总动能，单位为 J；

E_{s_ov}——空载，超速情况下，梯级总动能，单位为 J；

E_{m_ov}——空载，超速情况下，主驱动转动动能，单位为 J；

E_{mc_ov}——空载，超速情况下，主机有效动能，单位为 J。

2. 总做功

总做功 W_{k_ov}(J) 是指制动过程当中，所有部件所做的功

$$W_{k\_ov} = -W_{st\_ov} - W_{hd\_ov} \tag{7-6-9}$$

式中　W_{k_ov}——空载，超速情况下系统总做功，单位为 J；

W_{st_ov}——空载，超速情况下，梯级自重引起的摩擦力所做的功，单位为 J；

W_{hd_ov}——空载，超速情况下，制动过程中扶手带摩擦力所做的功，单位为 J。

3. 制动力矩(N·m)

$$T_{k\_ov}=(E_{k\_ov}+W_{k\_ov})\frac{d_{scs}}{2S} \tag{7-6-10}$$

由于标准没有规定附加制动器的制动距离。因此，只对标准规范中限定的，在最大减速度的条件下，计算相应的最大制动力矩。

最小制动距离：$$S_{smin\_nd\_ov}=\frac{v_{a\_no\_ov}^2}{2a}$$

式中 $v_{a\_no\_ov}$——超速情况下的扶梯速度，单位为 m/s；

a——最大减速度，单位为 m/s²。

最大制动力矩：$$T_{aux\_n3}=(E_{k\_ov}+W_{k\_ov})\frac{d_{scs}}{2S_{smin\_nd\_ov}}$$

最大制动力矩即为在本条件下的附加制动器制动力矩。

五、满载下行发生超速时的制动力矩

1. 总动能

总动能 E_{m_ov}(J) 包括水平运动、转动部件的动能（包括梯级、主驱动、主机等，还包括乘客动能）

$$E_{m\_ov}=E_{ms\_ov}+E_{mm\_ov}+E_{mmc\_ov}+E_{mr\_ov} \tag{7-6-11}$$

式中 E_{m_ov}——超速，满载情况下的系统动能，单位为 J；

E_{ms_ov}——超速，满载情况下的梯级动能，单位为 J；

E_{mm_ov}——超速，满载情况下的主驱动动能，单位为 J；

E_{mmc_ov}——超速，满载情况下的主机动能，单位为 J；

E_{mr_ov}——超速，满载情况下的乘客动能，单位为 J。

2. 总做功 W_{m_ov}(J)

$$W_{m\_ov}=W_{mr\_ov}-W_{mrf\_ov}-W_{mst\_ov}-W_{mhd\_ov} \tag{7-6-12}$$

式中 W_{m_ov}——满载，超速情况下，系统总做功，单位为 J；

W_{mr_ov}——满载，超速情况下，乘客自重所做的正功，单位为 J；

W_{mrf_ov}——满载，超速情况下，乘客自重产生的摩擦力所做的摩擦功，单位为 J；

W_{mst_ov}——满载，超速情况下，梯级自重产生的摩擦力所做的摩擦功，单位为 J；

W_{mhd_ov}——满载，超速情况下，扶手带传动产生的摩擦力所做的摩擦功，单位为 J。

3. 制动力矩(N·m)

$$T_{m\_ov}=(E_{m\_ov}+W_{m\_ov})\frac{d_{scs}}{2S} \tag{7-6-13}$$

由于标准没有规定附加制动器的制动距离。因此，只对标准规范中限定的，在最大减速度的条件下，计算相应的最大制动力矩。

最小制动距离：$$S_{\text{smin\_fd\_ov}}=\frac{v_{\text{a\_fd\_ov}}^2}{2a}$$

式中 $v_{\text{a\_fd\_ov}}$——超速情况下，满载的扶梯速度，单位为 m/s。

最大制动力矩：$$T_{\text{aux\_f3}}=(E_{\text{m\_ov}}+W_{\text{m\_ov}})\frac{d_{\text{scs}}}{2S_{\text{smin\_fd\_ov}}}$$

最大制动力矩 $T_{\text{aux_f3}}$即为在本条件下的附加制动器制动力矩。

六、空载逆转的制动力矩

逆转速度达到名义速度的 20%，工作制动器不能正常工作，且仅考虑满足最大减速度的条件下，计算制动力矩。这种状况下能量从驱动主机递到附加制动器上。

1. 总动能 $E_{\text{k\_rev}}$(J)

$$E_{\text{k\_rev}}=E_{\text{s\_rev}}+E_{\text{m\_rev}}+E_{\text{mc\_rev}} \tag{7-6-14}$$

式中 $E_{\text{k\_rev}}$——空载，逆转情况下系统总动能，单位为 J；

$E_{\text{s\_rev}}$——空载，逆转情况下，梯级总动能，单位为 J；

$E_{\text{m\_rev}}$——空载，逆转情况下，主驱动转动动能，单位为 J；

$E_{\text{mc\_rev}}$——空载，逆转情况下，主机有效动能，单位为 J。

2. 总做功 $W_{\text{k\_rev}}$(J)

$$W_{\text{k\_rev}}=-W_{\text{st\_rev}}-W_{\text{hd\_rev}} \tag{7-6-15}$$

式中 $W_{\text{k\_rev}}$——空载，逆转情况下系统总做功，单位为 J；

$W_{\text{st\_rev}}$——空载，逆转情况下，梯级自重引起的摩擦力做的功，单位为 J；

$W_{\text{hd\_rev}}$——空载，逆转情况下，制动过程中扶手带摩擦力所做的功，单位为 J。

3. 制动力矩(N·m)

$$T_{\text{k\_rev}}=(E_{\text{k\_rev}}+W_{\text{k\_rev}})\frac{d_{\text{scs}}}{2S} \tag{7-6-16}$$

对标准规范中限定的，在最大减速度的条件下，计算相应的最大制动力矩。

最小制动距离：$$S_{\text{smin\_no\_rev}}=\frac{v_{\text{a\_no\_rev}}^2}{2a}$$

式中 $v_{\text{a\_no\_rev}}$——逆转情况下，空载的扶梯速度

最大制动力矩：$$T_{\text{aux\_n5}}=(E_{\text{k\_rev}}+W_{\text{k\_rev}})\frac{d_{\text{scs}}}{2S_{\text{smin\_no\_rev}}}$$

最大制动力矩即为在本条件下的附加制动器制动力矩。

七、满载逆转的制动力矩

1. 总动能 $E_{\text{m\_rev}}$(J)

$$E_{\text{m\_rev}}=E_{\text{ms\_rev}}+E_{\text{mm\_rev}}+E_{\text{mmc\_rev}}+E_{\text{mr\_rev}} \tag{7-6-17}$$

式中 $E_{\text{m\_rev}}$——逆转，满载情况下的系统动能，单位为 J；

E_{ms_rev}——逆转，满载情况下的梯级动能，单位为 J；
E_{mm_rev}——逆转，满载情况下的主驱动动能，单位为 J；
E_{mmc_rev}——逆转，满载情况下的主机动能，单位为 J；
E_{mr_rev}——逆转，满载情况下的乘客动能，单位为 J。

2. 总做功 W_{m_rev}(J)：

$$W_{m\_rev} = W_{mr\_rev} - W_{mrf\_rev} - W_{mst\_rev} - W_{mhd\_rev} \tag{7-6-18}$$

式中　W_{m_rev}——逆转，满载情况下系统总做功，单位为 J；
W_{mr_rev}——逆转，满载情况下，乘客自重所做的正功，单位为 J；
W_{mrf_rev}——逆转，满载情况下，乘客自重产生的摩擦力所做的摩擦功，单位为 J；
W_{mst_rev}——逆转，满载情况下，梯级自重产生的摩擦力所做的摩擦功，单位为 J；
W_{mhd_rev}——逆转，满载情况下，扶手带传动产生的摩擦力所做的摩擦功，单位为 J。

3. 制动力矩(N·m)

$$T_{m\_rev} = (E_{m\_rev} + W_{m\_rev})\frac{d_{scs}}{2S} \tag{7-6-19}$$

由于标准没有规定附加制动器的制动距离。因此，只对标准规范中限定的，在最大减速度的条件下，计算相应的最大制动力矩。

最小制动距离：
$$S_{smin\_fd\_rev} = \frac{v_{a\_fd\_rev}^2}{2a}$$

式中　$v_{a\_fd\_rev}$——逆转情况下，满载的自动扶梯速度，单位为 m/s。
a——最大减速度，单位为 m/s^2。

最大制动力矩（N·m）：

$$T_{aux\_f5} = (E_{m\_rev} + W_{m\_rev})\frac{d_{scs}}{2S_{smin\_fd\_rev}}$$

在本条件下的附加制动器制动力矩即为 T_{aux_f5}。

通过对上述各种状况下的最大和最小制动力矩的分析和反复验算，可制定一个既能满足制停距离要求，又能符合最大减速度规定的附加制动器制动力矩 T_{aux}，作为附加制动器具体结构设计参数。

上述公式提到的关于动能 E 和做功 W 的计算，本章未作详述，可根据具体的结构作系统分析计算。

第八章　电气控制系统

自动扶梯电气控制系统的组成包括设计的各种电路与电气元件，电控装置与各种开关以及电气布线等。电气控制系统的作用是对电动机实行驱动控制、对自动扶梯的运行实行安全监测和安全保护、对自动扶梯的关停和运行方式实行操控。

第一节　电控原理与电路设计

虽然自动扶梯运行时状态变化不多，但由于它是运送人的设备，因此设计中首先要考虑的是系统是否安全及部件异常时是否可以防止事故的发生，在确保安全的前提下，再进行功能设计。

一、电控系统的种类

1. 控制方式

自动扶梯的电控系统按控制方式分有2种，分别是继电器控制方式和微机控制方式。

（1）继电器控制方式　通过继电器电路构成简单的控制逻辑，对自动扶梯的运行进行控制。该控制方式的优点是电路简单、维修方便、成本低，但缺点也很明显：只能实现简单的功能。

（2）微机控制方式　通过可编程序器件（如PLC或带单片机的控制板）对自动扶梯进行控制，该控制方式的优点是可以实现智能化及复杂功能，但成本比较高。从目前的发展趋势看，微机控制方式已经是市场的主流控制方式，而且随着技术的不断发展，继电器的控制方式将会很快退出市场。

2. 对电动机的驱动方式

自动扶梯的电控系统按对电动机的驱动方式分有2种，分别是直接驱动方式和变频驱动方式。

（1）直接驱动方式　通过接触器，将电网的380V电源直接接入电动机进行扶梯驱动。在该方式下，自动扶梯只能以额定速度运行。

（2）变频驱动方式　通过变频器对电动机进行速度控制。在该方式下，自动扶梯可以以多种速度运行，例如在无人的时候以节能速度运行，达到节能目的。

二、安全回路

自动扶梯有很多安全装置，将这些安全装置串接在一起，就形成了自动扶梯的安全回路。它可以直接对自动扶梯的电动机、接触器电源进行控制。即使控制微机出现了问题，系统也能安全制动。自动扶梯必须配置的安全装置如表 8-1-1 所示。

表 8-1-1　自动扶梯安全装置

序号	安全装置名称	简单说明	本文中的简称
1	过载安全装置	过载时（通过自动断路器）使扶梯停止，故障未排除扶梯不能启动	94A
2	超速及逆转安全装置	超速或运行方向的非操纵逆转，扶梯停止。故障未排除扶梯不能启动	URS
3	附加制动器	附加制动器的动作，使扶梯停止	SNS
4	驱动链安全装置	直接驱动梯级、踏板或胶带的元件（例如：链条或齿条）断裂或过分伸长，扶梯停止。应防止启动	DCS
5	梯级链安全装置	驱动装置与转向装置之间的距离（无意性）伸长或缩短，扶梯停止	TCS
6	梳齿板安全装置	梯级、踏板或胶带进入梳齿板处有异物夹住，扶梯停止	CMS
7	扶手带入口安全装置	扶手带入口夹入异物，扶梯停止	TIS
8	梯级下陷安全装置	梯级或踏板的下陷，扶梯停止。应防止启动	STS
9	梯级缺失安全装置	梯级或踏板的缺失，扶梯停止。应防止启动	MSD
10	制动状态检测开关	自动扶梯启动后，制动系统未释放时，扶梯停止。应防止启动	MGS
11	扶手带速度异常安全装置	扶手带速度偏离梯级、踏板或胶带的实际速度超过 -15% 且持续时间超过 15s，扶梯停止	HSD
12	楼层板安全装置	打开桁架区域的检修盖板和（或）移去或打开楼层板，扶梯停止	MIS
13	制动距离监测安全装置	超出最大允许制停距离 1.2 倍，扶梯停止。应防止启动	BSS

对应于表 8-1-1，安全回路的实现电路如图 8-1-1 所示。图中的 SGS 是围裙板开关，SRS 是梯级运行安全装置，HRS 是扶手带断带安全装置，由于不是必需的安全装置，没有列在表 8-1-1 中。

下面对图 8-1-1 的几个要点作一下说明：

（1）安全回路电压 DC48V　安全回路的电压可以是 AC220V、AC100V、DC48V、DC24V，但是考虑到安全回路存在人员触碰的可能，因此采用较低的电压对操作人员的人

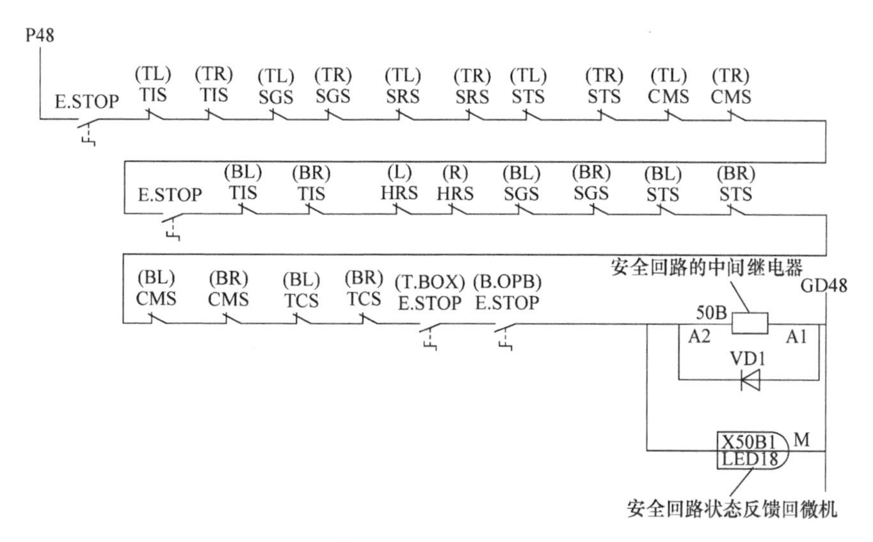

图 8-1-1　自动扶梯安全回路的实现电路

身安全有好处。与此同时，由于安全回路贯通整台自动扶梯，线路较长，电压降也将会较大，因此选择 DC48V 比较合适。图中 P48 为 48V 电源正端，GD48 为电源负端。

（2）安全回路中间继电器　安全回路可以直接驱动电动机的接触器，也可以通过中间继电器进行转换。但是，中间继电器一定是安全继电器，同时还需要对安全回路的状态进行检查，同时将安全回路的状态和继电器的状态进行比较，确保继电器发生熔接的时候系统可以检测出来。

三、电动机驱动电路

在 GB 16899—2011 中，要求自动扶梯的电动机必须要通过两个接触器驱动：电源应由两个独立的接触器切断，这些接触器的触点应串联在供电回路中。当自动扶梯停止时，如果其中任一接触器的主触点未打开，则自动扶梯应不能重新启动。

图 8-1-2 是自动扶梯最简单的直接启动方式的主回路图。

图中 FFB 为主断路器，FFBL 为 FFB 的漏电脱扣保护器，当系统漏电时，FFB. L 主动断开主电源。在剩余电流断路器的选择上，要注意电动机的漏电流会随着功率的增加而增加。

图中 94AS 为检测电动机电流，进行过载保护。

图中 11、12 为上下行接触器，通过这两个接触器改变电动机的供电相序，从而改变电动机的运转方向。

图中 10 为自动扶梯电源接触器，接通或断开自动扶梯的电源。

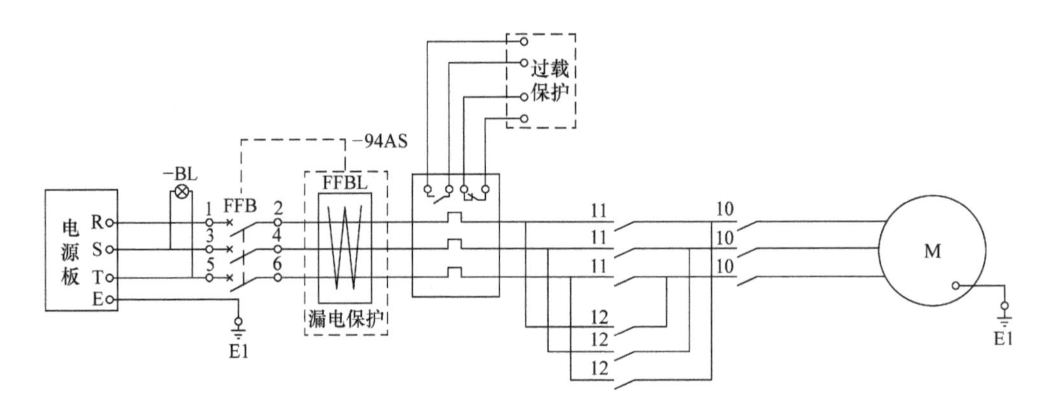

图 8-1-2　自动扶梯的主回路

四、接触器控制电路

在没有变频节能的条件下，电动机的控制主要靠接触器控制，在当前的自动扶梯控制系统中，接触器一般通过微机的输出点进行控制，如图 8-1-3 所示为一个典型的弱电控制强电的电路。

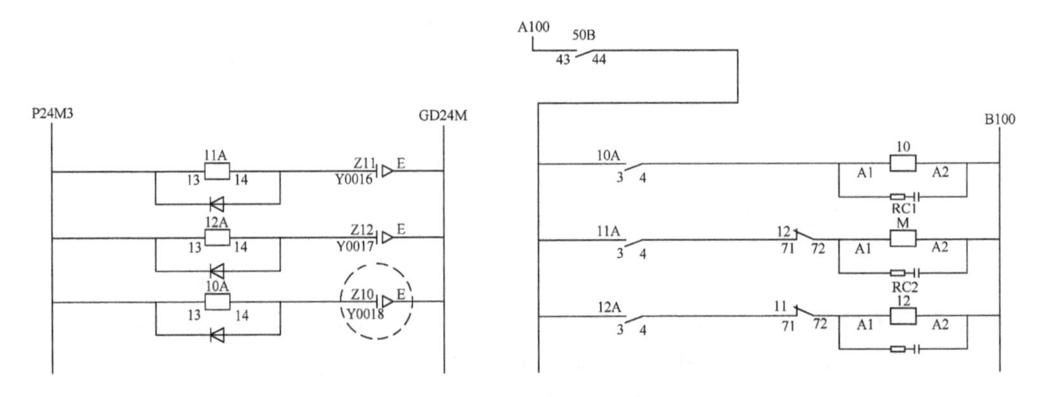

图 8-1-3　一个典型的弱电控制强电电路

下面对图 8-1-3 做一些简单的分析：

1）Z10、Z11、Z12 是微机的输出点，控制继电器 11A、12A、10A，控制电压是 DC24V。

2）继电器 11A、12A、10A 继而控制 11、12、10 接触器，控制电压是 AC110V。

3）接触器 11、12、10 继而控制电动机的驱动，如图 8-1-2 所述，控制了 AC380V 的动力电压。

4）两个安全保护点：①在接触器的线圈控制中，串入了 50B 继电器，而 50B 在图 8-1-3 中是实时反映安全回路状态的，一旦安全回路发生问题，电动机的供电就中断，即使微机发生了故障，自动扶梯还是可以安全的停止，这也是电路设计的一个理念；②在上行的接触器 11 驱动中，串入了接触器 12 的触点，这是一个典型的电气互锁电路，这种方式避免了接触器 11、12 同时接通，从而导致 AC380V 电源短路。

五、制动器控制电路

制动器属于安全部件。自动扶梯应设置制动系统，该制动系统使自动扶梯和自动人行道有一个接近匀减速的制停过程直至停机，并使其保持停止状态。制动系统在使用过程中应无故意延迟。同时，GB 16899—2011 中对制动系统的电路有如下要求：

供电的中断应至少由两套独立的电气装置来实现，这些电气装置可以是切断驱动主机供电的装置。当自动扶梯或自动人行道停机时，如果这些电气装置中的任何一个未断开，自动扶梯应不能重新启动。如图 8-1-4 所示为一个常见工作制动器控制电路。

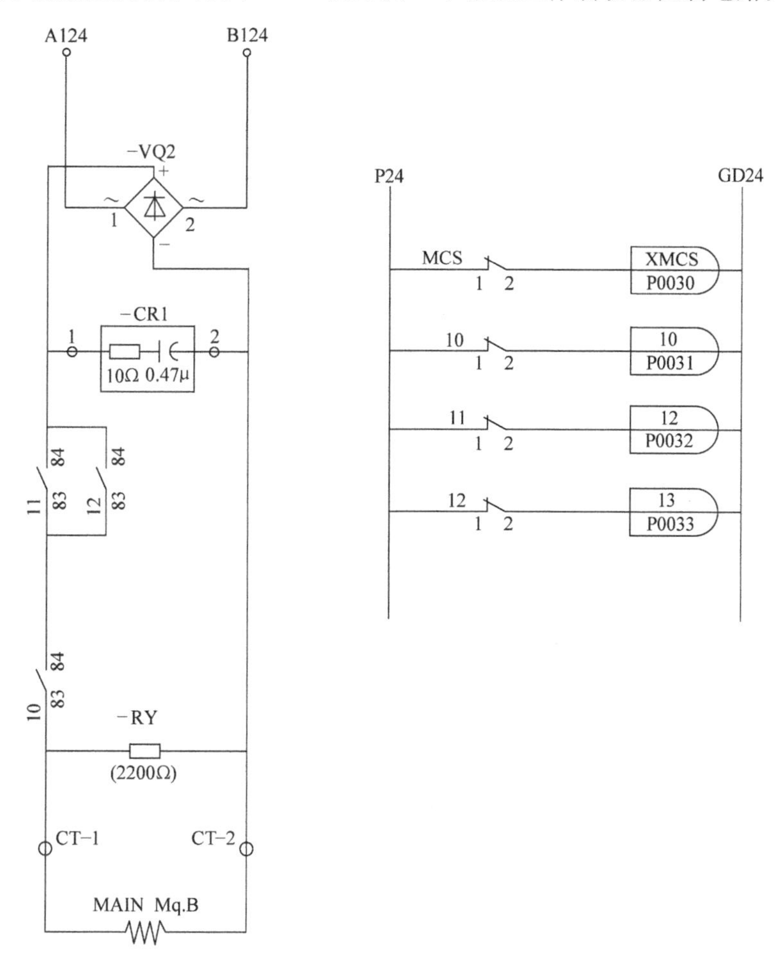

图 8-1-4　工作制动器控制电路

下面对图 8-1-4 做一些简单的分析：

1）10、11 和 12 作为 2 路独立的制动器控制触点，可以单独对自动扶梯实施制动。

2）10、11 和 12 的接触器的辅助触点均反馈回微机，发现接触器触点熔接的时候，系统可以进行故障报警。

3）在制动器上，安装了一个 MGS 的开关，检测制动器的实际动作状态，一旦发现制动器的状态与驱动状态不一致，系统可以进行故障报警。

六、附加制动器驱动

在自动扶梯提升高度超过 6m 时，或在公共交通型自动扶梯中，按照 GB 16899—2011 要求必须设置附加制动器，附加制动器是在主制动器外的一个紧急制动器，在工作制动器失效或特别需要时制停自动扶梯。

附加制动器在下列任何一种情况下都应起作用：

1）在实际速度超过名义速度 1.4 倍之前。

2）在梯级、踏板或胶带改变其规定运行方向时。

3）驱动链断裂时。因为此时主制动器即使动作也起不到制动的作用了。

一般情况下，附加制动器并不和主制动器一起动作（除了上述三项），还可以避免自动扶梯减速度过大，造成乘客受伤。表 8-1-2 是一种附加制动器动作设计，常用于公共交通型或重载型自动扶梯上。

表 8-1-2　一种常见的附加制动器动作设计

扶梯状态		附加制动器（动作、不动作、延时）	工作制动器（动作、不动作、延时）
超速至 1.15 倍时		不动作	动作①
超速至 1.3 倍时		动作	动作
意外逆转时	速度降低至额定速度的 20% 时	不动作	动作
	速度为 0 之前	动作	动作
驱动链断裂时		动作	动作①
供电中断时		动作	动作①
安全电路中断时		自动扶梯停止后，延时 1～3s 动作	动作
钥匙开关关停时		自动扶梯停止后，延时 1～3s 动作	动作
急停开关动作时		自动扶梯停止后，延时 1～3s 动作	动作
车站急停开关动作		自动扶梯停止后，延时 1～3s 动作	动作

① 可理解为此时工作制动器已失效

七、超速检测方法

自动扶梯的超速检测一般通过检测减速机的速度来进行判断。电动机和减速机的连接方式有带传动方式，也有链传动方式。当使用三角带传动方式时，皮带有可能发生滑动，如果测速点选在电动机上的时候，测出的速度有可能不能反映自动扶梯的真实速度。因此，测量减速机的速度可以较准确的反映自动扶梯的速度。

自动扶梯的测速方式有 2 种，分别是数脉冲的方式和测量脉冲周期的方式。

1. 数脉冲方式

这种方式是指每隔一段时间测量脉冲的个数，然后通过比例系数转化为自动扶梯的实际速度。时间间隔可以是 1s，也可以是 20ms，这个时间间隔视传感器的分辨率而定。如果选用接近开关进行速度检测，那么每秒的脉冲数一般为 64 个，则选择 1s 为测量周期比较合适。如果选用旋转编码器进行速度检测，那么每秒的脉冲数一般为 7000 个，则选择 20ms 为测量周期比较合适。测量周期越短，速度检测的精度也就越高。

2. 测量脉冲周期方式

这种方式直接测量脉冲的周期，然后通过比例系数转化为扶梯的实际速度。如果每秒的脉冲数为 64 个，那么测量速度的周期就可以缩短到 15. 6ms，大大改善了速度的检测精度。

上述两种检测方式，可以单独使用，也可以一起使用，同时使用不仅可以提高检测精度，也可以提高抗干扰能力。

八、逆转检测方法

自动扶梯的逆转检测方法可以通过机械方式实现，也可以通过电子方式实现，在这里介绍一下电子方式检测。

图 8-1-5 所示是一种间接式电子检测逆转的方法在主机中，设置了两个测速传感器，由于测速传感器的位置设置正好相差 90°，因此，正常运行的波形也会相差 90°，上下行的波形会有所区别，微机系统就可以根据这种区别进行方向判断，如图 8-1-6 所示。

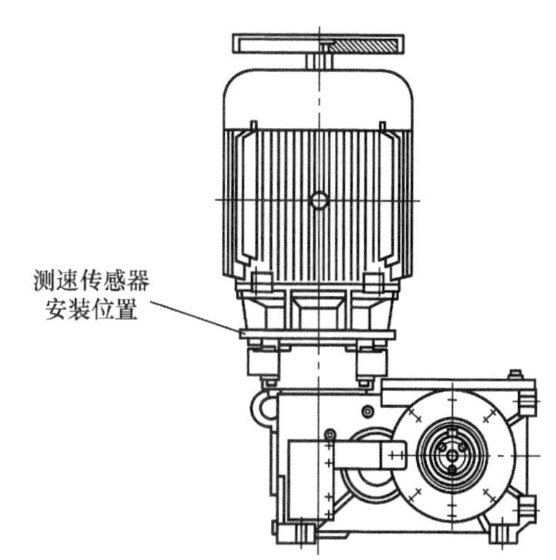

图 8-1-5　电子检测逆转（间接式）

由于不是直接检测主驱动轴或梯级的运动，因此这种方式是间接式的检测。对于以直接式电子检测逆转的方法，可见第七章第三节的介绍，但其工作原理是相同的。

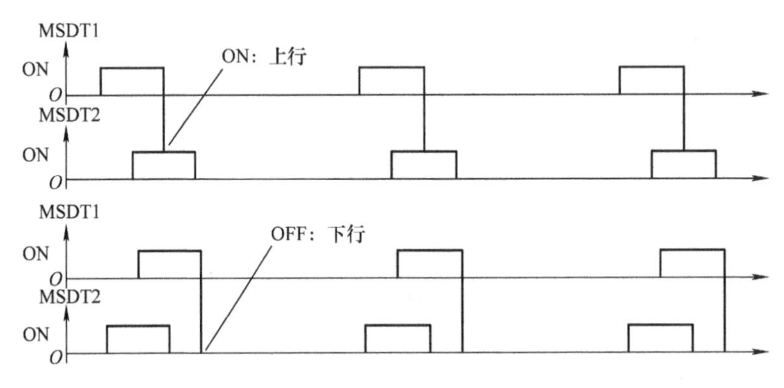

图 8-1-6　扶梯方向判别波形

九、可编程电子安全相关系统（PESSRAE）

GB 16899—2011 提出了电子安全的新概念，它是指用于自动扶梯和自动人行道的可编程电子安全相关系统（PESSRAE）。在以往安全装置都要通过机械装置，使用带安全触点的限位开关来实现。GB 16899—2011 中，增加了检测梯级缺失和扶手带速度偏差的要求，这两项检测需要通过电子装置实现。为了保证安全性，电子器件必须符合 IEC61508 功能安全的要求，也就是我们通常所说的电子安全。

电子安全分为 3 个等级，从 SIL1 到 SIL3（最高）。电子安全有 2 个评价标准，分别是安全失效分数（SFF）和危险失效概率（PFH）。这两个评价标准要求分别如表 8-1-3、表 8-1-4 所示。

表 8-1-3　可编程电子安全相关系统结构约束

安全失效分数（SFF）	硬件故障裕度（HFT）		
	0	1	2
A 类安全相关子系统的结构约束			
小于 60%	SIL1	SIL2	SIL3
大于等于 60% 至小于 90%	SIL2	SIL3	未定义
大于等于 90% 至小于 99%	SIL3	未定义	未定义
大于等于 99%	SIL3	未定义	未定义
B 类安全相关子系统的结构约束			
小于 60%	不允许	SIL1	SIL2
大于等于 60% 至小于 90%	SIL1	SIL2	SIL3
大于等于 90% 至小于 99%	SIL2	SIL3	未定义
大于等于 99%	SIL3	未定义	未定义

表 8-1-4 可编程电子安全相关系统危险失效概率

安全完整性等级（SIL）	每小时危险失效概率（PFH）
3	大于等于 10^{-8} 至小于 10^{-7}
2	大于等于 10^{-7} 至小于 10^{-6}
1	大于等于 10^{-6} 至小于 10^{-5}

1. 电子安全的结构要求

表 8-1-3 中，硬件故障裕度（HFT）其实是对结构冗余的要求，0：代表单路结果；1：代表 2 路冗余；2：代表 3 路冗余。对于控制板内部的设计，电子安全还有更严格的要求，但是，电子安全是一个开放性的标准，设计者可以不采用标准的结构，但是要能证明新结构能达到标准的要求，表 8-1-5 对需要达到 SIL2 等级的一些主要电路设计要求进行了描述。

表 8-1-5 对需要达到 SIL2 等级电路设计通用措施

序号	元器件和功能	要　求	措　施
1	结构	结构应当是在考虑了系统反应时间的前提下，一旦检测到任何一个随机故障，则系统就应当进入一个安全状态	具有自检和监控功能的单通道结构，或具有比较功能的双通道或多通道结构
2	处理单元	处理单元中能导致错误结果的故障应当在考虑了系统反应时间的前提下能被检测出来。如果这样的故障会导致危险状态，那么系统应当进入一个安全状态	可更正故障的硬件，和单通道结构的有硬件支持的软件自检，或双通道结构的比较器，或双通道结构的软件相互比较
3	不变的存储区	不正确的信息修改，例如，所有的 1 位或 2 位故障，以及部分 3 位和多位故障应当在考虑了系统反应时间的前提下被检测到	下面的措施仅针对单通道结构：具有一字冗余的块安全，或具有多位冗余的字保存
4	可变的存储区	在寻址、写入、存储和读出期间的全局性故障，以及所有 1 位、2 位故障，部分 3 位和多位故障应当在考虑了系统反应时间的前提下被检测到	下面的措施仅针对单通道结构：具有多位冗余的字保存，或通过测试模式检测静态或动态故障
5	I/O 单元和包括通信连接的接口	I/O 线上的静态故障和干扰以及数据流中的随机和系统故障应当最迟在电梯下一次运行之前被检测到	代码安全，或测试模式
6	时钟	用于处理单元的时钟发生器故障，如频率改变或停顿，应当在考虑了系统反应时间的前提下被检测到	具备独立时钟基准的看门狗，或相互监控功能
7	程序序列	安全相关功能错误的程序序列和不恰当的执行时序应当在考虑了系统反应时间的前提下被检测到	程序序列的时序和逻辑监视的组合

2. 危险失效概率（PFH）

为了对安全性能便于衡量，需要对安全进行量化。在电子安全中，对安全进行量化的指标就是危险失效概率（PFH），也就是在一段时间内可能发生危险失效的概率，这个概率越低越好。

电子安全是一个非常复杂的标准，可以通过参阅 GB/T 20438 或 IEC 61508 进行学习。由于现在的智能化产品发展得非常迅速，因此，在安全方面使用电子方式加以实现是日后发展的趋势。

十、关于安全回路、电气安全装置、安全开关、安全电路、电子安全的概念

在 GB 16899—2011 中，出现了安全回路、电气安全装置、安全开关、安全电路、电子安全等 5 个概念，准确理解这些概念，才能明确安全规范的要求。

1. 安全回路

安全回路是由电气安全装置组成的部分电气安全系统。如图 8-1-1 所描述的电路。

图 8-1-1 的安全回路驱动一个中间继电器后，直接驱动控制电动机电源和工作制动器的接触器，确保安全装置动作后，不需要微机的干预，系统直接通过电路停机。

2. 电气安全装置

电气安全装置是由安全触点和（或）安全电路和（或）可编程安全相关系统组成的部分回路。DCS（驱动链断链保护开关）就是典型的电气安全装置，是安全回路的一部分。电气安全装置的组成方式有以下几种：

1）由安全触点单独构成：最传统的方式，一般构成方式为机械装置 + 符合安全触点要求的安全开关。

2）由安全电路单独构成：一般构成方式由不带可编程器件的电子部件组成，由于与安全相关，需要根据规范要求进行故障分析，做到失效安全。

3）由可编程安全相关系统单独构成：由电子安全电路构成，电子安全电路主要由可编程电子部件（如 CPU、FPGA）和其他电子部件构成，需要满足 GB/T 20438 和 IEC 61508 的要求。

4）安全装置同时也可根据需要，由安全触点、安全电路、可编程安全相关系统组合而成，组合形式不限，根据实际安全功能进行设计即可。

3. 安全触点

在规范中，使用了安全触点的开关才能称之为安全开关，对安全触点有如下要求：

1）安全开关的动作应使其触点强制地机械断开，甚至两触点熔接在一起也应强制地机械断开。当所有触点断开元件处于断开位置时，且在有效行程内，动触点和驱动机构之间无弹性元件（例如：弹簧）施加作用力，触点获得强制地机械断开。一般的行程开关如果有“⊖”的标志，都可满足肯定断开的要求。

2）在设计上应尽可能地减少由于部件故障而引起的短路危险。

3）如果安全开关保护外壳的防护等级不低于 IP4X（GB 4208—2008 外壳保护等级），则安全开关应能承受 250V 的额定绝缘电压。如果其外壳防护等级低于 IP4X，则应能承受 500V 的额定绝缘电压。

安全开关应属于 GB 14048.5—2008 中规定的下列类别：AC-15，用于交流电路；DC-13，用于直流电路。

4）外壳防护等级低于 IP4X 时，其电气间隙应至少为 3mm，爬电距离应至少为 4mm。断开后触点之间的距离应至少为 4mm。

5）对于多个分断点的情况，断开后触点之间的距离应至少为 2mm。

在上述的要求中，应特别注意第 4）和第 5）点的要求。因为即使是可满足断开要求的行程开关，也不一定可以满足第 4）和第 5）点的要求。

4. 安全电路

安全电路是指用一些电子和电气部件组成的与安全相关的电路，安全电路与可编程电子安全的最大区别是安全电路并不带有可编程的电子器件，如 CPU、CPLD、ROM、RAM 等。在 GB 16899—2011 中，对安全电路有如下要求：

1）以下任一故障均不应导致扶梯危险状态的产生：①无电压；②电压降低；③导线（体）中断；④电路的接地故障；⑤电气元件（例如：电阻器、电容器、晶体管、灯等）的短路或断路，参数值或功能改变；⑥接触器或继电器的可动触点不吸合或不完全吸合；⑦接触器或继电器的可动触点不断开；⑧触点不断开；⑨触点不闭合；⑩错相。

2）对于上述 1）的故障有如下说明：

如果某一故障与第二个故障组合可能导致危险状态，那么最迟应在该故障元件参与的下一个操作程序时使自动扶梯停止运行。

在自动扶梯按照上述程序停止运行之前，第二个故障导致危险状态的可能性不予考虑。

如果在状态变化下不能检测出导致第一故障的元件失效，则应有适当的措施确保该故障被检测出，并最迟在自动扶梯重新启动时防止自动扶梯运行。

3）如果两个故障与第三个故障组合可能导致危险状态，那么最迟应在有该两个故障元件中任何一个参与的下一个操作程序时使自动扶梯停止运行。

在自动扶梯按照上述程序停止运行之前，第三故障导致危险状态的可能性不予考虑。

如果在状态变化下不能检测出导致前两个故障的元件失效，则应有适当的措施确保这些故障被检测出，并最迟在因某种原因重新启动时，防止自动扶梯运行。

安全电路的平均失效间隔工作时间（MTBF）应至少是 2.5 年。确定这个时间的依据是，假设每台自动扶梯在三个月内至少因某种原因重新启动一次，即经历一次状态的变化。

4）如果满足下列①或②的要求，多于三个故障的组合可以不予考虑，否则不允许中断失效分析，而应继续类似于第 3）点的分析处理：

① 安全电路至少由两个通道组成，并且它们的相同状态由一个控制电路监测。在自动扶梯重新启动前，自动检查控制电路是否正常。

② 安全电路至少由三个通道组成，并且它们的相同状态由一个控制电路监测。

从上述安全电路的要求可以看出，如果电子或电气部件发生故障时，最好是能设计成即保护，从而使自动扶梯停止下来。否则的话，会导致很多的故障组合分析和一些没有考虑到的异常情况。但是，如果安全电路规模较大，对所有部件进行故障组合分析的难度会变得相当大，甚至难以进行分析，这也是引入电子安全的原因。

5. 可编程电子安全（PESSRAE）

可编程电子安全也称电子安全，在本节的第九点已进行了详细描述。

第二节　控　制　柜

控制柜是自动扶梯重要的部件，其结构如图 8-2-1 所示。

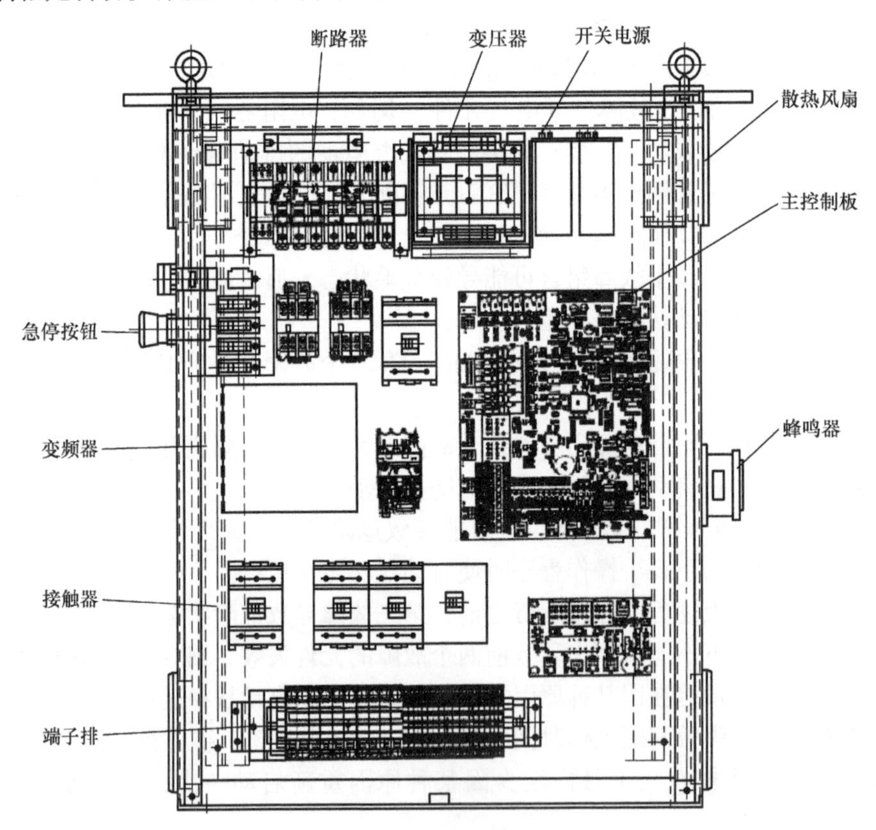

图 8-2-1　控制柜

控制柜的功能有如下几个方面：

1）给自动扶梯供电。

2）控制自动扶梯的运行速度、运行方向及停止。

3）检测异常事件，及时使自动扶梯停止。

4）与楼宇设备通信，提供自动扶梯的状态或者接受远程控制。

5）控制自动扶梯的检修操作。

6）控制自动扶梯的照明。

一、控制柜内部元器件

控制柜内部元器件如表8-2-1所示。其中变频器是视需配置的。一般是当自动扶梯具有节能运行功能或需要实行维修速度时才配有。

表8-2-1　控制柜内部元器件的名称和允许温度

器件	功能	工作温度/℃	储存温度/℃
变频器	控制自动扶梯速度	-10~50	-25~65
安全开关	安装在安全装置中，用于安全保护	-25~80	-40~120
继电器	继电控制，驱动接触器等部件	-55~60	-55~70
接触器	控制电动机电源	-5~55	-40~65
电路板	实现自动扶梯的控制功能	0~70	-40~80
开关电源	给电路板及电气部件提供电源	-20~70	-20~85
急停按钮	紧急事故时的安全保护	-25~70	-30~85
插接件	用于电信号连接	-30~105	
热继电器	防止电动机过载	-25~70	
端子排	系统接线使用	-60~105	

二、控制柜设计规范

1. 强、弱电元器件的布置

目前的控制系统基本上都采用了微机系统，由于强电会对微机信号造成干扰，从而导致异常情况的发生。所以为避免类似干扰，强电部分和弱电部分需要分开布置，既有利于安全保护，也有利于避免干扰。

1）强、弱电元器件的布置需要明显区分（强、弱电电线尽可能分开走线而不要捆绑在一起）。

2）微机的3.3V、5V电源应尽量靠近控制板。

3）串行通信线需采用屏蔽电缆，并且避开强电走线。

4）接触器的线圈保护器件应尽量靠近接触器。

2. 发热器件

1）变压器附近避免走线，变压器应尽量远离其他器件，如变压器与其他器件安装较为靠近，需增加变压器挡板防止变压器失效时导致火灾。

2）制动电阻附近避免走线，防止温度过高导致火灾。

3）变频器四周应有足够的散热空间（根据变频器手册），且散热风道不能安装有元器件（特别是受温度影响较大的器件，如熔丝等）。

3. 散热设计

在进行控制柜设计时，需要注意由于电动机是发热设备，机房内的温度将高于环境温度。控制柜的温度承受能力需要以机房内的工作温度进行考虑。一般如果环境温度达到35℃，机房内的温度可以达到40～45℃。所以要进行散热设计。除了在控制柜增加风扇，还可以考虑在机房增加风扇，加强散热效果。

对于室外型的自动扶梯，为了保证防水，控制柜的防护等级要求达到IP55。散热和防水是相互矛盾的两个要求，在设计时需特别考虑。

三、控制柜 EMC 设计

EMC（Electro Magnetic Compatibility，电磁兼容）是指电子、电气设备或系统在预期的电磁环境中，按设计要求正常工作的能力。

EMC 的中心课题是研究控制和消除电磁干扰，使电子设备或系统与其他设备联系在一起工作时，不引起设备或系统的任何部分的工作性能的恶化或降低。

1. 相关标准

对应的中国的 GB 16899—2011《自动扶梯和自动人行道的制造与安装安全规范》的相关标准是 GB/T 24808—2009《电磁兼容 电梯、自动扶梯和自动人行道的产品系列标准 抗扰度》和 GB/T 24807—2009《电磁兼容 电梯、自动扶梯和自动人行道的产品系列标准 发射》，对应的欧洲的 EMC 的相关标准为 EN12016 和 EN12015。

（1）GB/T 24807—2009《电磁兼容 电梯、自动扶梯和自动人行道的产品系列标准 发射》的要求　该标准主要对产品的对外干扰水平进行了要求，主要的要求有：

1）交流电源端口的传导干扰限值。

2）输出电源端口的传导干扰限值。

3）外壳端口的辐射干扰限值。

4）谐波畸变率，主要是电流的谐波畸变，包括畸变率及畸变系数（THD）。

其中外壳端口的辐射干扰限值是比较难达到的标准，单靠对控制柜进行屏蔽不一定可以解决问题，一定要通过系统的 EMC 设计方法进行应对，即 EMC 设计从每个部件开始，元器件布局也需要综合考虑 EMC 辐射因素。

（2）GB/T 24808—2009《电磁兼容 电梯、自动扶梯和自动人行道的产品系列标准 抗扰度》的要求　该标准主要对产品的抗干扰水平进行了要求，主要的要求有：

1）静电放电干扰。

2）射频电磁场干扰。

3）电快速瞬变脉冲群干扰。

4）浪涌干扰。

5）射频场感应的传导干扰。

注意：电子安全和安全电路的要求与普通电路的要求不同，在阅读标准时需要区分。

2. 电磁兼容设计方法的简单介绍

（1）屏蔽设计　屏蔽就是对两个空间区域之间进行金属的隔离，以控制电场、磁场和电磁波，利用屏蔽降低辐射。增加屏蔽后，会带来散热的问题。此时可以采用铜网的方式进行散热，铜网网格的大小取决于辐射干扰电磁波的波长。

在众多的 EMC 设计方法中，屏蔽设计是应对发射标准要求最直接、有效的方法，增强控制柜的屏蔽，可以明显减少辐射的水平。

但是，降低辐射水平并不意味着能完全符合标准的要求，要通过标准要求，要从部件设计、整体结构设计开始。

（2）接地设计　接地是改变共模电流方向的重要因素，不同的接地会对系统产生不同的 EMC 影响。

浮地并不能阻止共模电流进入产品，共模干扰可以通过寄生电容进入产品，造成不良影响。

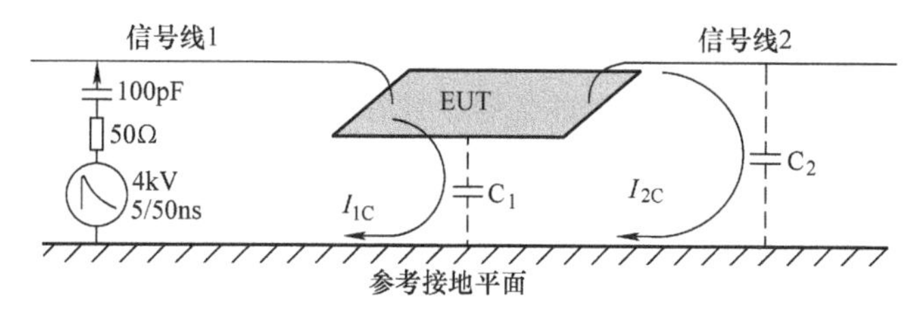

图 8-2-2　接地设计

接地点应注意靠近电源输入点，接地点远离电源输入口，必然导致较长的接地路径，接地效果大大降低。

（3）电缆

1）EMC 测试从连接器电缆开始，标准要求的测试点都是电缆的接口位置，如电源输入端、电动机输出端等。自动扶梯中的电缆都是天线：

电缆与天线一样，当波长（λ）与电缆导体的长度同数量级时，会发生谐振。这时信号几乎可以 100% 转换成电磁场（或反之）。电缆的长度正好为电缆中传输信号波长的1/4时，便是一个将信号转变成场的极好的转换器。在电子产品工作频率越来越高的今天，工作信号的波长与电子产品中任何一根电缆的长度已经是同数量级了。电子产品的接地线也一样，不管是否接地，只要长度与工作信号频率的波长同数量级，都是辐射发射产生的天线。

2）在电磁兼容设计中，主要是抑制电缆中的共模电流，主要采用以下方法：

电缆要成为天线，需要一定的长度，而且电缆端口进行抗扰度和传导干扰测试的电缆最小长度为3m（有些标准中规定电缆进行浪涌测试的最小长度为10m），因此理论上在产品电缆设计时，只要在满足使用要求的前提下，尽量使用短的电缆，避免电缆成为天线，并免去大部分的EMC测试。增加共模电流回路的阻抗，因为在共模电压一定的情况下，增加共模电流路径的阻抗可以减小共模电流。对电缆进行屏蔽。使用平衡电路，因为平衡电路不仅可以减少辐射水平，同时也可提高抗干扰能力。

（4）连接器　由于连接器一般与电缆相连，因此，每个连接器相当都带了一根天线，如何将天线的影响降到最小，需要采取一些措施。

1）失败的连接器设置方式如图8-2-3所示。这种设置方式使共模干扰从电缆1进入，通过电缆2入地，电流贯穿了整个设备，造成了干扰影响。

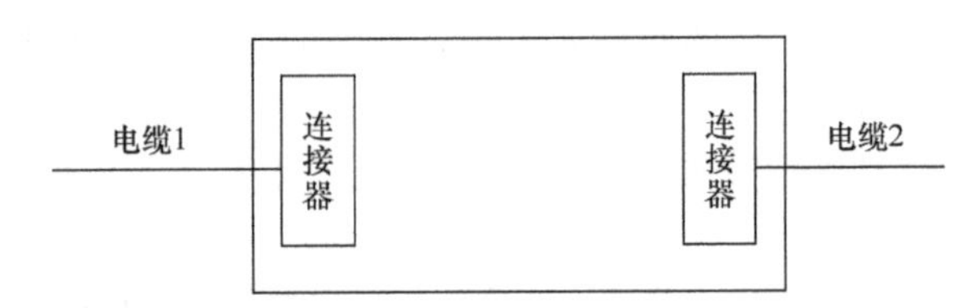

图8-2-3　失败的连接器设置方式

2）成功的连接器设置方式如图8-2-4所示。

（5）滤波与抑制　为了减少对外的传导干扰和辐射干扰，一般需要增加滤波器。

1）接口滤波器和滤波电路的设计分析。滤波器的工作原理是在射频电磁波的传输路径上形成很大的特性阻抗，将射频电磁波中的大部分能量反射输入。对于系统的设计而言，仅需要了解滤波器内部原理、结构特点和自己产品所需要的滤波带宽，并和滤波器的设计单位进行沟通，针对自己产品设计专用的滤波器，并通过测试，达到最低的标准要求。

2）滤波器位置的放置。如图8-2-5所示是一种错误的滤波器的放置方式。

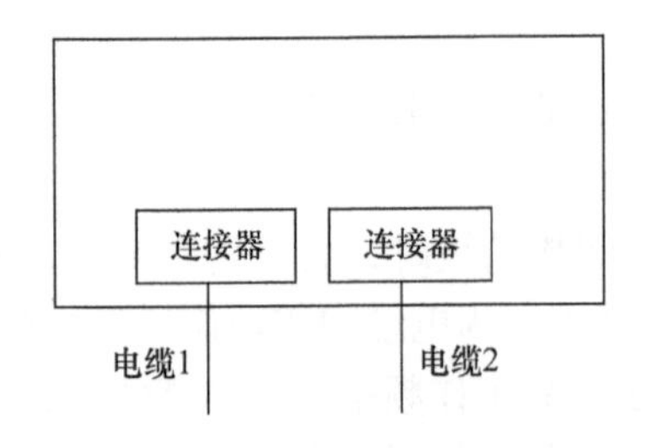

图8-2-4　成功的连接器设置方式

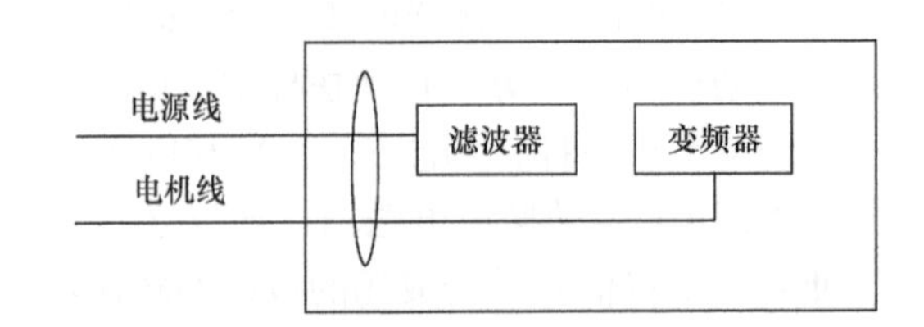

图8-2-5　一种错误的滤波器的放置方式

从图 8-2-5 中可以看出，变频器产生的干扰，绕过了滤波器，并通过电源箱往外传导和辐射。正确的滤波器设置应该遵循以下几点原则：

① 滤波器应该尽可能靠近箱体的接口，箱体内与滤波器的输入侧的连线越短越好。

② 变频器等容易产生干扰的部件的电线，与滤波器的距离及接线则是越远越好。

③ 输入电源与输出电源（电动机）也应该尽量分开、远离。

④ 变频器的大线与其他动力线、信号线应该远离，如不能做到，至少也需要保证与其他动力线、信号线垂直布置，将电磁场耦合的影响减到最小。

3）AC、DC 电抗器的应用。现在的系统一般都有变频器，由于变频器是采用 PWM 波原理的，所以会导致功率因数降低、谐波恶劣，会对电磁环境造成不好的影响。为提高功率因数，减少谐波电流，AC、DC 电抗器的应用是必不可少的，但是否需要把两者都加入到电路中则需要看试验结果。

一般而言，增加 AC 电抗器可以显著提高系统的功率因数、减少谐波。但是，也需要注意，AC 电抗器上会产生压降，会影响变频器的力矩特性。对于 AC 电抗器的计算，主要是计算 AC 电抗器的压降，一般取 3% 的压降比较适合，具体还需要根据实际情况调整。

对于 DC 电抗器，虽然也可以提升谐波、功率因数，但是，效果不如 AC 电抗器明显。但 DC 电抗器对于抑制变频器的辐射有较好的效果。DC 电抗器的计算比较复杂，在此不进行详述。需要的时候可以与变频器厂家联系，他们既可以提供建议参数，也可以提供计算进行参考。

第三节　电 气 开 关

一、操纵开关

自动扶梯的操纵开关包括钥匙开关、急停开关、维修操纵开关盒等。

1. 钥匙开关

钥匙开关功能是对自动扶梯实行人工操纵。实现电源的接通和关闭，自动扶梯的上行、下行。一般的钥匙开关是弹簧式的自复位开关，如图 8-3-1 所示。

图 8-3-1　钥匙开关

（1）钥匙开关的种类　钥匙开关有自动复位型和锁定型：

1）自动复位型：钥匙旋到指定位置后，自动回复到关断状态，对于电信号而言，输出的是脉冲信号。

2）锁定型：钥匙旋到指定位置后，保持开通状态，对于电信号而言，输出的是电平信号。

（2）钥匙开关功能　钥匙开关的主要作用是正常的启动和停止自动扶梯，因此，一般的钥匙开关配有上行、下行的操作指引。为了提高安全性，有的厂家的钥匙开关还带有警鸣器。

（3）钥匙开关的配置　自动扶梯钥匙开关设置在自动扶梯的上下端部，由专人进行操作。图 8-3-2 所示是玻璃护栏的自动扶梯，自动护梯钥匙开关安装在护栏端部内侧。图 8-3-3 是金属护栏的自动扶梯，自动扶梯钥匙开关安装在护栏端部。

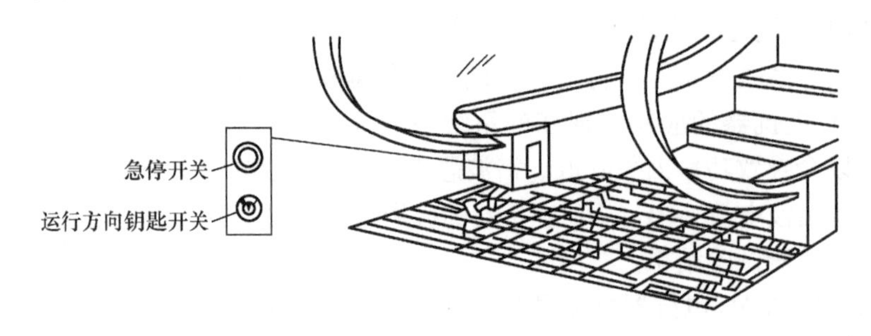

图 8-3-2　玻璃护栏的钥匙开关设置图

自动扶梯的钥匙开关可以只配置一个，也可以配置两个。如图 8-3-2 和图 8-3-3 所示，钥匙开关分为运行方式选择开关和上下行选择开关，运行方式选择钥匙开关具有选择工作运行（自动运行）或维修运行（维修操作运行）的功能，在启动自动扶梯时需要首先选定运行方式，进而使用运行方向选择钥匙开关选择上行还是下行，在进行维修作业时更安全。但也可以只安装一个运行方式选择钥匙开关，这种开关上一般具有上行、下行和关停三个挡。

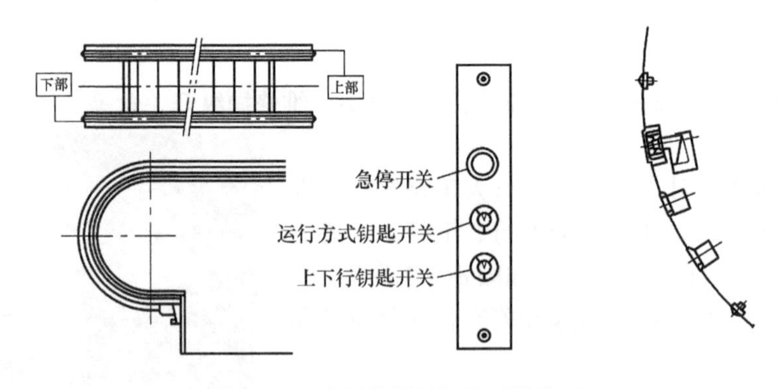

图 8-3-3　金属护栏的钥匙开关设置

2. 急停开关

急停开关的功能是使自动扶梯紧急停止。急停开关必须为安全触点。按照规范要求，在自动扶梯的两端必须设置一个急停装置。如图 8-3-2、图 8-3-3 所示。同时，紧急停止装置之间的距离应符合以下规定：

1）自动扶梯，不应超过30m。

2）自动人行道，不应超过40m。

也就是说，在高扬程的自动扶梯上，如果两端的距离超出了上述要求，需要在自动扶梯中部增加一个急停开关。

3. 检修控制盒

检修控制盒又称为维修操纵开关盒，简称维修盒用于有维修速度配置的自动扶梯。由维修人员在检修工作时对自动扶梯实行操控。桁架内设两个维修盒插座，上下水平段各设一个，当插入维修操纵开关盒时，自动扶梯上的钥匙开关将失效，自动扶梯只能由维修操纵开关盒进行操纵。

（1）结构　维修操纵开关盒的一般结构如图8-3-4所示。从图中可以看到，盒体有4个按钮，分别是电源、上行、下行和急停。前三个开关是自动复位式按钮开关。按下电源与上行（或下行）按钮，便能使自动扶梯以维修速度运行。急停按钮属于标准要求的安全触点，是非自动复位的，按下后自动扶梯不能启动，只有当将其手工复位后，才能使用另三个开关让扶梯以维修速度上行或下行。

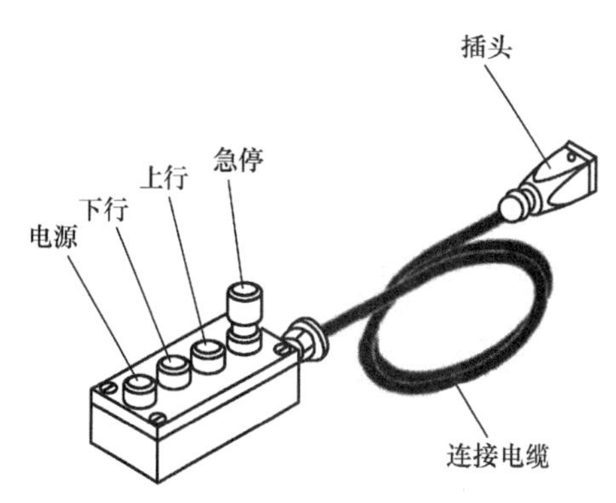

图8-3-4　维修操纵开关盒

（2）维修操纵开关盒与操作开关的相互制约关系　为保证扶梯在维修时的安全操作，维修操纵开关盒与操作开关不能同时使用，并有如下制约关系：

1）当维修盒插上时，扶梯只能用维修盒操纵，而钥匙开关失效。

2）当扶梯上两个维修操纵开关盒插座都插上维修盒时，则两个维修操纵开关盒同时失去作用。

二、各种安全开关、插座

自动扶梯是一个综合设备，设备内部有各种开关、插座等电气部件，包括隔离开关、断路器、限位开关、检修插座等。

1. 隔离开关

隔离开关仅起开关作用，不具备过载保护和短路保护功能。但该类型开关安装在控制柜外部，操作比较方便。主要的选型参数有：额定电流、额定电压、IP等级。如果用在室外环境，选择IP65以上比较合适。

2. 断路器

断路器是对系统短路和过载保护用器件，放在控制柜内部，主要的选型参数有：额定电流、额定电压、保护曲线、工作温度等。

由于电动机起动时有短时的7～8倍额定电流的冲击，因此，断路器选择D型曲线可以避开此冲击电流。还有的断路器配有漏电保护。

3. 限位开关

在自动扶梯中，一般的安全开关都会使用限位开关，主要的选型参数有：额定电流、额定电压、操作行程、动作力等。限位开关属于机电部件，同时又属于安全部件。因此，电气、机械等方面的配合都要仔细确认。如果用在室外，还需要采用较高的外壳保护级，一般选择IP65以上的防护等级比较适合。

由于GB 16899—2011中对安全触点有着非常明确的要求，因此并不是满足相关电气国标要求的限位开关就能满足自动扶梯使用的要求。自动扶梯中的安全触点的要求如下：

1）当所有触点断开元件处于断开位置时，且在有效行程内，动触点和驱动机构之间无弹性元件（例如：弹簧）施加作用力，触点获得强制地机械断开。在设计上应尽可能地减少由于部件故障而引起的短路危险。

2）如果安全开关保护外壳的防护等级不低于IP4X（按照GB 4208—2008的要求），则安全开关应能承受250V的额定绝缘电压。如果其外壳防护等级低于IP4X，则应能承受500V 的额定绝缘电压。

3）安全开关应属于GB 14048.5中规定的下列类别：AC－15（用于交流电路），或DC－13（用于直流电路）。

4）外壳防护等级低于IP4X时，其电气间隙应至少为3mm，爬电距离应至少为4mm。断开后触点之间的距离应至少为4mm。

5）对于多个分断点的情况，断开后触点之间的距离应至少为2mm。

4. 检修插座

检修用的插座有2种，一种是检修操作用，另一种是提供检修电源。

图8-3-5　带有防水盖的检修插座

（1）检修操作用的插座　如图8-3-5所示是用于室外梯的检修插座，由于需要防水，插座是有盖的。检修操作用的插座专用于维修操纵开关盒。

（2）检修电源用的插座　在自动扶梯中，一般会提供10A的检修电源（220V），该检修电源与自动扶梯的动力电源通过两个不同的断路器分别控制。

图8-3-6和图8-3-7分别是室内和室外用的检修电源插座。

图 8-3-6　室内梯用的检修电源插座

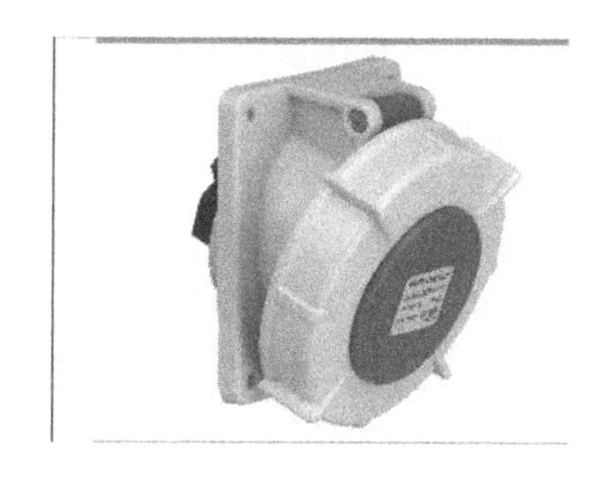

图 8-3-7　室外梯用的检修电源插座（IP65）

第四节　变频器与节能设计

随着人们节能意识的提高，带有节能速度的自动扶梯越来越多。当自动扶梯上没有乘客时自动转为节能运行状态。节能速度一般为扶梯名义速度的 1/4～1/5，是通过变频器加以实现的。

一、变频电路

1. 节能电路设计

如图 8-4-1 所示是一个常见的变频电路。

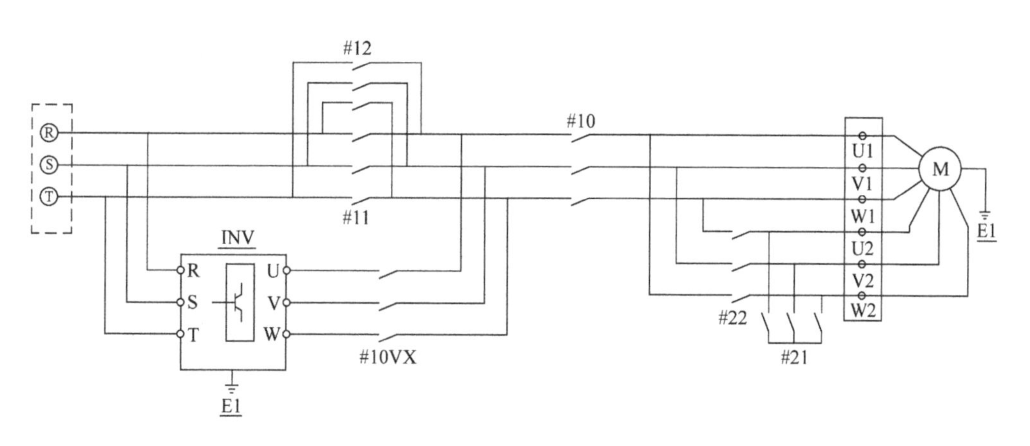

图 8-4-1　变频电路

下面对图 8-4-1 做一些简单说明：

#12—无变频时的下行接触器　　#11—无变频时的上行接触器

#10—电动机电源接触器　　#10VX—变频电源接触器

#21—星形联接接触器　　　　　　#22—三角形联接接触器

M—电动机　　　　　　　　　　INV—变频器

（1）变频器工作回路

如果系统是通过变频器驱动，电源的回路如下：

电源→INV→#10VX→#22→M（电动机）

由于采用变频器驱动时，启动电流较小，可以取消#22 接触器。但在设计中应注意，电源应由两个独立的接触器来中断，接触器的触头应串接于供电电路中，如果自动扶梯停止时，接触器的任一主触头未断开，则重新启动是不可能的。

如果简单地用变频器来替代接触器是不符合规范要求的，变频器必须按以下要求设计：

1）增加用来阻断功率半导体元件中异常电流流动的控制电路，该电路检验自动扶梯每次停止后，变频器内部是否还有电流流动，如果发现此情况必须有能阻断电流流动的电路。

2）正常停止期间，如果功率半导体元件未能有效阻断电流流动，控制电路应使变频器以外的接触器释放并应能防止自动扶梯重新启动。

3）切断各相（极）电流的接触器。当自动扶梯停止时，如果接触器未释放，则自动扶梯应不能重新启动。

4）设置用来阻断静态元件中电流流动的控制装置。用来检验自动扶梯每次停止时电流流动阻断情况的监控装置。

5）正常停止期间，如果静态元件未能有效阻断电流的流动，监控装置应使接触器释放并应防止自动扶梯重新启动。

（2）直接启动时的回路

无变频器驱动时，电源的回路如下：

电源→#11（或#12）→#10→#21→M（启动时，星形联接）

电源→#11（或#12）→#10→#22→M（正常运行时，三角形联接）

2. 旁路变频方式

对于一般的自动扶梯，只需要有节能速度和额定速度两种速度，因此，水泵的旁路变频工作方式也可应用于自动扶梯的设计中。

（1）拖动方式　以图 8-4-1 变频电路为例，对于旁路变频，自动扶梯在低速运行及加减速运行时，采用变频器拖动，当自动扶梯运行到额定速度时，通过电网直接拖动（通过接触器旁路）。

低速运行及加减速运行时：电源→INV→#10VX→#22→M（电动机）

额定速度运行时：电源→#11（或#12）→#10→#22→M（正常运行时，三角接法）

旁路变频控制曲线如图 8-4-2 所示。

（2）变频器配置　由于变频器只在扶梯低速及加速过程中驱动电动机，这时候自动

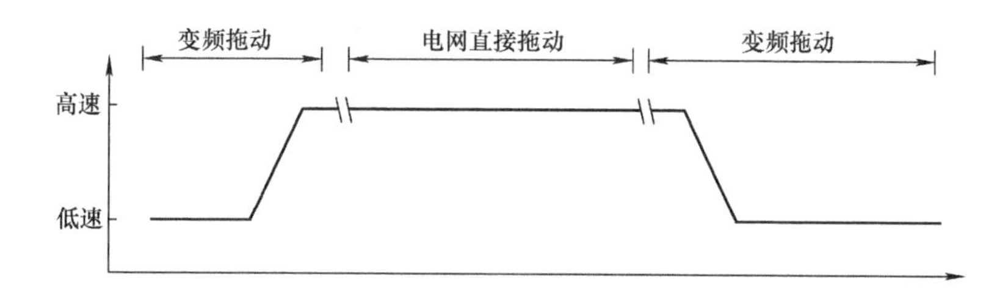

图 8-4-2　旁路变频控制曲线

扶梯处于无负载或低负载的状态，因此，变频器功率等级可以低于电动机功率，一般按 60% 配置就可以满足要求。但是，由于各个厂家的具体设计方式不一样，因此变频器的功率需要通过计算仔细确认，同时需要通过试验进行确认。

（3）旁路变频的特点

1）旁路变频的优点。与传统的变频控制方式比，旁路变频的控制方式有相当多的优点：变频器功率小、成本低；由于变频器工作的时间相对较少，所以寿命更长；自动扶梯下行时运行在第 4 象限（发电状态），产生的再生能量可以高质量直接反馈回电网，而且没有电力电子能量回馈装置可能产生的谐波等电源质量问题；由于扶梯发电的能量直接反馈回电网，变频器的制动电阻功率配置相对全变频而言显著减小，同时也不会有发热问题。

2）旁路变频的缺点：只有两种速度模式；变频向工频切换时，由于电网的相位和电机的剩余电动势的相位不一致，会产生较大的冲击，影响乘客乘坐的舒适感；为克服旁路切换造成的冲击，可以采用下述技术措施：切换时同时检测电动机和电网的相位；跟踪电网电压相位，变频器调整输出，使电动机的电压相位保持一致时进行切换。采取措施后，旁路变频最大的缺点也就可以克服了。旁路切换振动比较如表 8-4-1 所示。

表 8-4-1　旁路切换振动比较

项目	采用了相位跟踪技术	未采用相位跟踪技术
电压波形	电动机　电网	电动机　电网
振动波形	小	大
效果	切换时振动小	切换时振动大

3. 全变频方式

全变频的工作方式属于传统的节能方式。

（1）拖动方式　以图 8-4-1 变频电路为例，对于全变频方式，自动扶梯全程采用变频器拖动。

电动机供电方式：电源→INV→#10VX→#22→M（电动机）

全变频控制曲线如图 8-4-3 所示。

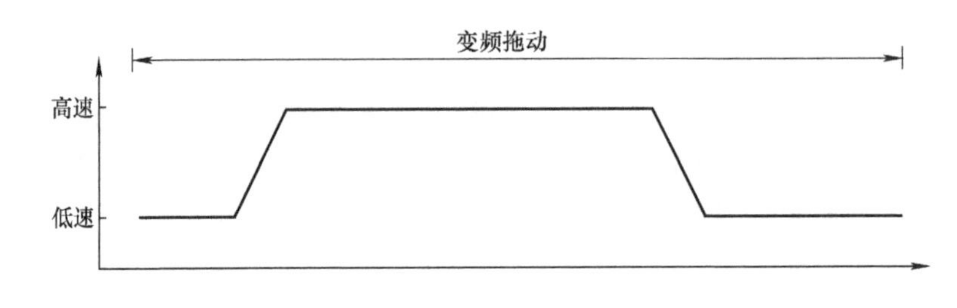

图 8-4-3　全变频控制曲线

（2）变频器配置　由于自动扶梯全程由变频器驱动，因此相关的配置要求较严格。

1）变频器功率需按大于电动机功率进行配置。由于自动扶梯全程由变频器驱动，变频器的功率必须比电动机大，对于室内用的自动扶梯，可以按 1∶1 进行配置。但对于室外梯，考虑到散热的问题，变频器功率需按大于电动机功率进行配置。

2）制动电阻功率配置。当自动扶梯满载下行发电时，会产生很大的再生能量，对于机械效率高的系统，再生能量可以达到电动机额定功率的 70%～80%。这意味着，如果一台 30kW 的电动机，需要配置 21～24kW 的电阻。同时，自动扶梯发电产生的能量全部通过电阻消耗，然后再通过热的方式转化到环境中，对楼宇的空调系统会造成一定的影响。

（3）全变频的特点

1）全变频的优点。与旁路变频相比，全变频有以下优点：可以设置多种速度，使用相对较灵活；速度变化平滑。

2）全变频的缺点。变频器功率大，使用寿命相对较短；自动扶梯发电的再生能量通过电阻消耗，浪费能源；制动电阻功率大，发电时产生的热量对楼宇空调系统有影响。

二、对自动扶梯上有无乘客的检测方法

目前，大部分自动扶梯都是通过漫反射型的光电传感器或压电电缆传感器进行有无乘客检测的。传感器类型有：

（1）漫反射类型的光电传感器　该类型传感器属于自发自收类型，传感器发出红外

线，经过物体反射后返回传感器，通过该方式进行乘客检测。

如图 8-4-4 所示，漫反射型的检测范围较大，其检测距离是可调的，在扶梯上一般有效水平距离设置约为 1500mm，有效高度约为 650mm，当人体进入这个范围时，将使慢行中的扶梯开始加速。在人员达到梳齿与踏板相交线时扶梯应以不小于名义速度 0.2 倍的速度运行然后以不小于 $0.5\mathrm{m/s^2}$ 的速度加速。

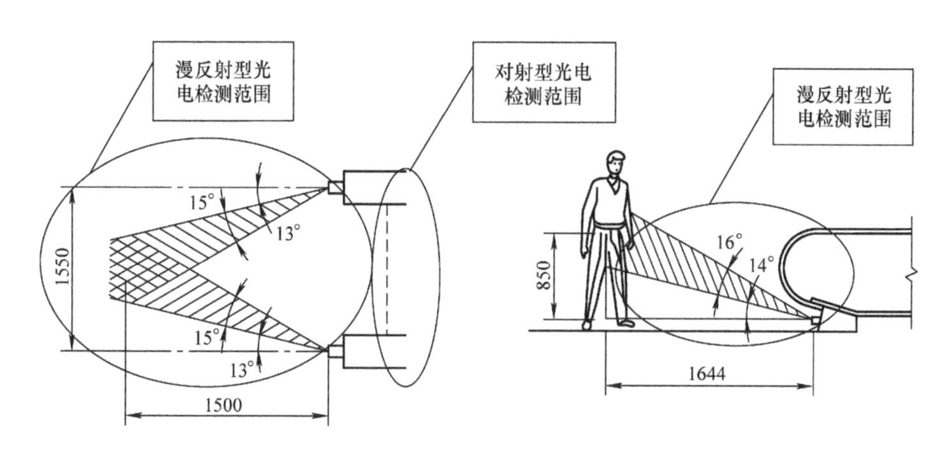

图 8-4-4　漫反射类型的光电传感器

（2）压电电缆传感器　如图 8-4-5 所示，压电电缆传感器安装在楼层板下面，当有乘客走上楼梯板时，传感器受到压力产生信号。这种传感器反应比较灵敏，不受光线和灰尘的影响。

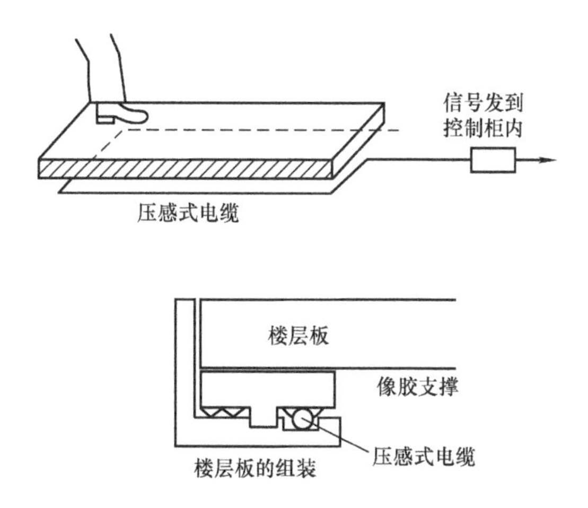

图 8-4-5　压电电缆传感器布置示意图

三、变频器的速度控制

一般的，变频器的速度控制流程如图 8-4-6 所示。

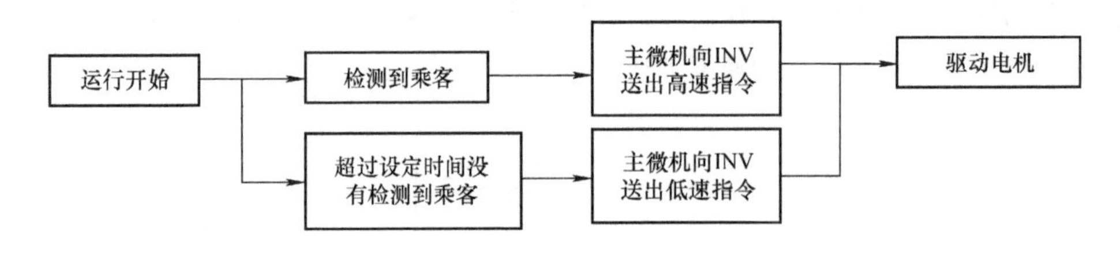

图 8-4-6　变频器的速度控制流程

主微机控制变频器速度的方式有 2 种，一种是通过通信方式控制，另一种是多段速控制。

1. 通信方式控制

如图 8-4-7 所示是一种通信方式的控制电路。

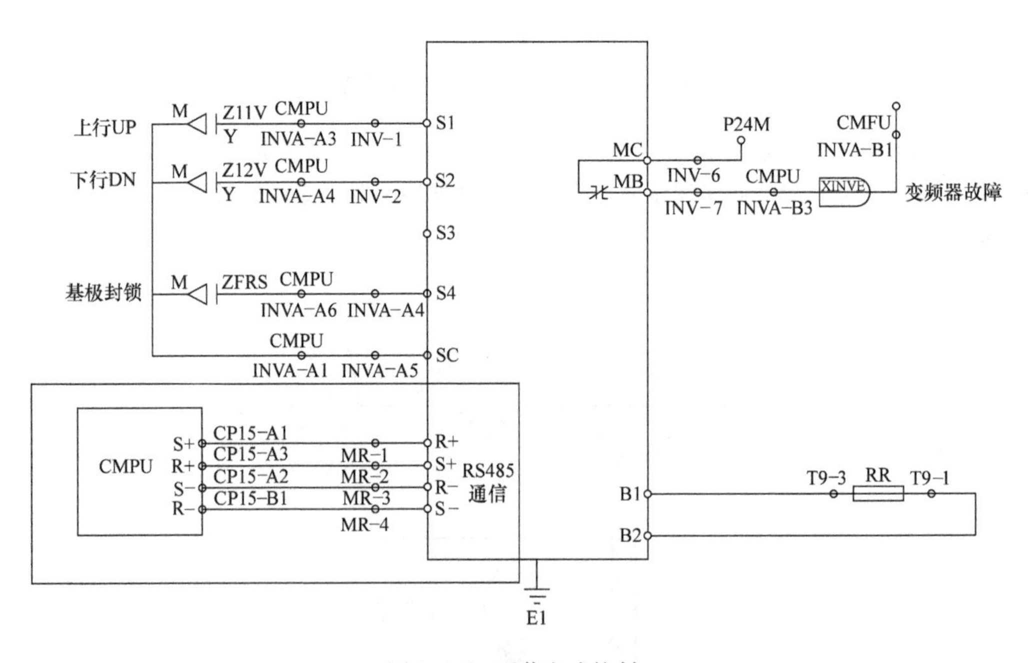

图 8-4-7　通信方式控制

在图 8-4-7 中，S1～S4 为变频器的输入，MB 为变频器的输出。各信号的说明如表 8-4-2 所示。

表 8-4-2　变频控制信号说明

序号	信号名	性质	说　　明
1	Z11V	输入	CMPU（主微机）给变频器的上行命令
2	Z12V	输入	CMPU（主微机）给变频器的下行命令
3	ZFRS	输入	CMPU（主微机）给变频器的禁制输出命令
4	MB	输出	变频器通知 CMPU（主微机）变频器是否正常
5	B1 ~ B2	输出	当扶梯处于发电状态时，控制发电的能量从电阻 R 处消耗

图 8-4-7 中，虚线框内是 CMPU（主微机）与变频器进行通信的电路（RS485），CMPU 直接将速度指令传送给变频器。使用 RS485 以通信方式控制变频器速度，通信方式虽然非常灵活，但容易受干扰。因此，在通信中通常会采用一些比较成熟的通信协议，如 MODBUS 协议，协议中带有 CRC 通信校验，最大程度保证通信的准确性。

2. 多段速控制

在变频器中预先设定几个速度（ZS1 ~ ZS3），然后通过输入端子的组合选择运行的速度，如图 8-4-8 所示。

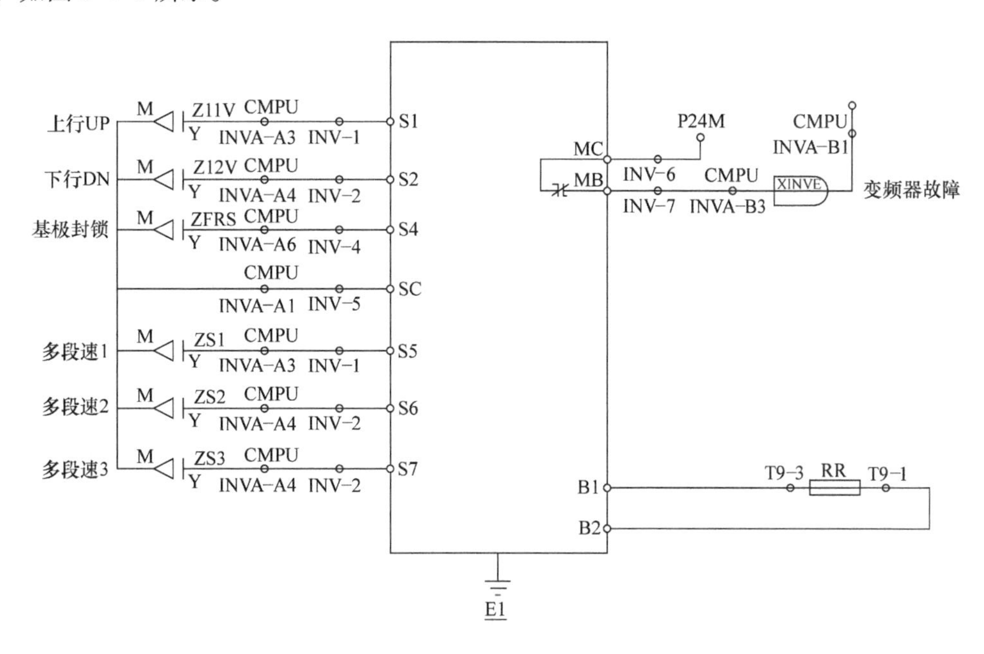

图 8-4-8　多段速控制

图 8-4-8 中，为确保安全，方向及禁止输出不采用通信方式。不同处在于速度的控制。变频器中预先对速度进行设定，速度设定如表 8-4-3 所示。

CMPU（主微机）通过控制 ZS1～ZS3 的组合，从而达到控制自动扶梯速度的目的，组合方式与速度选择如表 8-4-4 所示。

表 8-4-3　速度设定

速度名	频率/Hz	对应扶梯速度/(m/min)	说　明
SPEED1	10	6	维修速度
SPEED2	10	6	节能速度（无人乘坐时）
SPEED3	50	30	额定速度

表 8-4-4　组合方式与速度选择

组合方式	ZS3	ZS2	ZS1	速度选择	说明
1	OFF	OFF	ON	SPEED1	维修速度
2	OFF	ON	OFF	SPEED2	节能速度
3	OFF	ON	ON	SPEED3	额定速度

这种速度控制方式既简单又可靠，是大部分生产厂选择的控制方式，但缺点是速度比较固定，难以实现一些较高级和智能化的控制。

第五节　电 气 布 线

一、电线电缆的技术要求

1. 通用要求

电缆分布于自动扶梯的各个部分，电缆的性能直接影响到自动扶梯整体运行的可靠性。

（1）扶梯用电缆的种类

1）按绝缘护套分，有以下几种：

PVC 电缆：采用聚氯乙烯作为绝缘护套，根据聚氯乙烯特性的不同，还可以进一步细分为防油和非防油电缆。

低烟无卤：采用低烟无卤绝缘护套，具有阻燃特性。

2）按防护分，有以下几种：

铠装电缆：绝缘护套上有一层铠装，可以防止老鼠的啃咬导致电缆失效。

非铠装电缆。

3）按屏蔽效果分：有屏蔽电缆和非屏蔽电缆。对于抗干扰要求比较高的信号线，一般使用屏蔽电缆，为进一步提高抗干扰效果，大多数的屏蔽电缆内部都是双绞线方式布置。

（2）电缆的常用参数

电缆常用参数有：额定温度、额定电压、导体、绝缘、护套和截面积等。

1）额定温度、额定电压比较好理解，在这里不详细说明。

2）导体：导体可分为多股裸铜线、多股镀锡铜线、单股铜线等。

3）绝缘：绝缘是指封装在电线上的绝缘材料，在选型时需要注意绝缘材料的特性、厚度、阻燃特性、耐低温特性、防油特性等。

4）护套：护套是指将绝缘电线包裹和保护的绝缘材料，在选型时需要注意绝缘材料的特性、厚度、阻燃特性、耐低温特性、防油特性等，最后还要确认整条电缆的外径是否满足使用需要。

5）截面积：截面积指的是导线的横向截面的面积与导线的直径和导线的根数有关。截面积与导线允许载流量是成正比的，但导线允许载流量和很多因素有关，包括允许温升、环境温度等，需要根据实际情况选定不能一概而论。

2. 自动扶梯用电缆的选用

在不同的使用场合，自动扶梯选用的电缆种类不一样。对于普通的商用项目，一般信号线使用普通的 PVC 电缆就可以了，但是串行通信线要使用屏蔽双绞线。对于公共交通型自动扶梯项目，一般信号线要使用低烟无卤电缆，对于需要特别防护的地方还要使用铠装电缆，如维修操纵开关盒。

电缆是自动扶梯的重要组成部分，设计时要根据使用场合、信号特点及电流大小等仔细确认。

二、在桁架内的布线方法

1. 在桁架内布线的原则

对于一般的商用自动扶梯，不需要布置线槽。而对于公共交通型自动扶梯，为防止小动物的破坏，则有线槽的要求。对于电缆在桁架内布线，有三个原则是一定要遵守的：

1）需要遵循强弱电分开布置的要求。

2）电缆布线远离扶梯的运动部件。

3）不能在桁架中进行线缆的驳接，驳接一定要在接线箱内完成。

2. 普通型自动扶梯的布线

普通型自动扶梯一般有 2 个接线盒，上部和下部各一个。桁架内的接线汇总到接线盒后通过电缆直接与控制柜相连。

图 8-5-1 是一张典型的桁架走线指引图。图中电缆的布线避开了自动扶梯的运动部件，通过电线固定在桁架的型材上。

3. 公共交通型自动扶梯的布线

为了保护电缆，延长电缆的寿命，在公共交通型自动扶梯上要求增加线槽。对于线槽的设计，一般有如下要求：

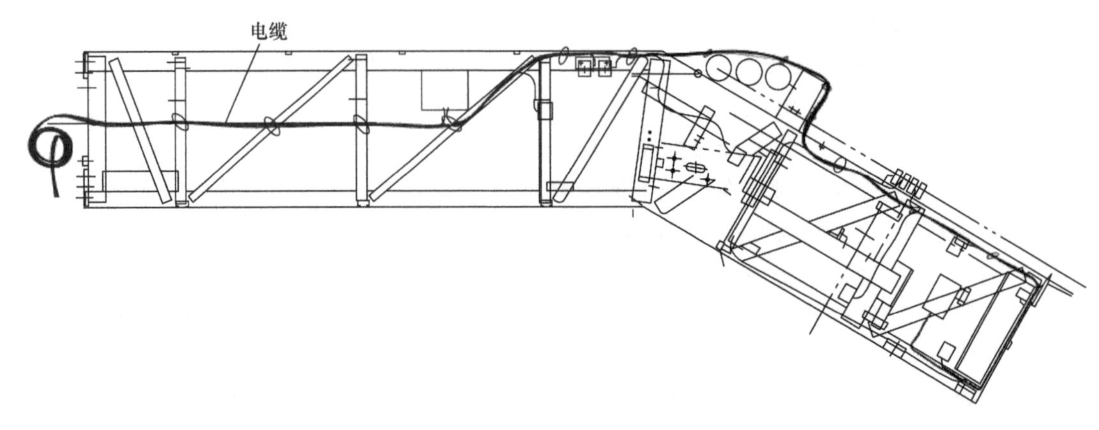

图 8-5-1 桁架走线指引图

1）线槽填充率不大于60%，线槽的底部开有排水孔，防止积水。

2）线槽外的导线应穿入具有防水功能的金属复合软管内，填充率不大于60%，其中室外梯宜采用不锈钢线管材料。导线与开关等电气元件的接头处有支座和管接头，与线槽的接口处应有护套。

3）设计上应防止线槽的水倒灌到线管。

第九章　润　　滑

自动扶梯是一种连续运行的运输设备，因此机件的润滑具有十分重要的意义。充分、合理的润滑可以有效地减少自动扶梯运动部件磨损，延长自动扶梯使用寿命，同时可以减少运行阻力，降低运行噪声。

第一节　自动扶梯需要润滑的位置

自动扶梯需要润滑的部件主要有传动链条、驱动主机的减速箱齿轮、各类轴承等。

一、传动链条

传动链条包括主驱动链、梯级链和扶手带驱动链，其分布位置如图 9-1-1 和图 9-1-2 所示。

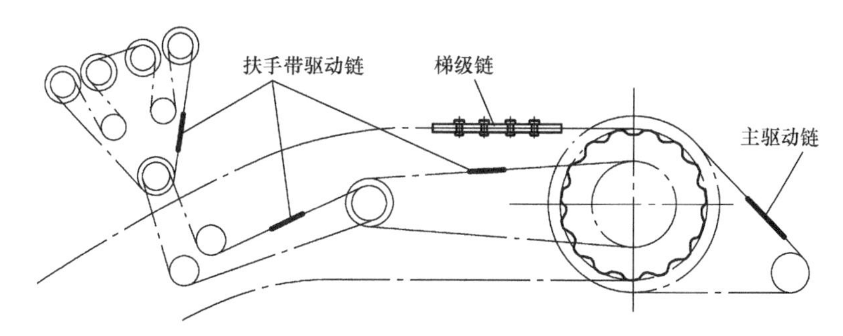

图 9-1-1　自动扶梯传动链条分布图（水平式扶手带驱动）

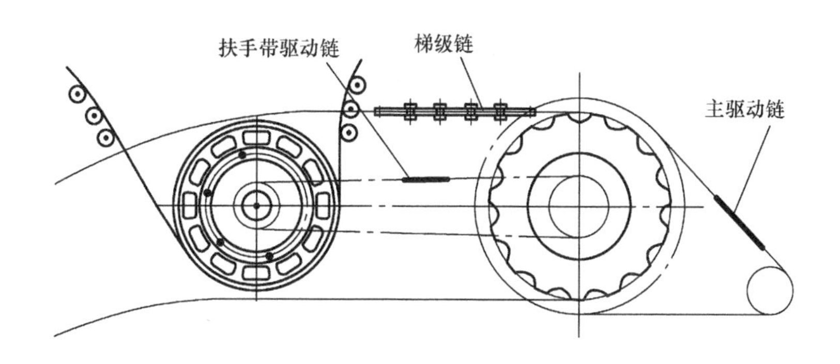

图 9-1-2　自动扶梯传动链条分布图（大摩擦轮扶手带驱动）

1. 主驱动链

自动扶梯主驱动链一般都是套筒滚子链，需要采用润滑油润滑。润滑的方法如图 9-1-3 所示，直接将润滑油滴到链条的表面。也有些自动扶梯采用将润滑油用油刷直接刷到链条上的方式，具有节省润滑油的作用，如图 9-1-4 所示。

主驱动链需要采用双条或单条双排以上的链条，因此润滑油的油管数量需要在两条以上，以保证链条能得到全面的润滑。驱动链由于比较短，一般只需要对一个部位进行润滑就可以了。同时，由于自动扶梯通常采用上部驱动，在上部链轮部布置有梯级链和主驱动链，在此处集中布置供油管路相对简便，因此在上部链轮位置一般同时布置主驱动链和梯级链的润滑装置，如图 9-1-3 所示。

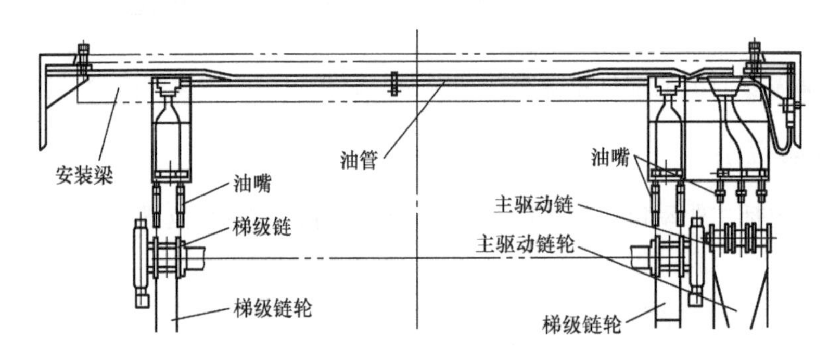

图 9-1-3　主驱动链及梯级链的润滑装置

2. 梯级链

梯级链需要承受梯级上的载荷和梯级自重，是作低速重载运动的部件，需要对其作充分的润滑，减少磨损。

对梯级滚轮外置式梯级链，梯级链条是套筒滚子链结构，其销轴与轴套的摩擦面是润滑的重点，因此需要对链条的两个侧面作重点润滑，主润滑油能进入销轴与轴套的摩擦面，如图 9-1-5 所示。由于梯级链是连续的，因此只需要对上部一个部位进行润滑。

对梯级滚轮内置式梯级链，由于结构上没有销轴与轴套，只需要对链条表面进行润滑。

有的重载型自动扶梯采用链条中心轴油脂润滑（详见第十一章第三节的介绍），但为了防锈，对梯级链的表面仍需要加润滑油。

3. 扶手带驱动链

扶手带驱动链一般都是单排的套筒滚子链，并且通常是多级分段传动，布置比较长，因此一般需要采用多部位润滑，润滑点比较多，油管的布置也就比较长，如图 9-1-6 所示。

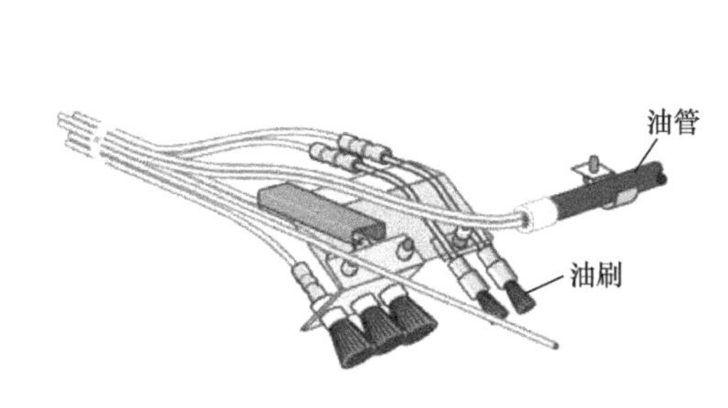

图 9-1-4　使用油刷的自动润滑装置

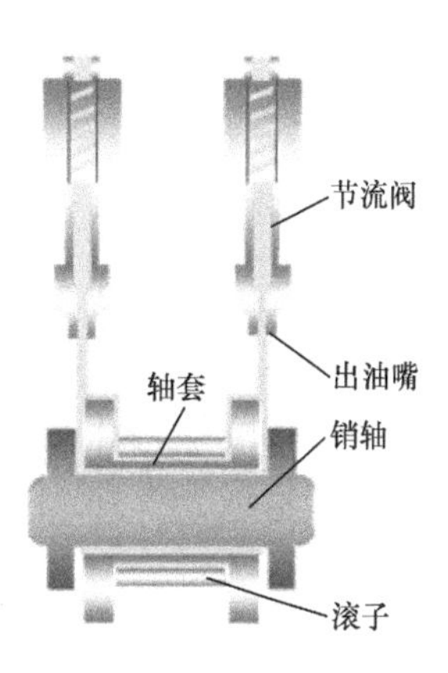

图 9-1-5　梯级链的润滑

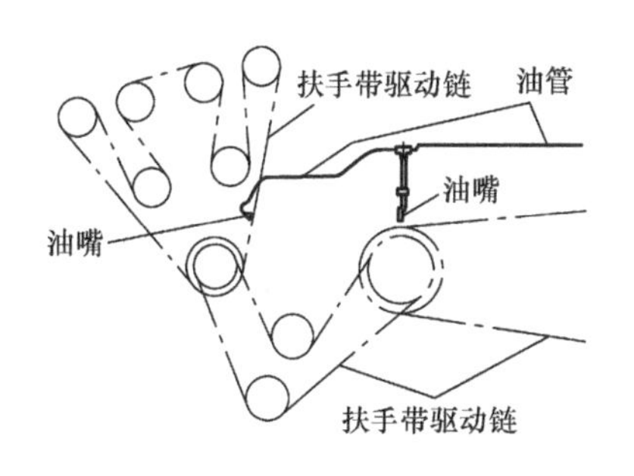

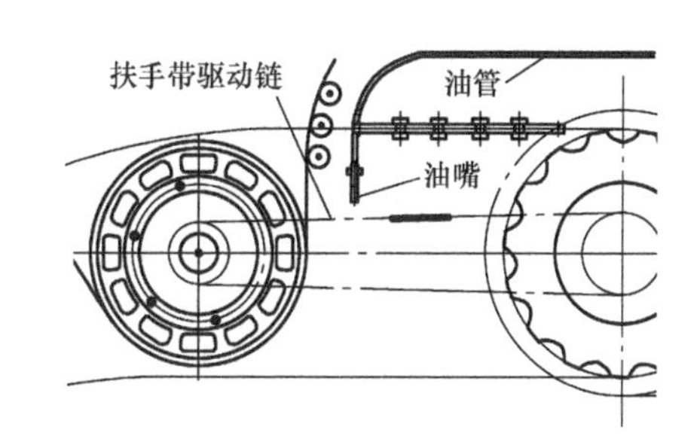

图 9-1-6　扶手带驱动链的润滑

二、减速箱齿轮的润滑

齿轮位于减速箱中，通常采用油浴式润滑方式，即箱体中都加有润滑油。因此只需定期加油或换油即可。但在自动扶梯的使用过程中，需要定期观察箱体内的油量，以便进行相应的加油或换油维护。

如图 9-1-7 所示，减速箱一般都要设有油标尺，油标尺上有刻度，可以观察到箱体内的油量是否在要求的范围内，也有通过观察孔方式观察油量的结构，如图 9-1-8 所示。

由于不同主机配置不一，其内部传动方式也不一样，并且正常运转过程中的温升要求不同等，导致不同减速器使用的润滑油牌号及维保周期等不同，通常只需根据生产厂家的要求进行使用和维护即可。

三、轴承的润滑

在自动扶梯上，轴承类部件数量多、分布广，如梯级滚轮轴承、扶手带传动链轮轴承、主驱动轴和梯级链张紧轴承等。按润滑方式大体分为自润滑轴承（密封轴承和自润滑滑动轴承）和外注润滑脂润滑轴承两种。

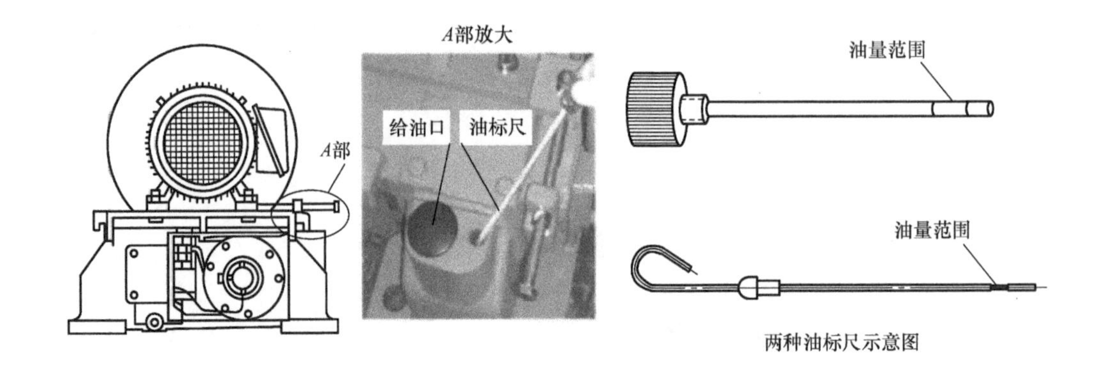

图 9-1-7　带油标尺的减速箱润滑示意图

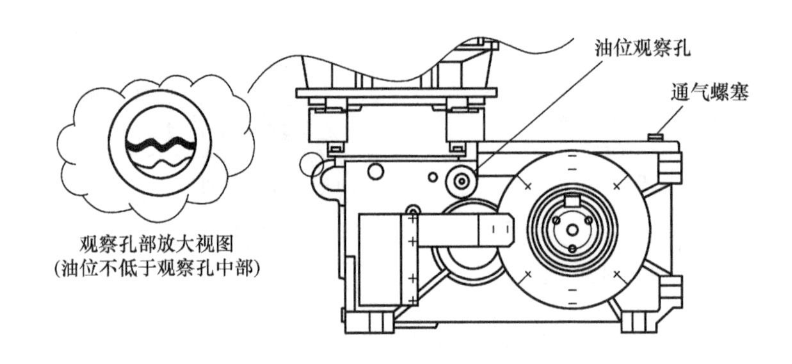

图 9-1-8　带油量观察孔的减速箱润滑示意图

1. 密封轴承和自润滑滑动轴承

由于自动扶梯用于梯级主副滚轮、小链轮、扶手带导向滚轮等处的轴承的数量较多，这些轴承的规格较小，受力也较小，一般采用密封滚珠轴承。密封轴承的内腔自带有润滑脂，能在密封的条件下长期转动，使用中不需要加油，当发生损坏时则作更换。这种轴承能长期保持自润滑性能，在自动扶梯上得到广泛地使用。

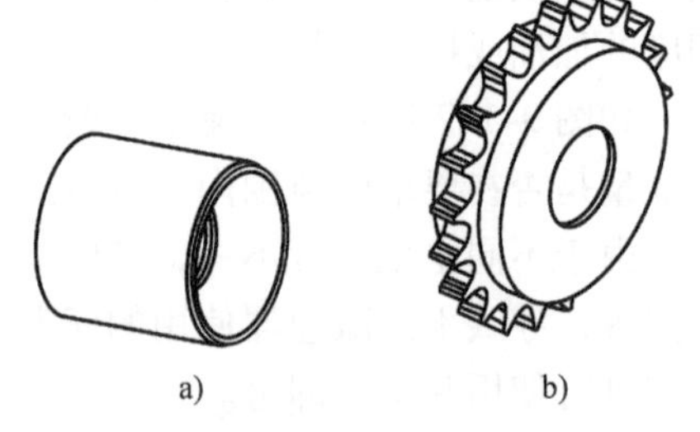

图 9-1-9　自润滑密封轴承使用实例示意图
a）滑动轴承　b）小链轮

也有的普通型自动扶梯在不重要部位以自润滑滑动轴承代替滚动轴承，以降低生产成本。这种轴承的材料一般采用具有低摩擦因数的材料（如尼龙），有的带有一定的自润滑功能，在使用中也不需要加油。当磨损量大时则整体作更换。图 9-1-9 是自润滑密封轴承使用实例示意图。

2. 外注润滑脂润滑轴承

自动扶梯主驱动轴是高承重部件，一般需要采用外注润滑脂润滑轴承，以确保轴承的工作寿命。

此类轴承轴承座上设有注油孔，需要定期加注润滑剂。有的轴承座上还设有出油孔，在加注新油时还可以将废油逼出轴承座，起到更换新油的作用。图 9-1-10 为外注润滑脂润滑轴承使用情况示意图。

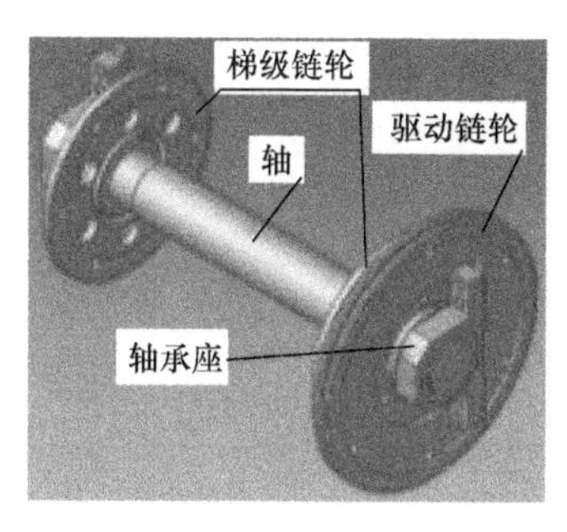

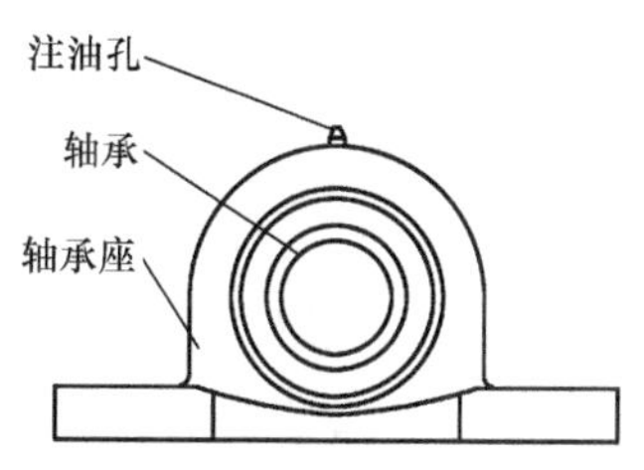

图 9-1-10　外注润滑脂润滑轴承使用情况示意图

第二节　链条的润滑装置

自动扶梯对各种传动链条都采用润滑油润滑装置。常用的可分为滴油式（重力）润滑装置和自动润滑装置两种。自动润滑系统可在自动扶梯运行时根据需要选定最有效的润滑量及周期对相应部件进行定时、定点、定量地润滑，此方式在环保和节能的同时，降低机件的损耗和保养维修的时间，可使自动扶梯产品生命周期达到综合效益最佳的效果。

一、滴油式（重力）润滑装置

该装置设有油箱，但没有润滑泵和控制阀等，只是将油从油箱通过油管引到需润滑的部位。该装置通过润滑油本身的重力挤出油嘴进行滴油润滑（如图 9-2-1 所示）；也可以定时以人工操作的方式进行。

这种装置结构简单，但不能实行定时自动润滑。现在一些要求不高的普通自动扶梯上还有使用。

二、自动润滑装置

自动润滑装置可在自动扶梯运行时，根据需要选定最合理的润滑量及周期对相应部件定时、定点、定量的润滑，此方式在环保和节能的同时，降低机件的损耗和保养维修的时间。这是目前在自动扶梯上最大量使用的润滑装置的种类。

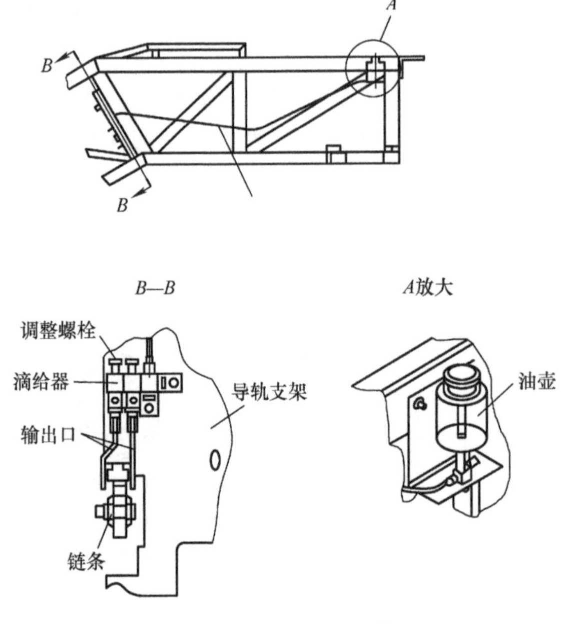

图 9-2-1　滴油式润滑装置

自动润滑装置的工作原理图如图 9-2-2 所示。系统由油箱、油泵、控制件（卸荷阀、溢流阀等）、压力表、油管等组成，可对系统压力进行检测。

自动润滑装置具有根据实际需要使润滑泵按预定周期工作，对润滑泵及系统的开机、关机时间进行控制，对系统的压力、油箱液位进行监控和报警以及系统的工作状态进行显示等功能。如图 9-2-3 所示是一种自动润滑装置的油箱和控制器。

在自动扶梯上的自动润滑装置可分为单路供油系统和双路供油系统两种。

1. 单路供油系统

图 9-2-4 为一种自动扶梯单路供油润滑系统工作原理。所有的油嘴都由同一个控制件加以控制，与油泵同步通断。即油泵工作时，所有油嘴（A ~ M）同时供油。因此，只能对梯级链、驱动链和扶手带驱动链实行相同周期（频率）和相同时间地供油。

在自动润滑装置中，对链条每次加油时间的设定，一般应是让链条运转一周，让链条的全长上都加上油。但对自动扶梯，由于梯级链运行一周的时间比扶手带链和主驱动链长得多，特别是自动扶梯提升高度越高的情况下，两者时间差更大。当梯级链润滑一周时，驱动链和扶手带驱动链已经润滑了多周、甚至 10 多周，造成了过度润滑，大量的油从链条上滴向桁架，造成很大的浪费和油污染。因此单路供油润滑系统只宜用于提升高度不大的扶梯上。

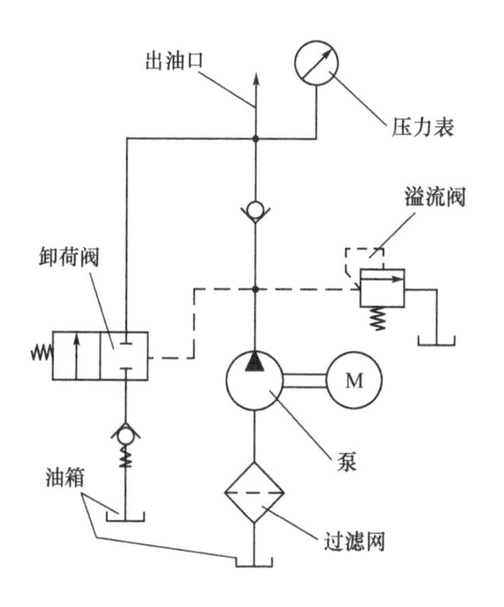

图 9-2-2 自动润滑装置工作原理示意图

图 9-2-3 自动润滑装置的油箱和控制器

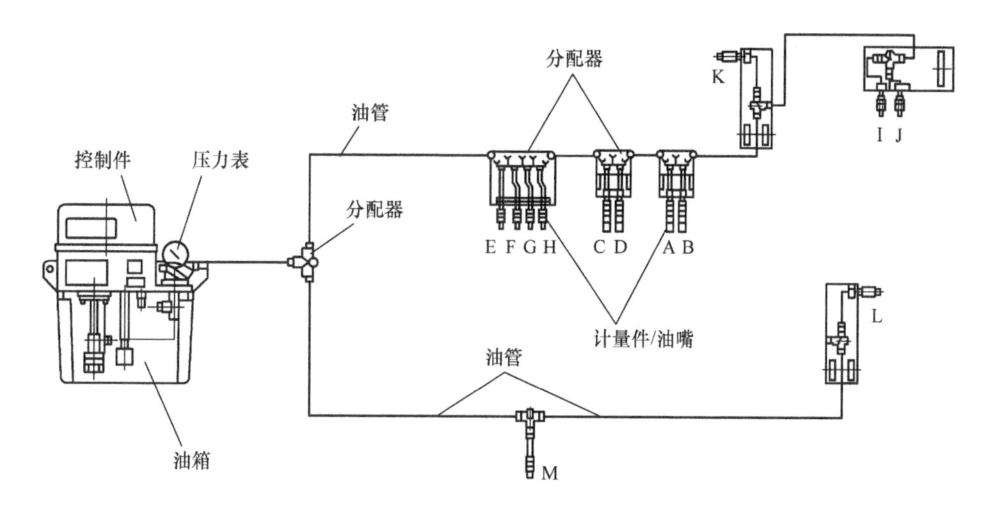

图 9-2-4 自动扶梯单路供油润滑系统

2. 双路供油系统

图 9-2-5 为一种自动扶梯双路供油润滑系统示意图。

图中的 A、B、C、D 是梯级链条的供油嘴，直接由油箱上的控制器控制；其他油嘴分别是驱动链和扶手带驱动链的供油嘴，由分油路上的控制阀控制。这样整个供油系统就分成了两个各自独立的油路，可以对梯级链与主驱动链、扶手带链实行不同周期和不同时间地供油。

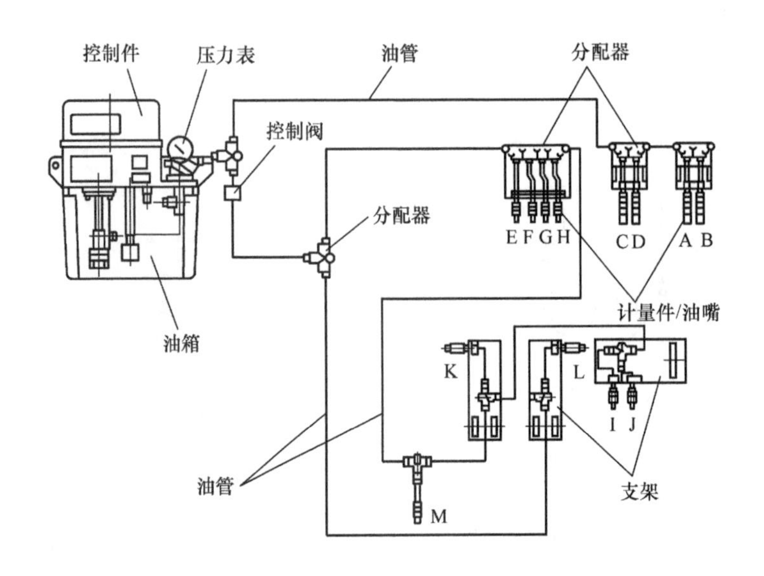

图 9-2-5　自动扶梯双路供油润滑系统

这种相对复杂的自动供油系统适用于提升高度较大的自动扶梯，以及对润滑要求较高的公共交通型自动扶梯、重载型自动扶梯和室外型自动扶梯。对室外梯宜采用双路供油系统，因为室外梯的环境条件差、为了减少机件的磨损，加油的频度需要高于室内梯，如采用单路供油系统造成的浪费和污染会更大。

第三节　润滑油的选用与润滑量的控制

一、润滑油的选用

1. 种类

自动扶梯的自动润滑装置一般都要使用 L－AN 全损耗系统用油（GB 443—1989），习惯上称为机械油，是一种精制的矿物油。

L－AN 系列的油以其 40℃温度时的运动黏度为主要技术指标，共分为 L－AN5～L－AN150 共 9 种，其中在自动扶梯上常用的有 L－AN32、L－AN46、L－AN68、L－AN100 几种牌号。在工程习惯中 L－AN32 又常被称为 32#机械油（其他牌号类推）。

通常衡量润滑油特性的参数有运动黏度、黏度指数、凝点和闪点等。其中，运动黏度是评定润滑油质量的一项重要量化指标，是选用润滑油的主要依据。此外，由于不同地区或者不同季节的温差较大，选用润滑油时也需考虑到润滑油的温度特性，在特定情况下，还可能根据不同地区的实际使用环境分别选用不同牌号的润滑油。自动扶梯常用润滑油的运动黏度如表9-3-1所示。

表9-3-1 自动扶梯常用润滑油的运动黏度（GB 443—1989）

项目	质量指标				试验方法
	L-AN32（32#）	L-AN46（46#）	L-AN68（68#）	L-AN100（100#）	
运动黏度（40℃）/（mm^2/s）	28.8~35.2	41.4~50.06	61.2~74.8	90.0~110	GB/T 265

2. 牌号

机械油的牌号以运动黏度为标识，以L-AN68为例，其在40℃时的运动黏度是68mm^2/s左右。油对运动部件的润滑机理是在两个金属部件之间生成一层油膜，降低机件基体间的摩擦因数，其润滑的优良程度与能否生成完整油膜及油膜的强度有关。

（1）从负载强度考虑　负载高的机件需要采用黏度高的润滑油，负载低时则适于采用较低黏度的润滑油。当负载高而使用黏度太低的润滑油时，润滑油难以粘附和渗入机件的接触面之间，易造成油珠滴落现象（如图9-3-1所示）；而负载低时采用黏度太高的润滑油则不易被吸附入机件之间。

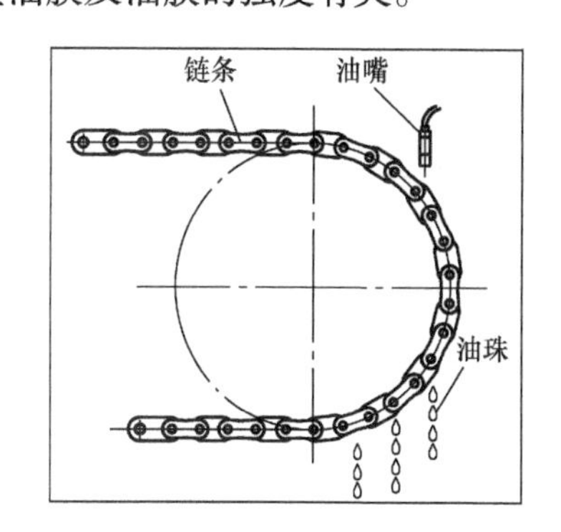

图9-3-1　油珠滴落现象

（2）从气温方面考虑　润滑油的运动黏度是随温度变化的，温度而的升高黏度就会变小，因此选择润滑油的牌号时，还需要结合当地的气候条件加以选择。

图9-3-2为某恒定压力的容积式润滑系统，使用同一种牌号润滑油，在不同温度条件下的出油量曲线图。从图中可以看出，随着温度的升高，出油量增大，当温度达到某个高度之后，出油量趋于一致，即达到系统设定的额定出油量，此后，哪怕温度继续升高，其出油量趋于稳定。同时，在上升区段，不同黏度的机械油出油量随温度升高的变化曲率不同，低黏度润滑油出油量受温度影响更大。

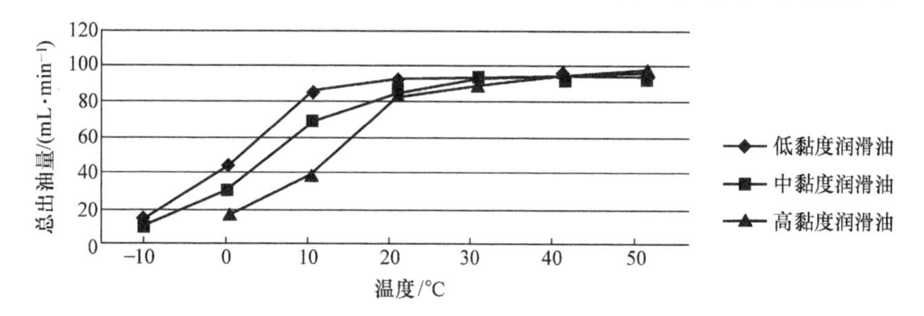

图9-3-2　不同温度条件下的出油量曲线图

因此在选用油的牌号时，还需要考虑地区的平均气温。

综合以上两点，在以广东省为代表的华南地区，普通型自动扶梯常采用46#机械油，公共交通型和重载型自动扶梯常采用68#机械油。在一年中气温变化大的地区，还需要考虑按季节调换油的牌号。

二、润滑参数

润滑参数包括润滑的频率、时间和油量等。

1. 润滑频率的设定

润滑频率又称为给油周期性，是自动润滑的时间间隔。润滑频率与自动扶梯的使用环境、链条特性以及润滑油性能等参数有关，因此，需要根据实际情况确定。但由于相关参数及实际情况的复杂性，通常需要根据经验及试验方法进行综合设定。

图9-3-3为链条伸长与时间的关系图。该图是模拟链条在自动扶梯的实际运行状况，仅在试验开始前充分润滑，然后进行连续运转试验，通过按给油周期测定链条的伸长率得出的关系曲线图。从图中可以看出，该关系曲线有试验初期、中期和后期3个明显不同的区间。其中初期是由于制造误差及磨合等原因，短时间内链条有一定的伸长。在之后的试验中期期间，由于润滑油的存在，链条持续一段时间的平稳伸长变化过程。随着运行时间的推移，在润滑油持续有效时间过期之后，链条开始急剧伸长。我们将以上试验中期的持续时间称之为无给油界限时间。这个时间段就是正常情况下使用该润滑油的链条润滑安全周期。理论上在这个周期内给油，链条就可以处于良好的润滑状态。但实际上，由于考虑到安全率和实际使用环境的影响，通常润滑频率会比无给油界限时间短。尤其在室外环境情况下，由于雨水、灰尘及温度等恶劣环境，需要相应增加润滑次数，以防止由于雨水冲洗润滑油流失引起的异常摩擦和生锈等。

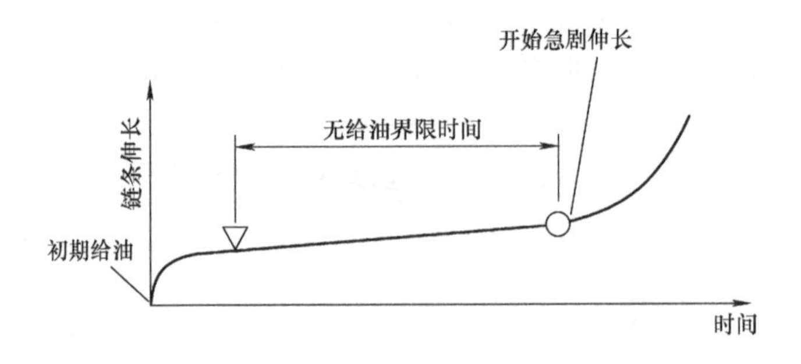

图9-3-3　链条伸长与时间的关系图

表9-3-2是某型号自动扶梯双油路润滑系统润滑频率和时间表，具体的某种扶梯的润滑频率和时间需要根据生产厂提供的相关资料进行设定。

表 9-3-2　某型号自动扶梯双油路润滑系统润滑频率及时间表

项　目		室内型自动扶梯	室外型自动扶梯
主驱动链、扶手带驱动链	润滑间隔时间	每 48h 1 次	每次启动 + 每 24h 1 次
	加油持续时间	38s（循环运行 2 ~ 3 周）	38s（循环运行 2 ~ 3 周）
梯级链	润滑间隔时间	每 48h 1 次	每次起动 + 每 24h 1 次
	加油持续时间	循环运行 1 周的时间 + 15s	循环运行 1 周的时间 + 15s

2. 润滑量的设定

润滑量包括单次供油出油量及油箱容量等。单次供油出油量与自动扶梯的提升高度及系统所使用的链条型号规格等相关。此外，对于同一系统中不同链条的供油量又不一致，并且出油量大小可通过油嘴的大小、数量和供油时间控制。正常情况下，链条规格越大、排数越多、长度越长，其单次供油量就越大，供油时间也较长。因此，在自动扶梯的链条当中，梯级链的供油量是最大的。如表 9-3-3 所示为一种自动扶梯对各链条油嘴出油量的设定。

表 9-3-3　一种自动扶梯对各链条油嘴出油量的设定

链条种类	梯级链	主驱动链	扶手带驱动链
出油量/流量	7 ~ 11mL/min	4 ~ 6mL/min	3 ~ 5mL/min

注：按环境温度 20℃ 计。

而对于油箱容量，为了减少注油次数及控制频率，通常要求单次注油的可使用天数至少大于一个正常维保周期。因此，自动扶梯提升高度越高或者在同样提升高度情况下，室外型自动扶梯的油箱容量也就更大。图 9-3-4 为某自动扶梯单油路的供油装置配置简图。

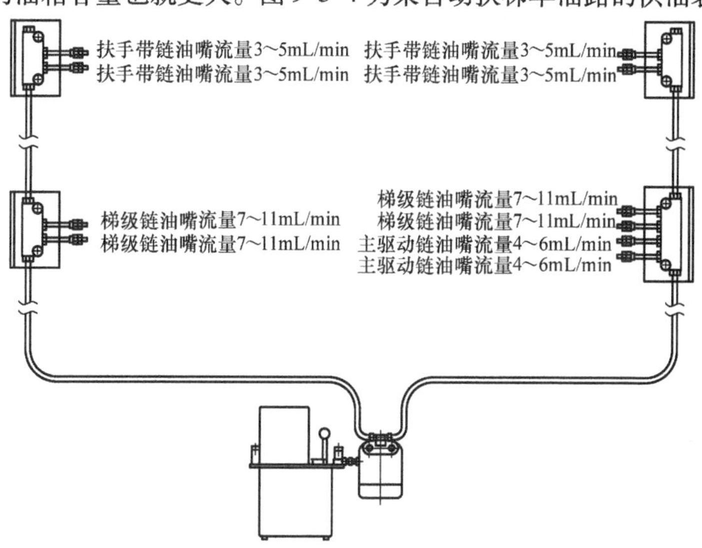

图 9-3-4　某自动扶梯单油路的供油装置配置简图

如果按提升高度为 10m，运行速度为 0.5m/s 计算，其梯级链运行一周的时间约为 105s，那么该供油装置单次供油量可作如下计算如下：

单次供油时间：105s + 15s = 120s

各油嘴每分钟流量总量：9mL/min × 4 + 5mL/min × 2 + 4mL/min × 4 = 62mL/min

供油装置单次供油量：62mL/min × 120s/60 = 124mL

油箱容量：如果按供油频率为每 48h 供油 1 次，每天运行 16h，正常维保周期为 15d 计算，则该自动扶梯的油箱容量至少为（16 × 15/48） × 124mL = 620mL

值得指出的是，图 9-3-4 如果按照双油路系统配置的话，同样的润滑点数量及出油率，按表 9-3-2 的室内型自动扶梯润滑频率和时间计算，则其理论油箱容量计算如下：

单次供油时间：105s + 15s = 120s

供油装置单次供油量：

9mL/min × 4 × 120s/60 + (5mL/min × 2 + 4mL/min × 4) × 38s/60 = 88.47mL

如果同样按供油频率为每 48h 供油 1 次，每天运行 16h，正常维保周期为 15d 计算，则该自动扶梯的油箱容量至少为（16 × 15/48）× 88.47mL = 442.35mL

比上述单油路系统节油率：(620 − 442.35)/620mL × 100% = 28.7%

第四节　润滑装置使用及维护与废油的收集

一、使用及维护

对于自动扶梯需要润滑的部位，即使能正常地动作，也必须加适当的润滑油，否则，无法充分发挥其功能，甚至会诱发大的事故。要注意使用指定的润滑油，而且注意加油时，不能太少或太多。对于链条开始使用时的磨合期特别重要，需要可靠加油。

因此对于上述润滑装置，使用及维护时需要注意以下问题：

1）首次安装调试或者更换润滑装置部件时，应将润滑装置中的空气排出，以免影响润滑泵的正常工作，此时还需确认所有出油口都能正常出油方可投入正常使用。

2）根据润滑装置要求，定期给油箱注油（指定牌号），同时应保持润滑油干净，不能含有杂质，当油箱中的润滑油存在明显污物时，应整体更换。

3）对于出油较少（可能温度降低引起等）的情况，可通过松开压力调整螺钉的锁紧螺母，调整压力调整螺钉，将压力调高，直到全部的出油口都正常出油为止。

4）注意检查管道连接部分及控制阀等不应漏油。如有漏油，应进一步拧紧。

5）油泵的空转会使油泵受到损伤（油泵活塞磨损、电动机烧坏等），因此，保养时如果使用手动操作供油后，切记将其恢复至自动状态。

6）由于存在震动等情况，需要注意检查出油口是否对准润滑位置，否则需要调整，如图 9-4-1 所示，通常要求出油口距离润滑点的间隙为 10 ~ 15mm。

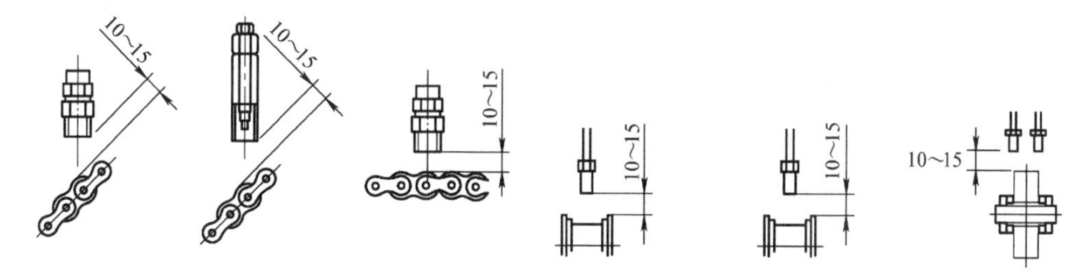

图 9-4-1 油嘴与润滑点的间隙示意图

二、废油的收集

自动扶梯使用的是一次性的润滑油，从链条上滴下的油不能重复使用，为了减少对环境污染，需要对废油进行收集处理。

由于链条的循环运动，其在各个节点都有可能有废油落下。因此，油槽需要贯穿整个链条运动轨迹（详见第二章第一节的相关介绍）。普通自动扶梯通过桁架底板担当油槽的作用，但此结构的废油较分散、清理不方便，而装有油槽及集油盘结构时废油收集较简单，只要定期将集油盘中的废油处理即可。图 9-4-2 为自动扶梯废油收集装置结构示意图，图9-4-3是集油盘的结构，盘上设有把手，可定期取出清理。

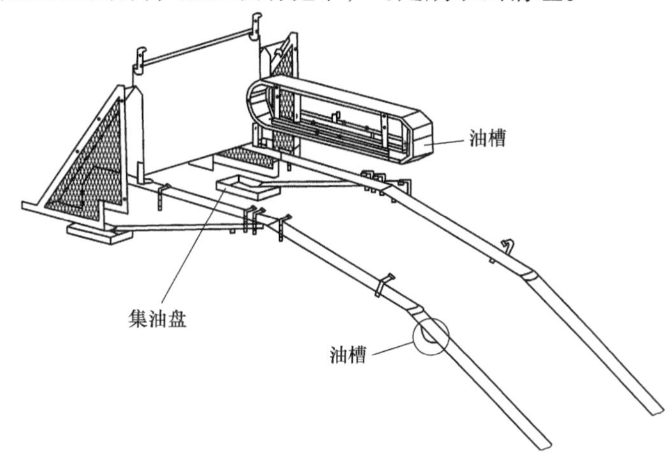

图 9-4-2 废油收集装置

除废油收集装置之外，在有些扶梯上还有辅助集油的相关结构。如图 9-4-4 所示，导轨支撑板上开有倾斜状的导油槽，该槽的作用在于将沿着导轨支撑板流下的废油导入到桁架内侧，避免其渗入纵梁而落入桁架外侧及其外包板中。图 9-4-5 是一种防渗油的油封结构，该油封的作用在于防止废油沿着

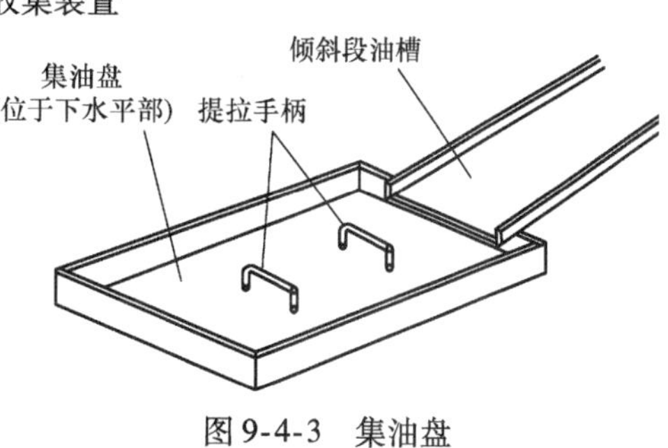

图 9-4-3 集油盘

桁架横梁渗出桁架外侧。

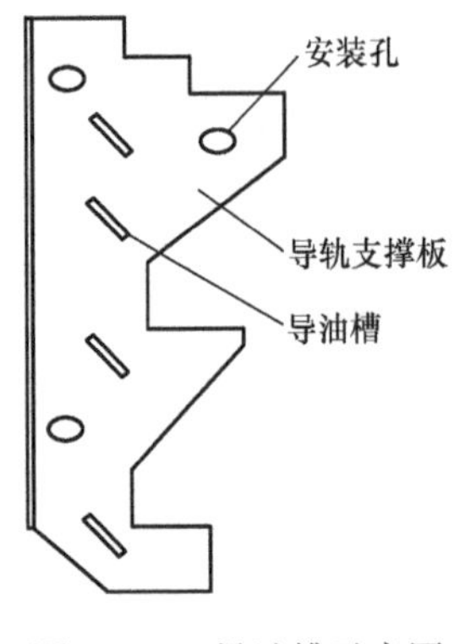

图 9-4-4 导油槽示意图

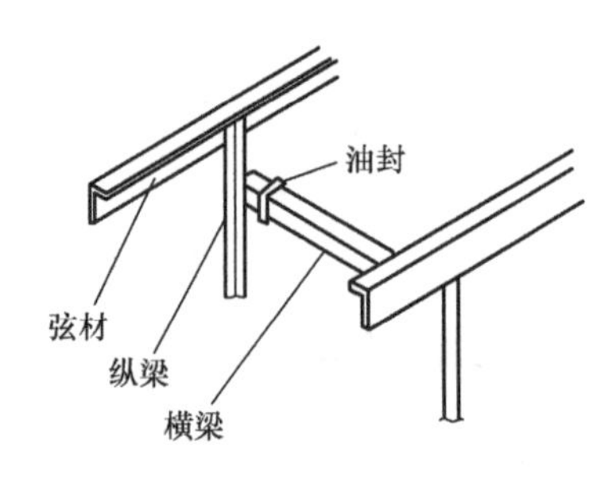

图 9-4-5 油封示意图

三、油水分离装置

室外型自动扶梯的下部机房有进水的可能，当水漫入机房时，就会使桁架内的废油与水相混。室外梯的下部一般都要设有集水井和排水泵，排水泵将水抽到市政排水管道之中，这样废油也就随之排出，造成环境污染。因此在室外型自动扶梯上需要安装油水分离装置。

油水分离装置也叫油水分离器，是让水和油分离的装置，其结构如图 9-4-6 所示，安装在自动扶梯下部机房的底板上。

目前，市场上通用的油水分离器都是利用油和水的密度不同，油水混合时密度较小的油会漂浮在水的上面的原理制作而成。雨天时有油水混合物流入该油水分离装置，通过该装置的隔离作用，使密度相对较大的水会沿排水口排出，润滑油则储藏在油盘或者桁架底板当中，以便定时清理，减少润滑油直接排出，减少其对环境的污染。

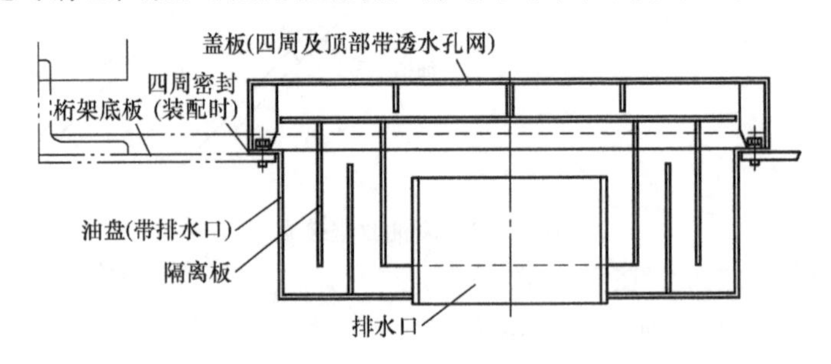

图 9-4-6 一种油水分离装置结构示意图

第十章　公共交通型自动扶梯

公共交通型自动扶梯指的是扶梯的设计与制造符合 GB 16899—2011《自动扶梯和自动人行道的制造与安装安全规范》中关于公共交通型自动扶梯的相关规定，主要用于公共交通场所的自动扶梯。

公共交通型自动扶梯属高载荷自动扶梯，适用于一般的公共交通场所，如高铁、城际轨道交通、普通火车站、机场、过街天桥、过街隧道等，如图 10-0-1 和图 10-0-2 所示。

图 10-0-1　安装在高速铁路站的公共交通型自动扶梯

图 10-0-2　安装在机场采用玻璃护栏的公共交通型自动扶梯

第一节　公共交通型自动扶梯的概念

一、定义

公共交通型自动扶梯的概念出自欧洲标准 EN115《自动扶梯和自动人行道制造和安装安全规范》，由于当前我国的自动扶梯等效采用 EN115—2008 标准，因此在 GB 16899—2011 中，也同样有公共交通型自动扶梯的内容，标准对公共交通型自动扶梯定义为适用于下列情况之一的自动扶梯：

1）公共交通系统（包括出、入口处）的组成部分。

2）高强度的使用，即每周运行时间约 140h，且在任何 3h 的时间间隔内，其载荷达 100% 制动载荷的持续时间不少于 0.5h。

二、对定义的理解

1. 适用场所

按照以上定义，公共交通型自动扶梯不仅适合公共交通场所使用，同时也是非公共交通场所高强度使用时可选用的一种自动扶梯。

高铁站、城际轨道交通站、普通火车站、机场、过街天桥、过街隧道都属于公共交通场所，其中高铁站、城际轨道交通站、火车站的客流与车辆的进出站有关，存在高峰客流。但过街天桥、过街隧道、机场并无明显的客流高峰和高的使用强度，同样应选用公共交通型自动扶梯原因是，这些场所使用环境复杂，自动扶梯需要有更好的安全性能，同时作为公共设施，还应有较高的工作寿命。

2. 载荷条件

载荷条件又称为自动扶梯的载荷强度，表示自动扶梯的载荷能力。

“任何 3h 的时间间隔内，其载荷达 100% 制动载荷的持续时间不少于 0.5h”，是 GB 16899—2011 对公共交通型自动扶梯设定的载荷条件。

按一天运行 20h，平均每 3h 出现 1 次客流高峰计算，则每天至少出现 6 次客流高峰，如每次持续时间不少于 0.5h，则总的高峰时间大于 3h。但实际上任何公交系统的客流并没有这么有规律。定义中对高强度使用的描述，可以理解为只是一个设定，以区别于普通自动扶梯；同时为公共交通型自动扶梯机件的工作寿命设计提供载荷依据。

载荷条件是进行工作寿命设计的依据。公共交通型自动扶梯的工作寿命一般按不小于 140000 设计。

3. 制动载荷

关于制动载荷在第一章中已有介绍。公共交通型自动扶梯通常以 80% 的制动载荷作为额定载荷选配驱动电动机的功率，当出现 100% 制动载荷时，电动机将超载方式运行。

如超过电动机允许超载能力，电动机会因过热停止运行。

因此，当载荷强度明显高于标准中对公共交通型自动扶梯的描述时，应考虑选用载荷强度更高的重载型自动扶梯。

第二节　公共交通型自动扶梯与普通自动扶梯的区别

一、标准条款上的区别

GB 16899—2011 对公共交通型自动扶梯的专门要求如表 10-2-1 所示。

表 10-2-1　GB 16899—2011 对公共交通型自动扶梯的专门要求

序号	项目	内容	备注
1	载荷强度	高强度的使用，即每周运行时间约 140h，且在任何 3h 的时间间隔内，其载荷达 100% 制动载荷的持续时间不少于 0.5h	普通型自动扶梯没有高强度使用要求
2	支撑结构挠度（桁架）	对于公共交通型自动扶梯，根据 5000N/m^2 载荷计算或实测的最大挠度，不应大于支撑距离的 1/1000	普通型自动扶梯要求不超过支撑距离的 1/750
3	附加制动器	对于提升高度不大于 6m 的公共交通型自动扶梯也应安装附加制动器	普通型自动扶梯挠度要求提升高度大于 6m 时安装附加制动器
4	载荷条件和附加安全功能	制造商和业主应根据实际交通流量确定载荷条件和附加安全功能	普通型自动扶梯无此要求

（1）载荷能力　表 10-2-1 中的项目 1 是公共交通型自动扶梯应有的载荷能力，关系到自动扶梯的动力设计和机件的工作寿命设计。

（2）桁架挠度　桁架挠度不大于支撑距离的 1/1000 是强制性要求。

（3）附加制动器　不论何种提升高度都要安装附加制动器是强制性要求。

（4）载荷条件和附加安全功能　要求制造商和业主应根据实际交通流量确定载荷条件和附加安全功能，在 EN115—2008 中只是一个附录形式的建议。但在 GB 16899—2011 中将其改为了规范性要求，对业主方提出了技术责任。由于业主只是使用者，大多数业主（包括建筑设计院）一般并无自动扶梯方面的专业人员，很难要求其提出准确合理的要求，而制造商在业主方无特别要求的情况下，一般是按规范的规定，以及行业的一般做法加以生产。因此，此条件实际作用只是一个建议和提示。

因此，从标准的规定而言，公共交通型自动扶梯与普通自动扶梯在结构上强制性区别只有两点：桁架挠度不大于支撑距离的 1/1000；不论何种提升高度都要安装附加制动器。

二、产品设计上的区别

从以上的介绍可知，由于现行我国的自动扶梯通用标准对公共交通型自动扶梯的技术要求过于简单，给公共交通型自动扶梯设计和使用都留下了很大的空间。

由于公共交通型自动扶梯使用面不广，因此国际上大多国家和地区的自动扶梯通用标准中很少对公交场所的自动扶梯作有专门的规定，但出于公共交通场所自动扶梯的使用的特殊性，在一些发展较早的国家和地区，在自动扶梯通用标准的基础上，发布有公共交通型自动扶梯专用标准（如法国）或由全国性公共交通行业组织编制有指导性标准（如美国），但在我国当前尚无全国性的或行业性的关于公共交通型自动扶梯的专用标准，因此当前在市场上的公共交通型自动扶梯，在结构和性能上往往存在比较大的差别。

由于公共交通型自动扶梯需要适应高强度的运行和公共交通场所复杂的工作环境，并保证良好的工作寿命，公共交通型自动扶梯与普通自动扶梯在设计上的区别，不应只是桁架挠度和安装附加制动器，一般应在载荷条件的设定、动力的配置、桁架的强度、安全性和工作寿命等几个方面加以专门的设计。

1. 载荷条件的设定

载荷条件又称为载荷强度，载荷条件的设定关系到自动扶梯的动力设计和机件的工作寿命设计。

（1）普通自动扶梯　GB 16899—2011 对普通自动扶梯的载荷条件没有专门的规定，因此各厂家的产品会有所不同。

普通自动扶梯一般服务于商业性场所，在这种场所出现满载的几率低，如有出现，连续时间一般也在数分钟之内，一般认为其等效载荷大约为制动载荷的40%。

（2）公共交通型自动扶梯　GB 16899—2011 对公共交通型自动扶梯的载荷条件作有规定：“任何3h的时间间隔内，其载荷达100%制动载荷的持续时间不少于0.5h”，但规定中没有说明其余2.5h的载荷是多少，仍然对设计留下了很大的空间。在实际制造中，生产厂的标准产品往往会将其余2.5h的载荷设定为制动载荷的25%。此时自动扶梯所承受的等效载荷约为制动载荷的60%。

2. 动力配置

（1）普通自动扶梯　普通自动扶梯的最大载荷一般设定为85kg/梯级，对1m宽度的自动扶梯，85kg的载荷相当于扶梯已达到满载状态（最大输送能力），但普通自动扶梯出现满载的几率比较小，以满载连续运行的时间不会超过数分钟。因此一般以60%左右的制动载荷作为额定载荷计算电动机功率。

（2）公共交通型自动扶梯　根据对公共交通型自动扶梯的载荷强度要求，允许以最大载荷运行的连续时间应不小于0.5h。因此一般以80%左右的制动载荷（约100kg/梯级）作为额定载荷计算电动机功率，通常会比普通自动扶梯高20%以上。这意味着扶梯的驱动电动机能适应较高强度运行。

3. 桁架刚度和耐蚀性

（1）桁架刚度　公共交通型自动扶梯的桁架挠度不大于支撑距离的1/1000，因此比规定 1/750 挠度的普通自动扶梯桁架显得强壮，有较高的刚度，使扶梯在高载荷条件下不会发生大的弹性变形，有利于运行的平稳性。特别是当发生紧急制动时不会发生太大的振动，提高了桁架的工作寿命。一般的公共交通型自动扶梯都要求在经过第一次大修周期后，桁架能继续使用，基体金属构件和焊缝不应出现细微裂纹等疲劳现象。

（2）耐蚀性　公共交通型自动扶梯的桁架一般有较高的耐蚀性，常用的方法是对桁架作整体热镀锌（热浸锌）处理。当表面锌层达到 80μm 时具有 40 年以上的耐蚀能力。能适应地下建筑和露天或半露天情况下的工作。

4. 防失速和逆转的性能

防止失速和逆转是公交场所扶梯最需要注重的安全性问题，一旦发生失速或逆转将会造成人员的伤亡。

普通型自动扶梯由于载荷小，很少出现满载，因此常采用三角带传动的主机（如图 3-2-3 所示），且提升高度小于 6m 时可以不装附加制动器。公共交通型自动扶梯则需要考虑满载连续运行，因此必须要有良好的防失速和逆转的性能。

（1）采用整体型主机　公共交通型自动扶梯一般采用整体型主机，电动机与减速箱之间一般不存在传送带等摩擦传动，因此也不存在因皮带打滑而导致下行的自动扶梯失速或上行的自动扶梯逆转的可能性。

（2）装有附加制动器　按标准规定，普通自动扶梯提升高不大于 6m 时不用安装附加制动器，公共交通型自动扶梯则无论何种提升高度都要安装附加制动器，万一发生失速或逆转时能及时使自动扶梯停止。

5. 工作寿命

（1）普通自动扶梯　普通自动扶梯属轻载荷自动扶梯，按其载荷条件，以每周六天，每天运行 12h 连续运行。主要零部件的工作寿命一般按不小于 70000h 加以设计。在寿命设计中，常以 40% 左右的制动载荷作为等效载荷计算机件的工作寿命。

（2）公共交通型自动扶梯　公共交通型扶梯属高载荷自动扶梯，按其载荷条件，以每周七天，每天 20h 连续运行。主要零部件的工作寿命一般按不小于 140000h 加以设计。整机大修周期不小于 20 年。

在寿命设计中，生产厂家的标准产品，常以 60% 左右的制动载荷作为等效载荷计算机件的工作寿命。

第三节　主要结构的技术特点

一、桁架

1. 桁架的刚度与表面处理

普通扶梯的桁架挠度不大于支撑距离的 1/750，一般采用喷漆处理。

公共交通型自动扶梯的桁架挠度不大于支撑距离的 1/1000，在表面处理上多采用热镀锌处理（镀层不小于80μm）。也有采用双层漆处理，但双层漆处理只能在条件较好的地面室内工作。

2. 楼层板

公共交通型自动扶梯的楼层板应有足够的强度，确保在长期使用中不会发生变形或断裂。对自动扶梯楼层板的试验的，一般是参考 GB 16899—2011 中对自动人行道踏板的抗弯变形试验方法。在楼层板上板上加载上一定的重量，测量其弯曲度，并且不允许产生永久变形。

3. 附属结构

公共交通型自动扶梯一般都设有油槽、集油盘和垃圾收集盘，除了保持桁架内部的清洁外，还具有防火的作用。

二、梯级系统

1. 驱动主机

公共交通型自动扶梯的驱动主机，一般都采用整体结构主机，即电动机与减速箱之间是联轴节传动。在普通自动扶梯上常用的三角带传动结构，由于存在打滑和易断裂的原因，一般不在公共交通型自动扶梯上使用。

（1）电动机　普通自动扶梯由于很少出现额定载荷连续运行，因此一般选用 S6 连续周期工作制电动机，采用 B 级绝缘、IP44 外壳保护等级。电动机的过载能力比较小，并需要有良好的使用环境。公共交通型自动扶梯由于需要考虑制动载荷时的连续运行，都是选用 S1 型连续工作型电动机。一般采用 F 级绝缘、IP54 外壳保护等级（室外梯采用 IP55 外壳保护等级）。电动机的过载能力比较强，并能适应较恶劣的使用环境。

各品牌对公共交通型自动扶梯的动力配置不尽相同，但一般以 80% 左右的制动载荷作为额定载荷计算电动机功率，通常比普通自动扶梯高 20% 以上。

（2）减速箱　普通自动扶梯多采用造价较低的单级蜗轮蜗杆减速箱。电动机与减速箱之间常采用三角带传动，结构较简单，传动效率一般在 0.8 左右。公共交通型自动扶梯一般都采用整体式主机，电动机与减速箱之间采用联轴器传动（如图 3-2-1 所示）。常采用的有全齿轮减速箱、一级齿轮一级蜗轮的减速箱。传动效率一般在 0.9 以上。减速箱的工作寿命设计应不小于 140000h。

（3）梯级链　普通自动扶梯多采用造价较低的滚轮内置式链条（如图 3-4-3 所示）。安全系数不小于 5。在公共交通型自动扶梯上，滚轮外置式链条（如图 3-4-1 所示）和滚轮内置式链条都有所采用。鉴于公共交通型自动扶梯载荷强度较高，一般应首选滚轮外置式链条，特别是提升高度较大的公共交通型自动扶梯。梯级链条的安全系数应不小于 5。出于对工作寿命的要求，还需要考虑销轴的比压。一般要求在制动载荷条件下（120kg/梯级，相当于 3000N/mm^2 的静载荷），销轴比压不大于 25N/mm^2。

2. 梯级链张紧装置

普通自动扶梯一般采用滑动式张紧架，具有结构简单、造价低的优点（如图 3-3-9 所示）。

公共交通型自动扶梯由于梯级链受力大，一般采用滚动式张紧架，具有张紧性能好，易于调整和适应各种提升高度的优点（如图 3-3-8 所示）。

三、扶手带系统

1. 扶手带驱动装置

普通自动扶梯一般采用大摩擦轮结构或直线驱动式结构（如图 4-2-1 和 4-2-4 所示）。

对公共交通型自动扶梯，由于客流大，扶手带所受的来自乘客的载荷也大，需要的驱动力也大，同时要求扶手带减少反向弯曲以提高工作寿命，因此宜选用端部驱动式（如图4-2-8所示）或直线驱动式结构。

2. 扶手带导轨

普通自动扶梯一般采用碳钢型材或铝合金型材导轨。

公共交通型自动扶梯则一般采用铝合金型材或不锈钢导轨，其中不锈钢导轨具有更好的耐用性和低摩擦因数，应优先考虑采用。如采用铝合金导轨，因铝型材的耐磨性较差，为避免过快被扶手带磨损，需要在铝型材套上聚甲醛 POM 耐磨衬片以减小与扶手带间的摩擦因数，减少摩擦和磨损。

四、导轨系统

为了提高导轨的工作寿命，公共交通型自动扶梯一般要求导轨的截面厚度不小于 3mm，表面电镀锌或热镀锌。其中热镀锌导轨抗锈能力强，应予优选。导轨的工作寿命应按不小于 140000h 设计。

对支架的间距需要作导轨挠度核算。一般要求在 4000N/m^2 的静载条件下，导轨的弯曲量不应大于 1mm。

主工作导轨应对梯级具有横向限位作用，否则应增设专用的横向限位导轨（详见第十一章第三节的介绍）。

五、扶手装置

普通自动扶梯一般采用玻璃型护栏，比较美观。

公共交通型自动扶梯视场所情况有采用金属型护栏也有采用玻璃型护栏。金属型护栏抗挤压能力强，适用于客流强度较高的地方；玻璃型护栏一般只适合用于客流较小地方。在采用金属型护栏时需要考虑到防火要求，金属板的背面不准加贴任何易燃材料。

六、安全保护装置

普通自动扶梯一般都按 GB 16899—2011 的规定，配置必要的安全装置。

公共交通型自动扶梯由于载荷大、工作的环境相比复杂，因此一般增加如下要求：

1）增加附加制动器的动作要求，要求驱动链断裂时应使附加制动器动作。按 GB 16899—2011 规定，附加制动器只在自动扶梯超过名义速度 1.4 倍前或改变规定的运行方向时动作，使自动扶梯停止。让附加制动器在驱动链断裂时动作，则能更好地防止逆转或超速的发生。因为当驱动链一旦断裂，主驱动轴与驱动主机之间便失去了联系，工作制动器的制动已对自动扶梯失去作用，此时需要立即触发附加制动器，在超速发生之前（自动扶梯下行时）或逆转刚出现时（自动扶梯上行时）立即使自动扶梯停止。

2）增设梯级运行安全装置。当梯级运行到上下转弯段时，两个相邻梯级在垂直方向将产生高度差的变化。此时，如果有物品（如行李车的轮子）卡入两个梯级之间，梯级被卡住不能完成平梯级过程，就会碰撞梳齿板，造成人员失稳跌倒和设备损坏。由于在公共交通场所乘客拉着行李车上扶梯是常见的情况，因此很有必要安装梯级安全运行装置（如图 7-4-6 所示）。当两个相邻梯级在垂直方向的运动发生异常时，使自动扶梯停止。

3）增设扶手带断带保护装置。公共交通型自动扶梯由于客流大，扶手带承受的来自乘客扶手的力也大，为了防止扶手带一旦断裂自动扶梯继续运行造成危险，一般都装有断带保护装置（如图 7-4-1 所示）当扶手带发生断裂时，让自动扶梯立即停止。

七、电气系统

1. 电线、电缆

公共交通型自动扶梯需要重视防火，因此需要采用阻燃、低烟、无卤的电线、电缆。在桁架内，全部电线、电缆都应穿入金属线槽或线管之中，以加强保护和屏蔽。

2. 故障显示装置

公共交通型自动扶梯需要考虑维修的方便快捷，一般都配置有故障显示装置，可以快速诊断故障。

3. 变频器

当自动扶梯速度大于 0.5m/s 时，需要考虑配置变频器，实现维修速度（1/5 的名义速度），以方便检修工作的进行。同时可以利用变频器实现节能速度（同维修速度），当自动扶梯上没有乘客时以节能速度运行。

4. 开关和插座

由于公共交通型自动扶梯安装在公共交通场所，往往难以集中管理，特别是过街隧道或天桥。需要对钥匙开关配置专用的钥匙，防止有人以通用性的钥匙开启扶梯。

当在地下环境使用时，开关和插座需要考虑防水，一般采用 IP43 的外壳保护等级。

八、润滑系统

自动扶梯的梯级链、驱动链和扶手带驱动链都必须进行充分地润滑，现代的扶梯大多采用自动润滑装置对各润滑部位进行定时、定量的润滑。但对于普通自动扶梯，也有的仍采用人工加油方式，或采用点滴式加油方式（详见第九章第二节）以求降低造价。

公共交通型自动扶梯的载荷与运行时间都要大于普通自动扶梯，因此尤其需要重视润滑，一般都采用自动润滑装置，对提升高度较大或室外工作的扶梯，还宜采用双路自动润滑装置（详见第九章第二节）。

第四节　主要参数选用及特别设计

一、主要参数的选用

1. 速度

公共交通型自动扶梯一般用在客流不是特别大的公共交通场所，因此一般不需要追求高的运输效率，多选用0.5m/s的速度，0.65m/s和0.75m/s的速度一般用在用重载型自动扶梯上。

2. 倾斜角

公共交通型自动扶梯一般多采用30°的倾斜角。大于30°的自动扶梯是不准在公共交通场所使用的。

27.3°的倾斜角由于能与固定楼梯具有基本相同的倾斜度，且具有更好的搭乘安全性，特别适合老年乘客，近年在公共交通型自动扶梯上有不少的采用。但采用这种倾斜角占用的空间比较大，且自动扶梯的造价相对比较高，因此一般在建筑物空间较宽敞的高铁车站使用较多。

3. 梯级宽度

公共交通型自动扶梯一般都采用1000mm名义宽度的梯级，宽度800mm的梯级一般只有在井道宽度不足的情况下使用。名义宽度600mm的梯级只能容下一个人，不适合在公交场所使用。

4. 水平移动段长度

GB 16899—2011《自动扶梯和自动人行道的制造与安装安全规范》对公共交通型自动扶梯的水平段长度没有专门的规定，可采用与普通自动扶梯一样的规定长度。但公共交通型自动扶梯运送客流量大，从提高安全性方面考虑有必要加大水平移动段的长度，公共交通型自动扶梯水平移动段的建议长度如表10-4-1所示。

表 10-4-1　公共交通型自动扶梯水平移动段的建议长度

建议长度		GB 16899—2011 规定长度	
速度	水平移动段长度	速度	水平移动段长度
0.5m/s	上部：不小于 1.2m（水平梯级至少为 3 块） 下部：不小于 0.8m（水平梯级至少为 2 块）	不大于 0.5m/s 且提升高度小于 6m	不小于 0.8m （水平梯级至少为 2 块）
0.65m/s	上部：不小于 1.6m（水平梯级至少为 4 块） 下部：不小于 1.2m（水平梯级至少为 3 块）	大于 0.5m/s 但不大于 0.65m/s 或提升高度大于 6m	不小于 1.2m （水平梯级至少为 3 块）
0.75m/s	上部：不小于 2.0m（水平梯级至少为 5 块） 下部不小于 1.6m（水平梯级至少为 4）块	大于 0.65m/s	至少为 1.6m （水平梯级至少为 4 块）

5. 倾斜段至上、下水平段的曲率半径

GB 16899—2011《自动扶梯和自动人行道的制造与安装安全规范》对公共交通型自动扶梯倾斜段至上、下水平段的曲率半径的没有专门的规定，可采用与普通自动扶梯一样的曲率半径。但公共交通型自动扶梯客流量大，从提高安全性方面考虑有必要加大曲率半径。公共交通型扶梯上、下水平段的建议曲率半径如表 10-4-2 所示。

表 10-4-2　公共交通型自动扶梯上、下水平段的建议曲率半径

建议的曲率半径		GB 16899—2011 规定曲率半径	
上部	速度 0.5m/s：不小于 1.5 速度 0.65m/s：不小于 2.6（提升高度≥10m 时，不小于 3.0） 速度 0.75m/s：不小于 3.6m	上部	速度小于等于 0.5m/s：不小于 1.0m 速度大于 0.5m/s：不小于 1.5m 速度大于 0.65m/s：不小于 2.6m
下部	不小于 2.0m	下部	速度不大于 0.65m/s：不小于 1.0m 速度大于 0.65m/s：不小于 2.0m

二、特别设计

1. 防水设计

对于在车站出入口、过街隧道、天桥工作的自动扶梯，不论自动扶梯上部是否有顶盖，都需要有防止水漫入下部机房的设计。在自动扶梯的下水平段的机房下部，应有集水井，井内设有水泵和水位检查测器，在机房中还应设有排水口和油水分离器（如图 11-3-5 所示）。当井口的水位高于设定位置时水泵自动开动排水，如果水一旦漫入机房，自动扶梯将停止工作。

2. 防高温和防冻设计

公共交通型自动扶梯一般都采用内置式机房，机房位于上部水平段内，对在出入口、过街隧道、天桥工作的自动扶梯，控制柜上需要有通风设计，必要时考虑对机房进行强制通风。对于冬季有冰冻的地区，则需要在桁架内设有加温器。

3. 防盗设计

防盗设计主要是针对楼层板。对于在出入口、过街隧道、天桥工作的自动扶梯，为了防止有人偷盗楼层板，需要对楼层板加锁，并安装警报器。

4. 室外梯的设计

室外型自动扶梯的设计思路就是加强整机和部件的防水、防锈、防晒等特别设计。具体可参阅第十一章第四节室外梯的特别设计。

第十一章　重载型自动扶梯

重载型自动扶梯是一种主要用于大客流公共交通系统的自动扶梯，如图 11-0-1 所示，因此又称为“公共交通型重载自动扶梯”。

近年来，随着我国公共交通建设，特别是以地铁为代表的城市轨道交通的大规模开展，重载型自动扶梯得到大批量的生产和使用，已成为自动扶梯产品系列中的一个事实上的重要梯种。

尽管在 GB 16899—2011《自动扶梯和自动人行道的制造与安装安全规范》中，尚未有重载型自动扶梯的名称和内容，但重载型自动扶梯的概念已为公交建设和扶梯制造行业广泛接受。各城市在地铁建设中，大多根据实际需要，提出了专门的要求，国内主要的自动扶梯制造商也纷纷推出具有重载能力自动扶梯。

因此，本书将重载型自动扶梯作为自动扶梯技术的一个重要组成部分加以介绍。文中提出的概念、定义以及技术要求等，都是基于公共交通建设中的实践以及对国内外相关文献和技术资料的借鉴。

图 11-0-1　工作在地铁站中的重载型自动扶梯

第一节 重载型自动扶梯的概念

一、重载型自动扶梯名称的由来

“重载型自动扶梯”的名称首先出现在欧洲，英文称为“heavy - duty”，是一种主要用于地铁的自动扶梯。这种扶梯具有很强的载荷能力。欧洲的一些主要电梯生产厂家都有专门的设计和产品。在亚洲地区，重载型自动扶梯首先在香港地铁得到大量的使用。首批重载型自动扶梯于1975年开始投入使用。

20世纪90年代初，广州等城市也开始了地铁建设，出于商机，欧洲的电梯厂家纷纷以技术交流的方式，将重载型自动扶梯的概念和产品推向中国。其中，由于广州邻近香港，重载型自动扶梯在香港地铁的成功使用，使重载型自动扶梯得到广州地铁建设者的认同，而率先接受了重载型自动扶梯的概念。在借鉴香港地铁经验的基础上，结合国情，广州地铁建设者于1994年编写了“地铁自动扶梯技术要求”，用于一号线的建设；在2000年二号线的建设中，对载荷条件作了如下描述：

“每天工作20h，每年365天连续工作，在任何3h的间隔内，持续重载时间不少于1h，其载荷应达到100%的制动载荷，其余2小时的负载率为60%的制动载荷”。

以上载荷条件的设定，在之后广州多条地铁自动扶梯的运行中得到了验证。

广州地铁对重载型自动扶梯的理念和经验，得到了稍后建设的深圳、南京等地地铁建设者们的认同，尔后又为全国的地铁建设所广泛借鉴，并加以充实和完善。这种专为大客流地铁设计制造的自动扶梯，被广泛称为“公共交通型重载自动扶梯”。

经过10多年来的大规模使用和生产，我国的地铁建设和电梯制造行业已对重载型自动扶梯积累了相当的经验，并且已经有条件对重载自动扶梯的设计、制造和使用进行系统的研究，并制定全国性的专用标准。

二、我国大客流公交的客流特点

我国人口众多，当前又正处于城市化进程之中，以地铁为代表的城市轨道交通在上下班高峰时段，都是人流拥挤。此时车辆发车间隔一般是2min左右，多数地铁站早晚高峰客流的持续时间一般都在1h以上；两条地铁线交汇站的高峰客流的持续则多数在2h左右；有的客流密度特别高的地铁站，一天中的多数时间，几乎都是高峰客流。

以下介绍的是我国某城市地铁站两台自动扶梯的大客流情况。

图11-1-1是其中安装在站台与站厅之间的自动扶梯，一天运行实测的功率/客流曲线。测试分析中，将达到自动扶梯最大输送能力90%以上的平均客流视为高峰客流。

从图中可以看到，早高峰客流产生在7时半之前至9时半之后，持续时间在2h以上，尔后的平均客流密度处于80%左右；14时至15时又出现客流高峰约1h，尔后客流密度也处于 80% 左右；18 时开始又出现第三次客流高峰约 2h。在一天的运行中其高峰客流的总时间在 5h 以上。

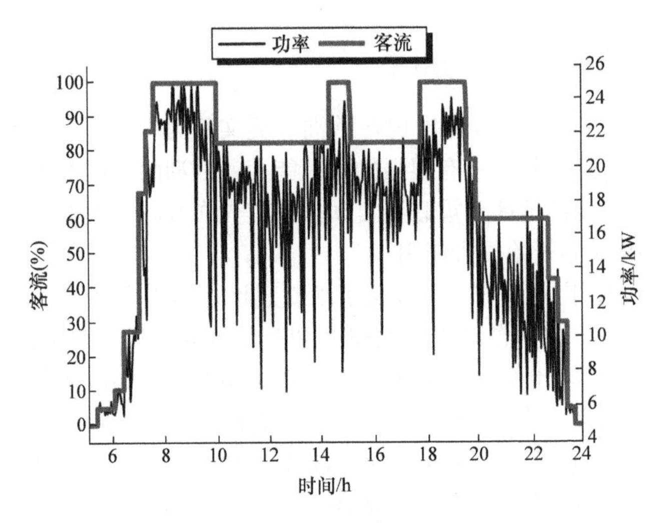

图 11-1-1　客流曲线（一）

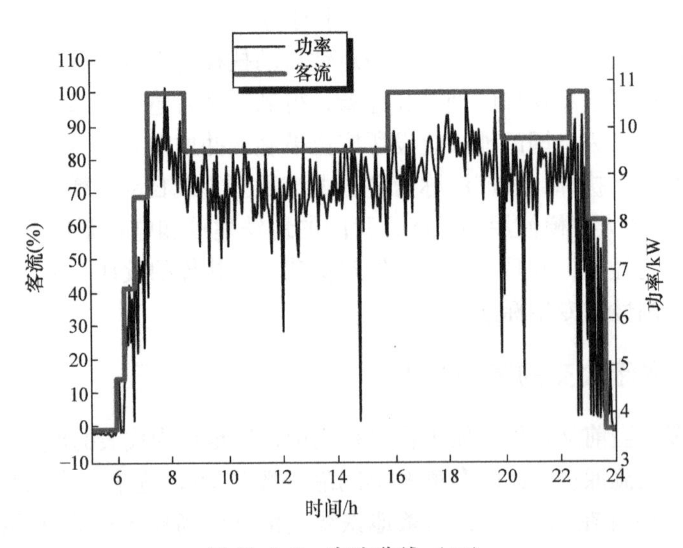

图 11-1-2　客流曲线（二）

图 11-1-2 是另一台安装在两条地铁线交汇站换乘平台处自动扶梯一天运行的实测功率/客流曲线。从图中可看到，这是个特别繁忙的公交场所，一天中的大多数时间都处于客流高峰或次高峰状态（客流达最大输送能力 85%）。在一天的运行中，其高峰客流的总时间超过了 6h。

以上两台自动扶梯的客流强度远超过了 EN115 和 GB 16899—2011 对公共交通型自动扶梯客流强度的描述，但这是我国普遍存在的一种大客流公交状况。

大客流对自动扶梯的强度设计、动力设计、安全设计和寿命设计都提出了新课题。显然是普通自动扶梯和公共交通型自动扶梯所难以适应的。在以地铁为代表的城市轨道交通中，采用符合中国特色的重载型自动扶梯，并将其发展为一种成熟的自动扶梯种类，对中国的自动扶梯制造行业是任务也是商机。

三、重载型自动扶梯的定义

一般认为，在任何 3h 间隔内，其载荷达 100% 制动载荷的持续时间在 1h 以上时，自动扶梯就应作重载设计，因此称为“重载型自动扶梯”，其定义如下：

1）设计专用于地铁等大客流公共交通场所的自动扶梯。

2）重强度的使用，每周运行时间约 140h，且在任何 3h 间隔内，其载荷达 100% 制动载荷的持续时间在 1h 以上。

以上的定义参照了 EN115 和 GB 16899—2011 对公共交通型自动扶梯的描述方式。其涵义在于：重载型自动扶梯的载荷强度是公共交通型自动扶梯的 1 倍以上。这是根据我国以地铁为代表的城市轨道交通的大客流特点，对公共交通型自动扶梯概念的扩展。

与上述定义没有对 1h 重载之外的 2h 载荷作有规定，可以根据建设项目的客流特性加以设定。在大客流特征明显的公交建设项目，可考虑设定为不小于 60% 的制动载荷（如图 11-1-1 和图 11-1-2 所示）。

四、重载设计的内容

重载型自动扶梯相对于普通自动扶梯和公共交通型自动扶梯，在动力、强度、安全和寿命等几方面都需要进行重载设计。

1. 动力设计

从第十章对公共交通型自动扶梯的介绍中可知，公共交通型自动扶梯一般以 80% 的制动载荷作为额定载荷计算电动机的功率，最大载荷运行的连续时间为 0.5h。当超过额定载荷时扶梯将处于超载运行状态。

重载型自动扶梯则以 100% 制动载荷作为额定载荷计算电动机功率，允许自动扶梯以制动载荷连续运行。

2. 强度设计

（1）采用高刚度桁架　公共交通型自动扶梯的桁架的挠度规定不大于支撑距离的 1/1000。重载型自动扶梯的桁架的挠度一般要求不大于支撑距离的 1/1500。香港地铁采用 1/2000 的桁架，也有的地铁采用 1/2500 的桁架。其主要目的是提高桁架的工作寿命，扶梯经大修（至少为一次大修）而不需要更换桁架。

（2）提高机件的安全系数　GB 16899—2011 规定，自动扶梯所有驱动元件按5000N/m^{2}静力计算的安全系数不应小于5，包括了对公共交通型自动扶梯的要求。重载型自动扶梯则对此提高了要求，对梯级链、驱动链、扶手带驱动链要求安全系数不小于8。

3. 安全设计

（1）加长水平移动段长度　为了提高人员进出扶梯时的安全性，重载型扶梯一般采用比较长的水平移动段（表 11 －2 －1）。

（2）加大倾斜段至上下水平段的曲率半径　为了提高人员进出扶梯时的安全性，重载型自动扶梯一般采用比较大的曲率半径（表 11 －2 －2）。

（3）增加安全装置种类和功能　根据大客流公共交通系统的客流特点，重载型自动扶梯一般都增设有扶手带断带保护、梯级运行安全保护等 GB 16899—2011 规定之外的安全保护装置。同时对附加制动器、超速检测等装置增加功能要求，以使自动扶梯具有更好的安全性。

4. 寿命设计

公共交通型自动扶梯与重载型自动扶梯的主要部件的工作寿命一般都按不小于140000h 设计，整机大修周期不小于 20 年。但设定的载荷条件不一样：

（1）公共交通型自动扶梯的载荷条件设定　每 3h 中 0. 5h 以 100% 制动载荷运行，其余 2. 5h，一般设定为制动载荷的 25%。

（2）重载型自动扶梯的载荷条件设定　每 3h 中 1h 以 100% 制动载荷运行，其余 2h，一般设定为制动载荷的 60%。

因此重载型自动扶梯的疲劳强度也需要进行重载设计。其中需要根据建设项目的客流强度，对重载之外的载荷做出明确规定，据此确定机件疲劳强度计算时的等效载荷。

五、重载型自动扶梯在国内外的使用

重载型自动扶梯在国内外的公共交通建设中得到广泛使用，目的是希望自动扶梯能适应地铁等大客流公共交通场所恶劣的使用环境。不仅能安全可靠地使用，还希望有较低的使用成本和较高的工作寿命。其意义是对公众的安全负责，还具有一次性投资，长期低成本使用的经济意义。

1. 国外的使用情况

在国外的自动扶梯通用标准中，一般也没有重载型自动扶梯（或公共交通型自动扶梯）的内容，原因是重载型自动扶梯的使用面较窄，但由于需要有专门的设计，且承担着重要的安全运输角色，一些国家和地区在自动扶梯通用标准的基础上，编写有补充性的专用标准或行业标准用于指导设备的采购和使用。

（1）法国　法国标准化协会发布了 F87 －011《铁路固定设备——自动扶梯及自动人行道的使用及建造准则》，在该专用标准中，对法国的通用自动扶梯标准（F82 －500 标准）的相关内容，根据铁路运输（包括地铁）领域的特点做出了补充要求和修改。

（2）美国　美国的公共运输系统制定有《重载运输系统自动扶梯设计指导书》（APTA标准，2002年首版，每3年修订一次，当前最新版2011年修订版）。在APTA标准中，明确提出编写标准的目的是阐明对交通系统重载型自动扶梯的要求，为自动扶梯的设计制造提供技术指导，使其能在高频率重载使用条件下，在恶劣的交通系统环境中也能提供安全可靠的服务。同时他们指出，根据以往的经验，当将制造商的标准产品用于公共交通运输环境时，具有较高的维修成本。可见美国的公共交通运输系统采用重载型自动扶梯的目的与我们是相同的。

尽管美国的地铁客流强度小于我国，或许称不上是大客流公共交通，但他们对自动扶梯持续重载能力等方面提出了很高的要求，这显然是对公共安全的重视和对公共事业投资的负责，具有很好的借鉴意义。

（3）英国　在执行通用的EN115自动扶梯标准的同时，伦敦地铁编制有企业标准，SPC—LAE—TM00—0585400《重载型自动扶梯规范》和SPC—CAE—TM00—0550089《重载型自动扶梯的设计、制造、安装和调试》，这是一个由世界上最早建设和运行的地铁企业编写的有影响力的专门标准。伦敦地铁是最早采用重载型自动扶梯的地铁，也是对自动扶梯的使用有深刻认识的地铁企业。

2. 国内的使用情况

香港是一个人口相当密集的地区，香港地铁是大客流公共交通系统，自1975年开始投入运行，全部采用重载型自动扶梯。最先投入使用的1000多台自动扶梯，已经经过近40年的高强度运行，并经历了第一次大修（大修周期不小于20年），目前尚在正常工作，证明这种扶梯在安全性和耐用性方面尤其适合人口密集型的地区使用。

广州地铁自一号线开始采用重载型自动扶梯，一号线自1997年开通运营至今已经16年，自动扶梯运营良好。据2013年3月份公布的数据，一号线日均客流已达到114万，日均线网客流达到580万。而在2010年亚运期间市民乘坐广州地铁和公交免费的政策实施时，在免费首日，广州地铁客流量就达到781万。自动扶梯经受了大客流、强载荷的使用考验。

随着我国城镇化进程的加快，城市交通问题日益突出，城市轨道交通已作为大城市的重要交通手段，已越来越成为市民出行的首选。一些大城市提出目标，未来轨道交通承担的客运量要占全市公交客运量的30%～50%。城市轨道交通的大规模发展，对重载型自动扶梯必然出现更大的需求。

第二节　整机技术要求

重载型自动扶梯整机技术要求的内容包括：额定载荷、工作制度、载荷条件、主要参数和技术性能等几个方面。

一、额定载荷

额定载荷是运输设备最重要的设计参数，需要用于驱动电动机的功率设计和机件的强度设计。确定自动扶梯额定载荷方法有如下几种：

（1）规定单位面积上的载荷　先设定单位面积上的载荷，然后乘上自动扶梯名义宽度在全长上的投影面积，以此计算各种提升高度扶梯的额定载荷（如美国 ASME 标准）。

（2）设定每个可见梯级上的最大负载　以此作为额定载荷（如日本的 JIS 标准和美国公交行业 APTA 标准）。

（3）按自动扶梯种类由制造商设定　欧洲的 EN115 标准和我国的 GB 16899—2011 标准都没有规定如何计算额定载荷，由厂家按自动扶梯种类自行设定或按用户要求设定。

重载型自动扶梯一般以 100% 的制动载荷作为自动扶梯的额定载荷。要求自动扶梯能以 100% 制动载荷连续运行。

从欧洲电梯标准化委员会咨询得知：EN115 标准对每个乘客的重量设定与电梯标准一样是 75kg/人，但由于他们认为自动扶梯在运行中不可能每个梯级都站满了人，因此对于名义宽度 1m 的自动扶梯，以满载系数 0.8 时的负载（120kg/梯级，相当于每个梯级上站了 1.6 个人）为制动载荷，用于制动力计算。鉴于 0.8 的满载系数在大客流的公共交通场所的高峰时段时有出现，因此以制动载荷作为重载型自动扶梯的额定载荷是相对合理的。

美国的通用扶梯标准（ASME 标准）对自动扶梯规定的额定载荷是一个梯级约 87kg；但美国的 APTA 标准对重载型自动扶梯的额定载荷的要求则是通用标准的 1.7 倍：145kg/梯级（名义宽度 1m，倾斜段梯级）或 116kg/梯级（名义宽度 0.8m，倾斜段梯级）。

二、工作制度与载荷条件

1. 工作制度

重载型自动扶梯的工作制度一般设定为：每天运行 20h，每周七天，每年 365 天连续工作。

工作制度关系到自动扶梯的工作寿命。我国的地铁一般一天实际运行时间是 18 ~ 20h，每晚停运后是设备的维修时间，一般按 20h 设定工作制度。

美国的 APTA 标准对自动扶梯的工作制度的设定：每天 24h，每周七天连续工作。

2. 载荷条件

在大客流的公共交通场所，自动扶梯按工作位置有不同的载荷情况。在地铁站，站台到站厅的自动扶梯载荷是最大的，直接与列车的出入站的频度和上下车客流相关；但安装在出入口的扶梯的客流则相对要小，但一般都以站台到站厅的客流量作为载荷条件。

根据重载型自动扶梯的定义，在一天 20h 的运行中，100% 制动载荷的总时间应不小于 6h。其余 14h 的载荷则可以根据各个地铁的实际情况加以设定，对于我国的区域中心大城市，可以设定为不小于 60% 的制动载荷。

图 11-1-1 和图 11-1-2 的客流曲线来自南方某地铁的实际测试，具有一定的代表性，对两条测试曲线加以整理和平均，则可得出如下的载荷条件：

100% 制动载荷 —— 6h

80% 制动载荷 —— 9h

60% 制动载荷 —— 3h

30% 制动载荷 —— 2h

根据以上的载荷情况，可建立如下通用性的载荷条件设定：

每天约 20h 的运行，在任何 3h 间隔内，其载荷达 100% 制动载荷的持续时间在 1h 以上。其余时间的平均载荷为不小于制动载荷的 60%。

在这里需要说明的是：在 EN115/GB 16899—2011 中对公共交通型自动扶梯的载荷描述，只是一个设定载荷（设计载荷），并非实际载荷。因为以一个梯级平均站 1.6 个人（即制动载荷）是相当挤的，只有十分拥挤或紧急情况下才会在短时间内发生，在此载荷下连续运行 0.5h 几率很小。一般情况下的最大连续载荷是 GB 16899—2011 附录 H 的“最大输送能力”（详见第一章表 1-5-3）。可以理解为设定载荷与实际载荷之间存在一个安全系数。

同理，对重载型自动扶梯以 100% 制动载荷连续不小于 1h 的运行，也是一个设定载荷。图 11-1-1 和图 11-1-2 客流曲线中的 100% 客流，反映的是“最大输送能力”。在测试中对现场客流进行了统计，其实际最大客流的平均值与“最大输送能力”相符。

三、主要参数

1. 速度

0.5m/s、0.65m/s、0.75m/s 三种名义速度在重载型自动扶梯上都有采用。

名义速度为 0.5m/s 的自动扶梯速度较低，乘客的适应性相对也较好，不易发生乘客摔倒现象，在不少地铁中得到应用，但运输效率相对较低。

名义速度为 0.65m/s 的自动扶梯具有中等的运行速度，有较好的运输效率，适合经济较发达，希望运输效率高一些的地区选用。广州、深圳等地铁从一开始就采用了名义速度为 0.65m/s 的自动扶梯。

为了兼顾节能，有的地铁采用同时具有 0.65m/s 和 0.5m/s 两种名义速度的自动扶梯，在客流高峰时段使用 0.65m/s 名义速度，在非高峰时段使用 0.5m/s 的名义速度。

0.75m/s 是自动扶梯允许的最高速度，具有最高的运输效率，但需要本地区的客流能适应这种运行速度。香港地铁采用名义速度为 0.75m/s 的自动扶梯。

2. 倾斜角

重载型自动扶梯一般都选用 30°的倾斜角，倾斜角大于 30°的自动扶梯是不准在公共交通场所使用的，小于 30°的自动扶梯在公共交通场所也有使用。美国的 APTA 标准要求，当扶梯的提升高度大于 10m 时，采用 27°的倾斜角。这是出于安全的考虑。在国内也有地铁开始考虑对大提升高度的扶梯采用 27.3°的倾斜角。

3. 梯级宽度

重载型自动扶梯一般都采用梯级为 1m 名义宽度的扶梯，1m 名义宽度的梯级能自然地站两个人，具有较高的运输效率。

0.8m 名义宽度的梯级是按每梯级站 1.5 个人设计的，一个梯级可以容下 1 名乘客或是 2 名乘客中 1 名是儿童或体形较小的乘客，但如果连续几个梯级都站 2 名乘客就会相当的拥挤，特别在客流拥挤的情况下容易发生人员间的推挤，因此一般很少在公共交通场所使用。

4. 水平移动段长度

水平移动段是乘客进出扶梯时的过渡段，其长度的选取与乘客出入扶梯的平稳性相关，重载型自动扶梯客流拥挤程度高，特别需要防止乘客出入梯时失稳，因此有必要采用较长的水平移动段。重载型自动扶梯常用的水平移动段长度如表 11-2-1 所示。

表 11-2-1　重载型自动扶梯水平移动段长度

<table>
<tr><th colspan="2">重载型自动扶梯</th><th colspan="2">普通扶梯与公交型扶梯</th></tr>
<tr><th>速度</th><th>水平移动段长度</th><th>速度</th><th>水平移动段长度</th></tr>
<tr><td rowspan="2">0.5m/s</td><td>不小于 1.2m
(水平梯级至少为 3 块)</td><td rowspan="2">不大于 0.5m/s 且提升高度小于 6m</td><td rowspan="2">不小于 0.8m
(水平梯级至少为 2 块)</td></tr>
<tr><td>或上部不小于 1.2m，下部不小于 0.8m</td></tr>
<tr><td rowspan="2">0.65m/s</td><td>不小于 1.6m
(水平梯级至少为 4 块)</td><td rowspan="2">大于 0.5m/s 不大于 0.65m/s 或提升高度大于 6m</td><td rowspan="2">不小于 1.2m
(水平梯级至少为 3 块)</td></tr>
<tr><td>或上部不小于 1.6m，下部不小于 1.2m</td></tr>
<tr><td rowspan="2">0.75m/s</td><td>不小于 2.0m
(水平梯级至少为 5 块)</td><td rowspan="2">大于 0.65m/s</td><td rowspan="2">不小于 1.6m
(水平梯级至少为 4 块)</td></tr>
<tr><td>或上部不小于 2.0m，下部不小于 1.6m</td></tr>
</table>

5. 倾斜段至上、下水平段的曲率半径

梯级通过这段转弯导轨从水平运动变为倾斜运动（或反之），而产生离心力（或向心力），这种力不利于人在梯级上的站立稳定性，因此转弯半径不能太小。但大的半径使自动扶梯桁架总重变大，加大制造成本和安装时的空间。由于与安全有关，GB 16899—2011《自动扶梯和自动人行道的制造与安装安全规范》规定了自动扶梯最小的曲率半径。

重载型自动扶梯出于对安全性的要求，曲率半径一般都比较大。重载型自动扶梯常用的曲率半径如表 11-2-2 所示。

表 11-2-2 重载型自动扶梯倾斜段至上、下水平段的曲率半径

重载型自动扶梯		公共交通型自动扶梯	
上部	速度 0.5m/s：不小于 2.0m 速度 0.65m/s：不小于 2.6m（提升高度大于等于 10m 时，不小于 3.6m） 速度 0.75m/s：不小于 3.6m	上部	速度小于等于 0.5m/s：不小于 1.0m 速度大于 0.5m/s，：不小于 1.5m 速度大于 0.65m/s，不小于 2.6m
下部	不小于 2.0m	下部	速度小于等于 0.65m/s：不小于 1.0m 速度大于 0.65m/s：不小于 2.0m

四、控制与驱动

1. 供电

一般采用三相四线制，TN－S 接地交流电压 380V ±10%，50Hz ±1Hz。

2. 开启与关停

在正常情况下，自动扶梯都是现场用钥匙开关开启与关停。在紧急情况下，可以由集中控制系统（如地铁车站的设备监控系统）作一次性远程关停，但不允许远程开启。在任何情况下，自动扶梯的启动必须由专人在现场用钥匙开关手工启动。

3. 电动机的启动

早期的自动扶梯都采用继电器控制，电动机以星形—三角形方式启动。现在一般采用微机或 PLC 控制。配有变频器的自动扶梯电动机可采用变频器启动，但一般保留星形—三角形启动方式，当变频器发生故障时，自动扶梯仍可启动运行。

4. 驱动方式

一般采用上部驱动方式，驱动主机和电控主设备都放在上端部桁架水平段内，这种布置比较简单，由于重载型自动扶梯大多采用较长的水平移动段，因此在桁架的上端部的空间比较大，设备的布置有足够的空间。对露天工作的自动扶梯，只要对机房内的设备进行防雨水保护，也适合采用上部驱动方式。

外置式机房由于需要增加土建投资，机房结构也相对复杂，目前已较少在一般提升高度的自动扶梯上采用。但对大提升高度的扶梯，由于外置式机房能减小桁架的受力，仍有采用。

5. 维修速度

对于速度大于 0.5m/s 的自动扶梯，需要设维修速度用于自动扶梯的维修和调试。维修速度一般为运行速度的 1/5，以变频方式实现。在自动扶梯上设有维修速度操纵开关，一般还配有维修速度控制盒。

6. 节能速度

由于公交场所的客流具有节奏性，在非高峰时段常会出现空载。近年来重载型自动扶梯大多配有节能速度，在无人时自动转为节能速度慢速运行。节能速度一般就是维修速度，实行一速两用，但此时变频器的功率需要加大。

五、技术性能

1. 空载与额定载重之间的速度变化

重载型自动扶梯一般要求空载与额定载重之间的速度变化不大于±5%。美国APTA标准则要求空载直至满载的速度变化不大于4%。

自动扶梯在空载与有载情况下的速度变化，主要与驱动电动机的机械特性有关，也与是否存在摩擦传动有关。为了保证速度的稳定性，重载型自动扶梯一般都采用转差率小的电动机，驱动系统中不允许存在摩擦传动。

2. 正常制动性能

正常制动指由工作制动器进行的制动。重载型自动扶梯的正常制动应符合GB 16899—2011的规定，且制动减速度不应大于$1m/s^2$。

自动扶梯的制停距离如第一章的表1-5-4所示。

3. 紧急制动性能

紧急制动指由附加制动器进行的制动。

GB 16899—2011没有对附加制动器的制动距离作有规定，只是要求有效地使自动扶梯减速停止，制动减速度不应大于$1m/s^2$。但制动距离太长，就不属于有效制停。紧急制动一般发生在自动扶梯重载状态，滑行段太长会加剧乘客的失稳，当梯级滑行到梳齿部位，人员很容易摔倒。因此有必要对最大制动距离提出要求。伦敦地铁提出的要求是：最大制动距离不超过自动扶梯倾斜段的1/3，且不应大于5m，具有较好的可用性。

4. 紧急情况作固定楼梯使用

紧急情况一般是指火灾发生时，此时需要对站内的乘客作紧急疏散。由于地下建筑空间有限，多数地铁站的固定楼梯不足以紧急疏散乘客，需要借用自动扶梯作为紧急通道。其一般做法是：让自动扶梯处于停止状态，然后作固定楼梯使用。

GB 16899—2011在“术语和定义”中以注的方式指出：“自动扶梯是机器，即使在非运行状态下，也不能当作固定楼梯使用。”

但在一些国家的消防标准中（如美国、日本），都有在火灾时将自动扶梯用于紧急疏散乘客的要求。他们对有此种功能的自动扶梯采取加大制动力和提高梯级强度的措施。日本的做法是以一个梯级3个人（65kg/人）作为制动载荷及计算梯级强度和制动力。美国的APTA标准则对重载型扶梯的静态制动载荷作有如下规定：306kg/梯级（对1m宽梯级)；245kg/梯级（对0.8m宽梯级）。该静态制动载荷是动态制动载荷的2.1倍。

在我国的地铁建设中，为了使重载型扶梯能在紧急时作为固定楼梯使用，有如下做法：

（1）桁架 提高挠度要求，一般都要求不大于1/1500。

（2）导轨 提高刚度设计。要求工作导轨截面厚度不小于5mm，支撑距离不大于1m。

（3）滚轮 采用大尺寸滚轮，提高滚轮的承载能力。

（4）附加制动器 要求在自动扶梯停止运行时处于工作状态，即制动叉应楔入制动盘，当工作制动器发生滑移时，附加制动器能对自动扶梯提供制动载力矩。以提高自动扶梯的静态制动力。

5. 适应地下建筑的环境

重载型自动扶梯多在地铁的车站工作。地铁多是地下建筑，自动扶梯的井道存在地下渗水和地下腐蚀性气体，因此要求自动扶梯的机件必须有很好的耐水、耐腐蚀能力。设计中还需要考虑电气设备的布置，防止水浸。

6. 露天全天候工作

对于在室外工作的自动扶梯，必须有在露天全天候工作的能力，包括在雷雨、暴雨、大雪天的运行。重载型自动扶梯的室外梯不论是否上部有顶盖，一般都按露天工作设计。

六、工作寿命

工作寿命是重载型扶梯的重要技术指标。

1. 整机大修周期

整机大修是指对设备技术性能的全面恢复性维修，是对已不能正常工作的自动扶梯，在工作现场进行全面修理，更换或修复不能正常工作的部件，重新装配、调试和试验，恢复其全部技术性指标。

自动扶梯从新投入使用至大修的时间，称为大修周期。经大修后扶梯进入新一轮的运行周期，是否还有第二个大修周期的基础条件是桁架是否完好。因此要求桁架必须有更高的工作寿命。

重载型自动扶梯一般要求大修周期不小于20年。在大修周期内，主驱动机、主驱动轴、导轨、电缆等主要部件应能正常工作。

2. 主要部件的工作寿命

整机大修周期的长短取决于主要部件的工作寿命。如前所述，重载型自动扶梯主要部件的工作寿命一般按140000h进行设计，相当于20年的工作寿命。在机件的寿命计算中，可以每3h中1h以100%制动载荷运行，其余2h的平均载荷为60%的制动载荷计算等效载荷，约为80%的制动载荷。

按20年工作寿命进行设计的主要部件是：驱动主机、主驱动轴、梯级链张紧轴、扶手带驱动装置（不包括摩擦件和传动链条）、导轨、梯级、电缆等。

桁架需要有40年以上的工作寿命。包括焊在上面的导轨支承件和主机座架等。

第三节 主要部件的技术要求

一、桁架

重载型自动扶梯的桁架一般要求具有不低于40年的工作寿命，在紧急情况下作固定楼梯使用时，必须能承受人员在梯级上奔跑的冲击。因此桁架必须有很高的强度、刚度和耐蚀性。

1. 挠度

重载型自动扶梯一般要求桁架挠度不大于支撑距离的1/1500。

各种类型自动扶梯的挠度要求如表11-3-1所示。

表11-3-1 各种类型自动扶梯的挠度要求

扶梯种类	挠度	备注
普通自动扶梯	不大于1/750	GB 16899—2011的规定
公共交通型自动扶梯	不大于1/1000	GB 16899—2011的规定
重载型自动扶梯	不大于1/1500	

在中国香港和英国的地铁项目也有采用1/2500～1/2000的挠度，主要是为了提高桁架的工作寿命。

2. 材料和焊接

桁架的主要材料可以采用角钢，也可以采用矩形方管。不论采用哪种型材，都必须保证焊接质量。焊接时，必须采用连续双面焊，以保证焊缝的强度，防止桁架在工作中发生焊缝的开裂；连续焊还能保证焊缝的密封性，防止型材搭接部分发生锈蚀。

对于矩形方管制造的桁架，如需要进行热镀锌处理，则对端部无出口的构件，需要开出工艺孔，工艺孔的作用是在热镀锌时让锌液在方管的内腔流通，使内腔也能镀上锌层，如图11-3-1所示。

3. 表面处理

重载型自动扶梯的桁架需要适应地下建筑的自然环境，地下建筑的井道一般都存在渗

图 11-3-1 矩形方管制造的桁架上的工艺孔

水和腐蚀性气体，因此桁架一般都采用耐蚀性能优良的整体热镀锌。锌层厚度不小于 100μm。热镀锌层与钢构件之间有一个合金层，因此镀层具有很强的结合力，热镀锌层是以自然挥发来保护钢材，以海洋性气候对镀层的侵蚀速度计算，80μm 以上的热镀锌层具有 40 年以上的抗锈能力。

热镀锌又称为熔融镀锌或热浸锌，是将锌熔融为液体后，放入钢制件，以 400℃以上的高温使锌液与钢制件发生熔合。由于桁架是个大型构件，因此需要有大型的熔锌池。熔锌池的长度应能一次性将桁架放入池中。

由于是高温作业，桁架在热镀锌过程中会发生变形，常用的办法是在桁架易变形的部位加焊工艺构件，完成镀锌后取下。但一经镀锌就不允许采取火焰校正等对桁架有损伤的校正方法，并且不准在镀锌后的桁架上加焊任何机件，以防破坏锌层。

4. 底部结构

桁架底部的设计需要考虑机房的散热和桁架内垃圾的清扫。室外梯还要考虑排水。

（1）室内梯　室内梯在车站内工作，车站内有通风设备，一般不需要考虑机房的温度，但需要考虑桁架内垃圾的清扫。重载型自动扶梯一般配有专用的清扫工具，安装在其中一个梯级位置上（或梯级上），以梯级的运行来清扫桁架内的垃圾。如图 11-3-2 所示是专用清扫工具的示意图。

因此，室内梯需要对桁架底部全长封以底板，底板是焊在桁架上的，需要与桁架作为一个整体热镀锌，一般采用厚 5mm 以上的钢板。

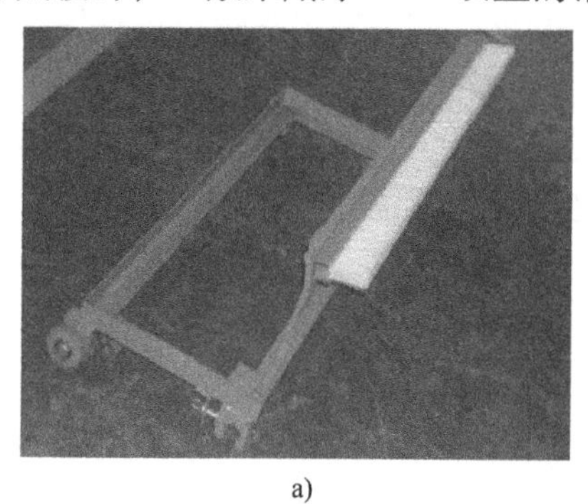

a)

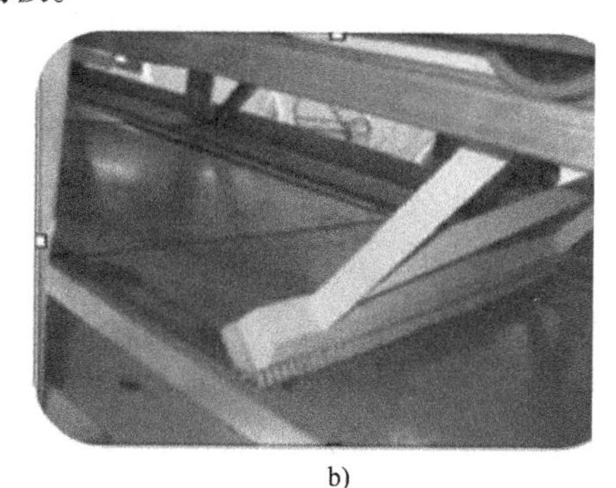

b)

图 11-3-2　专用清扫工具

（2）室外梯　室外梯一般在出入口工作，自然环境相对恶劣，桁架的底部结构需要考虑机房散热、排水，同时也需要考虑对进入桁架内垃圾的清除。

将室外梯井道做成下部有清扫通道的结构是一种值得推广的设计，如图 11-3-3 所示。

桁架的上下水平段需要放置设备，因此需要用厚 5mm 以上的钢板作为底板。倾斜段的底部则可安装热镀锌钢网（如图 11-3-4 所示），从倾斜段进入的垃圾可通过钢网的网孔掉落到清扫通道上，定期由人工进行清理。钢网一般可以在桁架外部拆卸与安装。

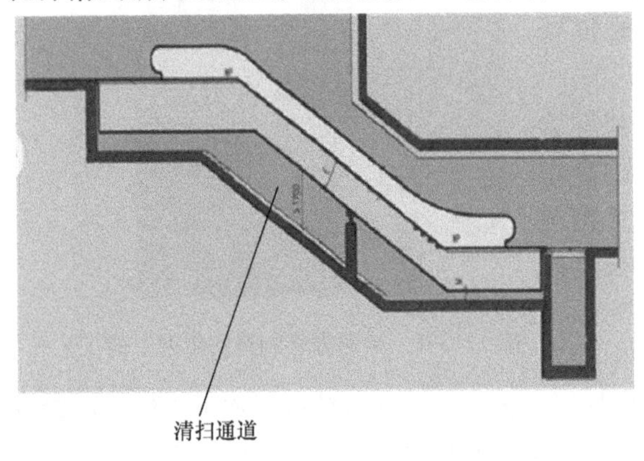

图 11-3-3　清扫通道结构图

图 11-3-4　底部安装热镀锌钢网

清扫通道另一个重要作用是为机房提供通风道，夏天室外梯要经受阳光照射，在南方机房的外部温度可达 50℃以上，机房内的电动机和各种电气设备都是发热件，通风不良可使机房温度超出电气设备的允许最高温度（一般为不高于 55℃）。清扫通道在梯级运动时提供了空气的流通，对机房起到降温作用，这种结构在地处亚热带的广州、深圳等地铁经多年使用，取得良好效果，在采用上置式机房的情况下，机房内的电气设备都能长期正常工作。

室外梯桁架的下水平段下部一般都设有集水井，在下桁架下部均有水位监测装置如图 11-3-5 所示，当井道内水位距离桁架底部小于 200mm 时，发出水位超标报警信号，并使自动扶梯停止运行。

桁架的上下水平段还设有排水孔，用于排去进入上、下机房的水。扶梯下水平段桁架下部还需设置油水分离器如图 11-3-5 所示，避免润滑油等直接排入集水井。

（3）桁架的分段　对于主要用于商场的普通自动扶梯，由于提升高度一般较低，而楼层的空间则一般比较大，自动扶梯可以在工厂装配完整后，直接运到现场作吊装，简单快捷。但对于公共交通场所，尤其是地下车站，由于空间小，特别是在进入地下通道时需要考虑通道的转角，对桁架的长度有限制，一般不具备整梯运输、吊装和安装的条件。因此自动扶梯在工厂完成组装后需要作分段。

从图 11-3-6 可以看到，桁架的允许长度与地下通道的转角和宽度有关，对于 90°转角，宽度为 5.5m 的通道，分段后的桁架：长度应不超过 8.5m，高度不超过 2.5m，宽度

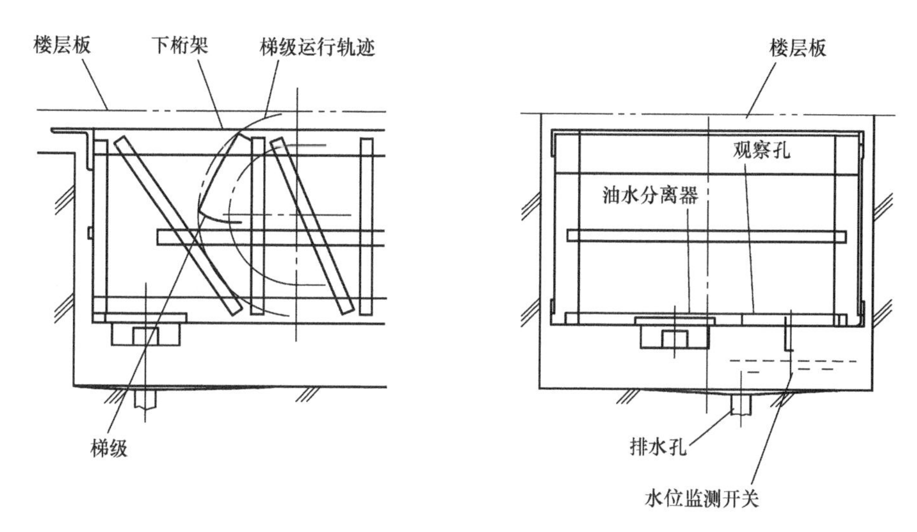

图 11-3-5　油水分离器及水位监测开关

不超过 2.5m。

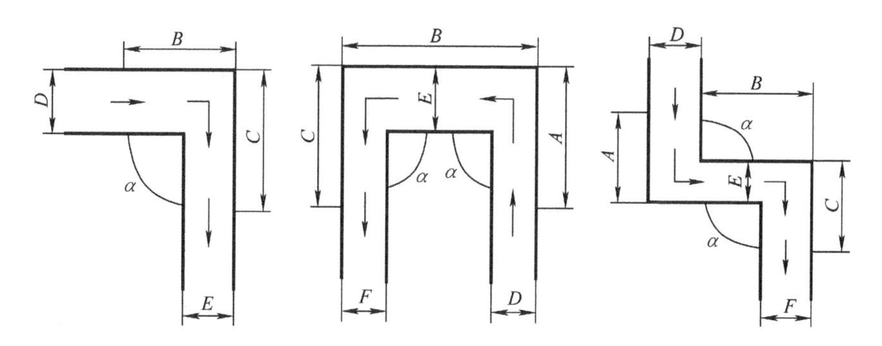

图 11-3-6　桁架在地下通道的运输路径

由于重载型自动扶梯在工厂进行组装后，需要进行分段运输，因此桁架在制造过程中也是分段进行的。如图 11-3-7 所示，一般上桁架、下桁架各一段，中间桁架根据需要分一段、两段或三段。分段运输时，还需要考虑运输台车的高度，其运输总高度不能超过隧道的高度。

二、驱动主机

重载型自动扶梯一般都采用端部驱动型的主机。主机安装在自动扶梯的上端部机房中，通过驱动链条或齿轮组向主驱动轴传递动力。其中驱动链条是自动扶梯传统型结构；齿轮组传动由于不存在断链的可能性，则更安全。以往只用于大高度自动扶梯。近年为了避免驱动链条的断裂造成重大事故，在重载型自动扶梯上使用全齿轮驱动结构得到重视，并已有产品推出市场。

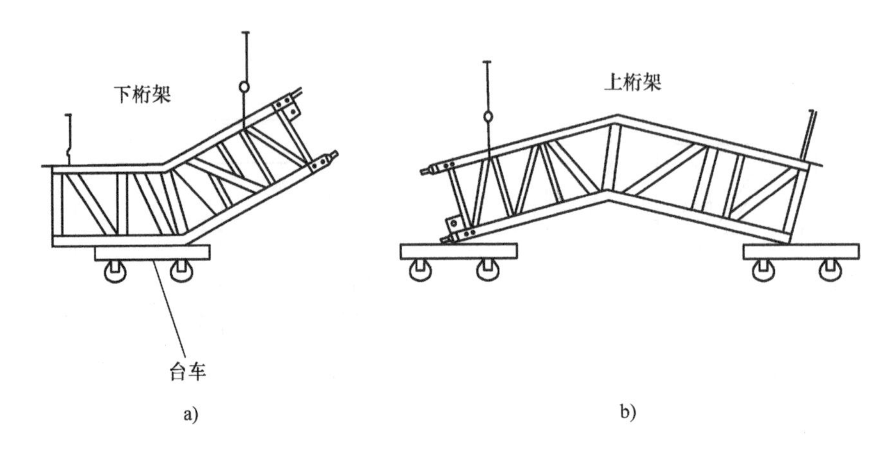

图 11-3-7　桁架的分段
a）下桁架　b）上桁架

1. 常用的主机结构

重载型自动扶梯要求主机传动效率高、制动可靠、工作寿命长。因此重载型自动扶梯的主机大多采用齿轮减速箱结构，电动机与减速箱之间采用联轴器。常用的结构有：全齿轮立式主机、全齿轮卧式主机、一级蜗轮一级齿轮立式主机等几种。

（1）全齿轮立式主机　图 11-3-8 是一种常用的全齿轮立式主机的结构示意。采用立式电动机、减速机采用二级齿轮传动，高速级是弧齿锥齿轮，低速级是斜齿轮。这种结构传动效率可达95%，且具有结构紧凑的优点，在国内外公共交通型自动扶梯得到较广泛的使用。但由于这种主机目前只有国外个别企业生产，因此价格较高，而逐渐在我国被减少采用。

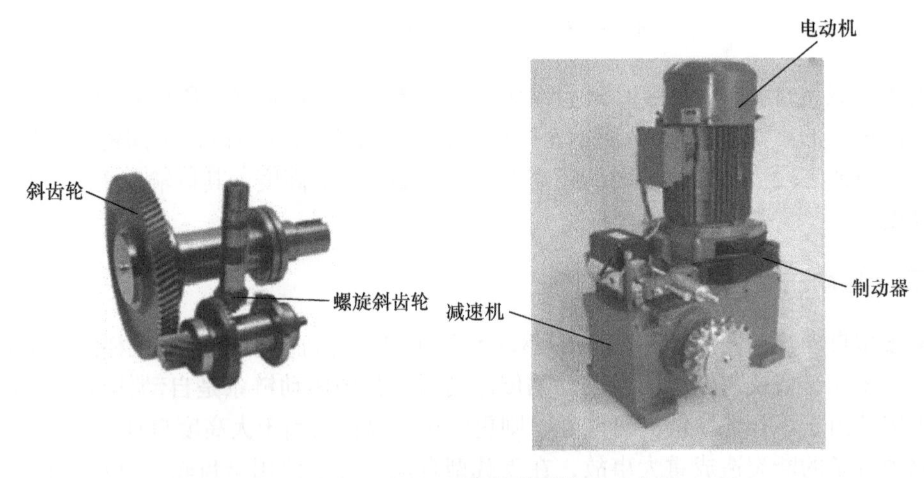

图 11-3-8　采用二级齿轮传动的立式主机

(2）全齿轮卧式主机　图 11-3-9 是一种常用的全齿轮传动卧式主机。减速箱采用的是二级斜齿轮传动，传动效率可达到 96%。这种结构的主机传动平稳、噪声低、维修方便，在国内地铁的重载型自动扶梯上使用情况良好。但这种主机体积较大，造价也较高。

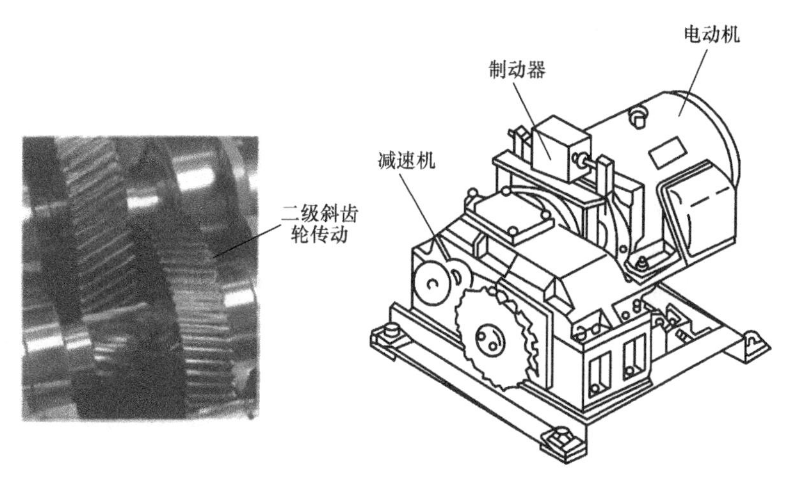

图 11-3-9　二级齿轮传动卧式主机

(3）一级蜗轮蜗杆一级齿轮传动的立式主机　图 11-3-10 所示的主机外形与二级齿轮传动立式主机相同，减速机的高速级采用蜗杆副，第二级采用斜齿轮传动。高速级采用蜗轮蜗杆传动的原因是比较容易制造、造价低。这是一种介于全齿轮减速和二级蜗杆副减速之间的结构，据介绍具有 90% 的传动效率。这种主机结构由于在国内已有生产，近年来在重载型自动扶梯上较多采用。

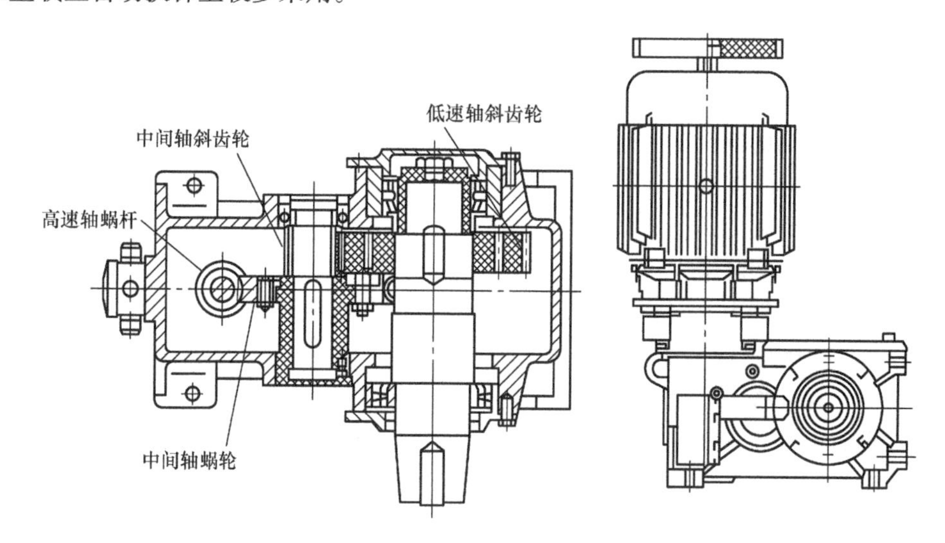

图 11-3-10　一级蜗轮蜗杆一级齿轮传动的立式主机

2. 电动机

（1）电动机的类型与技术指标　重载型自动扶梯都采用连续工作制的封闭式笼型感应电动机，一般有如下的技术要求：

1）转差率。要求电动机的转差率不大于4%，电动机具有较硬的机械特性。重载型自动扶梯由于存在客流高峰时段，一天中的载荷变化比较大，采用较小转差率的电动机，在载荷变化的情况下，扶梯的运行速度不会发生明显的变化。

2）功率因素与传动效率。要求电动机的功率因素不小于0.8，传动效率不小于90%（采用不低于IE2能效等级的电动机）。

3）绝缘等级。采用F级绝缘等级。此时电动机具有良好的绝缘保护，最高允许温度是155℃，能适应复杂的运行环境。

4）外壳保护等级。一般要求室内梯外壳保护等级不小于IP54，室外梯不小于IP55（电动机的端子保护等级不应小于IP65）。

IP54等级的电动机能防止灰尘进入，并防止任何方向的溅水。对室内梯的电动机采用IP54，是考虑到车站内水洗地板或消防喷淋起动时水对电动机的直淋，以及乘客带入机房的尘土。

IP55等级的电动机能防止灰尘进入，并防止任何方向的喷水。由于室外梯是按露天工作设计，电动机的防水需要考虑大雨和暴雨。虽然并不是全部室外梯都是在露天工作，但一方面出入口的棚盖不能在大雨或暴雨时完全挡住雨水；另一方面在地铁建设中，具体某一个出入口是否有棚盖具有不确定性。

5）工作寿命。应按不小于140000h的工作寿命进行设计。按每天运行20h计算，即至少有20年的工作寿命。

（2）电动机功率

1）电动机的计算载荷。电动机的计算载荷就是自动扶梯的额定载荷。前面已经介绍，重载型自动扶梯的额定载荷即为制动载荷。对梯级名义宽度1m的扶梯，制动载荷是120kg/级。电动机应能在制动载荷下作连续的运行，在55℃环境温度下，温升不超过允许值。

由于自动扶梯的实际最大载荷一般要小于制动载荷。按照GB 16899—2011附录H中的自动扶梯最大输送能力表（详见表1-5-3），高峰时段梯级上的平均实际人数约1.25～1.4人/级，即约100kg/级。相当于制动载荷的83%。因此在确定重载型自动扶梯的电动机计算载荷时，存在按100%制动载荷还是按83%（或80%）的制动载荷进行设计的争议。显然按前者电动机存在约15%～20%的功率裕度，后者在高峰客流时，电动机可能会出现超载运行，对电动机的寿命不利。鉴于公共运输必须十分重视安全的原则，以及出于一次性投资，长期低成本使用的考虑，让电动机具有一定的功率裕度，从技术上和投资取向两个方面都具有合理性。

美国的 APTA 标准对电动机的计算载荷的规定是：145kg/级（梯级宽度 1m 时）。由此可知 APTA 标准是按照自动扶梯的理论运输能力计算电动机功率，显然具有更大的功率裕度。

2）功率计算方法。式（11-3-1）是某地铁在建设中，以电动机具有一定的功率裕度加以计算的一个经验公式。使用条件是：梯级名义宽度 1m，倾斜角 30°，名义速度 0.65m/s，上下水平梯级各 4 块。

$$P=\frac{(1.08F_1+0.17F_2)Hv}{1000L\eta} \tag{11-3-1}$$

式中 P——电动机功率，单位为 kW；

F_1——每个梯级的额定负载，单位为 N，取 1200N；

F_2——每个梯级自重（含梯级链），单位为 N；

H——自动扶梯的提升高度，单位为 m；

L——梯级深度单位为 m，取 0.4m；

v——扶梯的名义速度取 0.65，单位为 m/s；

η——主机的总效率（包括驱动链），取 0.85。

3）电动机功率配置以式（11-3-1）进行计算，结合电动机的实际功率分挡，电动机功率配置参考如表 11-3-2 所示。

表 11-3-2 电动机功率配置参考（梯级名义宽度 1m，倾斜角 30°，名义速度 0.65m/s，上下水平梯级各 4 块）

提升高度范围 H/m	电动机功率 P/kW
$H \leqslant 4.5$	$P \geqslant 11$
$4 < H \leqslant 6$	$P \geqslant 15$
$6 < H \leqslant 7.5$	$P \geqslant 18.5$
$7.5 < H \leqslant 9$	$P \geqslant 22$
$9 < H \leqslant 10$	$P \geqslant 24$
$10 < H \leqslant 12$	$P \geqslant 30$
$12 < H \leqslant 15$	$P \geqslant 37$
$15 < H \leqslant 17$	$P \geqslant 44$
$17 < H \leqslant 19$	$P \geqslant 48$
$19 < H \leqslant 21$	$P \geqslant 54$

3. 减速箱

（1）传动种类 普通自动扶梯减速箱多采用蜗杆副传动，结构简单、造价较低，但传动效率低，一般都在 80% 左右，不适合功率配置相对较高的重载型自动扶梯使用；采用全齿轮传动则效率可在 95% 左右，传动效率提高 10% 以上，具有可观的节能意义。因此首选的应是全齿轮传动结构。

高速级采用蜗轮蜗杆，低速级采用斜齿轮传动的结构，具有介于蜗杆副传动和全齿轮传动之间传动效率，由于有造价优势，近来在重载型扶梯上也有较多的使用。

（2）扭矩　减速箱的扭矩设计应同时遵循以下两个要求：

1）减速机的规格应与电动机功率相匹配，允许的输入与输出扭矩不应小于对电动机功率的传递。不应出现大电动机配小减速箱的情况。

2）GB 16899—2011 规定，所有驱动元件以静力 $5000\mathrm{N/m^2}$ 计算的安全系数不应小于5。减速箱属于驱动元件，即需要计算5倍安全系数下的输出转矩，以保证传动机构具有足够的强度。

近年，减速箱输出轴断裂的情况时有发生，因此对转矩的校核需要引起重视。

（3）机件的安全系数　减速箱中的传动副、轴、轴承，紧固件等都需满足静载 $5000\mathrm{N/m^2}$ 条件下5倍安全系数的要求。

（4）寿命设计　应按不小于140000h的工作寿命进行设计。按每天运行20h计算，即至少有20年的工作寿命。包括传动副、轴、轴承、箱体和紧固件，都需要按重载型自动扶梯的载荷条件进行疲劳强度校核。

4. 制动器

（1）种类　最常用的是块式制动器，这种制动器又称为闸瓦式制动器，制动力矩来自制动弹簧对闸瓦的压紧力，调整方便，是重载型自动扶梯最常用的种类，其结构如图3-2-7所示。除此之外，带式制动器和蝶式制动器也有所使用。

（2）制动载荷　制动载荷的确定如表1-5-1所示，但这只是动态制动载荷。在紧急情况时，如果自动扶梯需要作为固定楼梯使用，则还应考虑静态制动载荷。在我国对重载型自动扶梯的设计与使用中，还没有对静态制动载荷有所要求。

美国《重载运输系统自动扶梯设计指导书》对静态制动载荷规定为：306kg/级（对1m宽度的梯级，在倾斜段呈现的梯级），相当于动态制动载荷的2倍多（动态制动载荷为145kg/1m梯级）。

（3）松闸监测装置　重载型自动扶梯必须配有松闸监测开关，闸瓦没有完全打开，扶梯不能起动。

有些重载型自动扶梯还配有制动闸瓦磨损监察装置，当闸瓦磨损将导致制动力不足时发出故障警示，提示及时调整或更换制动内衬，防止自动扶梯不能有效制动。

5. 联轴器

重载型自动扶梯一般都采用弹性联轴器。这种联轴器又称为弹性自位式联轴器，允许电动机轴与减速机输入轴之间有少量综合位移，装配和维修方便，并能在传动中吸收振动和冲击，因此得到广泛使用。重载型自动扶梯常采用的有：

（1）弹性圆柱销式　这种联轴器的结构如图11-3-11所示。主动轴套与电动机输出轴相连，从动轴套与减速机输入轴连在一起，弹性圆柱销紧固在主动轴套上，圆柱销上的弹性圈与从动轴套上孔相配合，通过弹性圆柱销传递动力。弹性圆柱销上的弹性圈一般用橡胶制造。

在公共交通型自动扶梯上曾发生因弹性圈老化，导致弹性圆柱销全部断裂，自动扶梯失去动力而发生逆转的严重事故，因此应防止弹性圈老化。弹性圈应采用高质量的耐油合成橡胶制造，在不低于55℃的温度下具有不小于8年的工作寿命。同时应对弹性圈的状态作定期检查，当发现弹性圈有老化情况，应即更换。

（2）弹性块式　其结构如图11-3-12所示，与弹性圆柱销式联轴器不同的是，以弹性块替代了弹性圆柱销，弹性块同样是用橡胶制造，因此同样应注意弹性块的老化。

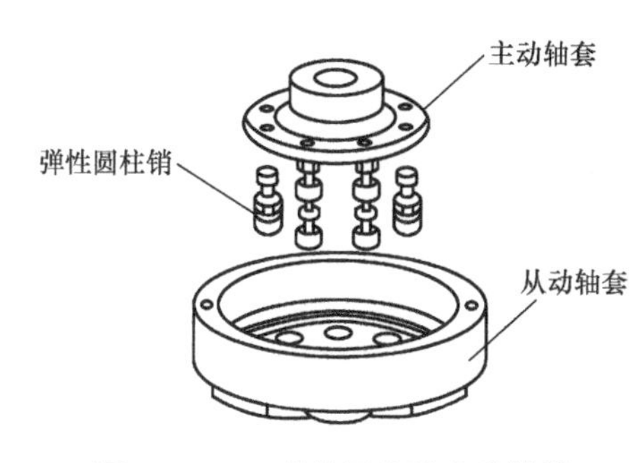

图11-3-11　弹性圆柱销式联轴器

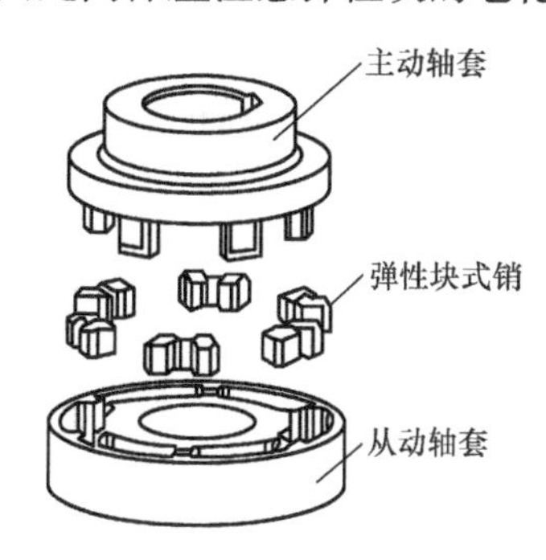

图11-3-12　弹性块式联轴器

三、主机与主驱动轴之间的传动

1. 驱动链传动

大多数重载型自动扶梯都采用驱动链作为主机与主驱动轴之间的传动部件，这是一种简单、传统的结构，但存在驱动链断裂的风险，驱动链传动如图11-3-13所示。减少断裂的风险是驱动链传动设计的重点。

图11-3-13　驱动链传动

（1）链条的种类与配置　自动扶梯的驱动链都是采用标准的套筒滚子链，但必须是多排结构链条或采用两根以上的单排链条。这样当其中一排或一根发生断裂时自动扶梯不会马上失去动力，而是在链条监测装置的作用下，使自动扶梯停止运行，避免发生逆转。

但多排链条的断链监测装置一般只是一套，当其中一条链条断裂时，不一定能及时发现，此时自动扶梯就会继续运行，而处于不安全状态。对此，有的重载型自动扶梯采用双根双排链条，每排链条都安装一套监测装置，但此时需要加大桁架的宽度。如图 11-3-14 所示是采用双根双排链条驱动实物图。

图 11-3-14　双根双排链条驱动

（2）强度　驱动链按 $5000N/m^2$ 的静载荷进行强度计算，安全系数应不小于 8。采用不小于 8 的安全系数，是出于提高重载型自动扶梯的安全性考虑。

（3）驱动链的更换　驱动链如果发生断裂就会激发附加制动器动作，造成一次事故；如果附加制动器不能及时动作，则就会造成扶梯的逆转，造成一次严重事故。因此在运行中应防止驱动链的断裂。驱动链断裂的主原因是销轴的磨损而使链条的承力能力下降或链片在长期受力情况下产生疲劳，而使链条的强度下降。销轴的磨损和链片的塑性变形都会使链条伸长，因此在使用中应严格监控链条的伸长情况。一般当驱动链的伸长达到 1.5% ~2% 时应作更换。

2. 齿轮传动

以中间齿轮箱传动替代常见的驱动链，近年在重载型自动扶梯上得到较多的采用。比如慕尼黑地铁、伦敦地铁等，近年在一些重载型自动扶梯上用齿轮传动替代滚子链，以消除链条断裂的风险。

图 11-3-15a 是这种传动方式的示意图，从图中可以看到，主机的输出轴上安装的是齿轮，主驱动轴上也安装的也是齿轮，通过与中间齿轮的啮合传递动力。在实际设备中，这三个齿轮是在一个箱体内工作的，如图 11-3-15b 所示。

图 11-3-16 是另一种齿轮传动方式。从图中可以看到，主机与主驱动轴和扶手驱动轴

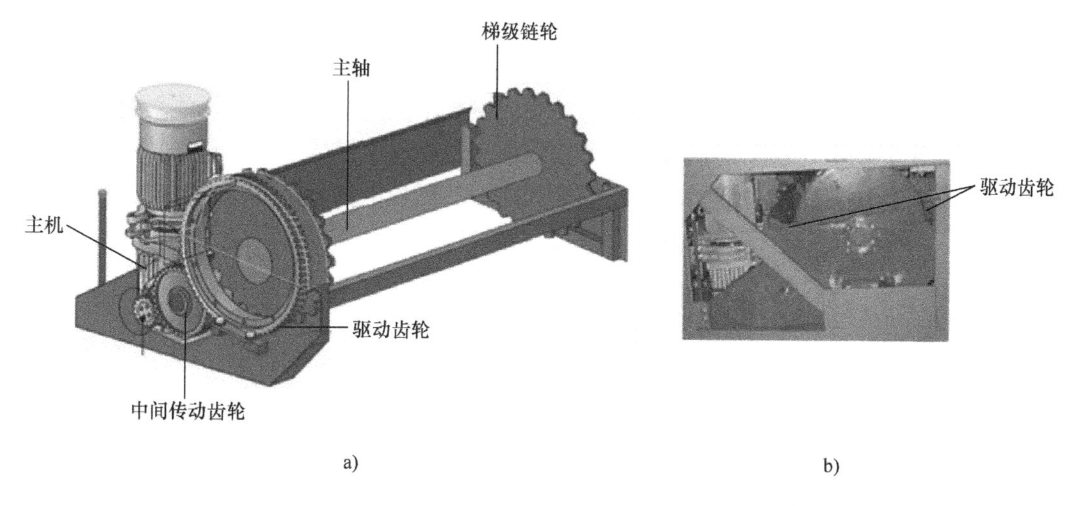

图 11-3-15　齿轮传动方式

a）示意图　b）实物图

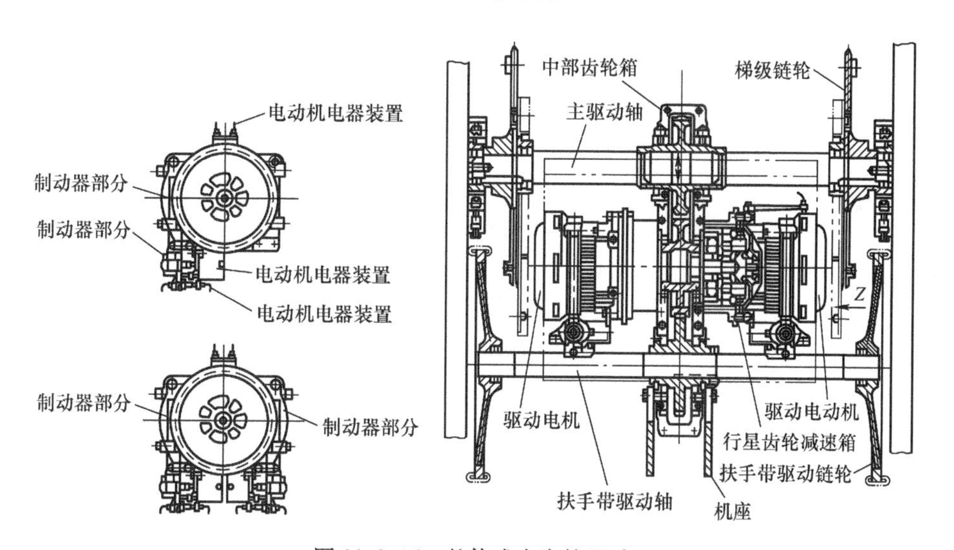

图 11-3-16　整体式全齿轮驱动

是一个机械传动整体结构，主驱动轴与扶手带驱动轴都是中部齿轮箱的两个输出轴。因此又称为整体式全齿轮传动。这种主机也没有驱动链条，因此同样不存在驱动链的断裂隐患。

四、主驱动轴与梯级链张紧装置

1. 主驱动轴

主驱动轴是重载型自动扶梯的重要部件，工作寿命应按不小于 140000h 进行设计。作为驱动部件，需要以静载 5000N/m^2 计算强度，安全系数不小于 5。

图 11-3-17 是一种最常见的主驱动轴。主轴的两端安装在轴承座上，法兰盘以焊接方式固定在主轴上，然后采用二级螺栓连接。梯级链轮用螺栓固定在两边的法兰盘上；驱动链轮、扶手带驱动链轮和附加制动器则再用螺栓固定在梯级链轮上。这种结构更换链轮方便，但需要进行焊接，螺栓数量较多，需要严格校核螺栓的强度，并需要有可靠的防松设计。同时还需要对焊缝进行探伤，防止焊接存在缺陷。

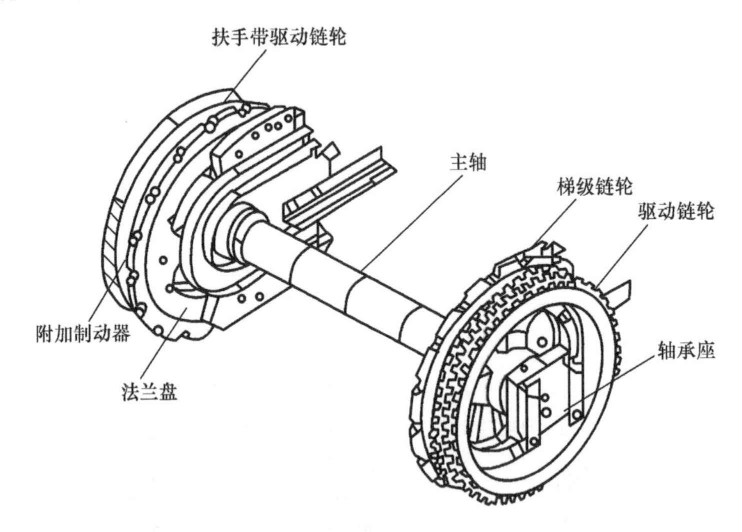

图 11-3-17　主驱动轴（焊接/二级螺栓固定）

图 11-3-18 也是一种在公共交通型重载自动扶梯上常见的转轴式主驱动轴，不同的地方是两个梯级链轮带有法兰盘，以静配合用热套的方法压入主轴，驱动链轮和附加制动器分别用螺栓固定在两边的梯级轮上；两侧的扶手带驱动链同样用热压的方法套入主轴，主轴上没有焊接应力，同时只用一级螺栓固定，连接可靠性好。

（1）主轴体　主轴体一般都采用优质钢材制造（如 40CrMo、45），或低合金钢锻造（如 16Mn）。焊缝应进行探伤检查（如有），以确保焊接强度。

（2）连接螺栓　各链轮盘之间的连接螺栓都必须进行强度校核，需要有计算稿和强度试验报告。主轴上的螺栓都是永久性紧固件，一经固定应不会发生松动，因此必须要有合理的紧固力和防松设计。螺栓的防松应是机械式的，不宜采用防松胶等化学方法。

（3）链轮　链轮在工作过程中需要与链条相啮合，其损耗方式是齿面的磨损。因此链轮的材质和表面处理是重要的技术内容。各种链轮的使用寿命要求不小于 140000h。

为了降低梯级链与梯级轮啮合时的噪声，梯级轮的轮齿具有消声装置。图 11-3-19 是一种常用的消声设计。每个链齿的根部都有一个用工程塑料制造的消声栓，在啮合时，链条的滚子先与消声栓接触，吸收碰撞能量达到降噪目的。

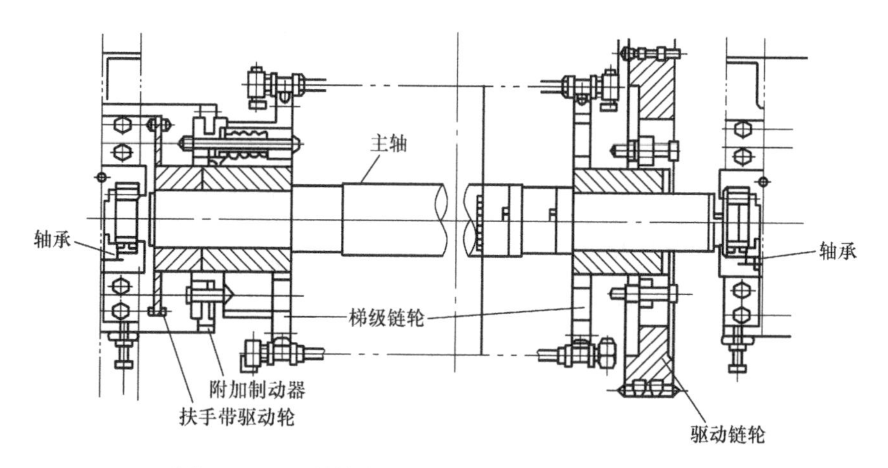

图 11-3-18 转轴式主驱动轴（热合/一级螺栓固定）

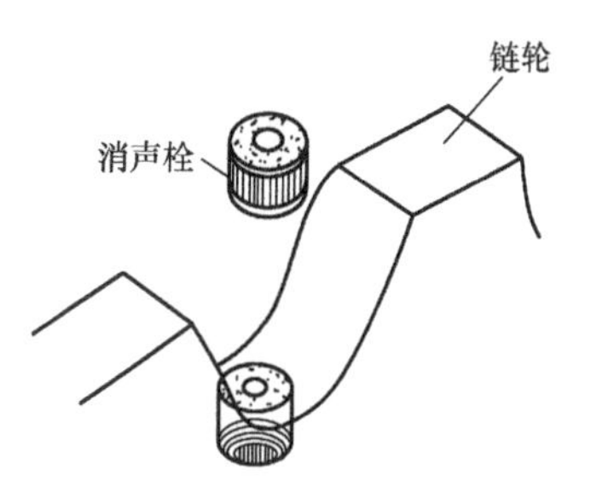

图 11-3-19 常用的消声设计

采用钢材、铸钢和高强度铸铁制造成的链轮在重载型自动扶梯上都有使用，其中采用优质钢（如 45）或低合金钢（如 16Mn）制造，齿的表面再经必要硬化热处理（工频或高频处理），则具有优良的工作寿命。

（4）轴承 主驱动轴的轴承具有负载大、转速低的特点，需要有 140000h 以上的工作寿命。一般采用承载能力大的滚柱轴承，并采用外注润滑脂润滑方式定期为轴承添加和更新润滑脂，才能保证轴承的工作寿命。

由于公交场所环境条件差，轴承座必须要有可靠的防尘设计，特别是对室外梯，防尘尤为重要。

2. 梯级链张紧装置

公共交通型重载自动扶梯一般都采用链轮式张紧装置，如图 11-3-20 所示。这种张紧装置通过张紧架上的链轮直接对梯级链进行张紧，又称为滚动式张紧装置，具有张紧作用稳定的优点。张紧力来自尾部的弹簧，调节弹簧被压缩量即可调节对梯级链的张紧力。

梯级链张紧装置整体工作寿命也应按不小于 140000h 设计。

五、扶手带、导轨与驱动装置

1. 扶手带

重载型自动扶梯对扶手带的选用原则是：必须有高的强度，在使用中几何形状稳定，耐老化及具有阻燃性。

（1）强度 扶手带破断力至少为 2500N。扶手带应采用在工厂已经接驳好的成品，并提供本批扶手带的强度证明。其中接驳处是强度薄弱点，因此在作破断试验时应选择带

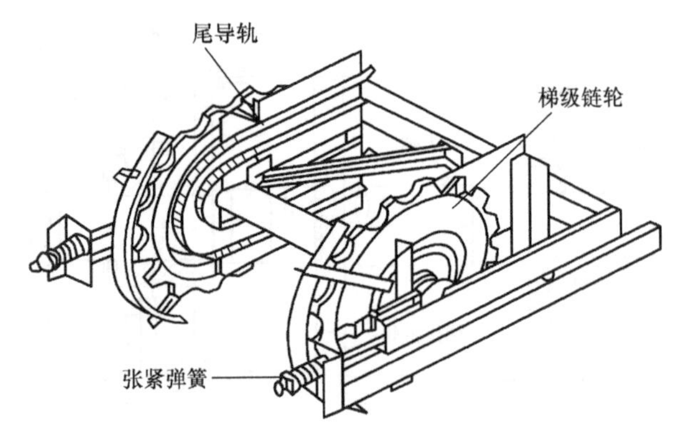

图 11-3-20　链轮式张紧装置

接头的试件。

（2）截面形状　C 形和 V 形扶手带在重载型扶梯上都有使用，决定于采用哪一种类型的扶手带驱动装置。在长期的工作中保持几何形状的稳定性是扶手带的一个重要技术指标，其中保证开口尺寸的稳定是最重要内容。

（3）结构　扶手带在构造上都分为外、中、内三层。

1）外层：外层为覆盖层，在重载型自动扶梯上多采用黑色橡胶（夹布多层），其表面的耐磨性和抗老化能力是主要技术指标；也有采用聚氨酯整体结构，但由于抗阳光直射能力较弱，一般只用在室内梯上。

2）中间层：中间层是受力层，由多股钢丝绳芯结构或钢带组成，两种结构在重载型自动扶梯上都有使用，需要按驱动装置的结构加以选用（详见第四章第一节的相关内容）。

3）内衬垫层：内衬垫层是与扶手带导轨接触的滑动层，材料为棉织物或合成纤维。重载型自动扶梯需要考虑防水，但棉布受水后会收缩，使扶手带的开口尺寸变小。曾有地铁里发生站内喷淋后，棉布内衬的扶手带开口发生收缩，而不得不对扶手带进行更换。因此重载型自动扶梯应采用合成纤维材料的衬垫。

（4）阻燃性　公共交通场所的防火是一项重要的系统工程，扶手带应具有阻燃性能，即燃烧的扶手带移开火源后能自动熄灭。

（5）去静电　扶手带在运行时与导轨发生摩擦，在扶手带表面会积聚静电荷，特别是在较为干燥的天气，静电荷的积聚量会较大，当手扶扶手带后会产生触电感，因此在重载型自动扶梯上一般都安装有去静电的装置。图 11-3-21 是一种采用静电刷的去静电装置结构。安装在扶手带的返回部与扶梯扶手带表面接触，电刷用铜丝制造，有良好的导电性能，当自动扶梯运行时，铜刷将扶手带表面的静电荷去除。也有采用铜滚轮，同样有良好的去静电作用（详见图 4-3-8）。

（6）扶手带的更换　在使用中发生如下情况之一，扶手带就必须更换。

1）变形：反复弯曲导致开口尺寸变大，扶手带与导轨的配合发生松动，与导轨的侧隙超过8mm。

2）表面龟裂：因材料老化表面发生龟裂。

3）磨损：表面磨损严重，导致中间层钢丝暴露。

4）剥离：外层材料在外力作用下发生剥离。

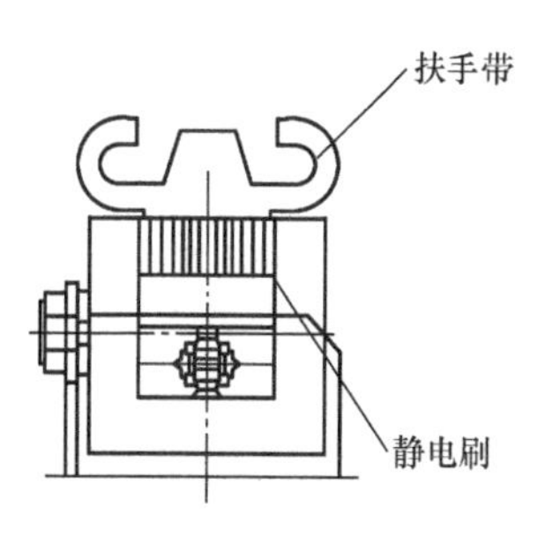

图11-3-21　去静电装置

2. 扶手带导向

重载型自动扶梯的扶手带受力大，因此需要采用阻力小的导向结构。如图11-3-22所示是在重载型自动扶梯上常用的扶手带导轨和导向结构示意。

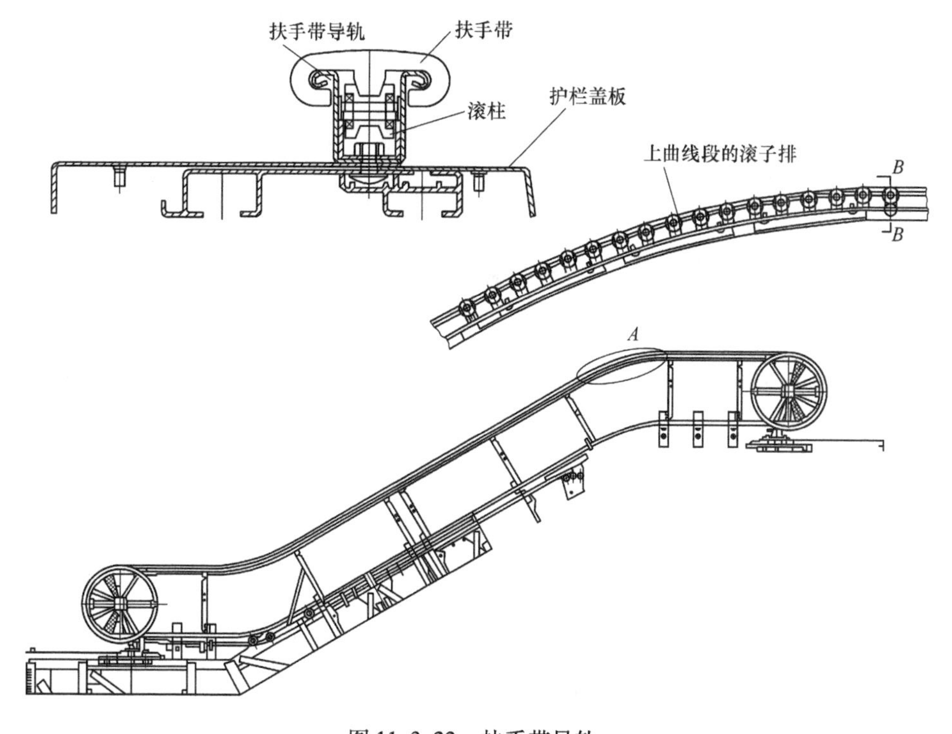

图11-3-22　扶手带导轨

（1）导轨的型材　扶手带导轨的主体是金属型材。重载型自动扶梯一般采用不锈钢型材导轨。

（2）转弯段导轨　为了减小扶手带的运行阻力，在上转弯段安装滚子。滚子一般也采用不锈钢制造。

（3）端部导轮　重载型自动扶梯在上下端部都设有扶手带导向轮，可以有效提高扶手带的传动效率。对于采用端部驱动的结构，上部的导向轮同时也是扶手带驱动轮。

3. 扶手带驱动装置

重载型自动扶梯由于客流大，扶手带的受力也成正比增大，因此一般都选用传动力大，对扶手带损伤小的V形带端部驱动方式或C形带直线驱动方式。不论用哪种方式，都要求上下端部安装有导轮，以减小阻力。

（1）V形带端部驱动　这种结构使用V形扶手带，驱动力大，对扶手带损伤也小，特别适应大运量、露天、大高度扶梯使用。如图11-3-23所示，扶手带驱动轮安装在自动扶梯的上端部，扶手带与驱动轮的包角在180°以上，并可以用滚轮组调节；驱动轮对扶手带的驱动是靠轮槽与V形带的摩擦力，因此驱动时对扶手带表面不会产生损伤。但在采用端部驱动结构的时候，对于下行的自动扶梯，需要特别注意扶手带的张紧情况。若扶手带张紧太松，导致摩擦驱动力不足而产生相对梯级速度偏慢的不同步状况。特别是在雨天时，下行的露天室外梯扶手带容易出现打滑的现象。

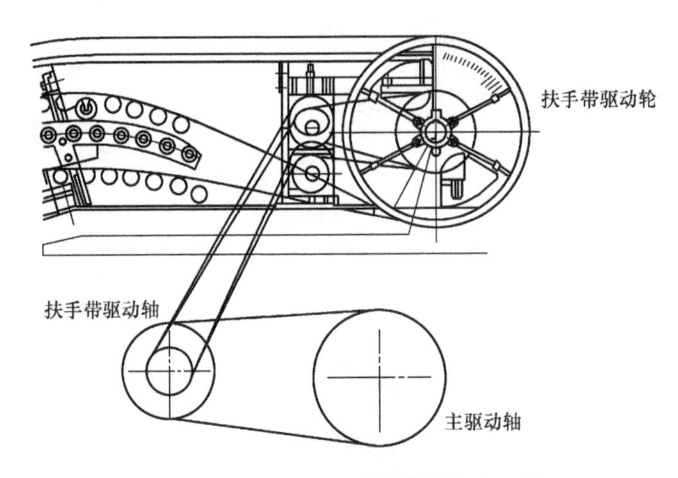

图11-3-23　V形带端部驱动

（2）C形带直线驱动　采用滚压方式驱动扶手带，扶手带没弯曲受力，如图11-2-24所示，提升高度大时可以通过增加压滚轮对数或增加驱动装置的套数提高驱动力。但压滚轮对扶手带产生搓力，需要配用胶合质量好的扶手带。

各种类型的扶手带装置都离不开链条驱动，如果在使用中扶手带驱动链条发生断裂，扶手带就会停止运动，此时自动扶梯就会在扶手带速度检测装置的作用下停止运行。为了提高安全性，要求扶手带驱动链条应具有8以上的安全系数。

六、梯级与梯级滚轮

1. 梯级

重载型自动扶梯一般都采用铝合金整体压铸梯级，这是由于铝合金整体压铸梯级强度

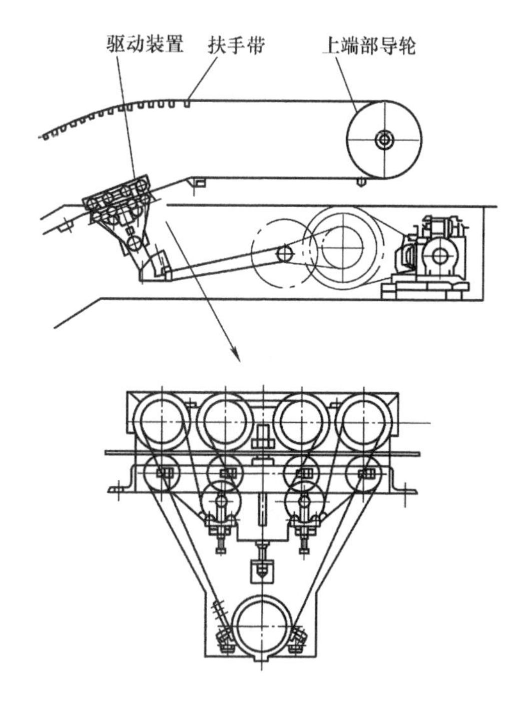

图 11-3-24　扶手带的直线驱动方式

高，耐蚀性好。

（1）材质　由于重载型自动扶梯的客流量大、使用环境差，梯级不仅需要有高的强度，还需要有好的抗冲击能力，因此梯级需要采用含铜量较低的压铸铝合金制造，如 YZA1SI12（铜含量不大于 0.6%），以防止脆性。

（2）强度　需要全面符合 GB 16899—2011 规定的静载、动载和扭转试验的要求。

（3）表面处理　工作表面作喷漆处理，两个侧边和前边喷黄色边线，提示乘客应站在边线之内。在重载型自动扶梯上，还常对宽度 1.0m 的梯级，在中间加喷分隔线，以提示乘客分左右站立。黄色边线还有警示作用，明示梯级与楼层板的分界，提高自动扶梯的安全性，如图 11-3-25 所示。

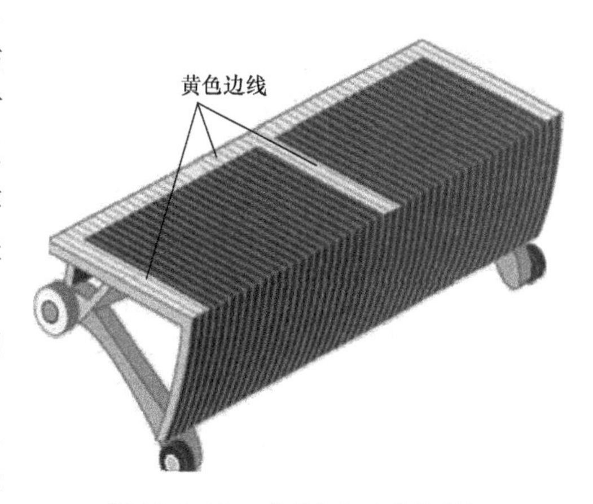

图 11-3-25　喷了黄色边线的梯级

（4）梯级的更换　梯级在运行中出现如下情况就必须作更换：

1）齿面损伤：一般发生在梯级的后边上，由乘客携带的重物或推车上的钢轮造成。此时边上出现一个缺口，人的手指等容易被夹入，需要尽快更换。

2）变形，龟裂：当梯级使用年久，发生变形或出现龟裂时，梯级的承载能力已下降，必须更换。

3）磨损：当梯级踏板出现严重磨损，表面齿槽深度已不符合规定时，梯级的安全性已下降，需要更换。

在正常使用情况下，整体铝合金梯级不论在室内还是室外工作，一般都应具有20年以上的工作寿命。

2. 梯级滚轮

梯级滚轮安装在梯级的前部，由于不与梯级链相连，相当于是梯级上的从动轮，只需要承受梯级的自重与梯级的负载，受力比梯级链滚轮要小，因此又称为梯级副轮。

（1）结构　重载型自动扶梯出于大客流的特点，需要采用承载能力强的轮壳式滚轮。滚轮由轮缘、轮壳和轴承组成。室外梯的滚轮还带有防尘盖。

1）轮缘：采用抗水、抗油性和耐磨性都比较好的丁腈橡胶，或者采用抗水解的聚氨酯制造，可同时适用于室内或室外。

2）轮壳：一般采用铝合金制造，具有较好的强度，能适用于大提升高度；并能在长时间的工作中与轴承保持稳定的配合，而不易发生松动。

3）轴承：采用免维护的密封滚珠轴承。室外梯的轴承则需要是防水型的密封滚珠轴承，为了防止泥沙进入轴承，滚轮的外壳上还需要有防尘盖。

（2）滚轮的更换　滚轮需要更换的情况主要有如下几种：

1）轴承损坏或明显松动。

2）轮缘磨损1mm以上。

3）轮缘出现龟裂。

在正常使用情况下，在室内工作的梯级滚轮一般工作寿命在12年以上。

七、梯级链与梯级链滚轮

1. 滚轮外置式梯级链

重载型自动扶梯的梯级链一般应采用强度高、维护方便的传统套筒滚子链，梯级链滚轮安装在链条外部，又称为滚轮外置式梯级链，如图11-3-26所示。

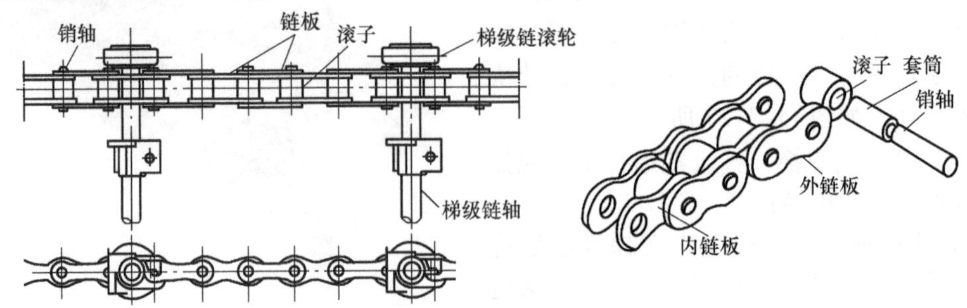

图11-3-26　滚轮外置式梯级链

这种链条滚轮与链条是两个独立的部件。自动扶梯的上部转弯段安装有卸载导轨，在梯级经过时将梯级链条托起，使梯级滚轮离开工作导轨而完全不受弯转时的挤压力，如图11-3-27所示。因此这种链条的滚轮具有较高的工作寿命，同时由于滚轮是安装在链条外部拆装方便，可以在使用中迅速更换损坏的滚轮。

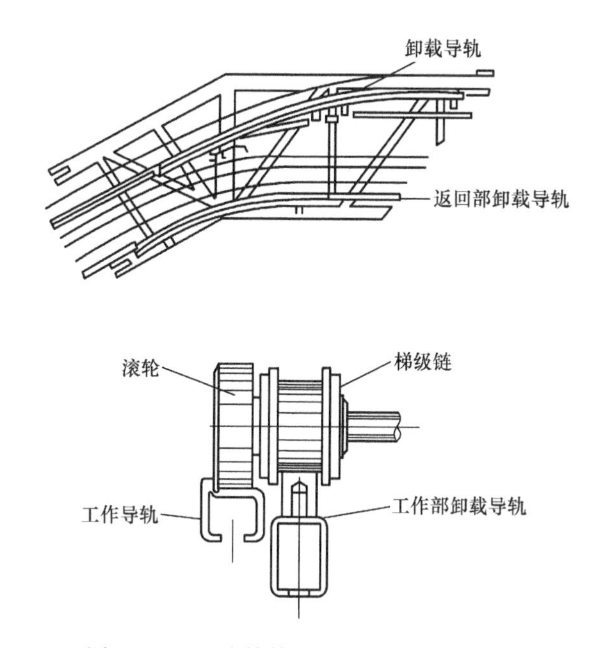

图 11-3-27　滚轮外置式梯级链的卸载导轨

美国 APTA 标准，要求重载型自动扶梯的梯级链滚轮应位于链条外面，并规定滚轮的外径不能小于100mm。

（1）链条的结构　套筒滚子链的结构如图11-3-26所示，由销轴、套筒、滚子和链板等组成。套筒是铆接在链板上，销轴与之间套筒是活动的。工作中销轴与套筒之间的压强称为销轴比压，比压大则磨损就快，决定了链条的工作寿命。链板主要承受拉力。

梯级链又分为长梯级轴结构与短梯级轴结构。如图11-3-28所示是长梯级轴结构。长梯级轴将扶梯两侧的梯级链条连接起来，梯级用销钉固定在轴上，与梯级的连接稳固。长梯级轴结构是重载型自动扶梯最常用的结构。

短梯级轴结构有梯级链，但两侧梯级链之间没有轴相连，梯级固定在每侧梯级链滚轮的伸出轴上，简化了结构，但稳固性不如长轴结构（详见图3-4-2）。

（2）链条的材质　链片一般采用优质钢制造，并经适当热处理，使晶粒细化，获得可靠的强度；销轴、套筒和滚子一般用优质合金钢制造（如铬钼钢），并经合理热处理，有足够高的表面硬度，以保证链条的使用寿命。

（3）链条的强度　梯级链条应按无限疲劳寿命设计，安全系数不小于8。

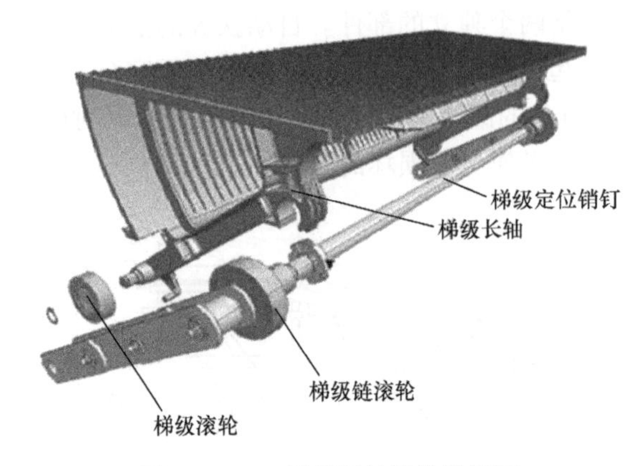

图 11-3-28　长梯级轴结构梯级链

以下是一种梯级链安全系数的计算方法：

$$K = F_b/F_1 = MR_m/F_1 \tag{11-3-2}$$

式中　K——安全系数；

F_b——梯级链的破断强度，单位为 N；

F_1——梯级链的静态工作拉力，单位为 N；

M——链片的最小的截面积，单位为 mm^2；

R_m——链片材料的抗拉强度，单位为 N/mm^2。

式中 F_1 的计算方法：

$$F_1 = 1/2(P_1A + 2HW/L)\sin\alpha + T/2 \tag{11-3-3}$$

式中　P_1——计算载荷，GB 16899—2011 规定的静态计算载荷取 $5000N/m^2$；

A——自动扶梯倾斜面在水平面上的投影面积，单位为 m^2；

H——自动扶梯的提升高度，单位为 m；

W——每个梯级的自重（带梯级链），单位为 N；

L——梯级的节距，单位为 mm；

α——扶梯倾斜角；

T——梯级链的张紧力，单位为 N。

（4）梯级链的销轴比压　销轴的磨损是套筒滚子链报废的主要原因，在正常使用和润滑的条件下，销轴的磨损速度主要取决于销轴的比压。重载型自动扶梯的梯级链的工作寿命一般按 140000h 设计（对室内工作型），此时梯级链的销轴比压应不大于 $23N/mm^2$。

以下是一种销轴比压的计算方法：

$$P_v = P_b/(\Phi B) = (F_2 + F_{m1} + F_{m2})/(\Phi B) \tag{11-3-4}$$

$$F_{m1} = 1/2(P_2A + 2HW/L)\mu\cos\alpha$$

$$F_{m2} = 8W\mu + 8 \times 120 \times 9.8\mu$$

$$F_2 = 1/2(P_2A + 2HW/L)\sin\alpha + T/2$$

式中　P_v——销轴比压，单位为 N/mm^2；

P_b——梯级链的破断强度，单位为 N；

Φ——销轴直径，单位为 mm；

B——套筒长度，单位为 mm；

F_{m1}——梯级在倾斜段受到的摩擦阻力，单位为 N；

A——自动扶梯倾斜面在水平面上的投影面积，单位为 m^2；

H——自动扶梯的提升高度，单位为 m；

W——每个梯级的自重（带梯级链），单位为 N；

L——梯级的节距，单位为 mm；

α——扶梯倾斜角；

F_{m2}——梯级在水平段所受到的摩擦阻力，单位为 N；

μ——滚轮与轨面的滚动摩擦因数，取值不小于 0.05；

F_2——梯级链的动态工作拉力，单位为 N；

T——梯级链的张紧力，单位为 N；

P_2——比压计算载荷考虑了重载因素后的比压计算载荷，取 $4000N/m^2$。

（5）梯级链的润滑　重载型自动扶梯梯级链的润滑有自动润滑和销轴注油脂润滑两种。润滑油自动润滑是最常用的一种方法，销轴注油脂润滑一般用在室外梯上。

销轴注油脂润滑链条的结构如图 11-3-29 所示。油脂从销轴上的油嘴挤入，并从销轴上的横孔挤出，能够阻止沙尘进入销轴与套筒之间的空隙，而有利于提高链条的使用寿命。扶梯同时保留对梯级链的自动润滑，但此时对梯级链的润滑主要是防止表面生锈。

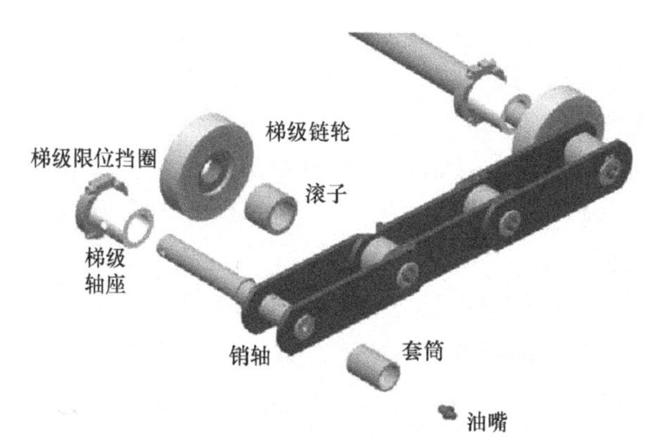

图 11-3-29　销轴注油脂润滑链条的结构

（6）梯级链的更换　当梯级链因销轴磨损而发生的伸长超过 1.5mm/梯级距（两个梯级滚轮的间距）时或 2 个梯级间的间隙大于 6mm 时需要更换。

2. 滚轮内置式梯级链

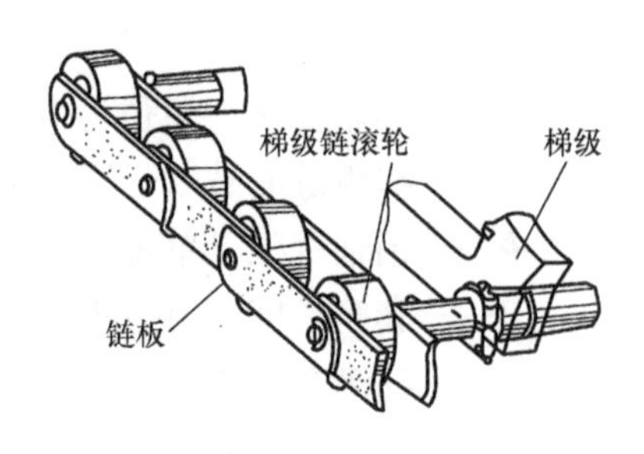

图 11-3-30　滚轮内置式梯级链

由于这种梯级链滚轮位于链条中间，因此称为滚轮内置式梯级链，如图 11-3-30 所示。由于梯级链的滚轮代替了传统套筒滚子链的滚子和套筒，因此又称为滚轮链。由于简化了链条的结构，有造价上的优势。这种链条一般用于普通自动扶梯。

这种结构的链条，由于滚轮代替了滚子，滚轮需要与链轮啮合而承受拉压力；同时由于扶梯在上弯段没有卸载导轨，滚轮在转弯运动时会受到很大的挤压力，导致轮子易损坏。

以 10m 提升高度的扶梯为例，如果采用滚轮内置式梯级链，经计算梯级主轮在通过上部弯曲段导轨时所承受的压力是倾斜段的 4 倍以上。

同时由于滚轮是梯级链上的一个部分，如要更换就需要拆卸链条结构，维修不方便。因此滚轮内置式梯级链一般不宜在重载型自动扶梯上使用。

3. 梯级链滚轮

梯级链滚轮不仅要承受来自梯级的载荷，还要承受梯级链拉力在倾斜段对滚轮产生的压力，由于是主动轮，因此又称为梯级主轮。

重载型自动扶梯梯级链滚轮的直径一般不小于 100mm，以提高轮子的承载能力。其他技术要求与更换条件与梯级轮是一样的。

八、导轨与支架

重载型自动扶梯的导轨和支架需要作强化设计，以应对大客流的负载和在紧急情况下作为固定楼梯使用，以及不小于 20 年的工作寿命。同时还要对梯级具有可靠的横向限位作能。

1. 导轨的材料厚度与刚度

关于导轨的材料厚度与刚度，在第五章已经有详细介绍。对于重载型自动扶梯则需要在普通扶梯的通用设计基础上加以加强，同时考虑导轨在工作中的工作寿命，因此对材料厚度和刚度都需要有要求：

（1）导轨材料厚度　一般要求主轨型材厚度不小于 5mm，返回轨不小于 3mm。

（2）导轨刚度　对支架的间距需要作导轨挠度核算。一般要求在 5000N/m^2 的静载条件下，导轨的弯曲量一般应控制在不大于 1mm，且不能有永久变形。

对导轨的刚度要求也可借鉴法国的做法：在法国 F87－011《铁路固定设备—自动扶梯及自动人行道的使用、安装及制造准则》中，要求导轨在两个固定点之间，在每个梯级施加 5000N/m^2 的载荷条件下，其挠度不能超过 1/1500，当载荷消失时，不能有剩余的变形。

2. 导轨的表面处理

为使导轨具有20年以上的工作寿命，重载型自动扶梯的导轨需要作热镀锌处理。由于冷轧后再作热镀锌处理导轨会变形，且镀层的平整性难以达到要求，因此一般应采用热镀锌钢板冷轧成形，锌层的厚度一般在25μm左右。

如果导轨采用钢板冷轧成形之后，再作热镀锌加工，则必须采取有效的工艺措施，确保导轨的几何精度和工作面的镀层平整。此时锌层的厚度一般不小于50μm。

3. 主轨类型及对梯级的横向限位

主轮工作导轨的选用必须保证对梯级具有可靠的横向限位作用，梯级在运行中的偏摆一般应控制在不大于0.5mm。常用主导轨的截面形状如图11-3-31所示。

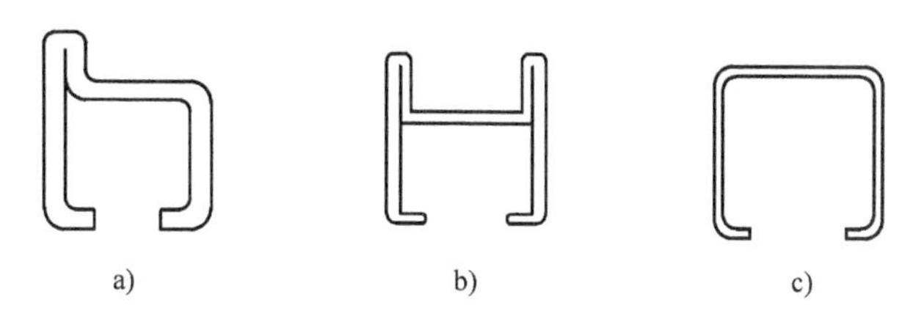

图11-3-31　常用主导轨的截面形状

（1）单侧带挡边主轨　如图11-3-31a所示，又称为L形轨，分左右两侧布置，挡边对梯级滚轮起到横向限位作用，从而限制梯级的左右偏摆，这是在重载型自动扶梯上最常用的主轨结构。

（2）双侧带挡边的主轨　如图11-3-31b所示，又称为U形轨，可以同时限制梯级的左右移动（如图11-3-32所示），一般另一侧布置的是矩形轨。

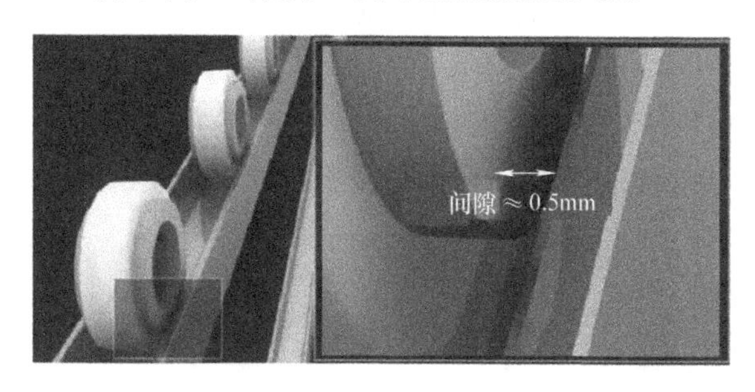

图11-3-32　U形轨

（3）矩形主轨　如图11-3-31c所示，导轨对梯级没有横向限位作用，此时需要采取专门的限位措施，常见的有以下两种：

1）设专用限位导轨：图11-3-33所示是一种限位导轨，用低摩擦复合材料制造，卡在梯级链链板中间，在一侧梯级链路上全程铺设，能有效限制梯级链在运动中的左右摆动，从而保证梯级在运行中不会摩擦围裙板，且左右间隙保持恒定。梯级与围裙板之间的间隙可保持小于3mm，并且两侧对称处的间隙总和小于6mm（国标规定是不大于7mm），从而能将异物进入间隙的可能性降到最低，提高自动扶梯的安全性。

图11-3-33　梯级链限位导轨

2）在梯级的两个侧面安装尼龙块：在梯级的两个侧面安装尼龙块，以尼龙块与围裙板间的接触来限制梯级的横向摆动。这种方法结构简易，但在使用中暴露有如下问题：

①梯级的运动中，尼龙块与围裙板常会发生摩擦发出噪声，需要定期在围裙板侧加润滑油；②尼龙块的磨损会导致梯级横向偏摆增大，如一侧间隙夹入了异物，梯级就会向另一侧挤压围裙板，围裙板的弹性变形往往导致夹入异物一侧间隙增大。③当尼龙块发生磨损，梯级在运行中横向偏摆增大。梯级在通过水平导轨与下部转向导轨接口处时，由于此时梯级轮只能在一半宽度的导轨面上通过，如果此时接口处由于梯级链的磨损，转向导轨的后移而出现较大缺口时，梯级滚轮就有可能陷入缺口。

图11-3-34是一台尼龙块限位结构的自动扶梯梯级轮陷入缺口情况的现场情况。图11-3-35是该台自动扶梯梯级下陷导致乘客的鞋被夹入梳齿的现场情况。

图11-3-34　梯级轮陷入导轨缺口（实景）

图11-3-35　梯级下陷导致乘客的鞋被夹入梳齿（实景）

房空间的中间部位最好设有支撑梁，以减小地板的支撑跨度，提高地板的抗弯能力。

地板的设计应能有效阻止泥沙和水直接进入机房，板之间应相扣，不能有直缝。机房周边应有排水措施，避免水直接从机房侧壁流入机房。

为了防盗，出入口扶梯的地面板一般都有锁，只有专用钥匙才能打开地板。当地板被强行打开时，能向环境与设备监控系统（BAS）发出警报。

2. 梳齿支撑板

梳齿板支撑是活动的，除用来安装梳齿外，还需要在异物夹入梳齿、梯级与梳齿板发生碰撞时，向上或向后移动，并使自动扶梯停止，以保护梯级不受破坏。

梳齿支撑板在结构上需要有很高的强度，重载型自动扶梯一般采用厚钢板制造，表面贴与地板相同的防滑板材。钢材板体需要作热镀锌处理，锌层厚度一般不小于50μm。

3. 梳齿

重载型自动扶梯的梳齿一般采用铝合金制造，强度应适中，能有效地对梯级起保护作用。

十一、自动润滑系统

重载型自动扶梯都采用自动润滑方式，对梯级链、驱动链和扶手带驱动链定时、定量地进行润滑。

1. 润滑系统种类

（1）单油路系统　如图 9-2-4 所示，系统只有一个油路，因此对全部链条只能实现相同次数和时间的润滑。由于梯级链远比驱动链和扶手带驱动链要长，当梯级链转动一周，驱动链和扶手带驱动链已经转了多周，因此当梯级链润滑一周时，驱动链和扶手带驱动链已经润滑了多次，造成了润滑油的浪费。由于重载型自动扶梯的提升高度一般都比较大，单油路系统的这种缺点就尤为明显，因此在重载型自动扶梯上已逐步为双油路系统所代替。

（2）双油路系统　如图 9-2-5 所示，系统具有两个油路。从油泵出来的油经分油器分两路分别向梯级链、驱动链和扶手带驱动链供油，实现了不同时间的供油控制。现在重载型自动扶梯一般都采用双油路系统。

2. 各部位的润滑参数

公共交通型重载自动扶梯由于负载重、环境差，各部位的润滑次数、供油时间需要高于一般自动扶梯，并需要按照本地区的环境情况加以调整，表 11-3-4 的参数适用于华南地区。

3. 自动润滑系统技术规格

为了保证充分的供油，自动润滑系统技术规格必须合理，表 11-3-5 是重载型自动扶梯常用的自动润滑系统技术规格参数。

表 11-3-4　自动润滑参数

部位	润滑油名称/出油量		润滑次数（次/间隔时间）		供油时间
	室内	室外	室内	室外	
梯级链	机械油/ 7～10mL/min	机械油/ 7～10mL/min	1/48h	1/24h（或每天第一次启动时加1次）	梯级运转一周加10s
驱动链	机械油/ 4～6mL/min	机械油/ 4～6mL/min	1/30h	1/20h	15s
扶手带驱动链	机械油/ 4～6mL/min	机械油/ 4～6mL/min	1/30h	1/20h	15s

表 11-3-5　自动润滑系统规格参数表

齿轮泵的供油量	100mL/min
齿轮泵的油压	2.1MPa
油箱容量	室内：6L　　室外：13L
润滑油牌号	L－AN68（68#）机械油
润滑油运动粘度（40℃）	61.2～74.8mm^2/s

4. 润滑系统的监测装置

自动润滑油系统应设有监测装置，一般应有如下的功能：

（1）油箱油量监测　当油箱润滑油不足时，能发出故障信号，通知保养人员加油。如一定时间内无人加油，则切断油泵电动机电源，以保护油泵安全。同时使自动扶梯下次无法启动，直至油箱加满油后，系统缺油命令解除。

（2）供油压力检测　对油箱输油管压力进行自动检测，如油箱油管被堵，同样认同为系统缺油，发出故障信号，直至故障解除，自动扶梯方可起动运行。

十二、电控系统

电控系统由控制柜、变频器、电气配线、开关与插座、维修控制盒、故障显示装置等组成。

1. 控制柜

（1）控制柜的位置　重载型自动扶梯的控制柜一般放置在上部机房中，出于防水的考虑，下部机房不适宜放置电控设备。有时室外型自动扶梯为了更好地保护控制柜，在自动扶梯之外的地方设置专用的控制柜房，但会增加投资，并需要场地条件允许。

（2）外壳保护　不论室内还是室外型自动扶梯，控制柜都需要有较高的外壳保护等级。一般要求室外型自动扶梯不小于IP55；室内型自动扶梯不小于IP43。

（3）工作环境温度　对于安装在上部机房中的控制柜需要充分考虑环境温度。对室外型自动扶梯，机房需要有强制通风，控制柜内温度不能大于电子器件的最高工作温度。如表11-3-6所示的数据适用于在华南地区工作的室外环境温度。

表11-3-6　控制柜的工作环境温度

允许的机房外部环境最高温度/℃	控制柜最高温度/℃	强制通风方法	
		控制柜	机房
50	55	风扇	风扇

2. 变频器

重载型自动扶梯一般都配有变频器，最初采用变频器的目的只是为了获得维修速度，后来随着对节能的重视，变频器被同时用于实现节能速度，有的还用于实现多种运行速度。

(1) 安装位置　由于变频器本身工作中容易发热，因此不宜安装在控制柜内，应单独放置在上部机房中。

变频器的外壳保护等级应与控制柜相同，室外型自动扶梯不小于IP55；室内型自动扶梯不小于IP43，能适应50℃的工作环境温度。如果变频器外壳保护等级达不到要求，就需要设变频器柜，使外壳保护等级达到要求。变频器的发热电阻应安装在易于散热的地方。

(2) 功率配置　重载型自动扶梯的变频有旁路变频和全变频两种，变频器功率的配置与变频方式有关。

1) 旁路变频方式：旁路变频只是对自动扶梯的起动、维修速度和节能速度采用变频供电。自动扶梯工作运行时则由电网供电。由于在自动扶梯工作时变频器是断开的，不需要承受乘客载荷，因此变频器的功率不需要太大，一般功率的配用原则是不小于电动机功率。

2) 全变频方式：此时自动扶梯完全采用变频器供电。由于变频器需要承受工作电流及自身损耗，因此容量需要大于电动机的功率，一般的配用原则是不小于电动机额定电流的1.25倍。

(3) 防干扰　为防止变频器在工作时所产生的电磁波对车站其他电子设备产生干扰，变频器应有输入端、输出端的射频干扰及谐波影响防止措施。

(4) 性能　变频器应能在50℃的温度下工作，还应具有过电压、欠电压、过电流、短路、失速、缺相、过热等多种保护功能。

(5) 节能运行　不论是采用哪种变频方式，都要对自动扶梯上是否有乘客进行检测。常用的有光电式和压电开关式两种，在重载型自动扶梯上都有采用。当确认自动扶梯上没有乘客时自动转入节能速度运行。

3. 电气配线

(1) 技术要求　电线、电缆应符合GB 16899—2011《自动扶梯和自动人行道的制造与安装安全规范》中 5. 11. 5 中的相关要求和 GB 50217—2007《电力工程电缆设计规范》的要求：1. 5mm^{2}至 35mm^{2}时是 450/750V 级、50mm^{2}时是 650/1000V 级。

（2）防火性能　电线、电缆应采用阻燃、低烟、无卤型的。一旦发生火灾，可以降低电缆燃烧时所产生的烟雾对人体的危害。

（3）敷设方法　在桁架内，全部电缆应敷设在金属线槽内，填充率不大于 60%，室内梯线槽可用 1. 5mm 镀锌板制造，室外梯线槽应采用不锈钢板制造。线槽底部应开有排水孔，防止积水。采用金属线槽可以防鼠咬，同时也可以防止安装、维修中的损坏。也有的自动扶梯采用密封金属管敷设，但不方便检查及维修。

线槽外的导线应穿入具有防水功能的金属复合软管内，室外梯线槽应采用不锈钢包塑软管。导线与开关等电气件的接头处应有支座和管接头，与线槽的接口处有护套保护。

（4）中间接线箱　中间接线箱应放置在不会被水浸渍的地方，同时应有与电控柜相同的外壳保护等级。所有电缆的接线固定应有防松措施。

4. 开关和插座

（1）操纵开关　操纵开关包括钥匙开关和方向转换开关，都应带有蜂鸣器。钥匙应是专为建设项目特制的。有的自动扶梯为方便维修的操纵，还在上下端部同时设有维修速度钥匙式操纵开关。

（2）急停按钮　在自动扶梯的上下两个端部，都应有急停按钮，当提升高度大于 12m 时，倾斜部分的中部位置也应设一个急停按钮。两个急停按钮之间的最大距离不能大于 30m。

（3）停止开关　在桁架的上下水平空间内，应均设有手旋式非自动复位停止开关，一经动作自动扶梯不能起动，以确保检修工作的安全。

（4）插座与防爆灯　在上桁架下水平空间内，均设有 220V、5A、三极插座和 36V、二极插座，一般还要各设置一个 36V 的安全防爆灯，以用于维修。

（5）外壳防护等级　室内梯的安全开关、钥匙开关、停止按钮、插座等电气件的外壳防护等级不小于 IP43，室外梯不小于 IP65。

5. 维修控制盒

重载型自动扶梯一般都要配有维修控制盒，一般有如下的技术要求：

1）维修控制盒应是便携式的，盒上开关的防护等级应不小于 IP55，可以雨天室外维修时使用。

2）需要在桁架内设维修控制盒检修插座，一般在上下水平段各设一个，检修插座的设置应能使维修控制盒到达自动扶梯的任何位置。当维修控制盒接上时，自动扶梯只能用维修控制盒操纵，而钥匙开关失效。两个插座都插上维修控制盒时，则同时失去作用。

3）维修控制盒上应有电源开关、上行与下行开关、蜂鸣开关、急停开关等，其中急停开关是非自动复位的。其余均为自动复位式按钮开关。同时按下维修控制盒上的电源开关与下行（或上行）按钮，便能使自动扶梯以维修速度运行。为保证检修工作的安全，每次运行前均需要先按蜂鸣开关，提示其他人。急停开关串接于安全回路当中，确保在任何情况下都能进行急停操作。

4）维修控制盒电缆的长度一般不小于5m，电缆最好是防滴型铠装普通软电缆，具有防水和耐磨损性能。

6. 故障显示装置

重载型自动扶梯一般都要求配置有故障显示装置，并有如下的技术要求：

1）故障显示板上就用数字代码显示安全保护装置中所有故障种类和故障点。为了方便检查，其显示器一般都放在端部护栏的围裙板上。

2）装置应具有故障记忆功能，只有当故障被排除后，经人工复位，显示信号才能被消除。

7. 运行状态指示

一般应在自动扶梯扶手装置的上下端部，在明显的位置装设一个运行状态指示器，自动指示上行、下行、停止三种状态。指示器应是电子式的，用中文或熟知的符号指示。

十三、安全保护装置

重载型自动扶梯应具有 GB 16899—2011 规定必须有的安全保护装置，同时还需要根据大客流的特点增设必要的安全装置，或对安全装置增加功能要求。以下带有 * 标注的安全装置，是根据重载型自动扶梯的需要专设，或在常规基础上增加了功能要求：

1. 断相、错相保护

自动扶梯在运行中供电系统发生错相断相时，该装置能使自动扶梯停止；自动扶梯在处于静止状态供电系统发生错相断相时，人工复位后自动扶梯才能起动。

2. 电动机保护

当电动机过载发生过热或短路产生过电流时使自动扶梯停止。

***3. 超速保护**

在自动扶梯速度超过名义速度 1.2 倍之前应使自动扶梯停止运行。为此必须准确地检测梯级的运行速度。

（1）速度检测装置的位置　一般应对主驱动轴上的旋转件进行。如图 11-3-37 所示是一种安装在扶手带轮轴上的速度检测装置。图 11-3-38 是安装在电动机尾部的速度检测装置，当电动机轴、减速机轴或联轴器发生断裂，主驱动脱离驱动主机时，检测就会失效。

（2）动作点设定　在重载型自动扶梯上，一般将超速开关动作点设定在自动扶梯超速 1.15 倍时，动作时应强制切断安全电路，使工作制动器或附加制动器动作。

***4. 非操纵逆转保护**

非操纵逆转一般发生于自动扶梯上行时。当自动扶梯在运行中改变规定的方向时，保护装置应使自动扶梯停止。

（1）检测位置　对非操纵逆转的检测应在梯级主轴的旋转件上进行，或直接对梯级进行（但由于梯级滚轮的间距较大，检测灵敏性较差）。一旦检测到逆转已发生，附加制动器应立即投入工作，以制动主驱动轴的方式强制自动扶梯停止。

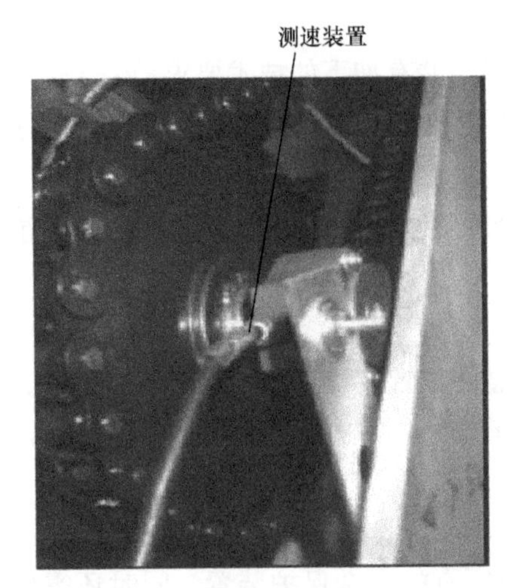

图 11-3-37　安装在扶手带驱动轮轴上的速度检测装置

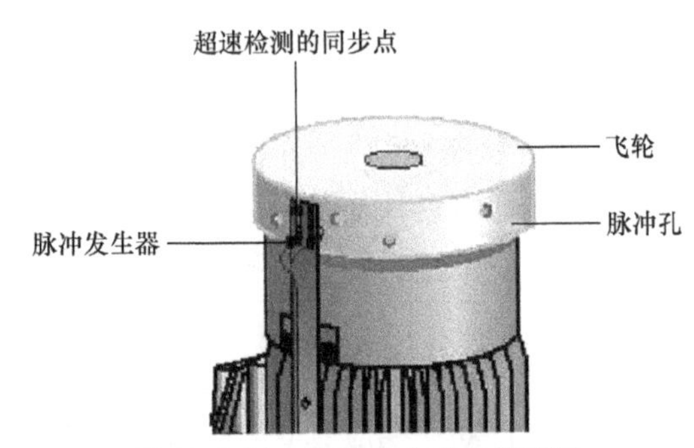

图 11-3-38　安装在电动机尾部的速度检测装置

（2）保护点的设定　自动扶梯在发生逆转前，先是速度下降，当速度为 0 后就开始逆转。为了不让逆转发生，一般当速度检测装置检测到自动扶梯速度降低到名义速度的 50% 以下时，应使工作制动器动作，对自动扶梯实行工作制停；此时，如工作制停有效，附加制动器制动就不会被激发。

逆转检测装置最好是机械式的（如图 7-2-4 所示），以提高检测的可靠性。

＊5. 工作制动器

（1）结构　必须是机电式制动器。

（2）性能　使空载或有载下行的自动扶梯以不大于 $1m/s^2$ 减速度停止，制停距离应符合表 1-5-4 的规定；如果需要自动扶梯在紧急情况时作为固定楼梯时，制动力应能使自动扶梯保持静止（可以与附加制动一起对自动扶梯施加静态制动力矩）。应配有制动器松闸监视装置，当制动器未释放时，自动扶梯不能起动。

6. 制动距离监测

自动扶梯应设有制动距离监测装置，当制动距离大于所规定最大值的 1.2 倍时，自动扶梯应在故障复位后才能重新起动。

当出现这种情况时，应对制动系统进行检查和调整，以保证制动的可靠性。

＊7. 附加制动器

重载型自动扶梯不论高度是多少，都应装设附加制动器。附加制动器都应是机械摩擦式的，安装在主驱动轴上，直接对主驱动轴实行制动。

（1）结构　附加制动器有多种结构形式，应采用反应灵敏，当发生逆转时能及时制动的结构（详见第七章第二节关于附加制动器的介绍）。

（2）制动能力　附加制动器应能使具有制动载荷向下运行的自动扶梯有效地减速停止，并使其保持静止。减速度不应超过 $1m/s^2$。最大制停距离不应超过倾斜部分的 1/3（但不超过 5m）。

限制最大制停距离的目的是为了保证自动扶梯能有效地被制动。

（3）动作条件　附加制动器在下列任何一种情况时都应起作用：①当驱动链链断裂时；②在速度超过名义速度 1.3 倍之前；③在梯级改变其规定运行方向时。附加制动器在动作开始时应强制切断控制电路。

（4）与工作制动器的配合　附加制动器与工作制动器不宜同时动作。当工作制动器和附加制动器必须同时制动时，其制动距离应符合 GB 16899—2011 对扶梯制动距离的要求，以防止发生制动减速度过大。附加制动器应配有制动器松闸监视装置，当附加制动器未释放时，扶梯不能启动。

（5）动作设置　表 11-3-7 对附加制动器在各种状态下的动作了规定，以确保自动扶梯在各种状态下都能安全制停。

表 11-3-7　附加制动器的动作设置

自动扶梯状态		附加制动器	工作制动器	制动距离
超速至 1.15 倍时		不动作	动作	GB 16899—2011 的规定
超速至 1.3 倍时		动作	动作①	GB 16899—2011 的规定
非操纵逆转时	速度降低至额定速度的 50% 以下时	不动作	动作	GB 16899—2011 的规定
	逆转发生时	动作	动作①	减速度小于 $1m/s^2$，最大制动距离不超过倾斜部分的 1/3（但不超过 5m）
驱动链断裂时		动作	动作①	同上
供电中断时		动作	动作	GB 16899—2011 的规定
安全电路中断时		自动扶梯停止后，延时 1 ~ 3s 动作	动作	GB 16899—2011 的规定
钥匙开关关停时		自动扶梯停止后，延时 1 ~ 3s 动作	动作	GB 16899—2011 的规定
急停开关动作时		自动扶梯停止后，延时 1 ~ 3s 动作	动作	GB 16899—2011 的规定
车站控制室总急停开关动作		自动扶梯停止后，延时 1 ~ 3 秒动作	动作	GB 16899—2011 的规定

① 可理解为此时工作制动器已失效。

8. 驱动链破断保护

驱动链破断保护装置对驱动链的工作状态进行监测，当驱动链破断时使附加制动器制停扶梯；驱动链过度松弛时使扶梯停止或不能起动。

驱动链破断保护装置有电子式和机械式两种，在重载型自动扶梯上都有使用。机械式的装置由于压块直接与链条接触，具有更好的可靠性。

9. 梯级链保护

梯级链保护装置安装在梯级链张紧装置尾部，在梯级链过度伸长、不正常收紧或破断时使扶梯停止。梯级链的过度伸长或不正常收紧应限制在 ±20mm 范围内。

***10. 扶手带保护**

在重载型自动扶梯上，一般每条扶手带都安装有一个保护装置，在扶手带破断时使扶梯停止运行。

扶手带保护装置的结构如图 7-4-1 所示，当扶手带过度伸长或破断时，摆杆下垂使开关动作，切断安全电路，使自动梯停止。

***11. 扶手带速度监控**

自动扶梯每条扶手带都必需安装速度监控装置，当扶手带速度偏离梯级实际速度大于 -15%，且持续时间大于 15s 时，该装置应使自动扶梯停止运行。

在重载型自动扶梯上，扶手带的速度差常被控制在更严的范围，并常设计有向车站设备监控系统报警的功能：当扶手带与梯级的速度差超出正常的 ±2% 并持续 5s 时，保护装置应向车站设备控制系统发出信号，报告扶手带的速度偏差已超出规定范围；当扶手带与梯级的速度偏差超出 ±5% 并持续 5s 以上时，保护装置应使自动扶梯停止。

保护装置对速度偏差的监测点应是可以视需求设定的，表 11-3-8 是一种设定方法。

表 11-3-8　扶手带速度偏差监测点的设定

分　挡	报　警	停　梯
第一挡	±2%	±5%
第二挡	±4%	±7%
第三挡	±6%	±9%

12. 梳齿板安全保护

自动扶梯的梳齿板应设计成当有异物卡入梳齿，梳齿的变形或断裂都不能使梯级正常通过时，应使自动扶梯停止。

梳齿板安全保护装置的结构如图 7-3-1 和图 7-3-2 所示。梳齿板支撑板是活动结构，能在外力作用下上抬或后移。当有异物卡入梳齿，使梯级不能正常进入梳齿板而发生碰撞时，梳齿板就会抬起或后移，使安装在梳齿板后部的安全开关动作，切断安全电路，使自动扶梯停止。重载型扶梯一般应采用具有双向保护功能的结构。

13. 扶手带入口保护

扶手带入口保护一般结构如图 7-3-3 所示。自动扶梯扶手带的入口处都必须设置手指和手的安全装置，当人的手或手指伸入扶手带的入口时，保护装置的开关就会被触动，切断安全电路，使自动扶梯停止。

14. 梯级下陷保护

自动扶梯都必须设有梯级下陷保护装置，当梯级的任何部分下陷而不能保证与梳齿的啮合，保护装置应使自动扶梯停止，并不能自动复位。

该装置设置在自动扶梯每个过渡圆弧段前，当下陷的梯级经过时就会触动装置上的开关，切断安全电路，使自动扶梯停止。其结构如图 7-4-4 所示。

***15. 梯级运行安全装置**

当梯级运行到上下弯转段时，两个相邻梯级间的高度差开始变小，此时如有小车的轮子卡入了相邻两个梯级之间，其中一个梯级就会被向上抬起，脱离导轨面，出现梯级的不正常运行。

在公共交通场所，乘客带有行李箱乘搭自动扶梯是常有的事，因此重载型自动扶梯一般都安装梯级运行安全装置，当小车滚轮或其他东西卡入两梯级之间，使梯级前沿在过渡段上冲时，该装置能使自动扶梯停止。其常见结构如图 7-4-6 所示。

16. 梯级缺失监测装置

自动扶梯都必须配置梯级缺失监测装置，用于监测梯级是否缺失，缺口应在驶出梳齿板前被监测到。

梯级缺失监测装置应安装在驱动站和转向站，监测开关一经动作必须手动复位后自动扶梯才能再起动。其结构如图 7-4-5 所示。

17. 楼层板安全开关

当楼层板被打开时，自动扶梯应停止或不能起动。

楼层板的设计应只能从端部开始逐块打开，安全开关安装在端部位置，楼层板刚一打开时开关就会动作，切断了安全电路，以防止自动扶梯在楼层板被打开的情况下运行。

***18. 接地故障监测**

自动扶梯都需要有接地故障监测装置，当含有安全装置的电路发生接地故障时，应使驱动主机立即停机。

重载型自动扶梯则一般要求：自动扶梯的接地发生故障时，应使驱动主机立即停机。

19. 围裙板防夹装置

自动扶梯的围裙板必须在规定的位置安装毛刷或橡胶型材。在围裙板上安装毛刷或橡胶型材，具有防止乘客的衣物被夹入围裙板与梯级的缝隙中的作用。重载型自动扶梯一般都选用双排的毛刷（如图 7-3-5 所示）。

十四、清洁设计

自动润滑系统对链条的润滑会产生油污，与进入扶梯内的纸屑等垃圾混合而形成易燃物，公共交通场所需要十分重视防火，因此重载型自动扶梯一般都有专门的清洁设计。

1. 接油盘

接油盘装在梯级链、驱动链和扶手带驱动链下面，能在链条的全长上有效地收集滴下的润滑油，以便定时清理。其一般结构如图9-4-2所示。

接油盘一般室内梯用1.5mm镀锌钢板，室外梯用1.5mm不锈钢板制造。

2. 集尘盘

集尘盘装设在上、下水平部分的梯级翻转处，能有效收集从梯级上落下的垃圾和尘土。装置需要方便装拆、清理。其一般结构如图2-1-20所示。

集尘盘一般室内梯用镀锌钢板，室外梯用不锈钢板制造。

3. 自动清扫装置

对底部密封的自动扶梯，还应配有专门的清扫装置。用于清扫进入自动扶梯倾斜部分的垃圾。其常见结构如图11-3-3所示。

十五、机件的防锈处理（室内梯）

重载型自动扶梯由于工作环境差，特别是地铁场所，自动扶梯需要在地下建筑工作，即使是室内的工作环境，井道的靠墙一侧和底坑大多有渗水和腐蚀性气体，因此机件的防锈蚀是一项重要的工作。

1. 焊接质量

自动扶梯的桁架、各类支架都是钢结构件，需要进行焊接，锈蚀往往是从焊接质量不好的焊缝开始的，因此对于工作寿命要求很高的重载型扶梯，保证焊接的质量至关重要：

1）全部钢结构件，都要经有效除锈后才能进行焊接加工，以确保焊缝质量。

2）全部焊缝必须是连续焊，焊缝平整，构件的搭接处必须用焊缝全部填充，不允许出现间断焊。

2. 热镀锌

一般对钢构件应尽量采用热镀锌防锈，对于海洋性气候，热镀锌厚度80μm以上可以有40年的防锈寿命；热镀锌厚度40μm以上可以有20年防锈寿命。热镀锌需要有严格的操作工艺：

1）全部热镀锌构件焊缝应连续平整，不应有间断焊，在镀前必须彻底清理焊缝。

2）镀前应进行酸洗、清洗、烘干等良好的前处理，以确保镀层的附着力。

3）对桁架等大型构件，镀槽应足够大，确保构件一次性放入镀槽中，而不是采用分段镀锌的方法。对用方管制造的桁架还需要确保方管内部的镀层质量。

4）镀后的镀层质量应按国家标准（GB/T 13912—2002）或国际标准（BS EN ISO1461：2009）进行检查验收。

3. 其他要求

1）对无法采用热镀锌的钢构件，应采用含锌量95%以上的优质高锌漆（如锌加漆），涂漆厚不小于80μm。

2）钢制机加工件非工作表面、铸铁、铸钢件可进行双层涂漆，第一层为优质长效高附着力锌粉底漆，第二层为优质耐腐蚀耐油面漆。涂漆前应作除锈除油处理，对室外型梯应增加一层锌粉底漆，各层漆均应有合适的厚度，以确保抗锈能力。

3）各种外露紧固件用不锈钢制作，内部紧固件可采用镀锌或镀铬；但室外型梯的紧固件均应用不锈钢制作（除高强度连接螺栓与螺母），采用不锈钢紧固件须满足强度要求。

4）各种防水、防尘的盖板、罩，均应采用厚度不小于1mm的不锈钢板。各种垫板、垫片均应作可靠防锈处理。

5）所有不锈钢制件应采用抗腐蚀性能不低于0Cr18Ni10（同日本SUS304，美国AISI 304）的不锈钢材料。

第四节　室外型自动扶梯的特别设计

在公共交通，特别是地铁建设中，出入口是否有顶盖往往在设计阶段难以确定，一般的做法是凡出入口的自动扶梯都选用室外型自动扶梯。因此室外重载型自动扶梯一般都是按露天工作设计的，能适应在露天环境全天候工作。

自动扶梯露天工作对机件的工作寿命有很大的影响。实际使用证明，自动扶梯露天布置将大幅增高使用成本。因此，一般不提倡自动扶梯露天布置。但尽管这样，出于城市建设总体需要，仍然会出现不少露天布置的自动扶梯。

室外型自动扶梯的设计思路就是在室内型自动扶梯防锈设计的基础上，加强整机和部件的防水、防锈、防晒等特别设计。

一、防水设计

1. 井道的特别设计

井道设计应尽量不让水进入自动扶梯，多采用如下方式：

1）在自动扶梯的上下端部前应设有排水沟，对雨水流水进行截流。

2）自动扶梯楼层板周围有防水坡度，阻止积水进入机房。

3）自动扶梯的下部机坑需要设有排水井，并设有自动排水泵和水位检测装置。

2. 部件的特别设计

（1）驱动主机

1）电动机采用IP55外壳保护等级，端子盒采用IP65等级，电线出口采用密封接头。

2）驱动主机上方设防水罩盖，防止雨水淋到工作制动器和电动机尾部的电子装置。

（2）控制系统

1）控制柜、中间接线箱、变频器柜的外壳防护等级采用IP55（包括通风口的保护等级）。

2）各种柜体应采用镀锌板制造，外表面三层涂漆：第一层为优质长效高附着力锌粉底漆；第二、三层为优质耐腐蚀耐油面漆；内表面可双层涂漆。柜体防锈能力应不低于20年。

3）各种安全开关、急停按钮、钥匙开关、插座等电气件的防护等级采用IP65。

4）全部开关座、板都采用不锈钢板制造。

5）电缆槽应采用厚度不小于1.5mm不锈钢板制造，线槽底部应开有排水孔，防止积水。

6）全部进出线都穿入不锈钢包塑软管，与线槽和各种控制装置的连接均采用防水密封接头。为了防止线管中积水，全部线管的任何部位都需要高于线槽。

3. 各种链条

1）梯级链、驱动链、扶手带驱动链都需要有用不锈钢板制造的防水罩盖，防止雨水淋到链条上。

2）视需求增加润滑量，对梯级链每天启动时加1次油或每隔24h加一次油；对驱动链和扶手带驱动链每隔20h加一次油。

3）梯级链的销轴直径不应小于20mm，以防止销轴磨损后梯级链强度下降过快。

4. 主驱动轴

1）主轴体非工作部位和全部链轮表面需要作三层涂漆。

2）由于露天工作的自动扶梯环境十分恶劣，实际使用证明，主驱动轴采用密封轴承，在轴承座上加密封盖的传统设计，不能有效阻挡泥沙渗入轴承内部，轴承的工作寿命很低。为了保证露天工作情况下轴承有较好的工作寿命，主驱动轴的轴承应采用定期外注油脂润滑结构，润滑脂一方面对轴承起到润滑，同时还能阻挡泥沙进入轴承座内。轴承座的结构应能在注入新油时将已混入泥沙的旧油挤出轴承座，起到定期更换油脂的作用。轴承座上部需要有防水罩盖。

5. 梯级链张紧装置

1）轴体非工作部位和全部链轮表面采用三层涂漆。

2）拉杆，弹簧座等零部件做热镀锌处理，或采用不锈钢制造。

3）弹簧需要作发黑等化学表面处理。

6. 桁架

1）整体热镀锌，镀层厚度不小于100μm。

2）上下机房底板都需要有排水孔，底板的结构需要有排水坡度，防止积水。

3）下部机房底板需要开有水位观察窗，并装设油水分离器。

7. 梯级与滚轮（包括梯级链滚轮）

1）采用整体铝合金梯级，内外表面作喷漆处理。

2）采用铝合金轮壳滚轮。

3）采用防水密封轴承，滚轮上应带有密封盖，能阻止泥沙侵入轴承座内。

4）梯级轴的非工作表面应热镀锌处理，或做三层漆处理。

8. 导轨与支架

1）全部导轨都采用热镀锌处理（除卸载导轨）。

2）全部支架都作热镀锌处理。

3）导轨在安装中如有调整垫片，垫片应是不锈钢制造的。

9. 扶手装置与扶手带

1）扶手装置的支架需要作热镀锌处理。

2）扶手带的内衬应采用合成纤维材料。

10. 接油槽、接尘盘和梯级保护挡板

接油槽、集尘盘和梯级保护挡板都采用不锈钢板制造。

11. 各种紧固件

1）一般紧固件（包括螺栓、螺母、垫圈）都采用不锈钢材质。

2）各种高强度螺栓，可作发黑等化学处理。桁架连接螺栓与螺母在安装后还需要用高锌漆对表面作处理。

二、气候适应性设计

1. 防雷设计

对南方多雷雨地区，需要考虑防雷设计。在控制系统增加防雷措施。例如，在三相电源输入端配置带有压敏电阻和电容的浪涌吸收器，对于因雷击等引起的来自电网的瞬间高压和高次谐波具有吸收作用，消除电源浪涌噪声干扰、防止浪涌损害控制系统电子元器件。

2. 防高温设计

对于机房内置式自动扶梯，需要根据本地区的气候情况，防止机房工作温度过高。一般是在机房安装风扇，对控制柜进行强制通风；同时提倡采用网架式桁架底部，梯级的运动使自动扶梯具有自通风条件。

3. 防冰冻设计

对于冬天气温在零度以下的地区，桁架内应安装加热器。

4. 防结露设计

对于高湿度地区，自动扶梯的电子设备应具有防止湿气在设备内化为水珠的设计。

三、防盗设计

防盗设计主要是针对楼层板。室外梯由于多是安装在出入口，地点分散，当深夜车站出入口关闭后，一般露天布置的自动扶梯是被关在门外的，不少城市的地铁发生过自动扶梯楼层板被盗的事。防盗设计常用的方法是：

1）在楼层板上加锁。只有专用钥匙才能打开。

2）在楼层板上装设被盗警铃，当楼层板被强行打开时，安装在车站值班室的警铃就会响起。

3）在楼层板上同时安装铁链，在强行打开后也一时拿不走，使车站值班人员有时间赶到现场。

第十二章　自动人行道

第一节　概　述

自动人行道作为自动扶梯的分支产品，是带有循环运行的走道，在水平或倾斜角度小于12°的固定电力驱动设备上从一个区域（楼层）到另一区域（楼层）中连续输送乘客。它可用于机场、大型购物商场、超市、车站、码头、展览馆和体育馆等人流集中的地方，最常见于机场，超市及大型购物广场。自动人行道结构与自动扶梯相似，但与自动扶梯相比，其乘客搭乘的区域在有倾斜部分的情况下，不会出现阶梯状的梯级，乘客可以将行李推车及购物车推上自动人行道。

1893年，第一台自动人行道安装于芝加哥世界博览会（也称世界哥伦布博览会）的娱乐场码头。该自动人行道把游客从湖边运送到密歇根湖进行湖景风光观赏，减少游客由于长距离步行而产生的疲劳，令其大受游客的喜爱，如图12-1-1所示。

图12-1-1　1893年“芝加哥世界博览会”娱乐场码头的自动人行道（安装在棚盖下面）

芝加哥世界博览会之后，自动人行道开始进入人们的视线并逐渐安装于商业场所中。20世纪，奥的斯销售的第一部商用自动人行道安装于圣地亚哥的“El Cortex”酒店中，它横跨街区马路直接连接到酒店内的咖啡厅，为住客带来极大的便利，如图12-1-2所示。随后，自动人行道开始应用于大型购物中心、机场等公共场所。特别是在需要运送大量乘客的机场，自动人行道把乘客从搭乘区运送到远端的停机区，减少了乘客的行走距离和缩短到达目的地所需的时间。在具有多个终点站的国际中转机场，自动人行道的作用尤为明显。

1974年，奥的斯公司在荷兰阿姆斯特丹史基普机场安装了当时欧洲最长的自动人行道，其长度为200m。

图12-1-2 圣地亚哥的“El Cortex”酒店的跨街自动人行道

20世纪90年代末，德国蒂森公司和法国的CNIM公司开发出速度达2～3m/s的高速人行道，为了使乘客能安全进出，在出入口处具有一个速度过渡段，将速度从低速（或高速）过渡到高速（或低速），因此又称为变速式自动人行道（如图12-1-3所示）。乘客从低速段进入，然后进入高速平稳运行段，再后进入低速段离开。这样提高了乘客上下自动人行道时的安全性，缩短了长行程时的乘梯时间。但是，如果乘客在人行道上走动，由于在该人行道中存在变速的过程，因此较容易造成乘客摔倒，与普通恒定速度的自动人行道相比，其安全性略差，而且造价很高，实用性受到限制，目前只有一些样机安装在一些标志性的建筑中（如法国巴黎市中心的某地铁站）。

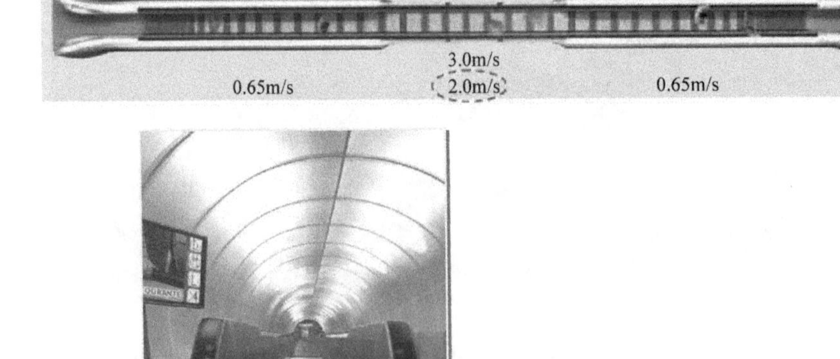

图12-1-3 变速式自动人行道

2007 年，通力电梯公司推出无底坑的 Inno Track™ 自动人行道，安装于荷兰阿姆斯特丹的史基普机场。它可以直接安装铺设在建设好的机场通道中，无需设计专用的人行道井道，其优点是在机场改建中，可根据需要随时变换安装的位置。

第二节　自动人行道的种类

自动人行道的种类可以按结构、使用场所、室内室外、倾斜角度、护栏的种类等进行区分。

一、按结构分类

自动人行道按照其结构可分为踏板式自动人行道、胶带式自动人行道及双线式自动人行道。

（1）踏板式自动人行道

其结构方式与自动扶梯相类似。乘客站立在踏板上，通过踏板链带动踏板向前运动，输送乘客，如图 12-2-1 所示。

（2）胶带式自动人行道　其结构与常见的带式输送机相同。通过安装于自动人行道两端的滚筒驱动并张紧胶带运行，胶带作为运行梯路替代常见的踏板式人行道的踏板及踏板链，直接运送乘客从一端到达另一端目的地，如图 12-2-2 所示。

（3）双线式自动人行道　由一台主机通过一个特别设计的结构同时驱动相反方向运行的并列自动人行道，如图 12-2-3 所示。在 2008 版的欧洲 EN 115 标准及 2011 年发布的新的国家 GB 16899 标准中，已明确指出不允许使用一台主机同时驱动两台自动扶梯或自动人行道，因此，该结构将成为历史。

图 12-2-1　踏板式自动人行道

图 12-2-2　胶带式自动人行道

图 12-2-3　双线式自动人行道

二、按使用的场所分类

自动人行道按使用的场所可分为普通型自动人行道及公共交通型自动人行道，如图 12-2-4 所示。

a)

b)

图　12-2-4　自动人行道的使用场所分类

a）商用型自动人行道　b）公共交通型自动人行道

1. 普通型自动人行道

普通型自动人行道又称为商用型自动人行道，一般安装于购物中心、超市、展览馆等商业楼宇内，这些商业楼宇通常多安装倾斜式的自动人行道。

商业场所的营业时间一般为每天10～12h。商用型自动人行道的一般定义为：每周工作6天，每天运行12h。主要的零部件按70000h的工作寿命进行设计。

2. 公共交通型自动人行道

公共交通型自动人行道一般安装于机场、枢纽车站等人流密集的公共场所。这些场所的使用强度较大，一般按每天运行20h，每周工作7天（即每周140h的运行时间）进行计算。而且在人流量及载荷定义中，通常设定每3h的时间间隔内，有不小于0.5h的持续时间，其载荷达100%的制动载荷。

公共交通型自动人行道的设计需要按以上设定进行计算校核，各主要部件的设计寿命一般需达到在20年内不进行更换的最低要求。

三、按使用环境分类

自动人行道按使用环境分类，可分为室内型自动人行道及室外型自动人行道。

1. 室内型自动人行道

室内型自动人行道安装于建筑物内，广泛应用于超市、购物中心广场、机场等。由于设备安装于建筑物内，使用环境相对较好，不需要考虑日晒雨淋、紫外线、风沙等的侵蚀及防护，因此，各零部件的防护等级要求相对室外梯要低，通常采用标准的防护即可，如图12-2-5所示。

图12-2-5　室内型自动人行道

图12-2-6　全室外型（露天）自动人行道

2. 室外型自动人行道

室外型自动人行道安装于建筑物外部，可细分为全室外型和半室外型。

（1）全室外型自动人行道　全室外型自动人行道如图12-2-6所示，安装于全露天的场所，可抵抗日晒、雨淋、风沙、飘雪、盐雾及紫外线等各种恶劣天气环境的直接侵蚀。根据安装设备的地理位置及气候条件，自动人行道还需要安装防水、防锈、防冻、加热、防尘等保护设施以延长设备的使用寿命，该部分的设计要求及结构与自动扶梯很相似。

（2）半室外型自动人行道　半室外型自动人行道如图12-2-7所示，安装于室外，但其设备顶部装有顶棚，雨水和雪不会直接淋到自动人行道上。由于有顶棚的阻隔日照的紫外线及风沙等的侵蚀，相对全露天的室外自动人行道要小一点。但是，即使有顶棚的阻隔，仍需要根据安装的地理位置及气候条件的不同，适当安装防锈、防冻、加热等保护设施以延长设备的使用寿命。

一般说来，尽管室外自动人行道已安装了防水、防锈、防冻、加热等附加保护设施，但是由于使用的条件比较恶劣，对润滑等条件的要求相对更高。通常，这些设备的零部件的实际使用寿命会比室内型要短，磨损比室内型要快得多，整体的维修成本也会相对较高。因此，一般不推荐使用全露天的自动人行道，在条件许可的情况下，尽量使用室内型。如果条件不允许，必须安装在建筑物外时，也建议安装顶棚，以降低恶劣气候对设备使用寿命的影响。

图12-2-7　半室外型自动人行道

四、按倾斜角度分类

自动人行道按倾斜角度可分为：水平型自动人行道及倾斜式自动人行道。

1. 水平型自动人行道

水平型自动人行道指完全水平、不存在倾斜段的人行道，或倾斜段的倾斜度小于等于6°的人行道，如图12-2-8所示。这类自动人行道常见于机场、交通枢纽车站等大型的转运场所。在国标GB 16899—2011及欧洲标准EN 115中均没有明确定义水平型自动人行道，只是在规范的某些条款中明确要求倾斜大于6°的倾斜式自动人行道需要安装一个附加制动器。因此，在中国及实施欧洲标准的国家中，一般都默认6°及以下的自动人行道为水平型自动人行道。

此外，出口到美国及加拿大的自动人行道，则有不同的定义标准。在ASME17.1－2010/CSA B44－10电梯及自动扶梯安全标准中，定义水平型自动人行道倾斜度为0°或小于等于3°的自动人行道，倾斜度大于3°的人行道为倾斜式自动人行道。

2. 倾斜式自动人行道

倾斜式自动人行道为带有倾斜段，倾斜度大于6°，且小于等于12°的自动人行道，如图12-2-9所示。常见的倾斜式人行道通常为10°或12°，它常用于超市或购物广场，运送顾客从一层到另一层进行购物。

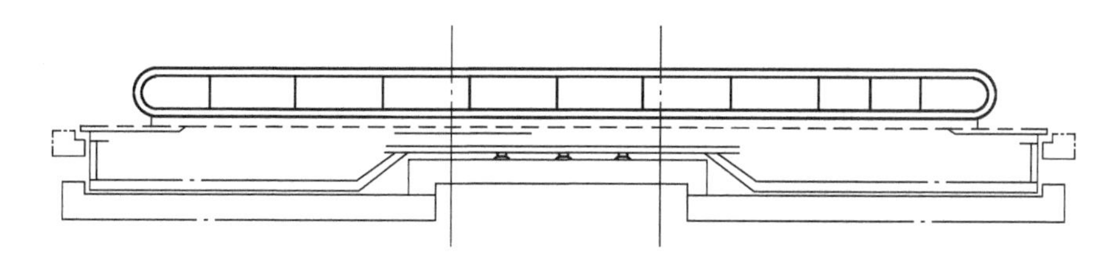

图12-2-8　水平型自动人行道0°~6°

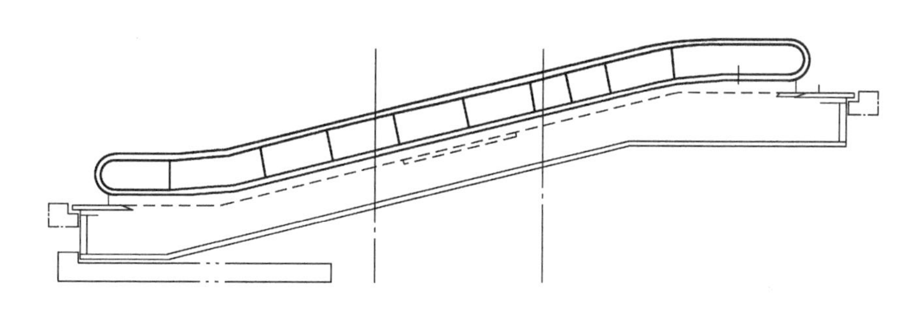

图12-2-9　倾斜式自动人行道10°~12°

五、按护栏种类分类

自动人行道按护栏种类分类，可分为玻璃护栏型及金属护栏型两种。

1. 玻璃护栏型自动人行道

玻璃护栏型自动人行道的护栏（护壁板）采用钢化玻璃制造，如图12-2-10所示。商用型自动人行道通常都采用玻璃护栏。根据客户的需求或配合建筑设计的美学的要求，玻璃板可为全透明、半透明或磨砂不透明板。为配合建筑物的设计美学要求，还可以采用不同颜色或配合使用不同的装饰照明设计，安装于购物商场、超市或机场中。

2. 金属护栏型自动人行道

金属护栏型自动人行道常见于公共交通型或室外型的自动人行道，如图12-2-11所示。因为金属护栏的强度高、抗损伤性较强，因此在人流密集且乘客携带行李的机场及客流交通复杂的交通枢纽车站中较为常见。金属护栏的内衬板通常采用发纹的不锈钢，可降低被行李划伤后划痕的可见性。

图 12-2-10　玻璃护栏型自动人行道

图 12-2-11　金属护栏型自动人行道

第三节　自动人行道的总体结构

自动人行道是自动扶梯的细分产品，通常，采用踏板形式的结构与自动扶梯相仿，按部件的功能自动人行道可分为：主体结构、踏板与踏板链驱动系统、扶手带及扶手驱动系统、导向导轨系统、护栏及围裙板、电气控制系统、安全保护系统和润滑系统等八大部分。自动人行道的总体结构如图 12-3-1 所示。

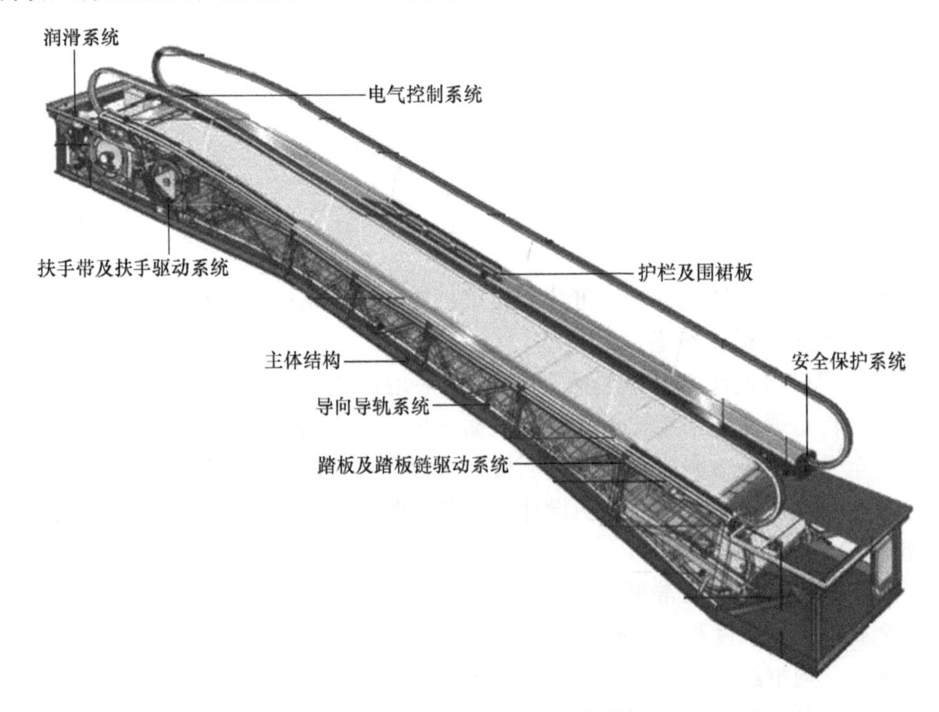

图 12-3-1　自动人行道的总体结构

一、主体结构

自动人行道的主体结构与自动扶梯基本相同，由桁架、端部盖板（楼层板及梳齿支撑板）和底板组成，如图 12-3-2 所示。

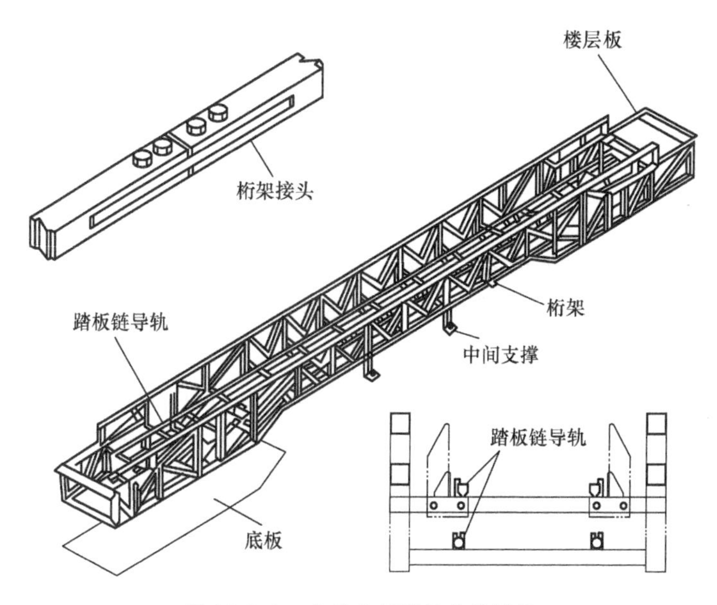

图 12-3-2 自动人行道的主体结构

1. 桁架

桁架又称支撑构件，是自动人行道的骨架，用于承载自动人行道各部件的重量及承受乘客的重量。其结构与自动扶梯的支撑结构基本相同，但由于其踏板与踏板链的连接方式比梯级与梯级链的连接方式简单，使其结构相对于自动扶梯的桁架结构简单，特别是斜段部分较扶梯更为简洁。通常，由于自动人行道的跨距较大，一般在斜段上会有多个中间支撑以保证其挠度满足标准的要求。自动人行道的桁架结构通常也采用角钢或方管制造。

（1）挠度

作为自动人行道的支撑构件的桁架，其承载的能力需按 5000N/m^2 的载荷进行设计。而且，在承受载荷的情况下，桁架上两支撑间的最大挠度不能大于标准要求的最大允许值。

普通自动人行道桁架在两支撑距离 L 间的最大挠度需小于 1/750。公共交通型的自动人行道，桁架的最大挠度需要小于 1/1000。

根据 EN 115 -1：2008 标准的要求，桁架的设计需满足 EN 1993 -1 -1《钢结构设计 第 1 -1 部分：用于建筑的规范》的要求。

（2）设计计算

自动人行道桁架的设计计算主要包括强度校核、刚度校核等。在进行强度校核时，自动人行道的桁架设计所依据的载荷除了自动人行道各个部件的自重（包括桁架本身、驱动装置、踏板及踏板链等部件的重量）外，要再加上 $5000N/m^2$ 的乘客载荷。

桁架结构的力学计算方法有节点法和有限元分析法等。随着计算机辅助设计技术的发展，目前大部分公司采用有限元分析法，常用的软件有 RFEM、ANSYS 等。有限元分析法的主要步骤包括：建立有限元分析模型、约束处理、载荷分类及组合、计算结果的分析及处理、校验等。其计算的方法与步骤与自动扶梯桁架的计算是类似的。具体可参阅第二章第二节的内容。

（3）检验及认证

桁架结构设计的最大挠度值除了要进行理论计算外，还需要实际的负载测量。根据国家标准的要求，需要把理论计算书提交给有资质的第三方认证机构进行校核确认。并且在型式试验中需要对试验的样梯进行负载挠度的测量，以确保其符合要求。

在欧洲共同体（欧盟），要求厂家在交付产品之前（或同时）提供桁架设计的认证证书（如德国的 TUV 认证），以保证桁架的设计符合安全性要求。此外，还对焊接桁架的焊接标准有明确的规定。桁架中各构件间的连接焊缝需满足以下标准要求：焊接公差按 EN 12920AE 标准要求，焊缝质量需满足 EN ISO 5817C 标准要求，焊接程序则需满足标准 EN 29692 的要求。欧盟规定从 2011 年起，所有进入到实施欧洲标准地区的自动扶梯及自动人行道的桁架制造商必需取得 EN 1090 的质量认证，以保证其产品符合安全质量标准。

同样，出口美国及加拿大的自动扶梯及自动人行道的桁架也有类似要求，焊接人员及制造厂商均需取得 CWB 的认证，以保证桁架的焊接质量。

（4）桁架支反力的计算

在安装自动人行道时，需要考虑建筑物支撑梁的承受能力。因此，在建筑物的土建前，需要清楚地了解桁架在各个支撑点的支反力，以保证其承受能力。图 12-3-3 是支反力受力示意图，支反力 F 的计算如式（12-3-1）和式（12-3-2）所示：

$$F_A = [q*L + g(W*L_1)]/2 + X \tag{12-3-1}$$

$$F_B = [q*L + g(W*L_1)]/2 + Y \tag{12-3-2}$$

式中 L——人行道的全长，单位为 m；

q——人行道单位长度的自重载荷（包括桁架、扶栏和内部的各种机件），单位为 N/m^2；

g——人行道载人部位单位面积上的乘客载荷 $5000N/m^2$；

W——踏板面宽度，单位为 m；

L_1——踏板面的总长度，单位为 m；

X——张紧架的重量载荷，单位为 N；

Y——主机和电控柜的重量载荷，单位为 N。

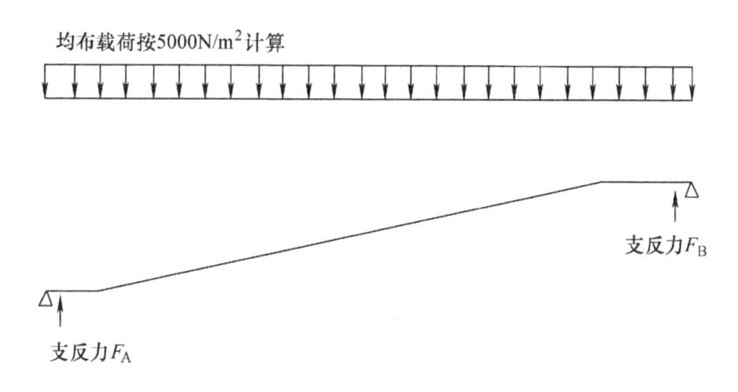

图 12-3-3　桁架支反力受力示意图

2. 端部盖板（楼层板及梳齿支撑板）

端部盖板（楼层板及梳齿支撑板）安装于自动人行道桁架上下端的水平段部分，是乘客从固定的建筑物进入或离开到连续输送乘客的自动人行道踏板间的连接通道。梳齿安装在梳齿支撑板上，与踏板进行啮合运动。

（1）楼层板的结构种类

楼层板通常由一件固定的楼层板及一件或多件可移动式的楼层板组成，以方便维修人员进入维修间内进行维修及保养。为确保安全，检修的盖板和楼层板需要通过钥匙或专用工具才能开启。

楼层板组成常见有铝合金结构及钣金结构两种结构，如图 12-3-4、图 12-3-5 所示。

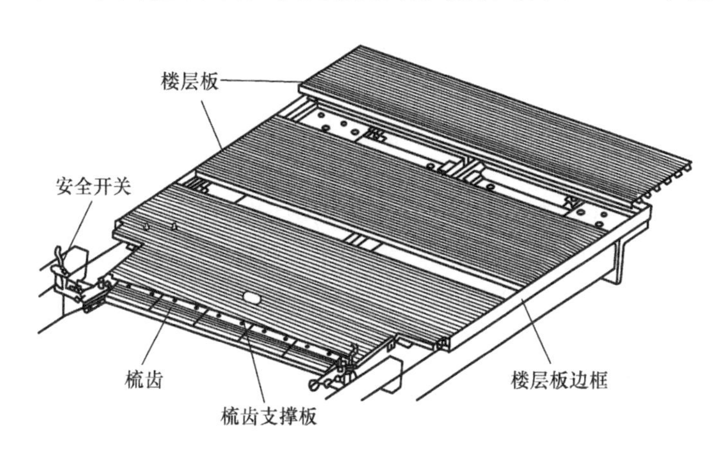

图 12-3-4　铝合金结构楼层板

1）铝合金的楼层板通常由带凹凸槽的拉伸铝型材组成，用两种或多种宽度尺寸的拉伸铝型材拼接组合成所需的大小尺寸。一般情况下，这些铝型材两侧均为带凹凸槽的结构，以便在拼接楼层板时能透过各条型材间的凹凸槽进行相互啮合，牢固结合组成一个整

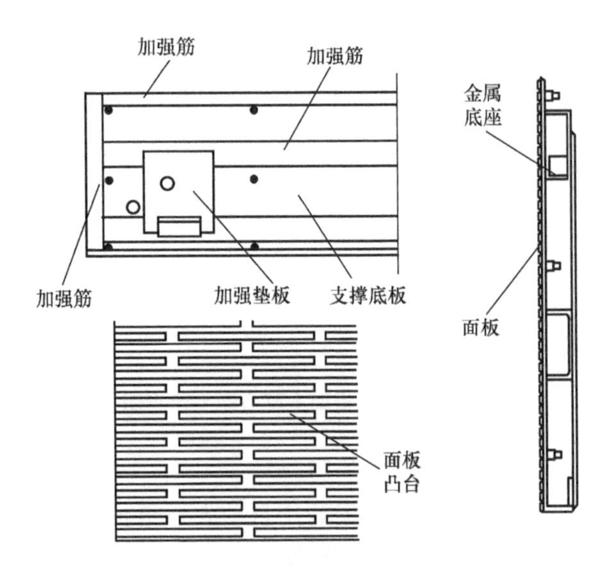

图 12-3-5 钣金结构楼层板

体。铝合金型材具有较好的防腐能力及防滑性能，可用于室内及室外的使用环境中。

2）钣金结构的楼层板通常为板材折弯焊接组装的表面粘结花纹不锈钢面板。碳钢的基座一般采用喷涂工艺进行防腐处理。由于普通的喷涂处理的防锈能力不强，这种结构一般只适合用于室内环境中。

（2）梳齿支撑板

梳齿支撑板一般以厚钢板为基体，表面粘贴花纹不锈钢板；也有以铝合金型材为基体。其结构与自动扶梯的梳齿支撑板相同，前端用于安装梳齿，后端与活动支架相联，当梳齿受到异常外力作用时后移或上弹，并使自动人行道停止（详见图 2-1-26）。

3. 底板

底板对桁架的底部起封闭作用。在上、下平层两端部需要安装设备，并为维修人员提供维修空间，因此底板需要有承重能力，一般采用厚钢板制造。而在自动人行道的倾斜段，各生产厂家的结构设计会有所不同，有些采用薄钢板底板；有些采用开放式的设计，不需要底板，采用不同的横梁达到同样的受力结构效果。同时，可根据客户的需求在两侧踏板链的底部增加集油槽，防止润滑油直接流到建筑物地板上。

一般情况下，维修人员进入的底板部位常用 3mm 或 5mm 厚的钢板。室内梯通常用 3mm 底板。而室外梯，由于通常采取热浸镀锌防锈处理，为减小底板在热镀锌时的变形，其底板一般采用最小 5mm 厚的钢板。

二、踏板系统

踏板是自动人行道运载乘客的部分，与自动扶梯相似，它也是由踏板、踏板链、驱动主机、主驱动轴、踏板链张紧装置等组成。

1. 踏板（胶带）

踏板（胶带）是自动人行道上运送乘客的承载部件，是乘客站立的地方，在踏板链的带动下往前（向上或向下）循环运动，如图 12-3-6 所示。

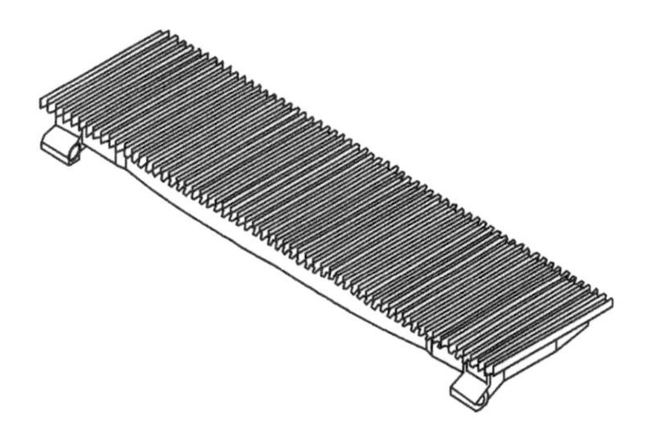

图 12-3-6　自动人行道的踏板

（1）踏板的宽度

踏板与梯级一样，其宽度关系到自动人行道的输送能力及乘客的安全。因此，踏板的宽度设计要求如下：一般情况下，自动人行道踏板的宽度需控制在 0.58 ~ 1.1m 之间，对于水平型自动人行道，其宽度可放宽到 1.65m。通常，各厂家常用的踏板宽度有 0.80m、1.00m、1.20m、1.40m 和 1.60m 几种。在公共交通型的水平型自动人行道中常用的有 1.2m 和 1.6m 两种规格。在机场，特别是繁忙的中转机场中，由于乘客常常携带随身行李，因此 1.6m 的水平型自动人行道特别流行。而在商用型的倾斜式人行道中，常见的规格则为 1.0m，在商场中使用最普遍。

（2）踏板的节距

踏板通常直接连接于两侧的踏板链上，组成一个稳定的给乘客站立的平面。不同于梯级的连接结构，踏板上没有自己的滚轮。踏板的节距是指与踏板连接的踏板链上前后两个滚轮之间的距离。因此踏板的节距直接与所选配的踏板链的节距相同。各品牌的踏板节距会有所不同，最常见的有 120mm、270mm 和 400mm 左右三种规格。普通商用型自动人行道，由于其宽度一般在 1m 及以下，因此多采用较短的节距。而用于机场及公共交通客流的水平型自动人行道，因其宽度多为 1.6m，所以它们多采用大节距（如 400mm 左右）的踏板。

（3）踏板（胶带）表面结构

使用在自动人行道上的踏板或胶带，其表面均带有齿槽，而且齿槽的方向与自动人行道的运行方向相同，踏板（胶带）齿槽尺寸如图 12-3-7 所示。

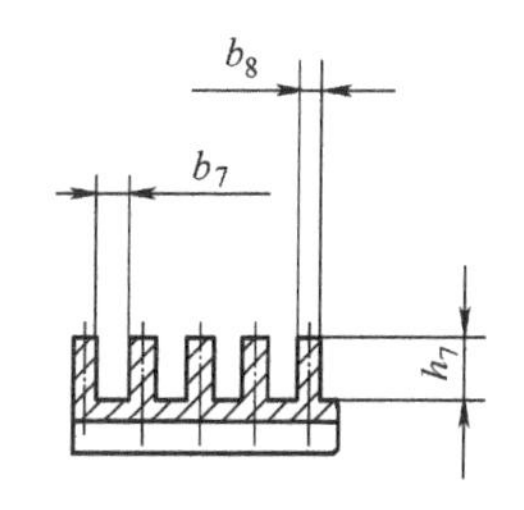

图 12-3-7　踏板（胶带）齿槽尺寸

踏板齿槽的尺寸一般为：b_7 为 5 ~ 7mm、b_8 为 2.5 ~ 5mm、$h_7 \geqslant 10$mm。

如采用胶带式，其尺寸要求则稍有不同，通常为：b_7 为 4.5 ~ 7mm、b_8 为 4.5 ~ 8mm、$h_7 \geqslant 5$mm。

踏板（胶带）在进入上下水平段时的运动中，踏板（胶带）上的齿槽与梳齿板上的梳齿相啮合，没有连续间隙，以保证乘客在静态建筑物与动态运行的自动人行道间的状态更换时的安全。

同时，踏板（胶带）与梯级相同，乘客站立的表面的齿槽需要有一定的防护性能，以保证乘客不会在自动人行道中走动时滑倒。而且，不同使用环境下的防滑等级要求各有不同，其等级要求与自动扶梯相同，即室内梯不小于 R9 级，室外梯则要求至少为 R10 级。

（4）踏板的种类

常用踏板的种类有整体型和组合型两种，如图 12-3-8 和图 12-3-9 所示。

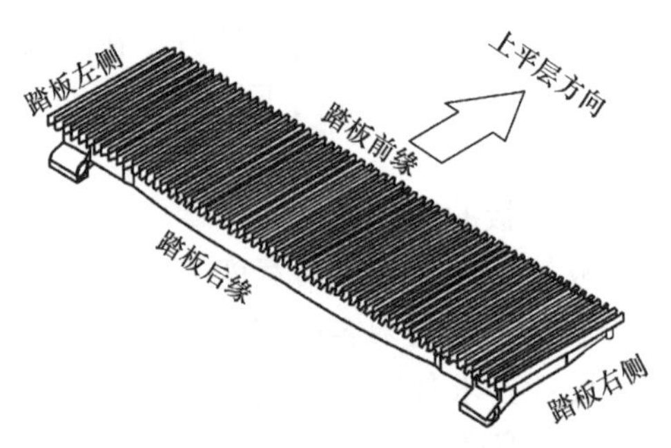

图 12-3-8　整体型踏板

1）整体型踏板使用铝合金压铸一次成形。压铸成形后的踏板与梯级一样，也需要经过适当的机械加工，对踏板表面进行去毛刺处理。踏板的表面一般还需要进行喷涂、磨光处理。此外，部分客户会要求制造厂提供带两侧黄色警戒线的踏板，以提醒乘客不要靠近围裙板，降低安全风险。但是，由于自动人行道与自动扶梯的结构不同，踏板与围裙板间不存在垂直方向上的相对运动，因此，安装不带黄色警戒线踏板的自动人行道与安装带黄色警戒线踏板的自动人行道具有同等的安全性。

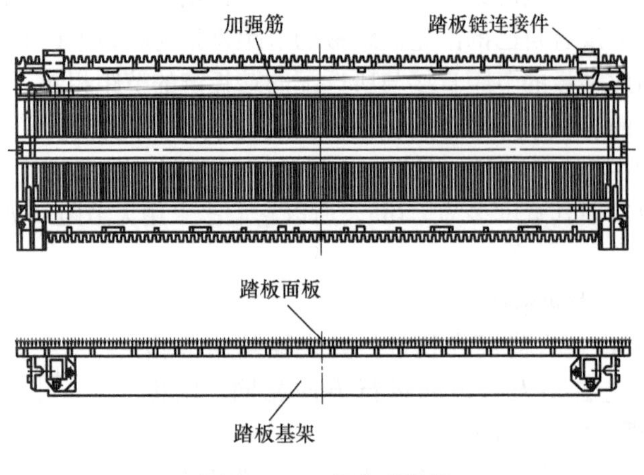

图 12-3-9　组合型踏板

2）组合型踏板的结构与组合梯级的结构原理相同，如图 12-3-9 所示，踏板踏面、支撑架都用普通钢板冲压而成。其中踏板踏面又分为底板和面板，底板用较厚的普通钢板制造，面板由不锈钢薄板经专用设备制成齿槽板。各部分用螺栓、螺钉连接加固。这种踏板由于踏板面是用不锈钢制造的，又称为不锈钢踏板。由于踏板表面是不锈钢齿槽板，用螺钉固定在底板上之后，周边需要用工程塑料制成的黄色或黑色边线条收口。这种踏板外型美观使用广泛，缺点是整体防锈性能不如铝合金踏板，因此常用在商场等环境条件较好的室内梯上。

（5）踏板的动态位置要求

踏板安装于踏板链上，运送乘客从一个区域到另一个区域。为减少由于踏板间的间隙卡入异物而造成乘客乘梯危险的安全隐患，要求两相邻踏板间的间隙在工作区段的任意位置内均不大于6mm。在过渡曲线区段中，如果踏板的前缘与相邻踏板的后缘是相啮合结构，则其最大间隙可放宽至8mm如图12-3-10所示；如果是不相啮合结构则仍应不大于6mm。

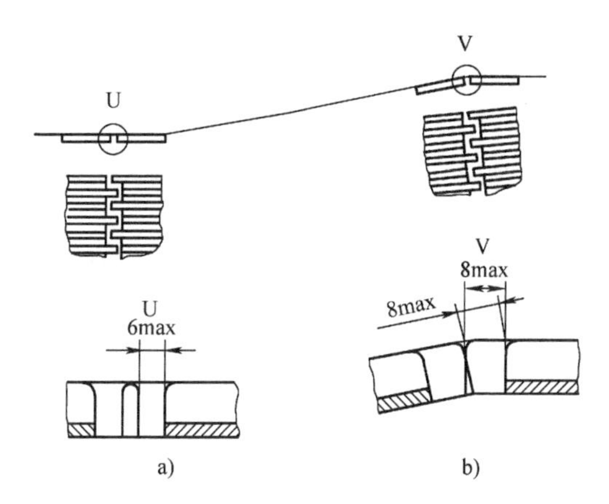

图12-3-10 踏板前缘和后缘啮合的踏板式自动人行道踏板间隙和啮合深度

a）上下出入口 b）过渡曲线区段

（6）踏板的强度要求与测试方法

踏板作为直接提供乘客站立及运送部件，它的设计需要考虑作用于其上的乘客重量以及正常运行时由导轨、导向和驱动系统所施加的所有可能的载荷和扭曲作用，同时还需要考虑在不同的使用环境（在可能的温度、紫外线、湿度、腐蚀等条件下）在规定的使用寿命周期内，均具有可靠的强度。

与梯级的设计要求相同，踏板也需承受$6000N/m^2$的均布载荷力。而对于胶带式的自动人行道，胶带及其支撑系统的承载能力按胶带的有效宽度乘以1.0m长的面积为单元进行校验，以确保其达到标准的要求。

同理，踏板也需要进行型式试验，需要满足踏板的静载试验、动载试验和扭曲试验的要求。其测试方法步骤与梯级相同。

20世纪90年代以前，踏板多采用整体压铸铝，整体式压铸踏板由于是通过模具一次压铸成形，因此零件的尺寸、刚性及一致性较好。在20世纪90年代起，也开始出现金属组合型踏板。对于组合型踏板，要求它的所有零件均可靠连接，在整个产品使用周期内不能出现任何松动现象。踏板的固定件或镶嵌件还需承受梳齿板电气安全装置动作所产生的反作用力而不出现任何松动。

对于采用胶带式传动的自动人行道，胶带的静载试验与梯级、踏板有所区别。该静载试验是在张紧至运行条件下的胶带上，在两侧支撑滚轮中间放置一块 0.15m × 0.25m × 0.025m 的钢垫板，而且该垫板的纵向轴线需与胶带的纵轴平行，然后垂直施加一个 750N 的作用力（该力包括钢垫板的重量），胶带中央的挠度需小于等于 0.01 倍 Z 的要求，如图 12-3-11 所示。

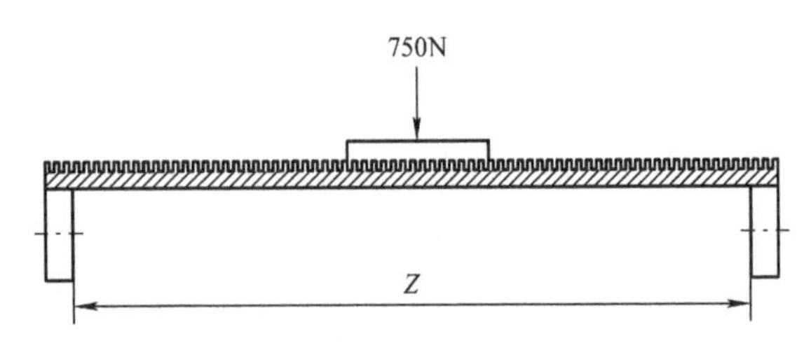

图 12-3-11　胶带的静载试验

Z—支撑滚轮间的横向距离

2. 踏板链

踏板链一般由左右两根单独链条，或左右链条及连接左右链条的中间轴组成，用于牵引安装在它上面的踏板来运送乘客。

与自动扶梯梯级链的设计不同，如果踏板在工作区段内的平行运动除踏板链外还有其他机械方式来保证，则允许采用一根链条进行驱动。不过，常见的自动人行道多采用两根踏板链进行驱动。

自动人行道对踏板的驱动除踏板链结构外，还有一种中间驱动的推动式齿条链结构。在制造业内，厂家采用的多为链条结构。

（1）基本结构与种类

踏板链的结构与梯级链相似，踏板链一般由内链板、外链板、销、套筒、滚轮、卡簧和踏板安装紧固件等零件组成。按滚轮安装方式分有滚轮内置式和滚轮外置式两种结构。通常，大部分的自动人行道的踏板链采用滚轮内置的形式。

在商用梯型中，踏板链为左右两条单独的链条，将踏板安装在两侧链条的短轴上，使其连成一个整体，如图 12-3-12 所示。

在公交型的自动人行道中，由于踏板较宽，为提高踏板链的整体刚性，通常有一根连接左右两侧踏板链的踏板链连接轴，使其连成一个稳定的整体。踏板则安装在这根连接轴上的紧固件上。如图 12-3-13 所示。

（2）踏板链零件的材料选用及要求

踏板链的结构、设计及功能与梯级链基本相同，它作为直接输送乘客的踏板的运动牵引部件，同样需要具备足够的强度。以静载荷 5000N/m^2 的情况下，链条的最小破断强度不小于 5 倍安全系数的要求。而且，以牵引结构方式带动踏板运动的踏板链，长期处于受力张紧状态。在运动过程中，容易令链板与销轴及套筒在连接处由于相互间的旋转运动产生磨损，令两销轴孔间距离变大，从而使链条伸长。因此，踏板链上各零件的材料选用与梯级链相同，需同时满足强度及耐磨损性能的要求。

踏板链中链板、销轴、套筒、连接轴和滚轮等零件的材料选用及热处理要求与梯级链基本相同，具体可参见梯级链的设计部分。

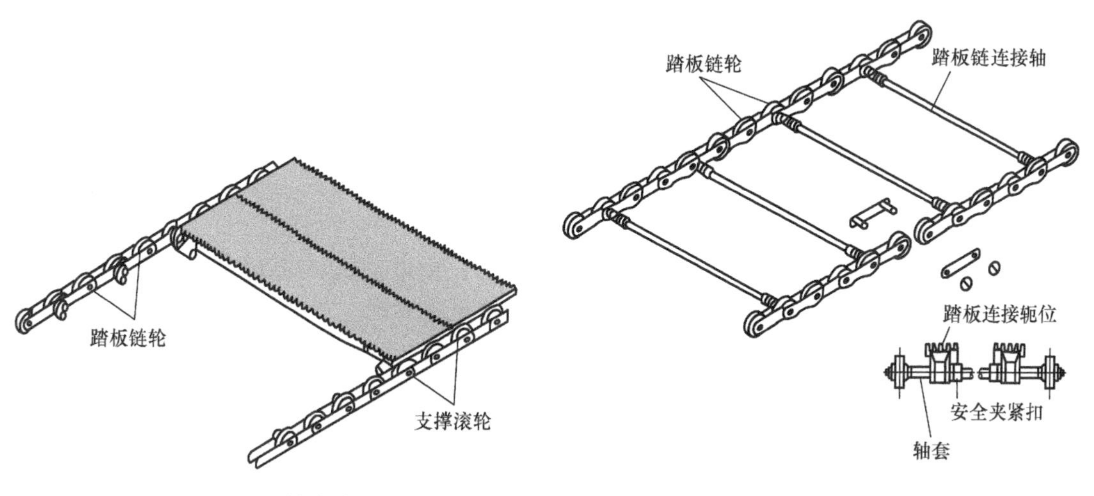

图 12-3-12　短轴式踏板链

图 12-3-13　长轴式踏板链

（3）踏板链的设计及认证

踏板链的设计与梯级链的设计相同，采用无限疲劳寿命设计。

在链条的设计上，各厂家对链板孔距公差及长度要求会稍有不同，但一般来说，每十节左右两条的长度公差要求小于0.2mm，以确保左右两根链条的同步性。而且，链条在制造上，生产商除了严格按照设计要求的尺寸公差进行生产外，还需在装配中对左右完整的链条进行配对，并进行预拉，以保证其长度及节距的一致性。为此，链条的总体长度公差需小于0.1%，左右两根链条的同步精度需要控制在0.3mm以内。

踏板链的设计，需进行破断强度安全系数计算校核及销轴比压的计算，以确定其设计的使用寿命。踏板链具体的破断强度及销轴比压的计算公式及载荷假定，可参考梯级链的设计计算。

链条作为自动扶梯及自动人行道的安全部件之一，须进行型式试验取得合格证后方可进行生产。在型式试验中，须提供各零件的材质的分析报告，以确保零件材料满足规范中定义的钢铁材料标准要求。同时，还需提供不小于5节的踏板链试样，用以进行几何尺寸、节距精度、同步精度等检查及抗拉强度试验，以确保各项指标满足要求。

（4）踏板链的润滑

踏板链的润滑方式与梯级链基本相同，有滴油式、注脂式等，绝大部分厂家的链条均采用滴油式设计。链条通过自动或手动润滑系统定期进行润滑，具体的润滑间隔取决于不同厂家的设计。一般情况下，检查润滑的间隔不长于一个月，在地铁等公交使用条件下或室外使用的链条，润滑的频率更密、间隔时间更短，常见以15天为一个检查周期。

（5）胶带驱动的要求

胶带作为自动人行道的另一种驱动方式中直接承载乘客的部件，为保证乘客的乘梯安全，胶带及其接头的强度需在规定的制动载荷及制停距离要求下，安全系数不小于5。

胶带一般由滚筒进行驱动，并且具有连续和自动张紧的功能。为保证其功能的有效性，该张紧装置通常不允许采用拉伸式的弹簧结构，而采用其他机械方式进行张紧，如重块等方式。如采用重块张紧，则需设计一套安全装置，确保悬挂重块的装置一旦断裂时，重块能及时安全的截住，不会造成胶带的损伤。

3. 驱动主机

驱动主机是自动人行道的核心及动力输出部分，由电动机、减速箱和制动器等组成。与自动扶梯使用的主机相同，具体设计要求及计算见本书第三章第二节。

4. 主驱动轴

主驱动轴安装于桁架的上部，是驱动主机动力的传递部件，通过踏板链和扶手带驱动链驱动踏板及扶手带运动。其结构种类，安装方式等与自动扶梯相同，详见本书第三章的第三节中主驱动轴部分。

5. 踏板链张紧装置

踏板链张紧装置安装于桁架的下部，起张紧踏板链的作用。该装置只应用于牵引式的传动链条设计系统，而对于使用推动式传动方式的驱动系统，则不需要张紧装置，只需在下部安装回转装置，令踏板链带动踏板循环输送乘客。

张紧架的结构与种类与自动扶梯基本相同。一般来说，商用性的水平式自动人行道多采用滑动式张紧架。对于倾斜式的商用型自动人行道及公交型的自动人行道，则多选用滚动式张紧架，以降低张紧架内回环导轨由于滚轮运动而造成的磨损，提高该部件的使用寿命。

在自动人行道中，工作区段的距离通常较长，相应的踏板链长度也有所增加，为使踏板链正常运行，所需张紧链条的力通常要比自动扶梯大，具体的数值取决于各部件及各生产厂的设计。一般情况下，张紧力约为3000N，对于特别长的自动人行道张紧力还会更大。

对于胶带式的自动人行道，其驱动及张紧通常由滚筒实现。在自动人行道的两端安装的滚筒装置，其设计与普通滚筒式传送带相同。传送带的设计在工业应用中已很成熟，就不再作详细的介绍。由于橡胶皮带的材料在恶劣环境中的使用寿命较金属踏板要短，近年来客户的选用频率逐渐变小。

三、扶手带及扶手带驱动系统

扶手带及扶手带驱动系统主要由扶手带、扶手带驱动装置、扶手带导轨及扶手张紧装置等组成。其作用是为乘客提供与踏板同步运动的扶手，提高乘梯的安全性。

1. 扶手带

扶手带通过扶手带驱动系统提供的动力，与梯级同步运动。为保证乘客紧握扶手时的乘梯安全，扶手带运动速度与梯级运动的实际速度应保持完全一致或稍快一点，但不能比梯级速度慢。扶手带运行速度相对于踏板、胶带实际运行速度的偏差需在 0 ~ 2% 之间。自动人行道上均安装有扶手带速度监控系统，当扶手带相对于踏板或胶带的实际速度偏差大于允许值时，且持续时间大于 15s 时，自动人行道应自动停止运行，以保证乘客的乘梯安全，避免乘客摔倒，这种保护措施在倾斜型自动人行道中的效果较水平型自动人行道的效果明显。

扶手带须取得型式试验认证。在认证过程中，除了要检查扶手带的尺寸宽度，内口宽度及内口深度外，最重要的是进行扶手带抗拉强度试验。扶手带的最小抗拉强度为 25kN，并且需满足企业内部的设计要求（详见第四章第一节的相关介绍）。

2. 扶手带驱动系统

扶手带驱动系统是自动人行道两大动力系统之一，为扶手带提供动力，且以摩擦的方式进行动力传递。因此，在空载运行的自动人行道上，主机消耗的功率约有 60% 用于扶手驱动系统。

与自动扶梯相同，扶手带驱动系统有大摩擦轮驱动、直线型扶手驱动及端部驱动三种方式。前两种驱动方式常用于商用型自动人行道，端部驱动的扶手带驱动系统则常见于公共交通型的自动人行道中的不锈钢护栏设计中，也有玻璃护栏设计的公交型自动人行道要求采用端部的扶手带驱动系统。

（1）大摩擦轮驱动系统

大摩擦轮驱动系统一般由摩擦轮、弓形导向滚轮、张紧压链/皮带、扶手驱动链条等组成，如图 12-3-14 所示。摩擦轮的直径一般在 450 ~ 900mm 之间，其直径大小取决于梯路系统设计所需的驱动力大小。常见的直径有 450mm、580mm、680mm 和 780mm 等，摩擦轮的直径越大，扶手带的驱动力也越大。一般情况下，它安装于上平层处，通过扶手驱动链从主驱动轴传递动力到扶手驱动系统上，以保证扶手带与踏板梯级/踏板链同步。另一种较少应用的方式是通过与踏板链同节距的链轮，在踏板链上取动力，实现扶手与梯级同步的功能。由于该结构的链轮齿数较少，使扶手带的振动较使用驱动链条传动的方式要大，因此应用不多。

此外，长距离、大跨度的自动人行道通常需要安装两套扶手驱动系统以使扶手带具有足够的驱动力，保证扶手带与踏板运行同步。一般来说，第一套驱动系统常安装于靠近上平层处，第二套驱动系统则安装在下平层靠近回转处，如图 12-3-14 所示。

（2）直线型扶手驱动系统

直线型扶手驱动系统通常由数个导向滚轮和张紧弹簧或张紧链条装置组成，如图 12-3-15 所示。通过滚轮对扶手带的正压力所产生的摩擦驱动力推动扶手带运动。驱动力的大小可通过调整张紧滚轮压力来调节，驱动力的具体计算，可参见第四章第二节。

直线型扶手驱动系统的驱动力受限于滚轮的直径及压力，通常一套线性驱动系统只能驱动约 6m 提升高度的自动扶梯。如提升高度或扶手带的长度增加，需增加第二或第三套驱动系统。该驱动方式的优点是可作为模块化设计的驱动系统进行增减；缺点是滚轮数量

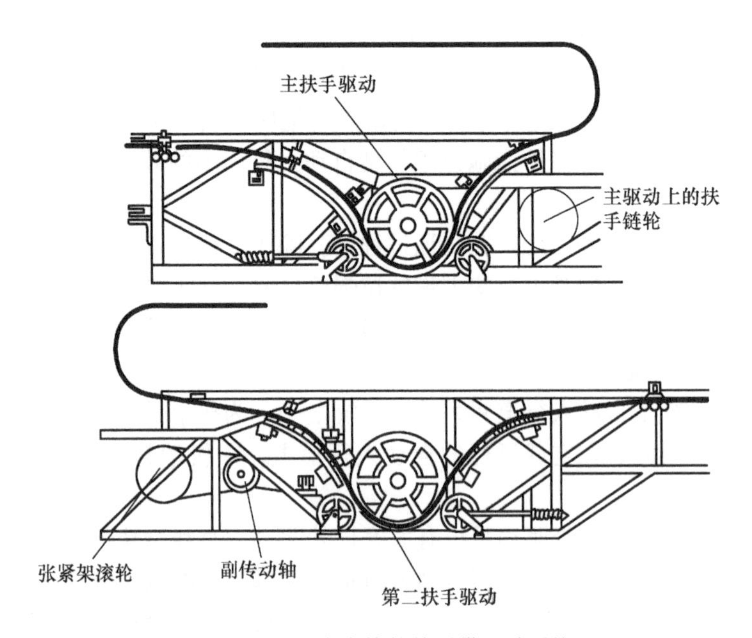

图 12-3-14　大摩擦轮扶手带驱动系统

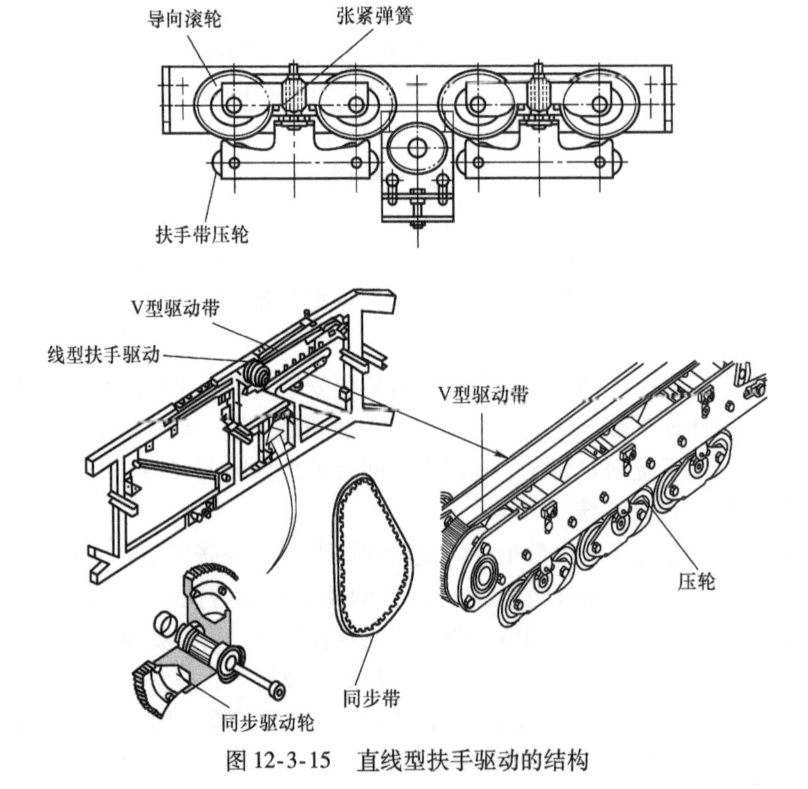

图 12-3-15　直线型扶手驱动的结构

较多，在较高提升高度或较长距离的自动人行道系统中总体系统成本较高。而且，由于扶手带长期受较大的压力，容易在扶手带表面上产生明显的滚轮压痕。

（3）端部驱动系统

端部驱动的扶手驱动系统通过扶手驱动链直接从主驱动轴取得动力，带动端部的大扶手驱动轮转动，从而驱动扶手带运行，具体结构如图 12-3-16 所示。该驱动方式配合 V 形扶手带，可增加接触面积，令扶手带运动更加平稳。而且 V 形扶手带具有很好的导向性，可减少扶手带在运行时的左右摆动，降低由于扶手带左右窜动而令扶手带内衬产生的磨损。该驱动方式的缺点是在全室外环境使用时，当雨水流入扶手带后，向下运行的自动扶梯其扶手带容易打滑，需要在结构设计上加以预防。

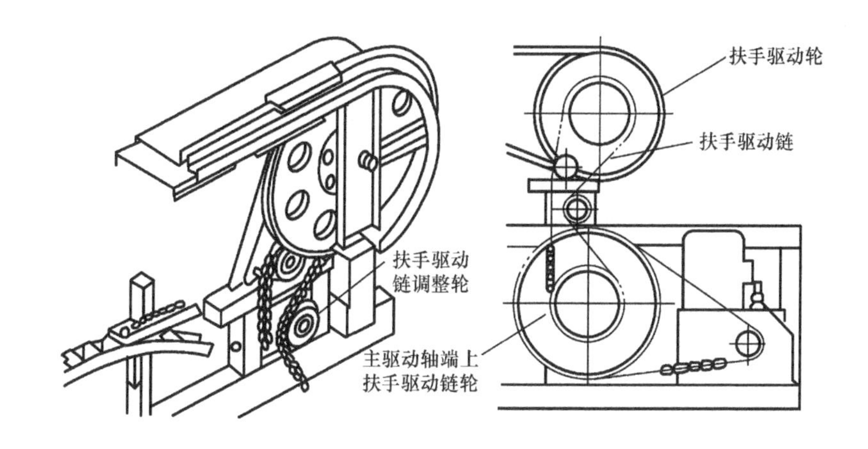

图 12-3-16　端部驱动的扶手驱动的结构

3. 扶手带导轨

扶手带导轨安装于护栏的上部、两端弓形回环部和（或）底部，为扶手带提供工作支撑及导向作用。

扶手导轨包括乘客侧、上下平层两端弓形回转部和返回侧三部分。

导轨型材通常采用钢材（不锈钢）或铝合金制成，常见的型材形状如图 12-3-17 所示。扶手导轨型材的宽度通常比扶手带唇口要小，两者间的尺寸差一般要小于 4mm，以保证扶手带在长期运行后由于唇口变软、尺寸变大后两者间的间隙仍满足规范要求的扶手带与导轨间间隙小于 8mm。

扶手带运动是以摩擦传递动力，扶手带在上下平层转弯处承受的正压力及摩擦力特别大，因此，大部分厂家在产品设计中均采用带滚轮的弓形环，以降低扶手带在两端的摩擦力，如图 12-3-18 所示。此外，部分厂家的产品还在上下平层与斜段过渡段导轨中安装轴承，进一步减小扶手带的摩擦力。

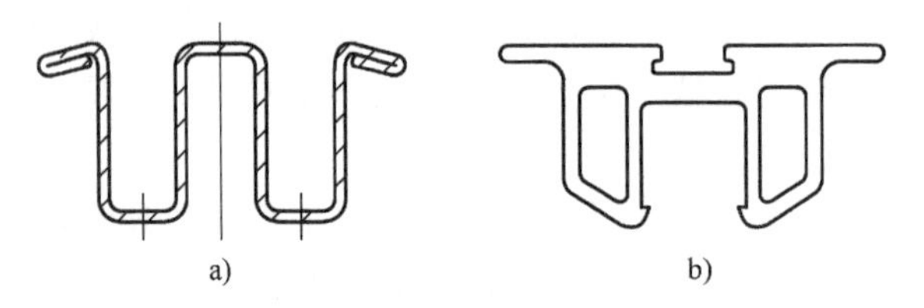

图 12-3-17　扶手带导轨的结构
a）钢型材 - 扶手导轨　b）铝合金型材 - 扶手导轨

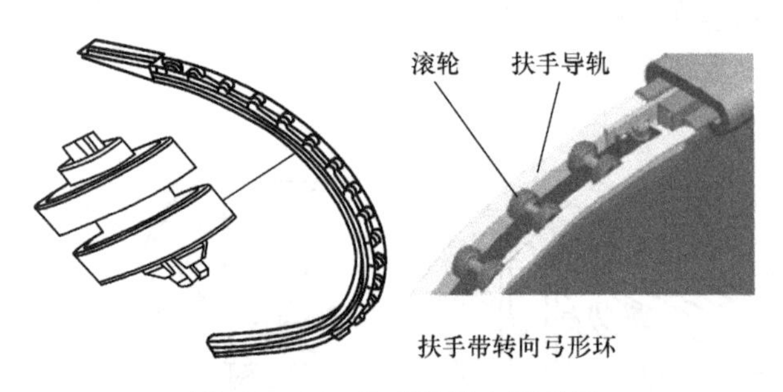

图 12-3-18　扶手带转向弓形环

4. 扶手带导向

扶手导向及张紧装置安装在桁架内护栏的下方，提供扶手带的预紧力，确保扶手带在正常工作时保持在扶手导轨内运行，不会脱出导轨。同时，扶手带张紧装置还起到补偿由于扶手带运行后长度伸长而引起的松弛，令扶手带一直处于预张紧状态。

扶手带张紧装置有手动补偿及自动补偿两种。装置的设计补偿量通常与扶手带的延伸率及最大长度相匹配，业界内设定扶手带的延伸率通常为 2%，厂家会根据各产品最恶劣状态设计其补偿量，以保证扶手带在最差状态下仍能处于张紧状态。

四、导轨系统

导轨系统由工作导轨、返回导轨、转向导轨等组成。其作用是给踏板运动提供运行轨道，又称自动人行道梯路。其结构与自动扶梯导轨系统相似，但自动人行道的导轨系统与自动扶梯的梯路比较相对简单，不需要提供梯级滚轮运行的导轨，仅提供踏板链滚轮运行的导轨即可，如图 12-3-19 所示。

1. 工作导轨

工作导轨是踏板承载乘客运行时的支撑和导向。由于踏板不存在级差，踏板直接安装在踏板链中，因此，只需提供踏板链轮的工作导轨。

2. 返回导轨

返回导轨是踏板从工作运行区段转入自动人行道支撑内部做循环运动时的支撑及导向。

3. 转向导轨

转向导轨的作用是引导踏板从工作导轨转向返回导轨，或从返回导轨转向工作导轨。

五、扶手装置

这部分包括内盖板、外盖板、内衬板（护壁板）、围裙板和外装饰板等，这些部件安装在自动人行道的两侧，用于安装扶手带导轨和扶手带，并对乘客起安全防护的作用。

商用型自动人行道采用玻璃护栏结构设计，如图12-3-20所示。

公共交通型自动人行道有玻璃护栏及金属护栏两种结构设计，如图12-3-21所示的是金属护栏结构。

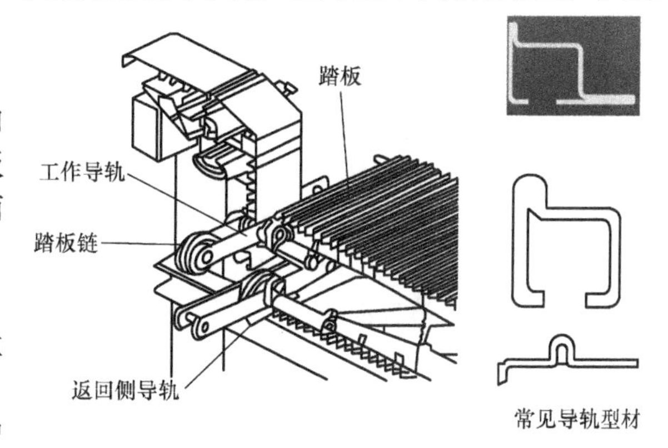

图12-3-19　导轨的结构示意图

自动人行道扶手装置的基本结构与自动扶梯相同，不同的是自动扶梯通常多选用高度为900mm左右的护栏，而自动人行道则多采用高度为1000mm的护栏。

六、润滑系统

润滑系统由油泵、油壶、油管和出油嘴等组成，作用是对主驱动链、踏板链、扶手驱动链等传动部件进行润滑。润滑系统可分为手动润滑及自动润滑两种。

自动润滑系统通过控制系统来控制润滑的时间间隔及数量，该控制系统又可分为单回路润滑系统和双回路润滑系统。

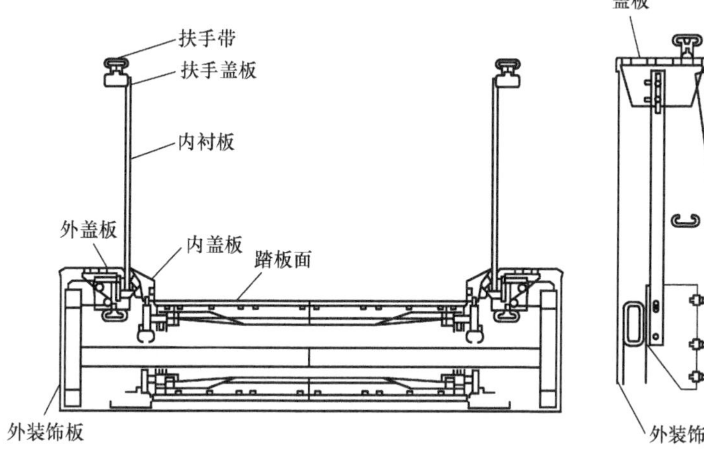

图12-3-20　玻璃护栏

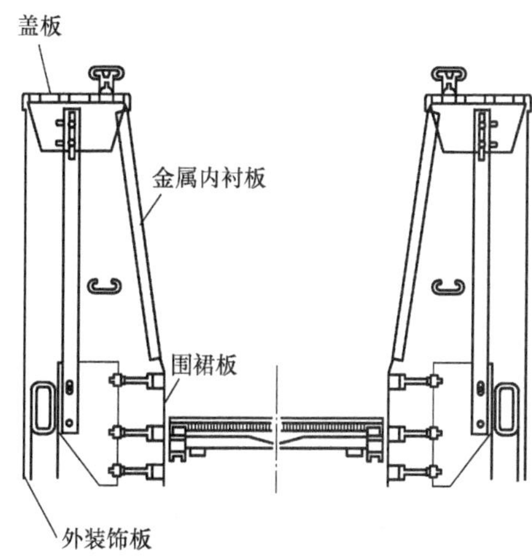

图12-3-21　金属护栏

单回路润滑系统由系统统一控制出油点的出油量及润滑间隔，各零件的润滑油量是相同的，不会有差异。

双回路润滑系统除了具有与单回路系统相同的零件外，还增加了一个油路控制阀。它可以对不同油路系统的传动部件的润滑时间及用量进行单独控制，确保在不同回路上的零件可根据不同润滑需求得到有效润滑，但也不会过度润滑而造成浪费。如踏板链与主驱动链和扶手驱动链是两条不同的润滑回路，则踏板链及驱动链的润滑可根据需求有所不同。

最近，有厂家还开发出智能型的润滑系统，该系统能对各个加油点单独控制，并且改变以往传统点滴的方式，改为通过毛刷涂油。润滑油直达需要润滑的部位，避免了多余的润滑油滴到底板上造成浪费及环境污染。

第四节　电气控制系统

电气控制系统由控制柜、操作开关、电线电缆和接线盒等组成，其作用是通过对各安全装置的监控，控制自动人行道的操作及运行，实现自动人行道的安全运行，电气控制系统示意如图 12-4-1 所示，其具体布置如图 12-4-2 所示。

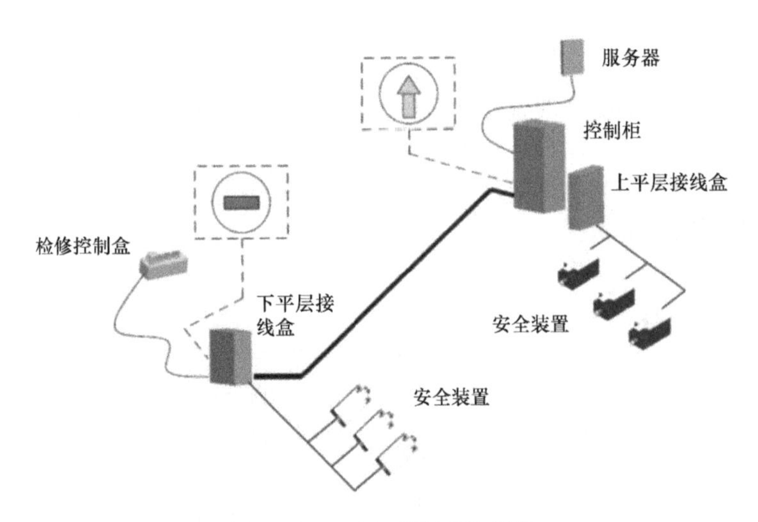

图 12-4-1　电气控制系统示意

1. 控制柜

控制柜通常安装于桁架机房内，也可根据客户需求安装于自动人行道外的分离机房内。控制柜主要由微机控制板、各种电气开关和接触器等组成，如果带变频控制，则还需安装变频器、同步继电器、滤波器等设备来实现自动人行道的节能控制。

常见的控制系统为三种采用不同控制方式的控制柜：继电器式控制柜、可编程式控制柜及微处理控制式控制柜。

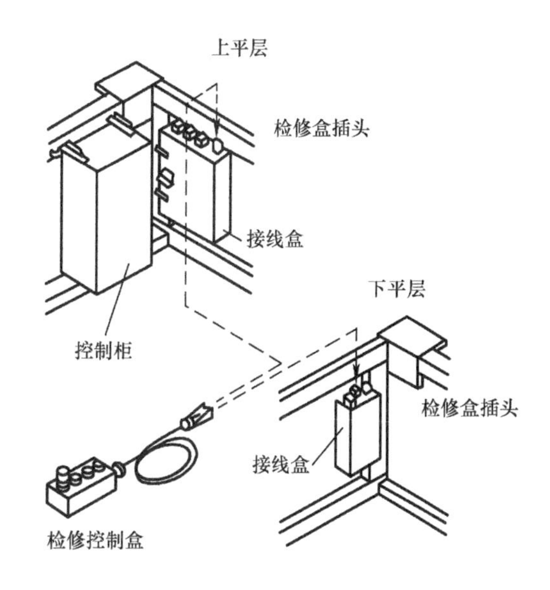

图 12-4-2　控制系统的布置图

（1）继电器式控制柜　通过继电器实行简单的基本控制功能，达到控制自动扶梯、自动人行道运行的基本操作控制。

（2）可编程式控制柜　通过可编程继电器实现除自动人行道基本功能外的其他多种控制功能，并可方便地与建筑物内的其他设备连接，实现群控。其缺点是 PLC 控制系统的不稳定性，编程软件容易丢失，维修人员需要携带手提电脑重新设定控制程序。

（3）微处理控制式控制柜　通过把复杂的控制程序固化在微处理芯片中，达到控制自动扶梯及自动人行道各项功能要求。随着计算机技术的不断发展，除一般要求外，它还可以实现客户特定的多种控制要求，实现与客户端的连接及群控，并且具有很好的稳定性。唯一的缺点是一旦设定后，客户自己不可以随便更换，所有的更改均需通过原生产厂商进行。

2. 操纵装置

操纵装置包括钥匙开关、急停按钮和（或）故障显示灯，安装于自动人行道两端入口侧扶手装置的端部，如图 12-4-3 所示，用于起动或关闭自动人行道。

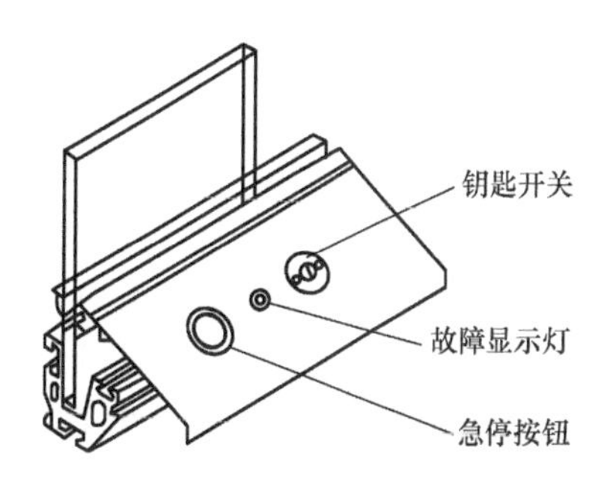

图 12-4-3　操纵装置

3. 电线电缆

电线电缆安装于桁架内，用于传递电力及控制信号给各安全装置及部件。其技术要求及布置方法等与自动扶梯相同，可参阅第八章的相关内容。

第五节 安全保护系统

安全保护系统由自动人行道中一系列的安全装置组成。它包括过载保护装置、超速保护装置、防逆转保护装置、制动器（和附加制动器）、踏板链断链保护装置、踏板缺失监测装置、扶手带入口保护装置及扶手带速度监控装置等。安全保护系统要保证自动人行道出现意外状况时，安全装置可有效地动作，制停自动人行道。常用安全装置布置如图 12-5-1 所示。

各安全保护装置的确定，一般需根据安全电路的设计与评估原理，保证在不同的故障出现时，自动人行道均能有效地制停，保证乘客的安全。

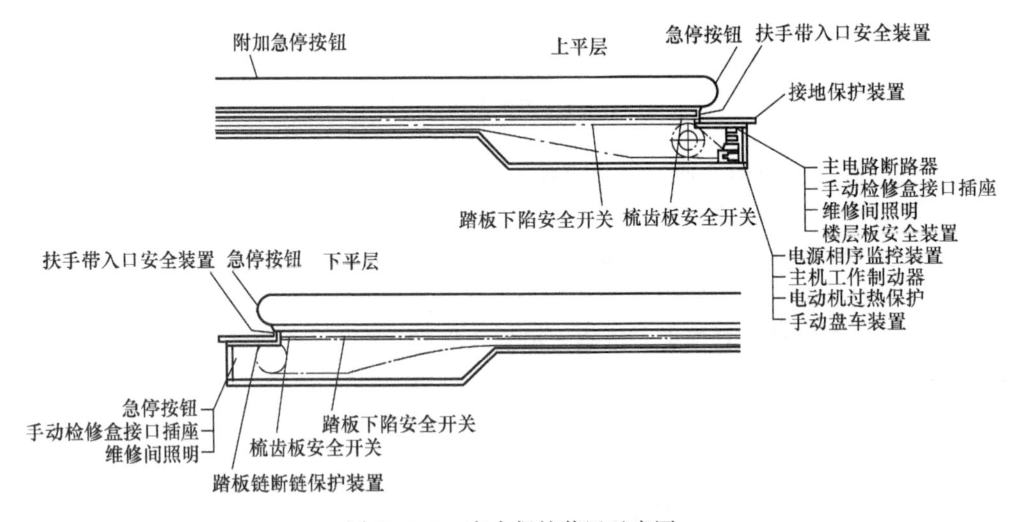

图 12-5-1 安全保护装置示意图

1. 超速保护装置

超速保护装置用于监控自动人行道实际运行速度与设定速度的差异。

该安全保护装置一般安装在主驱动轴或踏板链位置附近，使用速度传感器或编码器检测踏板链的运行速度，当链条实际运行速度超出设定值时，监控装置会给控制系统发出信号使其切断电源，使自动人行道制停。

为确保自动人行道在超速 1.2 倍前停止运行，各厂家通常会把超速的响应点放在 1.2 倍之前，通常会在超速 1.15 倍左右时就触发响应信号。

2. 防逆转保护装置

防逆转保护装置的作用是监控自动人行道是否发生非正常运行方向的改变。

为防止倾斜度大于6°的自动人行道在运行中突然发生非操作转向运行，造成乘客往后摔倒的危险，需要安装一个保护装置，使梯级、踏板或胶带在改变规定运行方向时，能自动停止运行。

防逆转保护装置应直接检测承载乘客的部件在运行时方向是否发生变化，而不能通过检测其他非直接承载部件，以提高安全防护的等级。常见的方式是监控主驱动轴上链轮的运行方向或直接监控踏板链条的运动。具体的实现方法可有以下三种：

1）在主驱动上安装速度传感器或编码器，检测自动人行道的实际运行速度。当运行速度过低，或发生逆转时，发送信号给控制系统，切断主机电源，使自动扶梯或自动人行道停止运行。

2）直接在主驱动轴上安装上下行方向检测开关，如发现自动扶梯发生逆转，立刻切断主机的电源。

3）直接在梯级链或踏板链运行梯路上安装速度感应器，监测运行速度及变化趋势，当速度过低及产生逆转趋势时发出信号，切断主机的电源，制停运行中的自动扶梯或自动人行道。

无论采用哪一种方法，如果自动人行道安装有附加制动器，则在监测到有逆转时，需同时触发该附加制动器动作。

3. 踏板链保护装置

踏板链保护装置用于监控踏板链的张紧状态及链条是否发生断裂。

该安全装置通常安装于下平层张紧架的左右两侧的后端上，用于监测左右两侧的链条的移动距离。当链条过度伸长或异常收缩或发生断裂时，会触动踏板链保护装置上的安全开关动作，制停运行中的自动人行道。

自动人行道的踏板链条应处于连续张紧状态，因此都安装有链条的张紧架如图12-5-2所示，当张紧装置的前后移动位移超出±20mm时，也会触动踏板链保护装置上的安全开关，使自动人行道停止运行。

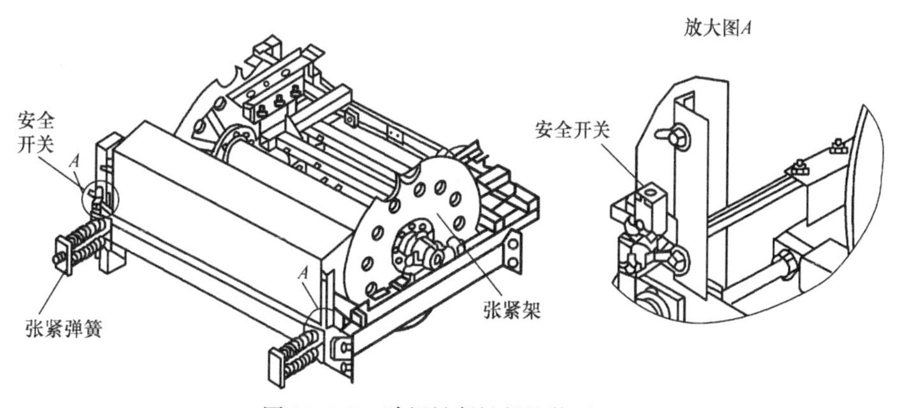

图12-5-2　踏板链断链保护装置

4. 扶手带入口保护装置

扶手带入口保护用于监测扶手带在转向处是否有手或手指卷入入口箱内。

该装置通常安装于上下平层各个扶手入口箱内，用支架固定在入口箱前缘橡胶或毛刷后，正对扶手带运行的方向，当有异物卡入扶手带与入口的间隙时，挤压前缘橡胶或毛刷，触动安装在前缘板后的安全开关，使自动人行道停止运行。其结构示意如图7-3-3 所示。

5. 梳齿板安全装置

梳齿板安全装置的功能是监测踏板进入梳齿时，是否有异物卡入，影响其安全性。

梳齿板安全装置安装于上下平层梳齿板的左右两侧，通用支架进行固定，并在梳齿板与安装支架间通过弹簧调节梳齿板的紧固力。当有异物卡入踏板与梳齿的啮合处时，其作用力令梳齿板抬起，压缩弹簧，触动安全开关动作，制停运行中的自动人行道。梳齿板的抬起量及开关的接触量，可通过调整弹簧长度进行调节。其结构与功能如图 7-3-1 和图 7-3-2 所示。

6. 踏板下陷监控装置

踏板下陷监控装置的作用是监控踏板运行是否在正常的轨道上，以保证梯级、踏板在进入两端入口时与梳齿的正常啮合。

该安全开关一般安装在上下平层的过渡圆弧转弯处前，检测踏板、踏板链轴、踏板链轮或踏板的安装紧固系统等部件的高度位置如图 12-5-3 所示，以防止由于踏板的弯曲变形、破损断裂以及滚轮的破损等造成的踏板下陷、与梳齿不能正常啮合，使乘客从运动区段到固定平层时，由于踏板的下陷产生较大缝隙而造成伤害。当这些监控部件中的任何一个出现问题，均会触动安全开关动作，制停运行中的自动人行道。

考虑到自动扶梯和自动人行道停止时的制动距离，该装置需安装在每个过渡圆弧段之前，以确保下陷的踏板在进入梳齿前有足够的安全制动距离，具体的制动距离还需满足制动不同运行速度自动人行道的要求。

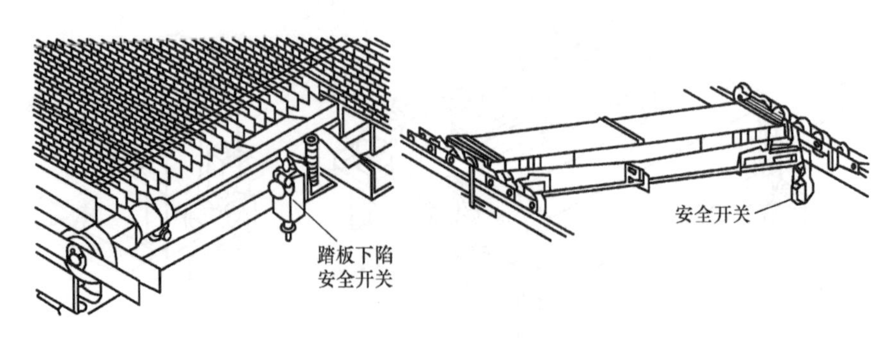

图 12-5-3　踏板下陷监控装置

7. 踏板缺失监测装置

踏板缺失监测装置的作用是监测自动人行道在运行时是否存在踏板缺失现象。

该监测装置一般安装在上下平层返回侧，靠近进入回环旋转的地方，如图12-5-4所示。一般是采用感应开关，通过感应器脉冲信号检测自动人行道是否存在缺少踏板的现象。如发现缺失踏板，使自动人行道停止运行。为保证由于缺少踏板所造成的空缺口不会出现在上下平层的梳齿处，造成乘客踏空掉进自动人行道内，需考虑安装检测感应器的恰当位置。通常从检测点到上下平层梳齿的距离需大于自动人行道的刹车距离，以保证缺口不会出现在乘客的进入部位。同时，考虑到有可能存在的检测盲区问题，该装置的安装位置应尽量靠近主驱动或张紧架。

此外，由于在维修中，拆装踏板的位置通常在下平层张紧架位置，已超出检测装置的监控范围，因此在维修中安装完踏板后均需要先试运转几圈，通过该装置的检验，确保已安装完成全部踏板，避免发生意外。

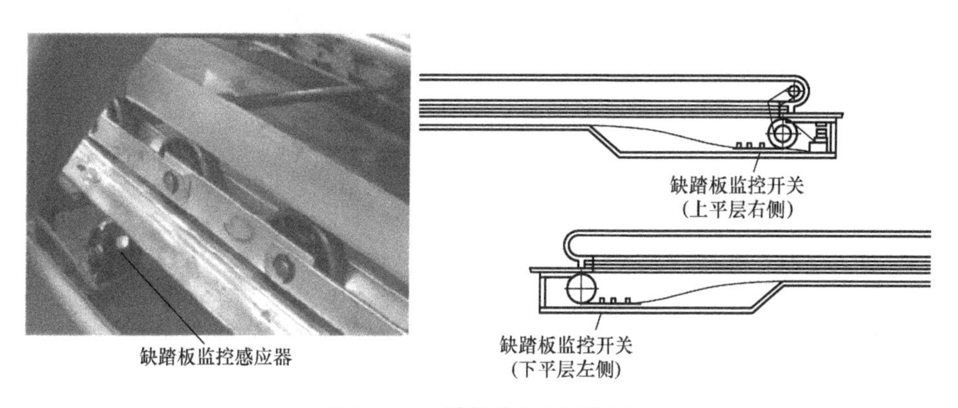

图12-5-4　踏板缺失监测装置

8. 扶手带速度监控装置

扶手带速度监控装置的作用是检测扶手带的实际运行速度，并保证其运行与梯级、踏板保持同步。

在正常运行条件下，扶手带的运行速度与梯级、踏板或胶带的偏差需在0～2%以内。如速度偏差大于允许值，并且持续运行时间超过15s时，该监控装置应使自动扶梯或自动人行道停止运行。

为实现这一要求，通常会安装一个扶手带速度监控装置在每条扶手带上。一般的方法是安装一个速度检测轮在扶手带的回转段上，通过接近开关检测扶手带的运转速度并发送到控制系统进行比较。若检测到的扶手带运行速度与自动人行道踏板运行速度的偏差大于设定的允许值，并且持续的时间超过15s，控制系统会切断控制电路，使自动人行道停止运行。

扶手带速度监控装置的种类和结构如图 7-4-2 和图 7-4-3 所示。

9. 制动器动作监控装置

制动器动作监控装置的作用是防止工作制动器未打开时主机被起动。

一般的解决方案是在工作制动器上安装一个传感器如图 12-5-5 所示，以监测制动器是否正常张开，并把信号反馈到控制系统中。如制动器未能正常动作，则电动机不能起动。

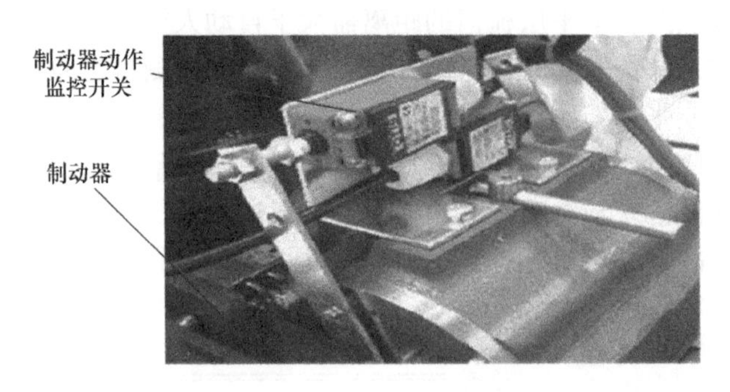

图 12-5-5　制动器动作监控装置

10. 楼层板安全装置

楼层板安全装置的作用是监控楼层板是否已被打开。当楼层板被打开时，自动人行道不能起动运行。

在正常的情况下，当楼层板被打开或移走时，自动人行道应处于检修维保状态。维修人员进入自动人行道内进行工作时，为保证他们的安全，应使自动人行道不能使用钥匙开关起动。只能由维修人员使用检修控制盒加以控制。因此，需要安装一个监控装置避免意外的误动作，保证维修人员的安全。常用的方法是在楼层板下方安装一个安全开关或传感器。当楼层板移开时，触发安全开关或传感器动作，控制系统关闭钥匙开关的功能。楼层板安全开关如图 12-5-6 所示。

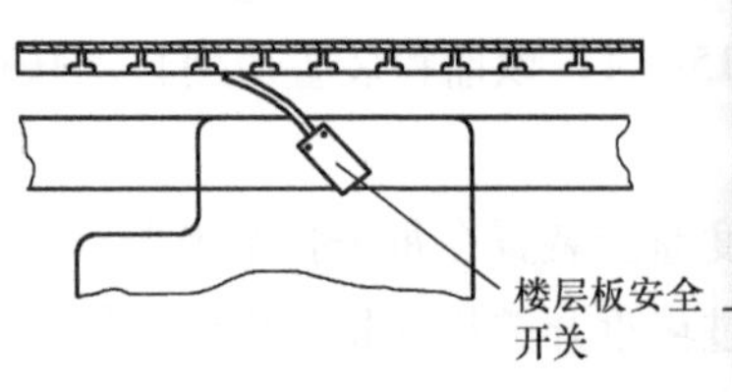

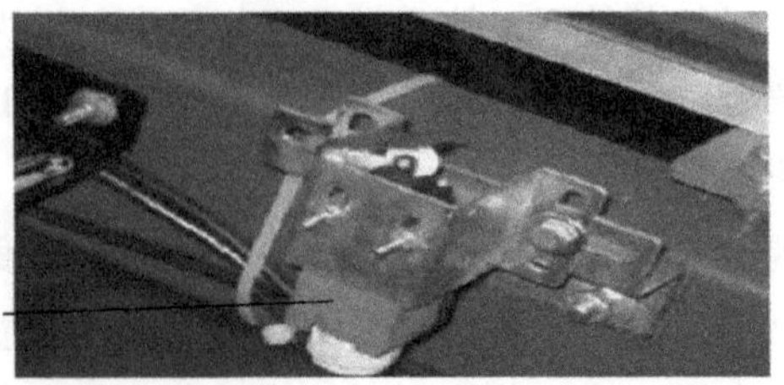

图 12-5-6　楼层板安全开关

11. 主电路断路器或热继电器

主电路断路器或热继电器的作用是防止自动人行道在运行过程中发生主机过载现象。

主电路断路器或热继电器一般安装在控制柜内，当自动人行道上的客流发生变化时，在电路上通过的电流也会随之发生变化。如果发生客流实际载荷超过设计载荷时，将会有较大的电流通过断路器或热继电器。当这种大电流持续通过时间较长时，即意味着客流持续超载。这时，断路器或热继电器会动作，切断主机的供给电源，制停自动人行道。

该保护开关需要手动复位，使自动人行道恢复正常的使用状态。需要说明的是，在断路器或热继电器的容量选择上，应充分考虑设备的设计承载能力，使之充分发挥作用。

12. 主机过热保护装置

主机过热保护装置的功能是防止主机发生长时间的超载运行，造成电动机的损坏。

一般情况下，所有的自动人行道主机均安装有过热保护装置，防止电动机由于长期超载而造成毁坏。该过热保护通常是在电动机线圈内安装有温度感应片（器），以监控电动机的工作温度。当主机发生超载运行时，电动机的绕组线圈温度将会持续升高，超出其允许的温度。这时，热电阻金属片发生形变而相互导通，控制系统收到导通信号后，切断主机供给电源，令主机停止运行，制停自动人行道。当然，不同防护等级的电动机其允许的工作温度设定会有所不同。例如，选用 F 级的电动机，其过热保护温度设定为 155℃；如选用 B 级电动机，则温度设定为 120℃。

此外，电动机特性中允许其短时间超载运行，只有超出允许的范围，才会触动过载保护开关动作。

13. 接地保护装置

自动人行道均带有接地保护装置，通常接地保护是电气控制系统的一个组成，当含有电气安全装置的电路发生接地故障时，自动人行道就会停止并锁定。

14. 制动距离监测装置

制动距离监测装置的作用是监控自动人行道的制动距离是否在允许的制动范围内。

各生产厂家通常在主机或主驱动轴上安装一个监测装置，检查在自动人行道收到停梯信号后到实际停止的时间，以计算出实际的刹车距离。一旦发现实际的制动距离超出规定的 1.2 倍时，对自动人行道实行锁定，令其不能重新起动。只有当检修人员排除了故障，并进行手动复位后，自动人行道才能重新起动。

15. 附加制动器

对于提升高度大于 6m 的倾斜式自动人行道和用于公共交通场所的自动人行道，需要安装附加制动器。

自动人行道的附加制动器的技术要求和常用结构与自动扶梯中的相同，可参阅第七章中的相关内容。

第六节 主要参数

自动人行道的主要参数包括速度、踏板宽度、人行道长度或倾斜式的提升高度及倾斜角等，它们决定了自动人行道工作时的承载输送能力。

1. 速度

自动人行道标准的名义速度有0.5m/s、0.65m/s和0.75m/s三种。0.75m/s是自动人行道允许的最大名义速度。但是，当踏板或胶带宽度小于1.1m，且其出入口踏板或胶带进入梳齿板前的水平距离大于1.6m时，名义速度可放宽到0.90m/s。

需要说明的是，该速度限制对具有加速区段的自动人行道和能直接过渡到不同速度运行的自动人行道不适用。

2. 踏板宽度

踏板宽度指踏板的横向标称尺寸。

自动人行道的踏板宽度与自动扶梯基本相同，定义在0.58~1.1m之间。同时，对于倾斜角小于6°的水平式自动人行道，踏板的宽度可到1.65m。常见的规格有0.80m、1.0m、1.2m、1.4m和1.6m六种不同尺寸宽度的踏板。各品牌产品的实际宽度尺寸会稍有区别，但均在规范定义的范围之内。

对于商业型自动人行道，最常见的自动人行道踏板宽度为1m，特别是用于商场及购物中心的倾斜式自动人行道，基本上都采用1m宽的规格。

对于机场等公交场合的水平型自动人行道，过去常见的踏板宽度是1.2m，以方便乘客携带行李行走。近年新建的机场，则多选用1.6m宽的人行道，提高对乘客的运输能力。

3. 自动人行道的长度（高度）

自动人行道的长度是指从自动人行道一个出入口到另一出入口之间的长度距离（垂直高度）。

规范中没有对自动人行道的最大距离进行限制。在机场中常见的自动人行道一般在50~100m之间，个别情况下会超出100m的长度，目前最长的自动人行道大约在150m左右。自动人行道的长度越长，制造的难度越大。如桁架的挠度、扶手带的同步等性能会相对变差，因此，不建议使用一台特别长的自动人行道，一般可设置两台或多台自动人行道接力使用。

4. 倾斜角（倾斜式自动人行道）

倾斜角指自动人行道的踏板面与水平面构成的最大夹角。

倾斜角的大小与乘客的安全密切相关，由于自动人行道不存在自动扶梯一样的阶梯，乘客须站立或推着购物车站立在倾斜的平面上，因此该倾斜角不能太大。自动人行道的最大倾斜角不能大于12°，如允许使用购物车及行李车，且倾斜角大于6°时，则自动人行道的最大额定速度一般应在0.5m/s之内。

自动人行道常见的倾斜角有0°、6°、10°和12°，为了配合建筑物的设计高度及井道，也有采用其他倾斜角的自动人行道。

为了使倾斜式自动人行道踏板在进入梳齿前有一段水平过渡段，因此在倾斜段与平层间导轨存在过渡圆弧半径。由于自动人行道的倾斜角较小，设计上要满足规范中两个相邻踏板间的最大间隙的要求，通常导轨圆弧半径都比自动扶梯要大得多，一般半径都在4m以上，因此踏板式的自动人行道不需要规定最小的曲率半径。而对于胶带式的自动人行道，由于驱动结构不同，通常需要定义最小的过渡段曲率半径，一般从倾斜段到水平段的过渡曲率半径需大于0.4m。

第七节　主要性能指标

一、输送能力

自动人行道的输送能力与自动扶梯一样，可分为理论输送能力、最大输送能力等。

1. 理论运输能力

按照名义速度和踏板宽度，在最理想状况下，自动人行道上站满乘客时计算出的输送能力。该计算过程没有考虑人的行为习惯因素，并假定每个踏板均站满理论计算的人数，但实际情况下这是不可能出现的。因此，在2011版的GB 16899中已取消了该种说法。

2. 最大输送能力

在GB 16899—2011的附录H中，定义了不同梯级或踏板宽度的自动人行道的最大输送能力，如表12-7-1所示。通常当踏板宽度达到1m时，其输送能力达到最大。如踏板宽度继续增加，输送能力也不会提高，原因是同一踏板上最多只会站立两人，他们需要握紧扶手带，多出的宽度空间是提供给购物车、行李车或随身行李使用的。同时，如使用购物车或行李车，输送能力还需在表12-7-1基础上乘以0.8的系数。

表12-7-1　自动人行道的最大输送能力

梯级或踏板宽度 z/m	名义速度 v/(m/s)		
	0.50	0.65	0.75
0.60	3600人/h	4400人/h	4900人/h
0.80	4800人/h	5900人/h	6600人/h
1.00	6000人/h	7300人/h	8200人/h

3. 高强度输送能力

当自动人行道用于公共交通系统的出入口处作为其组成部分时，或用于高强度的使用环境时（即每周运行时间约140h，且在任何3h的间隔内，不小于0.5h内其载荷应达

100%的制动载荷时)，其某时段输送能力有可能超出上面所说的最大输送能力，在最恶劣状况下可按以下制动载荷计算高强度时的输送能力。即在宽 1.0m 以上的每个踏板上均站满两个人进行计算。

二、制动性能

1. 自动人行道的制动载荷

自动人行道在设计和制动试验时所设定的在每个可见踏板上的需放置载荷。在制动载荷条件下，自动人行道应能有效、可靠、平稳地制停。

由于自动人行道是连续的平踏板，因此对制动载荷的规定不能与自动扶梯一样以每个可见梯级上的载荷量加以规定，而是采用每 0.4m 踏板长度上的载荷量来加以规定。表 12-7-2 是 GB 16899—2011 规定的自动人行道的制动载荷。

表 12-7-2　自动人行道的制动载荷

名义宽度 z_1/m	每 0.4m 长度上的制动载荷/kg
$z_1 \leqslant 0.60$	50
$0.60 < z_1 \leqslant 0.80$	75
$0.80 < z_1 \leqslant 1.10$	100
$1.10 < z_1 \leqslant 1.40$	125
$1.40 < z_1 \leqslant 1.65$	150

2. 自动人行道的制停距离

从电气停止装置开始动作到自动人行道完全停止运行时自动人行道的运动距离。

自动人行道的驱动主机的制动器均采用摩擦式，在摩擦力的作用下，自动人行道还会有一定的滑行距离才可停止下来，而且当触发电气停止装置时，电气响应的过程还需要一段时间，所有这些因素叠加后决定了自动人行道最终的制停距离，这个距离不能太短也不能太长。距离太短，制动太急，则加速度过大，人容易摔倒；距离太长，可能人已经到达梳齿处时梯子还在运行，也不安全。因此，自动人行道在空载和有载荷的情况下，均需在一定的距离内停止运行。不同名义速度的具体制停距离要求如表 12-7-3 所示。对于与表中所述速度不相同的名义速度，可采用插值法，计算出需要满足的制停距离。

此外，除了要满足制停距离的要求外，在制停过程中，沿运行方向上的减速度也不允许超过 1m/s^2。这两个条件必须同时满足，以保证在梯上乘客的乘梯安全。

表 12-7-3　自动人行道的制停距离

名义速度 v/m·s^{-1}	制停距离范围/m
0.50	0.20～1.00
0.65	0.30～1.30
0.75	0.40～1.50
0.90	0.55～1.70

三、速度偏差

1. 自动人行道的名义速度偏差

自动人行道与自动扶梯一样，标称的速度均为设备的名义速度，在额定电压和额定频率下，由于电动机滑差率，主机与主驱动轴的配合齿轮数比等因素，均造成实际运行速度与名义速度有差异。自动人行道空载时的速度与名义速度的偏差应在±5%之内。

以一个标称速度为0.65m/s速度的公交型自动人行道为例，其实际运行速度可在0.6175~0.6825m/s之间。速度偏差包含了电网的波动、主机的滑差率等各项因素的影响。

2. 扶手带速度偏差

在正常运行条件下，扶手带的运行速度与踏板或胶带的实际速度的偏差应在0~2%的范围之内，以避免由于扶手带与踏板运行速度的不同步而造成乘客摔倒。特别是如果扶手带的速度慢于踏板时，造成人向后仰易摔倒。扶手带稍微快一点点时，人的重心在前，还可以轻微的调整手扶位置。

摩擦轮在运行一段时间后会产生轻微磨损使轮径变小，造成扶手带速度变慢，因此在原始设计中常取靠近上限的数值来设计摩擦轮的直径，以增加摩擦轮的工作寿命。一般会把设计偏差值取在+1.5%左右。

四、节能设计

自动人行道作为连续运行的设备，无论有无乘客均在运行，持续消耗能量。虽然没有乘客的载荷时能耗会降低，但是梯路本身的自重产生的载荷及运行时需要克服的摩擦力，特别是扶手带运行时需要克服的摩擦力等，对设备来说都是比较大的能耗。这本身就不符合节能减排的要求，因此，近年来无论自动扶梯还是自动人行道的设计都开始流行选用节能模式功能。

1. 变频操作控制

这种操作模式是通过变频器控制实现运行速度的自动转换，通过承重装置或乘客计数器等监测装置监控梯上的客流情况。当自动人行道上没有乘客时，改变运行状态。其中一种模式是直接降低主机的旋转速度，把自动人行道的速度降下来，只维持正常速度的50%以下，减少能量的损耗；另一种模式是直接把自动人行道停止下来，避免任何的能耗。如果选用直接停梯的模式，则需要配合安装交通流量灯，以提醒乘客该自动人行道的运行状态及运行方向。

2. 间歇式操作控制

通过使用乘客监控装置监控乘梯人员的情况。当最后一个乘客踏出自动人行道时，而且连续一段时间内没有乘客进入自动人行道时，控制系统得到信号制停自动人行道。当有新的乘客踏入楼层板时，感应信号输送到控制柜中，重新启动自动人行道，从而起到节能的效果。同样，间歇式操作模式与需要配合安装交通流量灯，以提醒乘客自动人行道的运行状态及运行方向。

3. 星—三角转换模式

通过在入口两侧围裙板上安装光栅监测客流乘梯的状况，再利用微处理控制系统，实现主机电动机中星形连接和三角形连接的转换，以减低主机的能量损耗。当检测到无人乘梯时，启用星形连接方式，当梯子满载时，则启用三角形接法，令电动机的消耗功率发生变化，实现能量的节省。

4. 多速度操作运行

通过变频器的变频功能实现速度转换，并使之固定为 2 到 3 挡不同的速度。业主或使用单位根据不同的客流状况，手工变换人行道的运行速度。一般情况下，客户会要求厂家提供0. 5m/s，0. 65m/s 或 0. 75m/s，及 0. 2m/s 几挡的不同速度。通常情况下正常使用 0. 5m/s 的速度运行，当在特殊节假日或特殊情况下客流特别拥挤时，转换为 0. 65m/s 或 0. 75m/s，以提高运输能力。0. 2m/s 的速度一般用于检修时使用。

上述各种节能模式可根据实际需求进行选择，但需用在有明显及间歇式客流变化的情况下才可起到节能的功效，否则不需选用这些功能增加设备等成本。

第八节　建 筑 布 置

一、倾斜式自动人行道的布置

1. 单台布置

单台布置如图 12-8-1 所示，是商场、购物中心、机场等场所中最常见的布置方式，一般自动人行道的侧面为建筑物的墙，另一侧为悬空的空间。其优点是可避免两台并梯布置时客流上下有可能产生的交通交错。

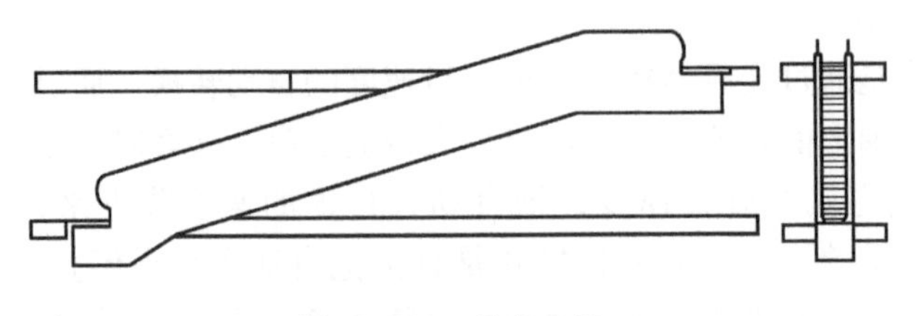

图 12-8-1　单台布置

2. 双台并梯平列布置

双台并梯平列布置如图 12-8-2 所示，是指两台自动人行道并列安装在建筑物中，一台往上运行，另一台往下运行，方便顾客在两个不同的楼层中选购商品，这在大型购物中心中比较常见。通常，这类大型购物中心是只有 2 到 3 层的建筑物，两台人行道可定期转换运行的方向，减少长期单方向运转时零部件产生的不平衡磨损。

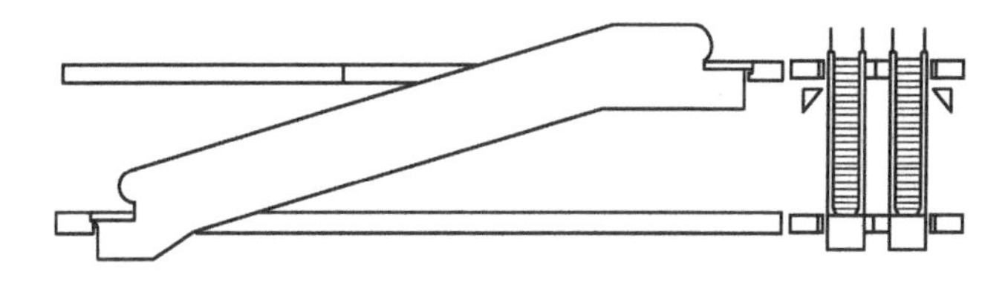

图 12-8-2　双台并梯平列布置

3. 剪刀式布置

剪刀式布置如图 12-8-3 所示，指两台自动人行道在同一楼层首尾相接，并列安装在支撑梁中，方便顾客在第一层购物后直接上第三层购物或直接去停车场取车。该安装方式适合建筑空间较小的布置。

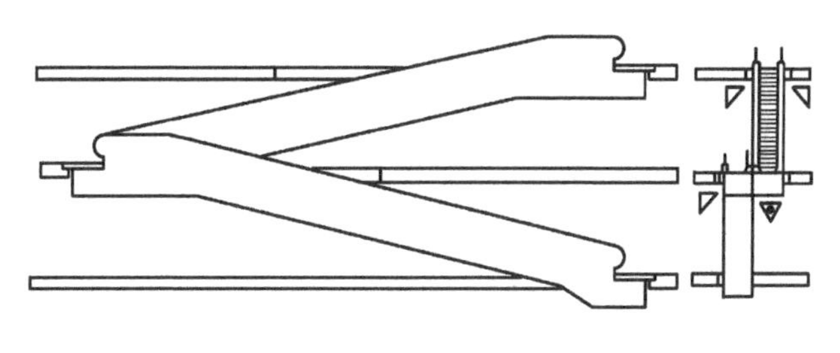

图 12-8-3　剪刀式布置

二、水平型自动人行道的常见布置

水平型自动人行道的安装通常只有单台布置及双台并梯对齐两种布置方式。在机场中最常见的是单梯安装。

三、自动人行道的井道安装及与建筑物等间隔距离

自动人行道在建筑物的安装位置与自动扶梯一样，称为井道。由于自动人行道的跨距较长，通常需要在建筑物两端间有多个中间支撑，以确保人行道桁架的挠度满足扶梯规范的要求。

自动人行道的安装尺寸、提升高度、水平投影长度、井道宽度及桁架支撑力等各项指标要求与自动扶梯基本相同，具体尺寸要求可参阅自动扶梯部分的相关内容。

此外，近年来推出的 Inno Track 水平型自动人行道，它可直接铺设在已建好的地面上，不需要特别建设井道。

同理，自动人行道与建筑物之间的间隔要求与自动扶梯相同，在这不再作详细的介绍。

参 考 文 献

[1] 全国电梯标准化技术委员会. GB 16899—2011 自动扶梯和自动人行道的制造与安装安全规范 [S]. 北京：中国标准出版社，2011.

[2] 史信芳. 电梯选用指南 [M]. 广州：华南理工大学出版社，2003.